普通高等教育“十一五”国家级规划教材
大学计算机规划教材

大型数据库管理系统
技术、应用与实例分析
——基于SQL Server（第3版）

孟宪虎　马雪英　邓绪斌　编著

電子工業出版社
Publishing House of Electronics Industry
北京·BEIJING

内 容 简 介

本书是普通高等教育"十一五"国家级规划教材。全书系统地介绍SQL Server的相关原理、管理和应用程序设计，原理、管理、程序设计并重，以一个数据库实例贯穿始终，将SQL Server技术分解成16个专题，每个专题根据自身技术特点对操作进行实例分析。本书主要内容包括：数据库原理与数据库应用设计，数据库存储原理和数据库创建，数据库表结构分析和表的创建与管理；数据库程序机构及设计，自定义函数设计，游标技术及操作，存储过程和触发器，事务和并发控制，视图的规划、设计与操作，索引的机理和设计，数据安全及访问控制、数据备份与恢复等。每章均配有针对性实验，提供配套电子课件、实例数据库、习题参考答案和教学网站。

本书可作为高等学校计算机和信息管理等相关专业的本科生和研究生教材，也可作为社会相关从业人员的自学和培训教材，对于开发信息管理系统的技术人员具有较高的参考价值。

图书在版编目 (CIP) 数据

大型数据库管理系统技术、应用与实例分析：基于SQL Server/ 孟宪虎，马雪英，邓绪斌编著．—3版．—北京：电子工业出版社，2016.7
普通高等教育"十一五"国家级规划教材
ISBN 978-7-121-28676-6

I. ①大… II. ①孟… ②马… ③邓… III. ①关系数据库系统－高等学校－教材 IV. ①TP311.138

中国版本图书馆CIP数据核字（2016）第092057号

策划编辑：王羽佳
责任编辑：王羽佳　　特约编辑：曹剑锋
印　　刷：北京虎彩文化传播有限公司
装　　订：北京虎彩文化传播有限公司
出版发行：电子工业出版社
　　　　　北京市海淀区万寿路173信箱　　邮编：100036
开　　本：787×1092　1/16　印张：18.75　字数：545千字
版　　次：2008年7月第1版
　　　　　2016年7月第3版
印　　次：2023年8月第8次印刷
定　　价：45.00元

凡所购买电子工业出版社图书有缺损问题，请向购买书店调换。若书店售缺，请与本社发行部联系，联系及邮购电话：(010)88254888，88258888。

质量投诉请发邮件至 zlts@phei.com.cn，盗版侵权举报请发邮件至 dbqq@phei.com.cn。

本书咨询联系方式：(010)88254535，wyj@phei.com.cn。

第3版前言

当下我们处在信息社会已经是毋容置疑的了。从淘宝一天网上几百亿的交易金额，到春晚几百亿次“摇一摇”微信红包，或是公众一天上亿次对“穹顶之下”的刷屏，再到大数据下的精准广告投放，以及国家大力倡导的“互联网+”，这里面都有一个技术在支撑，那就是数据库技术。

数据库管理系统是数据库技术的核心，是一个数据管理软件，具有数据定义、数据操作、数据库运行管理和数据库维护等功能。近年，为了适应信息社会快速发展的需要，各种数据库管理系统不断升级换代，新的技术不断出现。

SQL Server 2000到SQL Server 2005经历了5年，再到SQL Server 2008用了3年，然后是SQL Server 2012，现在SQL Server 2014已经开始面世。不可否认，SQL Server每推出一个新的版本，都会有新的技术在里面体现，数据库管理系统的高级应用人员应该关注新的功能。但是，这本教材面向的是本科生或研究生，讲述的是如何进行数据库设计、创建和使用，其内容是数据库管理系统中最基本、最核心的知识和技术。纵观SQL Server发展变化，数据库操作和T-SQL变化并不大，因此，这次修订淡化了SQL Server具体版本的概念，对某些只是在某个SQL Server版本上才能操作的内容进行了删除，仅保留了个别必须用具体版本才能说明的例子。除个别程序特殊必须在某些版本上使用外，书中几乎所有程序均可在SQL Server 2000到SQL Server 2012系统上运行。

随着数据库承载数据量的不断加大和数据库管理系统对应功能的扩展和增强，数据库优化越来越重要，书中对数据查询优化做了简单介绍。如果读者需要了解数据库优化更深入的知识和技术，欢迎和作者探讨。

本书第1版于2008年7月出版，2011年进行了第2版修订，架构做了比较大的改动，在经过多次印刷使用的基础上，现再次进行修订淡化了具体软件版本的概念，并改正了原来存在的错误。尽管如此，仍然会有不合理或错误的地方，恳请读者批评指正！

感谢一贯支持的读者和同事！

孟宪虎

2016年7月于慧鸣湖

前 言

本书是普通高等教育“十一五”国家级规划教材。

大型数据库管理系统SQL Server是近年来国内外广泛使用的数据库管理系统，它既支持C/S模式系统，也支持B/S模式系统，是开发管理信息系统常用的主流数据库管理系统之一。国内许多高等学校已陆续开设了这门课程。但是，对于SQL Server，市场上大量的相关书籍有的是围绕实用技术讲解的，有些类似于帮助说明书、专题介绍，而有些偏重于程序设计，有些主要讲解原理。对于专门学习大型数据库管理系统技术的高年级本科生和研究生在有限的时间内学到各种需要的知识点，明显不方便，因此在教学中不得不准备多本相关参考书。

基于上述原因，将大型数据库管理系统的基本原理和在这些原理指导下的数据库管理、技术和程序设计结合起来是本书作者想要得到的结果，也是学生参加工作前急需掌握的一门重要技术。因此，作者基于多年该门课程教学的体会和经验，参考了众多数据库和SQL Server相关书籍及其他资料，编写了这本教材。

本书可作为高等学校计算机应用和信息管理与信息系统等相关专业本科生和研究生的教材，也可作为社会相关从业人员的自学培训教材，对于开发信息管理系统的技术人员具有较高的参考价值。

本书具有以下特色：

（1）原理、管理、程序设计并重，使得内容全面，例题丰富，概念清晰，循序渐进，易于学习。

（2）分解难点，设计成16个专题，既独立成章，又前后关联，便于教师教学。

（3）采用通俗易懂、容易理解的方法叙述复杂的概念，结合实例分析，帮助读者逐步掌握必要的技术知识。

（4）采用一个实例贯穿全书，使学生可以通过本书学习，彻底明白如何用SQL Server技术完成数据库应用系统的设计、实现和管理。

本书主要内容包括：数据库基础知识、数据库应用设计、SQL Server 2005安装、配置与管理、SQL Server数据库存储原理和创建、表的结构分析及完整性创建管理、SQL Server查询处理和表数据编辑、T-SQL程序结构、SQL Server事务和并发控制、视图的规划与操作、索引的机理、规划和设计、游标操作和应用、存储过程和用户存储过程设计、触发器原理及使用、用户自定义函数设计、数据库安全及访问控制、数据备份与恢复、数据复制等，每章均配有针对性实验。

本书向使用本书作为教材的教师提供配套电子课件、实例数据库、习题参考答案，请登录华信教育资源网（http://www.hxedu.com.cn）注册下载。

本书第1版于2008年7月出版，经过3年实践教学的检验，结合广大使用本书作为教材的老师和同学提出的建议和意见，我对全书内容进行了整体修订。本次修订引用或参考了第1版的重要内容成果，在此向马雪英老师和邓绪斌老师深表谢意！

本书在编写过程中同时得到了浙江财经学院领导和信息学院领导及全体同事的大力支持，在此向他们和所有帮助和关心本书编写的朋友致以衷心的感谢！

在编写本书的过程中，我们参考了众多相关参考书、资料和SQL Server联机帮助，为了表示尊敬和感谢，在本书的最后我们尽量罗列说明，如有遗漏敬请谅解。

书中难免有许多不足和错误之处，恳请读者批评指正！

孟宪虎

2011年5月

目　录

第 1 章　数据库基础和数据库设计……1
1.1　数据库系统……1
1.1.1　数据、信息、数据库……1
1.1.2　数据库管理系统……2
1.2　数据库系统结构……2
1.2.1　数据库系统模式的概念……2
1.2.2　数据库系统的三级模式结构……3
1.2.3　数据库的二级映像功能与数据独立性……4
1.2.4　数据库系统用户结构……4
1.3　关系数据库及其设计……6
1.3.1　关系数据库……6
1.3.2　关系数据库设计……6
1.3.3　关系数据库的完整性……12
1.4　教学管理数据库操作任务……13
实验与思考……15
第 2 章　服务器的安装配置和使用……17
2.1　SQL Server 概述……17
2.1.1　SQL Server 版本和环境需求……17
2.1.2　SQL Server 的特点和组成……17
2.1.3　SQL Server 安装注意事项……19
2.1.4　SQL Server Management Studio 介绍……21
2.1.5　分离和附加数据库文件……22
2.2　网络协议配置……23
2.2.1　SQL Server 通信结构……23
2.2.2　配置服务器端网络协议……24
2.2.3　配置客户端网络协议……25
2.3　添加新的注册服务器……25
2.3.1　新建注册服务器……25
2.3.2　连接到数据库服务器……26
2.4　链接服务器建立及其使用……26
2.4.1　链接服务器简介……26
2.4.2　创建链接服务器……27
2.4.3　创建链接服务器登录标志……28
2.4.4　访问链接服务器……29
2.4.5　访问链接服务器的实例……30
实验与思考……31
第 3 章　SQL Server 数据库结构和管理……33
3.1　数据库物理存储结构……33
3.1.1　数据库文件和文件组……33
3.1.2　数据文件的使用分配……35
3.1.3　事务日志文件结构……37
3.2　数据库的逻辑组织……39
3.2.1　数据库构架……39
3.2.2　系统数据库……40
3.2.3　用户数据库……41
3.3　数据库创建与管理……41
3.3.1　创建数据库……41
3.3.2　管理数据库……44
实验与思考……49
第 4 章　表的存储原理及完整性创建管理……50
4.1　SQL Server 表的类型……50
4.1.1　SQL Server 的临时表……50
4.1.2　SQL Server 的系统表和系统视图……51
4.2　表的存储原理……52
4.2.1　内部存储概述……52
4.2.2　SQL Server 数据记录结构……53
4.3　SQL Server 数据类型……56
4.3.1　数值型数据……56
4.3.2　货币型数据……56
4.3.3　字符型数据……57
4.3.4　日期/时间数据类型……57
4.4　数据表的创建和管理……57
4.4.1　数据表结构的创建……57
4.4.2　数据表结构的管理……64
实验与思考……66
第 5 章　查询处理和表数据编辑……68
5.1　查询数据……68
5.1.1　简单查询……68

5.1.2 统计 …… 75
5.1.3 连接查询 …… 78
5.1.4 子查询 …… 80
5.1.5 联合查询 …… 83
5.2 表数据编辑 …… 83
5.2.1 插入数据 …… 83
5.2.2 修改数据 …… 85
5.2.3 删除数据 …… 86
实验与思考 …… 87

第 6 章 索引的机理、规划和管理 …… 89
6.1 索引的作用与结构 …… 89
6.1.1 索引概述 …… 89
6.1.2 SQL Server 索引下的数据组织结构 …… 90
6.2 索引类型 …… 92
6.2.1 聚集索引和非聚集索引 …… 93
6.2.2 主键索引和非主键索引 …… 93
6.2.3 唯一索引和非唯一索引 …… 93
6.2.4 单列索引和复合索引 …… 93
6.3 规划设计索引的一般原则 …… 94
6.3.1 什么类型查询适合建立索引 …… 94
6.3.2 索引设计的其他准则 …… 94
6.3.3 索引的特征 …… 95
6.3.4 在文件组上合理放置索引 …… 95
6.3.5 索引优化建议 …… 96
6.4 索引的创建和删除 …… 96
6.4.1 创建索引 …… 96
6.4.2 删除索引 …… 99
6.5 查询中的执行计划 …… 100
6.5.1 查看查询执行计划 …… 101
6.5.2 索引和未索引执行计划的比较 …… 102
6.6 索引使用中的维护 …… 105
6.6.1 维护索引的统计信息 …… 105
6.6.2 维护索引碎片 …… 106
实验与思考 …… 108

第 7 章 SQL Server 事务和并发控制 …… 109
7.1 事务 …… 109
7.1.1 事务与并发控制的关系 …… 109
7.1.2 事务对保障数据一致和完整性的作用 …… 110
7.2 事务的分类和控制 …… 111
7.2.1 事务的分类 …… 111
7.2.2 事务控制 …… 112
7.3 编写有效事务的建议 …… 114
7.3.1 编写有效事务的指导原则 …… 114
7.3.2 避免并发问题 …… 114
7.4 事务处理实例分析 …… 115
7.5 分布式事务 …… 118
7.5.1 分布式事务的两阶段提交 …… 118
7.5.2 分布式事务的处理过程 …… 119
7.5.3 分布式事务实例分析 …… 119
7.6 并发控制 …… 120
7.6.1 SQL Server 锁的粒度及模式 …… 120
7.6.2 封锁协议 …… 123
7.6.3 事务隔离 …… 124
7.6.4 死锁处理 …… 126
实验与思考 …… 127

第 8 章 Transact-SQL 程序结构 …… 129
8.1 注释和变量 …… 129
8.1.1 T-SQL 程序的基本结构 …… 129
8.1.2 注释 …… 131
8.1.3 变量 …… 132
8.1.4 变量赋值 …… 132
8.2 运算符和表达式 …… 133
8.2.1 算术运算符 …… 133
8.2.2 位运算符 …… 133
8.2.3 连接运算符 …… 133
8.2.4 比较运算符 …… 133
8.2.5 逻辑运算符 …… 133
8.2.6 表达式 …… 134
8.3 函数 …… 134
8.3.1 数学函数 …… 134
8.3.2 字符串函数 …… 135
8.3.3 时间日期函数 …… 137
8.3.4 转换函数 …… 138
8.3.5 配置函数 …… 139
8.4 流程控制 …… 140
8.4.1 块语句 …… 140
8.4.2 条件语句 …… 141
8.4.3 CASE 语句 …… 141

8.4.4 循环语句 143
8.4.5 等待语句 143
8.4.6 GOTO 语句 144
8.4.7 返回语句 144
8.5 程序应用实例分析 145
实验与思考 147

第 9 章 视图的规划与操作 148
9.1 视图的作用与规划 148
9.1.1 视图的作用 148
9.1.2 视图的规划 149
9.2 视图操作 150
9.2.1 创建视图 150
9.2.2 视图的修改、重命名和删除 154
9.2.3 查询视图 156
9.2.4 更新视图 157
9.2.5 特殊类型视图简介 160
9.3 视图应用综合实例分析 164
实验与思考 167

第 10 章 游标操作和应用 168
10.1 游标声明 169
10.1.1 游标声明命令 169
10.1.2 游标变量 171
10.2 游标数据操作 172
10.2.1 打开游标 172
10.2.2 读取游标数据 173
10.2.3 关闭游标 175
10.2.4 释放游标 175
10.2.5 游标定位修改和删除操作 177
10.3 游标应用实例分析 178
实验与思考 180

第 11 章 用户自定义函数设计 181
11.1 用户自定义函数概述 181
11.1.1 用户自定义函数的特点 181
11.1.2 用户自定义函数的类型 181
11.2 创建用户自定义函数 182
11.2.1 使用对象资源管理器 182
11.2.2 使用 CREATE FUNCTION 命令创建用户自定义函数 183
11.3 用户自定义函数的调用 187
11.4 修改和删除用户自定义函数 188
11.4.1 修改用户自定义函数 188
11.4.2 删除用户自定义函数 190
11.5 用户自定义函数实例分析 190
实验与思考 192

第 12 章 存储过程和用户存储过程设计 194
12.1 存储过程概述 194
12.1.1 存储过程的概念和分类 194
12.1.2 存储过程的优点 194
12.2 系统存储过程 195
12.2.1 系统存储过程分类 195
12.2.2 一些常用的系统存储过程 196
12.3 创建和执行用户存储过程 197
12.3.1 创建用户存储过程 197
12.3.2 执行用户存储过程 199
12.4 带状态参数的存储过程及实例分析 203
12.4.1 存储过程执行状态值的返回 203
12.4.2 实例分析 203
12.5 修改和删除存储过程 205
12.5.1 修改存储过程 205
12.5.2 删除存储过程 206
12.6 存储过程设计实例分析 207
实验与思考 211

第 13 章 触发器原理及使用 212
13.1 触发器基本概念 212
13.1.1 触发器的概念及作用 212
13.1.2 触发器的种类 213
13.2 触发器原理 213
13.2.1 插入表的功能 213
13.2.2 删除表的功能 214
13.2.3 插入视图和删除视图 214
13.3 触发器的创建和管理 214
13.3.1 创建触发器 214
13.3.2 管理触发器 218
13.3.3 修改、删除触发器 219
13.4 使用触发器实现强制业务规则 220
13.4.1 INSERT 触发器 220
13.4.2 UPDATE 触发器 221
13.4.3 DELETE 触发器 222

13.4.4 INSTEAD OF 触发器…………223
13.4.5 递归触发器…………225
13.4.6 嵌套触发器…………225
13.5 使用触发器的 T-SQL 限制…………225
13.6 触发器应用实例分析…………226
实验与思考…………229
第 14 章 数据库安全及访问控制…………231
14.1 SQL Server 安全认证模式…………231
14.2 SQL Server 登录账户的管理…………232
14.2.1 Windows 登录账户的建立与删除…………232
14.2.2 SQL Server 登录账户建立与删除…………234
14.3 数据库访问权限的建立与删除…………236
14.3.1 建立用户访问数据库的权限…………236
14.3.2 删除用户访问数据库的权限…………237
14.4 角色管理…………238
14.4.1 固定服务器角色…………238
14.4.2 数据库角色…………240
14.5 数据库权限管理…………246
14.5.1 权限种类…………246
14.5.2 授予权限…………247
14.5.3 禁止权限…………249
14.5.4 取消权限…………250
14.6 安全控制设置的实例分析…………251
实验与思考…………253
第 15 章 数据备份与恢复…………255
15.1 数据备份概述…………255
15.1.1 备份策略规划…………255
15.1.2 数据一致性检查…………257
15.2 备份前的准备…………258
15.2.1 设置恢复模式…………258
15.2.2 掌握备份设备管理…………259
15.3 数据库备份…………261
15.3.1 BACKUP 语句的语法格式…………261
15.3.2 执行数据库备份…………262
15.4 数据库恢复概述…………266
15.4.1 系统自启动的恢复进程…………266
15.4.2 用户手工恢复数据库的准备…………266
15.5 数据库恢复…………267
15.5.1 RESTORE 语句的语法格式…………267
15.5.2 数据库恢复…………268
15.6 备份与恢复数据库实例分析…………271
15.6.1 用户数据库备份恢复…………271
15.6.2 系统数据库恢复方法…………272
实验与思考…………273
第 16 章 数据复制与转换…………274
16.1 复制概述…………274
16.1.1 复制结构…………274
16.1.2 复制类型…………276
16.1.3 复制代理…………277
16.1.4 可更新订阅…………277
16.2 配置复制…………278
16.2.1 创建服务器角色和分发数据库…………278
16.2.2 配置复制选项…………279
16.2.3 删除复制配置信息…………279
16.3 创建发布出版物…………280
16.4 订阅出版物…………280
16.5 管理复制选项…………280
16.5.1 可更新的订阅选项…………280
16.5.2 筛选复制数据…………282
16.5.3 可选同步伙伴…………282
16.6 复制监视器…………283
16.7 数据导入导出…………283
16.7.1 SQL Server 数据表数据导出…………283
16.7.2 SQL Server 数据表数据导入…………284
16.8 复制实例…………284
实验与思考…………286
附录 A 样例数据库创建及数据输入…………287
参考文献…………292

第 1 章　数据库基础和数据库设计

数据库是存储在一起被集中管理的相关数据的集合。

数据库的系统结构是对数据的三个抽象级别，它们分别是内模式、概念模式和外模式。这三级结构的差别一般很大，为了实现这三个抽象级别在内部的联系和转换，数据库管理系统在三级结构之间提供了两个层次的映像：外模式/概念模式映像、概念模式/内模式映像。这两层映像保证了数据库系统中的数据能够具有较高的逻辑独立性和物理独立性。

从最终用户角度来看，数据库系统分为单用户结构、主从式结构、客户-服务器结构和分布式结构。

本章还将介绍数据库的设计，在关系数据库方面主要介绍规范关系数据库的理论，并给出一个相应的实例。如果读者对数据库原理比较熟悉，本章内容可以略过。如果读者没有系统地接触过数据库原理，学习本章对后续章节的学习有一定的必要性。

1.1　数据库系统

数据库系统是一个比较宽泛的概念，包括数据库、数据库管理系统，以及使用数据库的用户和支撑数据库管理系统运行的软硬件。我们在此仅对与数据库系统相关的部分概念进行简单介绍，更深入的知识请读者参考相关教材或书籍。

1.1.1　数据、信息、数据库

1．数据

数据（Data）是描述事物的符号记录，是数据库中存储的基本对象。数据可以是数值数据，如某个具体数字，也可以是非数值数据，如声音、图像等。虽然数据有多种表现形式，但经过数字化处理后，都可以输入并存储到计算机中，并能成为其处理的符号序列。

2．信息

信息（Information）是具有一定含义的、经过加工的、对决策有价值的数据。所以说，信息是有用的数据，数据是信息的表现形式。数据如果不具有知识性和有用性，则不能称为信息。从信息处理角度看，任何事物的属性都是通过数据来表示的，数据经过加工处理后，具有了知识性并对人类活动产生决策作用，从而形成信息。信息有如下特点：无限性、共享性、创造性。

3. 信息与数据的关系

在计算机中，为了存储和处理某些事物，需要抽象出对这些事物感兴趣的特征，组成一个记录来描述。例如，在档案中，如果人们感兴趣的是姓名、性别、出生年月、籍贯、所在系别、入学日期，就可以这样描述：（李明，男，1985，浙江，计算机系，2004），因此这里的记录就是数据。它的含义可以解释为：李明是个大学生，1985 年出生，男，浙江人，2004 年考入计算机系。当然，李明也可以解释为教师，2004 年入职。

数据的形式不能完全表达其内容，需要经过解释。数据的解释是指对数据含义的说明，数据的含义又称为数据的语义，也就是数据包含的信息。信息是数据的内涵，数据是信息的符号表示，是载体。数据是符号化的信息，信息是语义化的数据。

4. 数据库

数据库（DataBase，DB）是长期存储在计算机内的、有组织的、可共享的数据集合。数据库中的数据按一定的数据模型组织、描述和存储，用于满足各种不同的信息需求，并且集中的数据彼此之间有相互的联系，具有较小的冗余度、较高的数据独立性和易扩展性。

1.1.2 数据库管理系统

数据库管理系统是位于用户和操作系统之间的一层数据管理软件，它的主要功能包括以下几个方面。

1. 数据定义功能

数据库管理系统提供数据定义语言 DDL，用户通过它可以方便地对数据库中的数据对象进行定义。

2. 数据操纵功能

数据库管理系统提供数据操纵语言 DML，用户可以使用操纵语言实现对数据库的基本操作，如查询、插入、删除和修改等。

3. 数据库的运行管理

数据库的建立、运行和维护由数据库管理系统统一管理和控制，以保证数据的安全性、完整性、多用户对数据的并发使用，以及发生故障后的系统恢复。

4. 数据库的建立和维护功能

数据库管理系统具有数据库初始数据的输入、转换功能，数据库转储、恢复功能，数据库的重组织功能，以及性能监视、分析功能等。这些功能通常由一些实用程序完成。

1.2 数据库系统结构

1.2.1 数据库系统模式的概念

模式（Schema）是数据库中全体数据的逻辑结构和特征的描述，它仅涉及型的描述，不涉及具体的值。模式的一个具体值称为模式的一个实例（Instance）。同一个模式可以有很多实例。模式是相对稳定的，而实例是相对变动的，因为数据库中的数据是在不断更新的。模式反映的是数据的结构及其联系，而实例反映的是数据库某一时刻的状态。

1.2.2　数据库系统的三级模式结构

数据库系统结构分为三层，即内模式、概念模式（模式）和外模式，如图 1-1 所示。这个三级结构有时被称为“三级模式结构”，最早是在 1971 年的 DBTG 报告中提出的，后来被收入到 1975 年的美国 ANSI/SPARC 报告中。虽然现在 DBMS 的产品多种多样，并在不同操作系统支持下工作，但是大多数系统在总的体系结构上都具有三级模式的机构特征。

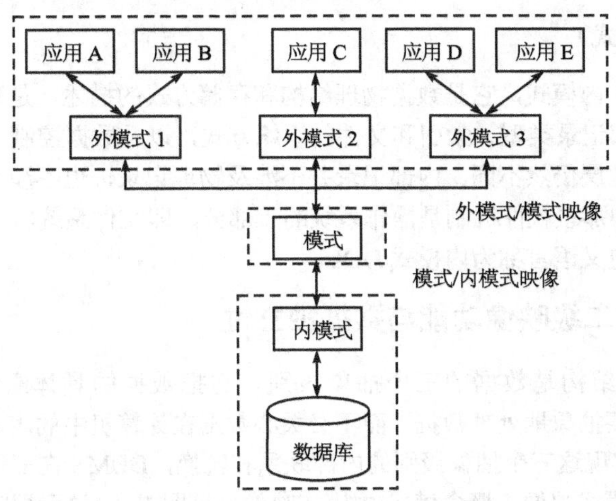

图 1-1　数据库系统的三级模式结构

从某个角度看到的数据特性称为“数据视图”（Data View）。

- 外部级最接近用户，是单个用户所能看到的数据特性，单个用户使用的数据视图的描述称为“外模式”。
- 模式涉及所有用户的数据定义，是全局的数据视图。全局数据视图的描述也称为“概念模式”。
- 内模式最接近于物理存储设备，涉及实际数据存储的结构。物理存储数据视图的描述称为“内模式”。

1．概念模式（所有用户的公共视图）

一个数据库只有一个概念模式，它以某一种数据模型为基础，综合地考虑了所有用户的需求，并将这些需求有机地结合成一个逻辑整体。

概念模式由许多记录类型的值组成。例如，它可能包括部门记录值的集合、职工记录值的集合、供应商记录值的集合、零件记录值的集合等。模式根本不涉及物理表示和访问的技术，它只定义信息的内容，在模式中不能涉及存储字段表示、存储记录队列、索引、哈希算法、指针或其他存储和访问的细节。这样，模式即可真正实现物理数据的独立性。

定义模式时，不仅定义数据的逻辑结构，还要定义数据之间的联系，定义与数据有关的安全性、完整性要求。

在数据库管理系统（DBMS）中，描述概念模式的数据定义语言称为“模式 DDL”（Schema Data Definition Language）。

2．外模式（用户可见的视图）

外模式也称为子模式（Subschema）或用户模式，它是数据库用户能够看见和使用的局部数据的逻辑结构和特征的描述，是数据库用户的数据视图，是与某个应用有关的数据的逻辑表示，是用户与数据库系统的接口，是用户用到的那部分数据的描述。一个系统一般有多个外模式。

外模式是保证数据库安全性的一个有力措施。每个用户只能看见和访问所对应的外模式中的数据，数据库中的其余数据是不可见的。用户使用数据操纵语言（Data Manipulation Language，DML）语句对数据库进行操作，实际上是对外模式的外部记录进行操作。

描述外模式的数据定义语言称为外模式 DDL。有了外模式后，程序员或数据库管理员不必关心概念模式，只与外模式发生联系，按照外模式的结构存储和操纵数据。

外模式又称为“用户模式”或“子模式”，通常是概念模式的逻辑子集。

3. 内模式（存储模式）

一个数据库只有一个内模式，它是数据物理结构和存储方式的描述，是数据在数据库内部的表示方法。它定义所有的内部记录类型、索引和文件的组织方式，以及数据控制方面的细节。

注意，内模式与物理层仍然不同。内部记录并不涉及物理记录，也不涉及设备的约束。比内模式更接近物理存储和访问的那些软件机制是操作系统的一部分，即文件系统。

描述内模式的数据定义语言称为内模式 DDL。

1.2.3 数据库的二级映像功能与数据独立性

数据库的三级模式结构是数据的三个抽象级别。它把数据的具体组织留给数据库管理系统（DBMS）去做，用户只要抽象地处理数据，而不必关心数据在计算机中的表示和存储。三级结构之间的差别一般很大，为了实现这三个抽象级别的内部联系和转换，DBMS 在三级结构之间提供了两个层次的映像：外模式/概念模式映像、概念模式/内模式映像，见图 1-1。这两层映像保证了数据库系统中的数据能够具有较高的逻辑独立性和物理独立性。

1. 外模式/概念模式映像

外模式/模式映像用于定义外模式和概念模式之间的对应性，即外部记录和内部记录间的关系。

当模式发生改变时，由数据库管理员对各个外模式/模式的映像做相应改变，可以使外模式保持不变，应用程序是依据数据的外模式编写的，从而应用程序不必修改，保证了数据与程序的逻辑独立性，简称数据的逻辑独立性。

2. 模式/内模式映像

模式/内模式映像用于定义概念模式和内模式间的对应性，实现两级的数据结构、数据组成等的映像对应关系。

模式/内模式映像定义了数据库全局逻辑结构与存储结构之间的对应关系，当数据库的存储结构改变时，由数据库管理员对模式/内模式映像做相应的改变，可以使模式保持不变，从而应用程序也不必改变，保证了数据与程序的物理独立性，简称数据的物理独立性。

1.2.4 数据库系统用户结构

从最终用户角度来看，数据库系统分为单用户结构、主从式结构、客户-服务器结构和分布式结构。

1. 单用户数据库系统

单用户数据库系统是一种早期最简单的数据库系统，如图 1-2 所示。在这种系统中，整个数据库系统（包括应用程序、DBMS、数据）都装在一台计算机上，由一个用户独占，不同计算机之间不能共享数据。

2. 主从式结构数据库系统

主从式结构是指一个主机带多个终端的多用户结构，如图 1-3 所示。在这种结构中，数据库系统

（包括应用程序、DBMS、数据）都集中存放在主机上，所有处理任务都由主机来完成，每个用户通过主机的终端并发地存取数据库，共享数据资源。

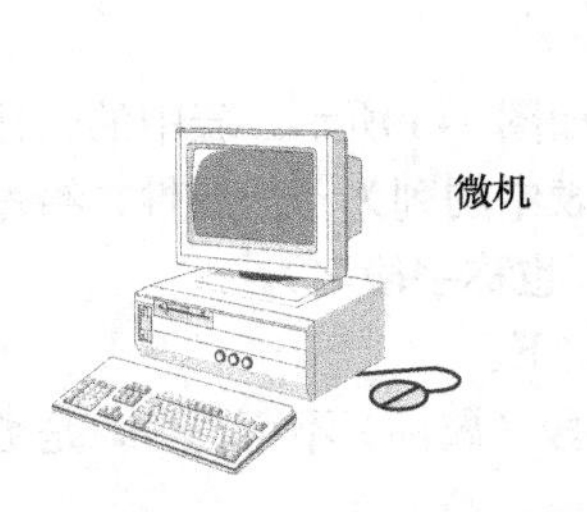

图 1-2　单用户数据库系统

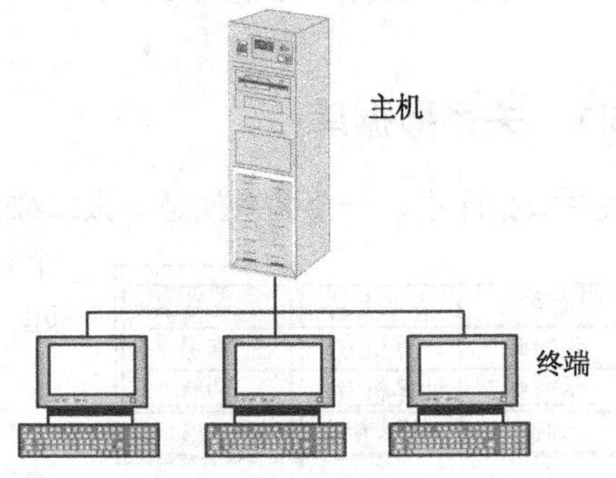

图 1-3　主从式结构数据库系统

3．客户-服务器结构数据库系统

主从式数据库系统中的主机是一个通用计算机，既执行 DBMS 功能，又执行应用程序。随着工作站功能的增强和广泛使用，人们开始把 DBMS 的功能和应用分开，网络中某个（些）结点上的计算机专门用于执行 DBMS 功能，称为数据库服务器，简称服务器。其他结点上的计算机安装 DBMS 的外围应用开发工具，支持用户的应用，称为客户机，这就是客户-服务器结构的数据库系统，如图 1-4 所示。

在客户-服务器结构中，客户端的用户请求被传送到数据库服务器，数据库服务器进行处理后，只将结果返回给用户（而不是整个数据），从而显著减少了网络上的数据传输量，提高了系统的性能、吞吐量和负载能力。另一方面，客户-服务器结构的数据库往往更加开放。客户端和服务器一般都能在多种不同的硬件和软件平台上运行，可以使用不同厂商的数据库应用开发工具，应用程序具有更强的可移植性，同时可以减少软件维护开销。

4．分布式结构数据库系统

分布式结构是指数据库中的数据在逻辑上是一个整体，但分布在计算机网络的不同结点上。网络中的每个结点都可以独立处理本地数据库中的数据，执行局部应用，也可以同时存取和处理多个异地数据库中的数据，执行全局应用，如图 1-5 所示。它的优点是适应了地理上分散的公司、团体和组织对于数据库应用的需求；不足是数据的分布存放给数据的处理、管理与维护带来困难，当用户需要经常访问远程数据时，系统效率会明显地受到网络带宽的制约。

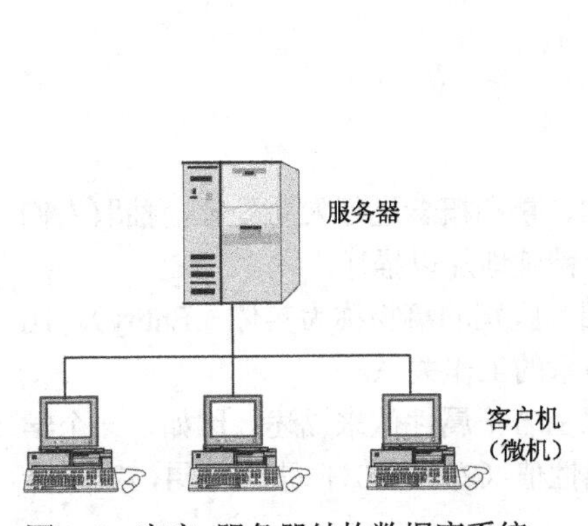

图 1-4　客户-服务器结构数据库系统

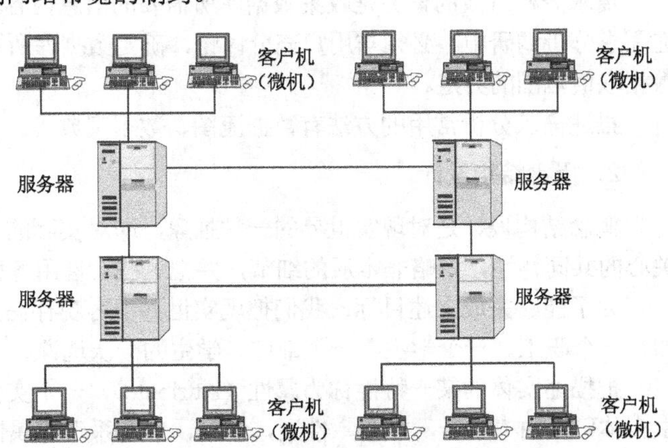

图 1-5　分布式结构数据库系统

1.3 关系数据库及其设计

1.3.1 关系数据库

在关系数据库中，一个关系就是一张二维表，由行和列组成，如图 1-6 所示。表中的一行就是一个元组（也称为记录），表中的列为一个属性，给每个属性起一个名即为其属性名（也称字段名）。

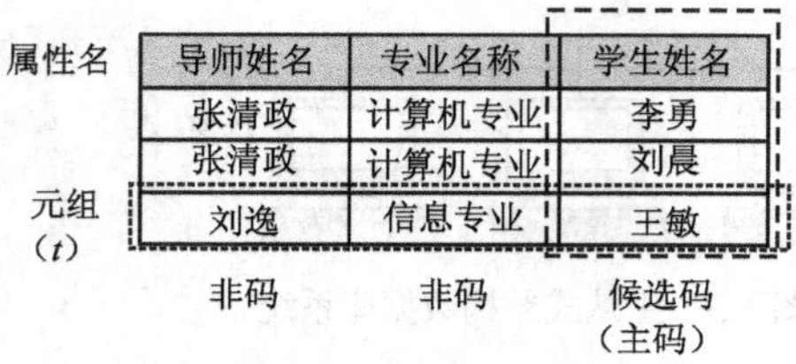

属性名	导师姓名	专业名称	学生姓名
	张清政	计算机专业	李勇
	张清政	计算机专业	刘晨
元组（t）	刘逸	信息专业	王敏
	非码	非码	候选码（主码）

图 1-6 关系（表）的结构

关系数据库的特点如下。

① 关系中的每个字段（属性）不可再分，是数据库中的最基本单位。

② 每一竖列字段是同属性的，每个列的顺序是任意的。

③ 每一行记录由一个事物的诸字段项构成，记录的顺序可以是任意的。

④ 不允许有相同的字段名，也不允许有相同的记录行。每个关系都有主码关键字（Key）的属性集合，用以唯一地标识关系中的各个记录行。

⑤ 解决实际问题往往需要多个关系，关系和关系是有联系的，这种联系也用关系表示。

在一个给定的应用领域中，所有关系及关系之间联系的关系的集合构成一个关系数据库。

1.3.2 关系数据库设计

数据库的设计质量直接影响数据库管理系统对数据的控制质量。数据库设计是指对于一个给定的应用环境，根据用户的信息要求、处理需求和数据库的支撑环境，利用数据模型和应用程序模拟现实世界中该单位的数据结构和处理活动的过程，是数据设计和数据处理设计的结合。规范化的数据库设计要求数据库内的数据文件的数据组织应获得最大程度的共享、最小的冗余度，消除数据及数据依赖关系中的冗余部分，使依赖于同一个数据模型的数据达到有效的分离，保证在输入修改数据时数据的一致性和正确性，保证数据与使用数据的应用程序之间的高度独立性。同时，在设计时还要将数据和操作数据的行为紧密结合起来，保证数据的完整性约束。

1. 需求分析

需求分析阶段的任务是收集数据库所需要的信息内容和数据处理规则，确定建立数据库的目的。在需求分析调研中，必须与用户充分讨论，确定数据库所要进行的数据处理范围、数据处理的流程及数据取值范围的界定。

描述需求分析常用的方法有数据流图、数据字典等。

2. 概念结构设计

概念结构设计是对现实世界的一种抽象，即对实际的人、物、事和概念进行人为处理，抽取人们关心的共同特性，忽略非本质的细节，并把这些特性用各种概念精确地加以描述。

为了能够完成上述目标，我们把现实世界中客观存在并可相互区别的事物称为实体（Entity）。比如，一个职工、一个学生、一个部门、学生的一次选课、老师与系的工作关系。

把描述实体的某一特性称为属性（Attribute），一个实体可以由若干属性值来描述。比如，一个学生实体可以由“学号，姓名，性别，年龄，所在系”等属性的属性值（20021001，张三，男，21，计算机系）来描述。

同类实体中的实体彼此之间是可以区别的，能够唯一标示实体的属性集合称做实体的码或关键字。

实体集之间存在各种联系（Relationship），主要有三类：一对一联系（1:1）、一对多联系（1:*n*）、多对多联系（*m*:*n*）。

（1）一对一联系（1:1）

对于实体集 A 中的每一个实体，实体集 B 中有 0 个或 1 个实体与之联系，反之亦然，则称实体集 A 与实体集 B 具有一对一的联系。

例如，假设一个班级只能由一个班主任（教师）管理，一个班主任也只能管理一个班，则教师与班级之间具有一对一的联系。

（2）一对多联系（1:*n*）

对于实体集 A 中的每一个实体，实体集 B 中有 0 个或多个实体与之联系，反之，对于实体集 B 中的每一个实体，实体集 A 中有 0 个或 1 个实体与之联系，则称实体集 A 与实体集 B 具有一对多的联系。

例如，一个班级有若干学生，每个学生只在一个班级中学习，则班级与学生之间具有一对多的联系。

（3）多对多联系（*m*:*n*）

对于实体集 A 中的每一个实体，实体集 B 中有 0 个或多个实体与之联系，反之，对于实体集 B 中的每一个实体，实体集 A 中有 0 个或多个实体与之联系，则称实体集 A 与实体集 B 具有多对多的联系。

例如，一门课程同时有若干学生选修，而一个学生同时选修多门课程，则课程与学生之间具有多对多的联系。

描述概念模型的有力工具是 E-R 模型。

3．逻辑结构设计

关系模型的逻辑结构是一组关系模式的集合。E-R 图则是由实体、实体的属性和实体之间的联系 3 个要素组成的。所以将 E-R 图转换为关系模型，实际上就是要将实体、实体的属性和实体之间的联系转化为关系模式。这种转换一般遵循如下原则。

（1）实体与实体属性的转换

一个实体型转换为一个关系模式。实体的属性就是关系的属性。实体的码就是关系的码。

例如，学生实体可以转换为如下关系模式，其中学号为学生关系的码：

学生（学号，姓名，性别，年龄，所在系）

（2）实体间联系的转换

① 一个 1:1 联系可以转换为一个独立的关系模式，也可以将任意一端关系中的码合并到另一端的关系模式中。

如果转换为一个独立的关系模式，则与该联系相连的各实体的码及联系本身的属性均转换为关系的属性，每个实体的码均是该关系的候选码。

如果使用关系模式合并方式，则需要在一个关系模式的属性中加入另一个关系模式的码和联系本身的属性，而原来的码不变。

例如，假设一个班级只能由一个班主任（教师）管理，一个班主任也只能管理一个班，则教师与班级之间具有一对一的联系。将其转换为关系模式有 3 种方法。

- 转换成一个独立的关系模式：

管理（职工号，班级号）

- 将“教师”关系中的码“职工号”与“班级”关系模式合并，在“班级”关系增加“职工号”属性：

班级（班级号，学生人数，职工号）

- 将“班级”关系中的码“班级号”与“教师”关系模式合并，在“教师”关系中增加“班级号”属性：

教师（职工号，姓名，性别，职称，班级号）

推荐使用合并的方法。

② 一个 1:*n* 联系可以转换为一个独立的关系模式，也可以将一端关系中的码与 *n* 端对应的关系模式合并。

如果转换为一个独立的关系模式，则与该联系相连的各实体的码及联系本身的属性均转换为关系的属性，而关系的码为 *n* 端实体的码。

如果使用关系模式合并方式，则需要在 *n* 端关系模式的属性中加入一端关系模式的码和联系本身的属性，而原来的码不变。

例如，假如有一个学生“组成”的联系，即一个学生只能属于一个班级，一个班级可能有多个学生，该联系为 1:*n* 联系，将其转换为关系模式有两种方法。

- 转换成一个独立的关系模式：

组成（学号，班级号）

- 将其与“学生”关系模式合并，增加“班级号”属性：

学生（学号，姓名，年龄，所在系，班级号）

推荐使用合并的方法。

③ 一个 *m*:*n* 联系转换为一个关系模式。

必须转换为一个独立关系，与该联系相连的各实体的码及联系本身的属性均转换为新关系的属性。而关系的码为各实体码的组合。

例如，假如有一个学生“选修”的联系，即一个学生可以选修多门课程，一门课程可以被多个学生选修，该联系是一个 *m*:*n* 联系，将其转换为如下关系模式：

选修（学号，课程号，成绩）

4．数据库表的优化与规范化

在数据需求分析的基础上，进行概念结构和逻辑结构设计，并将数据信息分割成数个大小适当的数据表。例如，可以得到学生的相关数据信息（如表 1-1 所示的学生选课表），学生选课数据表包含学号、姓名、所在院系、电话、城市、课程编号、课程名称、成绩等属性。

表 1-1　学生选课表

学　号	姓　名	院　系	电　话	城　市	课　号	课　名	成　绩
S060101	王东民	计算机	135****	杭州	C102	C 语言	90
S060102	张小芬	计算机	131****	宁波	C102	C 语言	95
S060103	李鹏飞	计算机	139****	温州	C103	数据结构	88
S060101	王东民	计算机	135****	杭州	C103	数据结构	80
S060103	李鹏飞	计算机	139****	温州	C108	软件工程	85
S060101	王东民	计算机	135****	杭州	C106	数据库	85
S060101	王东民	计算机	135****	杭州	C108	软件工程	78
S060102	张小芬	计算机	131****	宁波	C106	数据库	80
S060109	陈晓莉	计算机	136****	西安	C102	C 语言	90
S060110	赵青山	计算机	130****	太原	C103	数据结构	92

表 1-1 是一个未被规范化的数据表，这张表存在大量的数据冗余。如果王东民同学选修了 3 门课程，则学号、姓名、院系、电话、城市等字段数据需要重复 3 遍。当王东民从一个城市搬到另一个城市，几乎所有的属于王东民的记录将要一一更正，这样效率很低。如果在更正的过程中发生意外，比如出现死机或掉电等情况，数据不一致的情况就会发生。如果一个学生没有选任何课程，按照完整性约束规则，则他的所有数据将无法输入。如果要取消某个学生的所有课程信息，则要将所有与该同学有关的信息全部去掉。总之，大量的数据冗余不但浪费了存储空间，而且降低了数据查询效率，增加了维护数据一致性的成本。

关系模型的规范化理论是研究如何将一个不规范的关系模型转化为一个规范的关系模型理论。数据库的规范化设计要求分析数据需求，去除不符合语义的数据，确定对象的数据结构，并进行性能评价和规范化处理，避免数据重复、更正、删除、插入异常。

规范化理论认为，关系数据库中的每一个关系都要满足一定的规范。根据满足规范的条件不同，可以划分为 5 个等级，分别称为第一范式（1NF）、第二范式（2NF）、第三范式（3NF）、第四范式（4NF）、第五范式（5NF），其中 NF 是 Normal Form 的缩写。通常在解决一般性问题时，只要把数据规范到第三范式标准就可以满足需要。

（1）第一范式

在一个关系中，消除重复字段，且每个字段都是最小的逻辑存储单位。

（2）第二范式

若关系属于第一范式，则关系中每一个非主关键字段都完全依赖于主关键字段，没有部分依赖于主关键字段的部分，则称其符合第二范式。

这里的主关键字是指表中的某个属性组，它可以唯一确定记录其他属性的值。如表 1-1 所示，学生选课数据表的主关键字是由学号和课号共同组成的。属性成绩完全依赖于主关键字，属性姓名、院系、电话、城市等都只依赖于学号，不完全依赖于主关键字，因此学生选课数据表不符合第二范式的要求。

一个有效的解决办法是把信息分为每个独立的主题，例如“学生基本信息表”、“学生选课成绩表”等，保证关系中每个非主关键字都完全依赖于主关键字。

（3）第三范式

若关系模式属于第一范式，且关系中所有非主关键字段都只依赖于主关键字段，则称其符合第三范式。

第三范式要求去除传递依赖，如表 1-2（学生情况表）所示，学生的年龄依赖于身份证号，身份证号又是由学号决定的，因此学生的年龄就传递依赖于主关键字学号。所以表 1-2 不符合第三范式要求。

表 1-2 学生情况表

学 号	姓 名	电 话	城 市	身份证号	年 龄
S060101	王东民	135***11	杭州	******19880526***	18
S060102	张小芬	131***11	宁波	******19891001***	17
S060103	李鹏飞	139***12	温州	******19871021***	19
S060109	陈晓莉	136***21	西安	******19880511***	18
S060110	赵青山	130***22	太原	******19880226***	18

上述问题的解决办法是不要包含可以推导得到的数据或经计算得到的数据。实际年龄可以由身份证号计算得到，年龄和身份证号作为属性同时出现，本质上产生了数据冗余。

有些属性并不能经推导计算得到，但也存在传递依赖，比如电话号码可以通过身份证号传递依赖于主关键字的学号，但有些时候这样是需要的。

5．规范化的大学教学管理数据库

下面给出比较简单的、规范了的大学教学管理数据库。实际中由于涉及不同学校的大量不同管理条款，系统比较复杂。实例中忽略了许多细节，只保留大学的本质内容。

（1）学生表

学生表如表 1-3 所示，其中属性有学号、身份证号、姓名、性别、移动电话、城市、专业、所在院系、累计学分。主键为学号。

表 1-3　学生表

学　号	身份证号	姓　名	性　别	移动电话	城　市	专　业	所在院系	累计学分
S060101	******19880526***	王东民	男	135***11	杭州	计算机	信电学院	2
S060102	******19891001***	张小芬	女	131***11	宁波	计算机	信电学院	2
S060103	******19871021***	李鹏飞	男	139***12	温州	计算机	信电学院	2
S060109	******19880511***	陈晓莉	女		西安	市场营销	管理学院	
S060110	******19880226***	赵青山	男	130***22	太原	市场营销	管理学院	2
S060201	******19880606***	胡汉民	男	135***22	杭州	信息管理	信电学院	
S060202	******19871226***	王俊青	男		金华	信息管理	信电学院	
S060306	******19880115***	吴双红	女	139***01	杭州	电子商务	信电学院	
S060308	******19890526***	张丹宁	男	130***12	宁波	电子商务	信电学院	

（2）课程表

课程表如表 1-4 所示，其中属性有课号、课名、学分、教材名称、编著者、出版社、书号、定价。主键为课号。

表 1-4　课程表

课　号	课　名	学分	教材名称	编著者	出　版　社	书　号	定　价
C01001	C++程序设计	2	C++程序设计基础	张基温	高等教育出版社	7-04-005655-0	17
C01002	数据结构	3	数据结构				
C01003	数据库原理	3	数据库系统概论	萨师煊	高等教育出版社	7-04-007494-X	
C02001	管理信息系统	2	管理信息系统教程	姚建荣	浙江科学技术出版社	7-5341-2422-0	38
C02002	ERP 原理	2	ERP 原理设计实施	罗鸿	电子工业出版社	7-5053-8078-8	38
C02003	会计信息系统	2	会计信息系统	王衎			
C03001	电子商务	2	电子商务				

（3）教师表

教师表如表 1-5 所示，其中属性有工号、身份证号、姓名、性别、移动电话、城市、所在院系、职称、负责人工号。主键为工号，外键是负责人工号，参考本表的工号。

表 1-5　教师表

工　号	身 份 证 号	姓　名	性　别	移动电话	城　市	所在院系	职　称	负责人工号
T01001	******19600526***	黄中天	男	139***88	杭州	管理学院	教授	T01001
T01002	******19721203***	张丽	女	131***77	沈阳	管理学院	讲师	T01001
T02001	******19580517***	曲宏伟	男	135***66	西安	信电学院	教授	T02001
T02002	******19640520***	陈明收	男	137***55	太原	信电学院	副教授	T02001
T02003	******19740810***	王重阳	男	136***44	绍兴	信电学院	讲师	T02001

（4）开课表

开课表如表 1-6 所示，其中属性有开课号、课号、（教师）工号、开课地点、开课学年、开课学期、开课周数、开课时间、（该课的）限选人数和已选人数。主键为开课号，外键一是课号，参照课程表中的属性课号，外键二是工号，参照教师表中的属性工号。

表 1-6　开课表

开课号	课　号	工　号	开课地点	开课学年	开课学期	开课周数	开课时间	限选人数	已选人数
010101	C01001	T02003	1-202	2006-2007	1	18	周一(1,2)	30	4
010201	C01002	T02001	2-403	2006-2007	2	18	周三(3,4)	30	1
010202	C01002	T02001	2-203	2006-2007	2	18	周五(3,4)	45	
010301	C01003	T02002	3-101	2007-2008	1	16	周二(1,2,3)	20	2
020101	C02001	T01001	3-201	2007-2008	2	18	周三(3,4)	90	2
020102	C02001	T01001	3-201	2007-2008	2	18	周五(3,4)	50	1
020201	C02002	T02001	4-303	2008-2009	1	17	周四(1,2,3)	30	1
020301	C02003	T01002	4-102	2008-2009	1	9	周三(3)	70	1
020302	C02003	T01002	4-204	2008-2009	1	18	周五(3,4)	30	
030101	C03001	T01001	3-303	2008-2009	2	18	周三(3,4)	45	1

（5）选课表

选课表如表 1-7 所示，其中属性有学号、开课号、（考试后得到的）成绩。主键为学号和计划编号，外键为计划编号，参考开课计划表中的属性计划编号。

表 1-7　选课表

学　号	开　课　号	成　绩	学　号	开　课　号	成　绩
S060101	010101	90	S060102	020102	
S060101	010201		S060103	010101	85
S060101	010301		S060110	010101	88
S060101	020101		S060110	010301	
S060101	020201		S060201	020101	
S060101	020301		S060202	010101	75
S060101	030101		S060202	010202	
S060102	010101	93	S060202	020201	
S060102	010301		S060306	020302	

6. 数据库中表间的联系

只理解每个数据表对于具体问题的解决往往是不够的。要真正理解一个关系数据库的内容，除了理解每个表的内容外，还需要理解各表之间的关系或联系。一个表中的行通常与其他表中的行相关联。不同表中相匹配的值（相同的值）表明相应表之间存在联系。考虑学生表、开课表和选课表之间的联系，选课表中每一行表示一个学生选择了某门计划开设的课程。选课表的学号列中的每个值都与学生表中的学号列的某个值相匹配；同样，开课号列中的每个值也都与开课表中的开课号列的某个值相匹配。图 1-7 描绘了不同的表列值间的匹配关系。

众所周知，一般系统的关系数据库一般都包含很多表，少则 10～15 个表，多则上百个表。要从这么多的表中提取出有意义的信息，通常需要使用数据匹配的方法把多个表结合到一起。通过**学生表.学号**列和**选课表.学号**列上的数据匹配，就可以将学生表和选课表关联到一起。与此类似，通过**开课表.课号**列和**选课表.开课号**列上的数据匹配，就可以将开课表和选课表关联到一起。理解表之间的联系，对于提取有价值的数据是非常重要的。

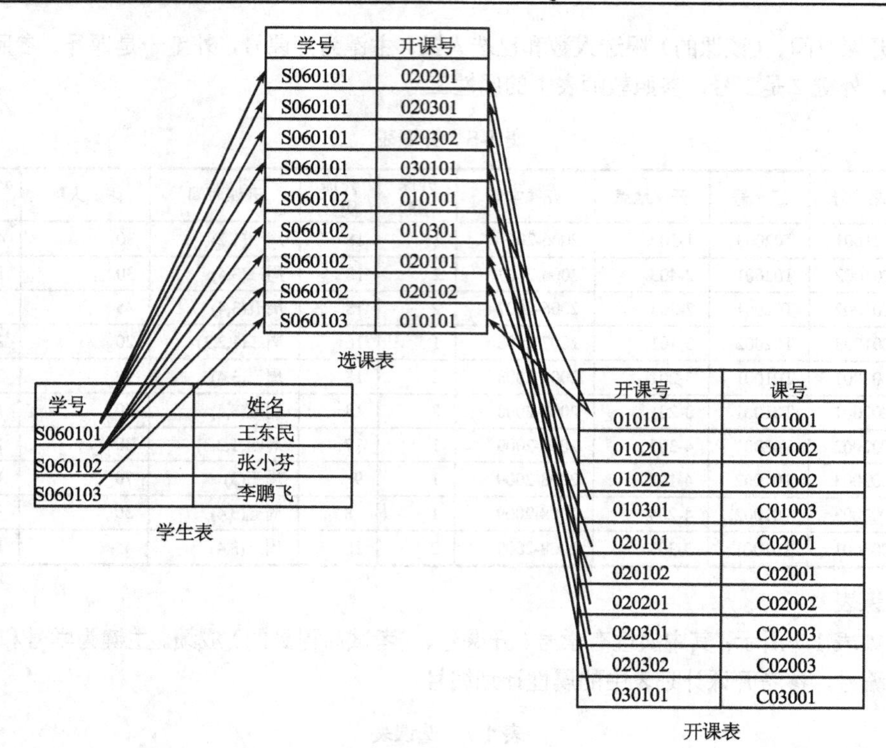

图 1-7　选课表和学生表、开课表之间的匹配

1.3.3　关系数据库的完整性

关系完整性是关系数据库必须满足的完整性约束条件，它提供了一种手段来保证当授权用户对数据库修改时不会破坏数据的一致性。因此，完整性约束防止的是对数据的意外破坏，从而降低应用程序的复杂性，提高系统的易用性。

1. 实体完整性约束（PRIMARY）

实体完整性规则是主关键字段中的各属性值不能取空值。

例如，在学生表中，规定 PRIMARY KEY=学号，因此学号不能取空值。

2. 唯一性约束（UNIQUE）

唯一性约束规则是在约束的字段上不能有相同值出现。

例如，在学生表中，学号是唯一标示每个学生实体的，所以该字段的值就不能出现重复的学号值。又如，在课程表中，学校设置的课程名称一般是不允许有一样的名字的，所以课程表中的课名值就必须唯一。

3. 参照完整性约束（FOREIGN）

参照完整性约束规则要求外关键字的值必须来源于被参照关系表的取值或为空值。

外关键字定义为：设 F 是基本关系 R 的一个或一组属性，但不是关系 R 的关键字。如果 F 与基本关系 S 的主关键字 Ks 相对应，则称 F 是基本关系 R 的外关键字，并称基本关系 R 为参照关系，基本关系 S 为被参照关系或目标关系。

例如，选课表中的学号和开课号字段单独都不是选课表的关键字。但是，学号是学生表的主关键字，开课号是开课表的主关键字，所以选课表中的学号相对学生表就是外关键字，参照完整性约束要求选课表中的学号值必须在学生表的学号中可以找到，否则就只能取空值。同理，选课表中的开课号相对开课表就是外关键字，参照完整性约束要求选课表中的开课号值必须在开课表的开课号中可以找到，否则就只能取空值。

4．检查（CHECK）和默认值（DEFAULT）约束

该类完整性约束是针对某一具体关系数据库的约束条件，反映某一具体应用所涉及的数据必须满足的语义要求。

例如，选课表中的成绩字段通过这种约束，其值只能在 0～100 之间，或者是空值，可以把默认值设为 NULL。

表 1-8 至表 1-12 是 SQL Server 关系数据库中学生表、课程表、教师表、开课表和选课表的完整性约束的部分情况。

表 1-8　学生表约束

列名	主键	唯一	检查约束	允许空	外键
学号	√	√	第一位只能用字母 S，后面只能取 0～9 之间数字，全部限 7 位		
身份证号		√	每位只能取 0～9 之间数字和英文大写字母 X，限 18 位		
移动电话			每位只能取 0～9 之间数字，限 11 位	√	

表 1-9　课程表约束

列名	主键	唯一	检查约束	允许空	外键
课号	√	√	第一位只能用字母 C，后面只能取 0～9 之间数字，全部限 6 位		
教材名称				√	

表 1-10　教师表约束

列名	主键	唯一	检查约束	允许空	外键
工号	√	√	第一位只能用字母 T，后面只能取 0～9 之间数字，全部限 6 位		
姓名			限 8 位		

表 1-11　开课表约束

列名	主键	唯一	检查约束	允许空	外键
开课号	√	√	每位只能取 0～9 之间数字，限 6 位		
课号			第 1 位只能用字母 C，后面只能取 0～9 之间数字，全部限 6 位		参照课程表.课号
工号			第 1 位只能用字母 T，后面只能取 0～9 之间数字，全部限 6 位		参照教师表.工号
开课学年			4 位数字加“-”加 4 位数字。如 2007-2008	√	

表 1-12　选课表约束

<table>
<tr><th>列名</th><th>主键</th><th>唯一</th><th>检查约束</th><th>允许空</th><th>外键</th></tr>
<tr><td>学号</td><td rowspan="2">√</td><td rowspan="2">√</td><td>第 1 位只能用字母 S，后面只能取 0～9 之间数字，全部限 7 位</td><td></td><td>参照学生表.学号</td></tr>
<tr><td>开课号</td><td>每位只能取 0～9 之间数字，限 6 位</td><td></td><td>参照开课表.开课号</td></tr>
<tr><td>成绩</td><td></td><td></td><td>每位只能取 0～100 之间数字或空值</td><td>√</td><td></td></tr>
</table>

1.4　教学管理数据库操作任务

对数据库实施什么访问操作，得到哪些统计数据，绝不是想想就可以得出的。数据库访问操作是数据库应用系统功能分析与设计的一部分，它依赖于对应用系统调查研究，依赖于对用户的需求分析、功能及模块设计。下面结合上述 5 个关系表提出一些基本的对其访问任务，以便后面利用大型数据库管理系统的技术对其实施操作。

（1）为了实现关系表数据的存储，满足多人共享访问，必须建立一个大型数据库。这里包括数据库的物理和逻辑设计两大部分，即数据库文件是存储在一个存储设备上还是多个存储设备上，数据库应用系统是通过一个数据库名访问还是需要多个数据库名。关于数据库的存储原理和创建数据库是数据库应用系统的第一个任务。

（2）关系表的基本原理，学生表、教师表、课程表、开课表和选课表如何创建，每个表如何进行完整性约束，这是第二个任务。

（3）当数据库和表创建好以后，任务就是向表输入基础数据。本书示例数据库表数据的输入正确与否，大部分通过表自身的完整性约束基本可以保证，但有些是不行的。比如，开课表里的已选人数和学生表里的累计学分依赖于选课表中选课情况和最后成绩的及格，它们不是初始数据，因此为了保证这两个字段数据在学生选课或有了成绩后填入的正确性，我们将利用存储过程和触发器来完成。

（4）查询处理是本书一个最大的任务，需要什么数据，需要哪些统计分析，都需要事先有一定的规划。当然，不可能一次就完成，实际中是一个反复完善的过程。下面给出一些查询，有些在第 5 章中有实现，有些没有，这里没有列出。读者可以根据第 5 章中的技术设计更多的检索查询。

① 每个表全部数据的查询。

② 每个表部分数据的查询。

③ 每个表满足一定条件数据的检索。

④ 表中数值字段数据的计算。

⑤ 每个学生总学分、总成绩、平均成绩的统计查询。

⑥ 每个班级某门课的平均成绩。

⑦ 某个教师所教学生的平均成绩。

⑧ 查询选修了某门课程的学生。

⑨ 查询某个同学都选修了哪些课程。

⑩ 检索某门课程不及格的学生。

⑪ 查询某个教师的上课安排。

⑫ 查询学生的上课安排。

（5）学生管理数据库应用的用户类型是多样的，比如有学生、教师、教务管理员等，每类用户关心的数据是不同的，因此不可能各类用户都需要数据表里的全部数据。为了数据的安全和各类用户访问数据的方便，需要设计数据视图。

（6）为了实现更复杂的数据操作，或者有些操作需要反复使用，则要通过 T-SQL 语言编写程序，甚至建立用户自己的函数、存储过程等。

比如：

① 计算教师的工作量。因为开课表中没有显式地给出每周课时数这个必要信息，因此需要对开课时间字段中的逗号进行计数，故要用 T-SQL 程序实现。

② 学生选课处理。每个开课计划选修人数都是有一定的人数，如果超过，则该课程不能再增加新的选修学生，如果有一个计划没有超过，则可以在这个计划里增加选修学生，如果有多个计划都没有超过计划人数，可在任一计划里增加选修学生。这需要 T-SQL 程序实现。

③ 显示指定学院每个学生选修课程情况和获取学分情况，要求先显示每个学生所选的课程，如果该门课程已经通过考试，则显示该门课程的学分，如果没有通过考试或还没有参加考试，则为 0，然后显示该学生获取学分的总数。

④ 在开课表中，由于每一个开课号对应的学生选课都有限制，所以学生一旦选课确定，就需要与该开课号的限选人数进行比对，如果没有超过限选人数，已选人数应及时更正，以保证开课表和选课表的数据严格一致。为了纠正错误，可以使用游标，逐个检查并修改每个开课号在选课表中的学生选修人数，显示输出。

⑤ 在学生选课管理中，需逐个检查并修改信息学院每个学生的学分获取情况。学分获得的条件是选修该门课程，且成绩不低于 60 分。由于学分取得总数存放在学生表中，学生选修课程情况及成绩放在选课表中，而学生选修了某门课程及格后获取多少学分取决于选修了开课计划中哪一个开课计划，故学生学分获取情况的修改与检查是一件复杂的工作，不能由简单的查询完成，且为了维护数据的一致性，必须保证累计学分的数量应该等于学生所选的所有成绩已经及格的课程的学分总数，如果不正确，必须马上进行修改。

⑥ 完成对选课表的元组插入工作。要求检查所插入数据是否满足实体完整性和参照完整性，而且由于每个学生不能重复选同一门课，但是在选课表中存放的是开课计划号，并且同一门课程可能有多个开课计划，所以必须对所选课程是否重复进行检查。

⑦ 在删除某开课计划时，需先查看该开课计划有没有学生注册，如果有，则不能删除。由于开课表和选课表之间建有外键级联删除约束，所以删除开课表中的开课计划，会级联删除选课表中的相应信息，所以做不到先查看该开课计划有没有学生注册。我们可以建立一个存储过程，在删除开课表信息前，先检查选课表中是否有该开课计划的注册学生，如果有，则不执行删除，否则进行删除。

⑧ 由于学生选课管理的实际情况，学生在学期初或前一学期结束之前就进行选课，而成绩是在学期末考试后输入，所以录入成绩实际上是对选课表的数据的修改。故我们可以创建该表的修改触发器，实现学分的自动累计。由于成绩修改 UPDATE 语句可能涉及多个学生，因此要在触发器中使用游标对每个学生进行判断修改。

（7）当上述数据库表、操作程序设计创建完成后，要真正能够使用，还必须给不同的用户分配相应的角色或权限，这样才能保证数据库应用系统的安全性。如何创建用户，如何分配权限，也是基本的任务之一。

（8）最后一个任务是数据库应用系统在使用运行中怎样实现数据备份和恢复。

以上任务设计也许不很完美，甚至有些读者还不很认同，但这不重要，因为这只是个模拟系统，只要在本系统中“自圆其说”就可以了。有些具体任务或问题读者可能不能马上明白，但现在也不重要，随着学习，本书后续章节会一一以实例方式进行展开。

数据库应用系统的分析、设计和实现是一个庞大而复杂的过程，仅靠有限章节的一本书是不可能全面介绍的。另外，本书内容也不是对一个具体实际的数据库应用系统实例的剖析讲解，而是通过一个模拟实例，结合大型数据库管理系统的技术，模拟实现一个数据库应用系统的操作、管理和程序设计，从而使读者通过阅读本书，学会构建一个数据库应用系统的基本方法和思路，更多的细节需要读者参看其他资料在实践中体会。

实验与思考

目的和任务

（1）熟悉 E-R 模型的基本概念和图形表示方法。

（2）掌握将现实世界的事物转化为 E-R 图的基本技巧。

（3）熟悉关系数据模型的基本概念。

（4）掌握将 E-R 图转换成关系表的基本技巧。

（5）熟悉完整性约束规则。

（6）掌握设计表以及表和表之间的约束设计。

实验内容

（1）根据现实世界的组织和工作过程将其转换成 E-R 图描述。

其中一个员工属于一个部门，一个部门有多个员工；一个员工可同时参加多个项目，一个项目由多个员工一起开发。

① 确定实体和实体的属性。

② 确定员工和部门的联系、员工和项目间的联系，给联系命名并指出联系的类型。

③ 确定联系本身的属性。

④ 画出员工、部门、项目组成的 E-R 图。

（2）将 E-R 图转换为关系表。

① 将实体转换为关系表。

② 将联系转换为关系表。

③ 写出表的关系模式并标明各自的主码和外码。

④ 确定主要属性的约束条件。

（3）设计关系表中的模拟数据。实体转化的表不少于 8 条记录，联系转化的表不少于 15 条记录。

（4）设计对上述关系表的基本操作任务。

问题思考

（1）是否所有联系必须对应转化为一个关系表？你是怎么做的？

（2）上述形成的关系表属于第几范式？请予以判断。

（3）你模拟的输入数据是否满足主码、外码和自定义约束？请检查。

第 2 章

服务器的安装配置和使用

SQL Server 是一种基于客户-服务器的关系型数据库管理系统，使用 Transact-SQL 传送请求和服务，将所有工作分解为客户机任务和服务器任务，由两者分别完成。即服务器用来存储数据库，该服务器可以被多台客户机访问，数据库应用的处理过程分布在客户机和服务器上。客户-服务器计算模型分为两层的客户-服务器结构和多层的客户-服务器结构。

本章首先对 SQL Server 的基本结构进行概述，再描述 SQL Server 安装中必须注意的问题；其次由于大型数据库多是基于网络访问的，因此将比较详细地介绍服务器和客户端的网络配置，最后介绍如何访问远程数据，即链接服务器的建立和使用。

2.1　SQL Server 概述

SQL Server 是由 Microsoft 公司开发和推广的关系数据库管理系统（DBMS），它最初由 Microsoft、Sybase 和 Ashton-Tate 三家公司共同开发。SQL Server 近年来不断更新版本，1996 年，Microsoft 推出了 SQL Server 6.5 版本；1998 年，SQL Server 7.0 版本与用户见面；2000 年推出了 SQL Server 2000；以后陆续推出了 SQL Server 2005、SQL Server 2008、SQL Server 2012 等，但历次版本其基本功能没有太多变化，相信 Microsoft 公司还会推出新的版本以扩展新的功能。

2.1.1　SQL Server 版本和环境需求

任何软件的安装都会对计算机的软件和硬件环境有一定要求，如果安装环境不能满足最低的运行标准，那么很可能安装失败，即使安装成功，在运行时也可能会出现不可预料的情况，所以在安装 SQL Server 之前，必须搞清楚使用版本对计算机软/硬件环境的最低要求。随着 SQL Server 不断升级换代，对计算机环境要求也在逐步提高。

当你安装某一版本 SQL Server 时，请参考该版本对计算机环境的具体需求，在此不再详细说明。

2.1.2　SQL Server 的特点和组成

1. SQL Server 的特点

① 图形化管理：具有十分强烈的微软气息，它的管理系统使用图形化管理工具。SQL Server 2005 以前称为企业管理器，后来使用对象资源管理器实现，这都是一个基于图形用户界面的集成管理工具。

② 丰富的编程接口：SQL Server 提供了 DB-Library for C、Transact-SQL、嵌入式 SQL 开发工具、ODBC 规范、OLE DB 规范等开发工具，满足用户根据自己的需要开发更适合处理事务的要求。

③ 多线程系统：由于支持多线程操作，SQL Server 可以在多用户并发访问时，并不占用系统的过多资源，从而可以承受较大访问量的冲击。

④ 良好的并发控制：在 SQL Server 中，用户可以不用关心并发操作中的锁定过程，系统自动利用动态锁定功能防止用户在进行查询、修改、删除等并发操作时发生的相互冲突。

⑤ 与操作系统的良好接口：作为微软自己开发的数据库管理系统，SQL Server 各种版本与相适应的 Windows 操作系统有着良好的接口，并充分利用其中所提供的服务，可以提高 SQL Server 数据库管理系统的运行性能。

⑥ 更加强大的数据引擎：SQL Server 具有增强的数据引擎，高级的管理方式，这样就大大降低了检索的开销。此外，SQL Server 后期版本支持 XML、HTTP，并与 Web 相结合，使其功能更加强大。

⑦ 简单的管理方式：SQL Server 能与 Windows 有机集成，可以充分利用操作系统提供的服务功能（如安全管理、事务日志、性能监视、内存管理等）。

⑧ 支持 XML（Extensive Markup Language，扩展标记语言），强大的基于 Web 的分析，支持 OLE DB 和多种查询，支持分布式的分区视图。

⑨ SQL Server 2008 增加了简单数据加密、外键管理、集成服务，增强了审查，改进了数据库镜像、分析服务等。

⑩ SQL Server 2012 又增加了列存储索引、序列、AlwaysOn、命令行界面、大数据支持对新的功能。

2. SQL Server 基本组成

（1）服务器端组件、客户端组件和通信组件

服务器端组件、客户端组件和通信组件三者之间的关系如图 2-1 所示。

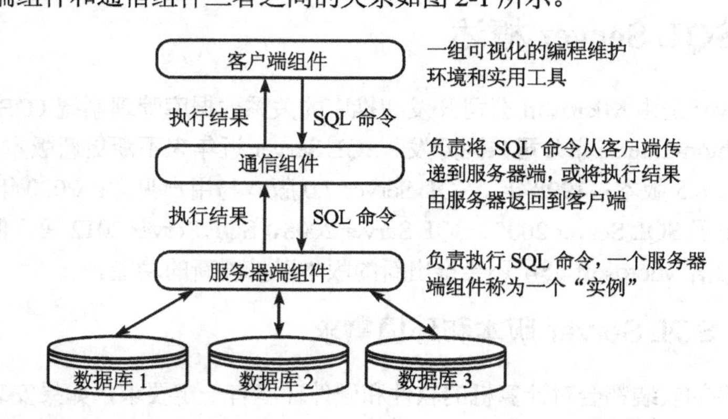

图 2-1　服务器端组件、客户端组件和通信组件三者之间的关系

① 客户端组件

- 对象资源管理器：配置服务器、管理服务器上的对象（数据库、表、列、约束等）。
- 查询编辑器：编写和执行 Transact-SQL 程序。
- 实用工具：网络配置工具、性能工具等。

② 服务器端组件

- 数据库引擎服务：执行 SQL 语句并返回结果。
- SQL Server 代理：自动执行 DBA 事先安排好的作业、监视事件、触发警报。
- Full-text Search 服务：全文检索服务。
- Analysis Services、Reporting Services 等。

③ 通信组件

- 进程通信组件：本地通信，如本地命名管道。
- 网络库组件：远程通信，包括 API 和协议。

（2）实例组、实例、数据库和基本表

在 SQL Server 中，一个服务器组件称为一个实例，一台计算机上可以安装多个实例，其中一个为默认实例，其他为命名实例，如图 2-2（a）所示。通过注册，一台计算机可以访问多个本地实例和远程实例，每个实例上可以创建多个数据库，每个数据库上可创建多张基本表。可以将一台计算机能够访问的实例按照一定的方式进行分组，这就是实例组。实例组、实例、数据库、基本表都可以用企业管理器来管理，它们之间的关系如图 2-2（b）所示。

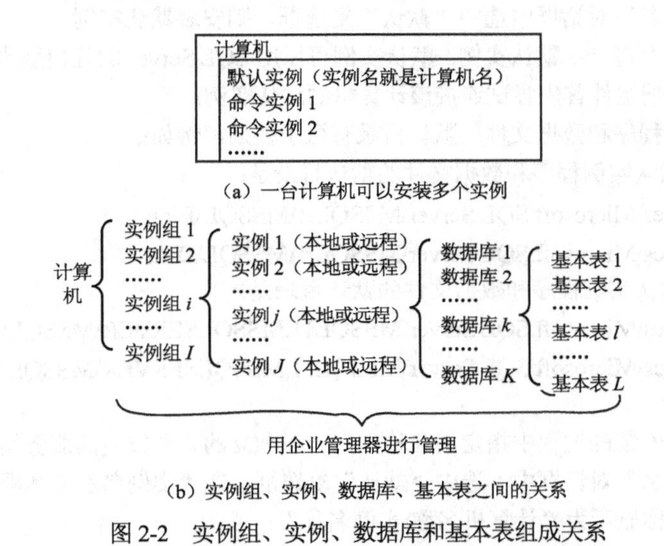

图 2-2　实例组、实例、数据库和基本表组成关系

2.1.3　SQL Server 安装注意事项

SQL Server 各种版本安装过程与其他 Microsoft Windows 系列产品类似，用户可以根据向导提示，选择需要的选项一步一步完成。

安装 SQL Server 服务器比较容易，但安装完成后要进行调整就比较困难了，特别是在使用一段时间且已经累积了很多数据信息后才发现某些性能必须改变，这种调整就显得更加艰难。因此，在安装开始之前就必须对相关问题有所准备，主要注意以下几个问题。

（1）数据文件的存储位置

在安装过程中，安装程序要求输入磁盘驱动器和安装 SQL Server 系统数据库的路径。数据文件的默认位置是 SQL Server 的根目录 C:\Program Files\Microsoft SQL Server\MSSQL.1\MSSQL 和子目录 DATA，可以根据需要修改默认目录，建议不要把数据安装在系统盘下。SQL Server 安装后自带 4 个系统数据库 master、msdb、model 和 tempdb，它们安装的磁盘驱动器要具有足够的空间来满足这些数据的扩充（每天要增加几兆空间）。

需要注意的是 SQL Server 运行时所需要的临时数据库 tempdb，要允许该文件在不超过数据库配置长度的前提下自动扩充。当 SQL Server 被关闭并重新启动时，该文件自动缩小到其初始长度，正是由于这个原因，最好要选择一个具有足够空间的驱动器或带区来适应该数据库的增长。除此之外，还要选择一个带区来为应用提供良好的磁盘读写性能。

（2）实例名

实例是 SQL Server 的工作单元。每个实例都由系统数据库和用户数据库组成，拥有独立的管理和运行环境。客户端应用程序通过指定实例的名称来访问数据库服务器。

SQL Server 支持在同一台主计算机上安装 SQL Server 的多个实例。

实例有系统默认实例和用户的命名实例。如果只需要安装唯一的 SQL Server 实例，则可以使用默认的实例名，如果需要安装多个 SQL Server 实例，则必须为每一个实例都指定一个不同的名称。

① 默认实例

默认实例由运行该实例的主计算机在网络中的名称进行标识。若计算机在网络中的名称是 Server，则默认实例的名称就为 Server。

安装时，在“实例名”对话框中选中“默认”复选框，则安装默认实例。

一台主计算机只能存在一个默认实例。默认实例可以用 SQL Server 的任何版本。应用程序连接指定的计算机名时，客户端组件首先尝试连接该计算机的默认实例。

不同版本默认实例程序和数据文件的默认目录有微小差别。例如：

SQL Server 2005 默认实例程序和数据文件的默认目录是：

C:\Program Files\Microsoft SQL Server\MSSQL.1\MSSQL\Binn

C:\Program Files\Microsoft SQL Server\MSSQL.1\MSSQL\Data

SQL Server 2012 默认实例程序和数据文件的默认目录是：

C:\Program Files\Microsoft SQL Server\MSSQL11.MSSQLSERVER\MSSQL\Binn

C:\Program Files\Microsoft SQL Server\MSSQL11.MSSQLSERVER\MSSQL\DATA

② 命名实例

命名实例是用户在安装的过程中指定的名称，由一组独立的、非重复的服务组成。

安装时，在“实例名”对话框中不选中“默认”复选框，在“实例名”文本框中输入实例名。安装结束后命名实例的名称显示为“计算机名称\实例名称”。

一台计算机可以安装多个 SQL Server 命名实例，用户操作某个实例不会混淆其他实例。

例如：

SQL Server 2005 命名实例程序和数据文件的默认目录是：

C:\Program\Files\Micrsoft SQL Server\ MSSQL.1\MSSQL$InstanceName\Binn

C:\Program\Files\Micrsoft SQL Server\ MSSQL.1\MSSQL$InstanceName\Data

SQL Server 2012 默认实例程序和数据文件的默认目录是：

C:\Program Files\Microsoft SQL Server\MSSQL11.MSSQLSERVER\MSSQL$InstanceName \Binn

C:\Program Files\Microsoft SQL Server\MSSQL11.MSSQLSERVER\MSSQL$InstanceName \DATA

SQL Server 实例的程序和数据文件的目录可以由用户选择。即在安装时，在“安装类型”对话框中单击“浏览”按钮进行选择。

（3）确定启动服务的账户

SQL Server 提供了两种启动服务的账户。

域用账户：使用 Windows 操作系统的用户账户启动 SQL Srver 服务。域用账户必须经过域控制器的身份验证，才能启动 SQL Server 服务。为了使 SQL Server 的服务在大多数网络环境中能正常工作，微软建议使用域用账户。

本地账户：本地账户不要口令，没有网络访问权限，同时限制 SQL Server 与网络中的其他服务器交互。

安装时的默认设置是域用账户。

（4）选择安全机制

SQL Server 有两种方式的安全机制。

Windows 身份验证模式：在该模式下，用户必须拥有有效的 Windows 用户账户，才能够建立到 SQL Server 的连接。

混合身份验证模式：在该模式下，除需要上述条件外，还需要拥有 SQL Server 的登录账户。SQL Server 管理员的账户是 sa，密码默认是空。所以安装时不要选择空密码，而要输入密码。若选择了空，完成安装后的第一件事则是修改密码。

为了保证两种模式都能够成功实现，SQL Server 必须安装在正确的 Windows 域环境中，否则就只能使用混合模式。

（5）选择排序规则

选择排序规则是非常重要的。如果在安装之后才发现选择不当，要重新选择排序规则，将不得不重新构建数据库，并重新加载数据。当数据庞大时，这种工作是非常繁重的。一般情况下，安装程序会根据操作系统的类型自动选择正确的选项，不需要用户过多参与。如果用户的应用程序代码依赖于早期版本 SQL Server 的排序规则，则必须慎重选择使用排序规则。

（6）选择合适的网络库

网络库也称为通信协议。SQL Server 在默认方式下安装 TCP/IP 协议。下面是几个常用的网络库。

① 命名管道协议

该协议是为局域网开发的协议。它的运行模式是内存的一部分被某个进程用来向另一个进程传递信息。因此，一个进程的输出就是另一个进程的输入。第二个进程可以是本地的，也可以是远程的。

② 共享内存

可供使用的最简单协议，没有可配置的设置。由于使用共享内存协议的客户端仅可以连接到同一台计算机上运行的 SQL Server 实例，因此它对于大多数数据库活动而言是没用的。如果怀疑其他协议配置有误，可以使用共享内存协议进行故障排除。

③ TCP/IP 协议

TCP/IP 是 Internet 上广泛使用的通用协议。它与互联网中硬件结构和操作系统各异的计算机进行通信，包括路由网络流量的标准，并能提供高级安全功能。TCP/IP 协议是目前在商业中最常用的协议。

2.1.4　SQL Server Management Studio 介绍

1．启动 SQL Server Management Studio

以 SQL Server 2012 为例，其他版本基本相同。

（1）在“开始”菜单上，依次指向“所有程序”、“Microsoft SQL Server 2012”，再单击 SQL Server Management Studio。

（2）在“连接到服务器”对话框中，验证默认设置，再单击“连接”，出现 SQL Server 2012 主界面，如图 2-3 所示。

Microsoft SQL Server Management Studio 主界面由以下几部分组成。

菜单条：SQL Server 的实际操作中使用并不多，大部分操作在树形结构中就可以完成。

工具条：如果不了解某个图标代表什么功能，只需将鼠标指针移到图标上，系统就会给出图标所代表的功能。

树形结构：树形结构是经常要使用的工具。图 2-3 左边展示了 Microsoft SQL Server Management

Studio 启动后树形结构的样子。加号表示这个分支可以打开。右键单击树形结构中的任何一项可以打开快捷菜单，这些菜单可以使用户在树形结构中操作相应的对象。

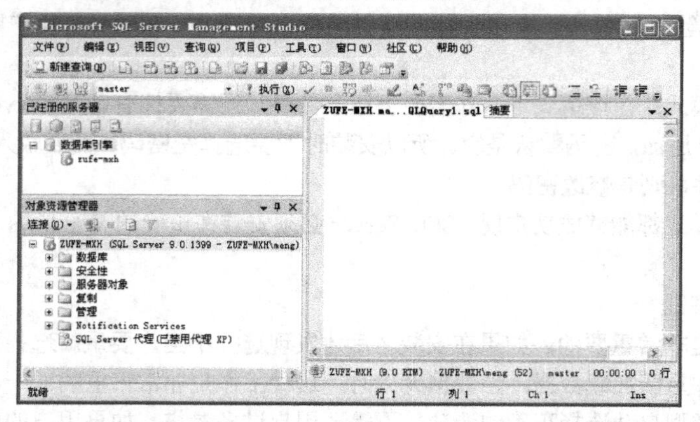

图 2-3　Microsoft SQL Server Management Studio 主界面

2. Management Studio 组件介绍

默认情况下，Management Studio 中将显示 3 个组件窗口。

（1）已注册的服务器窗口

已注册的服务器窗口列出的是经常管理的服务器。用户可以在此列表中添加和删除服务器。如果计算机上以前安装了 SQL Server 企业管理器，则系统将提示用户导入已注册服务器的列表。否则，列出的服务器中仅包含 Management Studio 的 SQL Server 实例。如果未显示所需的服务器，请在已注册服务器中右键单击 Microsoft SQL Server，再单击“更新本地服务器注册”。

（2）对象资源管理器窗口

对象资源管理器窗口是服务器中所有数据库对象的树视图，可以包括 SQL Server Database Engine、Analysis Services、Reporting Services、Integration Services 和 SQL Server Mpbile 的数据库。对象资源管理器还包括与其连接的所有服务器的信息。

（3）文档组件窗口

文档窗口是 Management Studio 中最大的部分，它可能包含查询编辑器和浏览器窗口。查询编辑器主要用于完成 SQL 查询、程序设计等，浏览器主要用于数据库表结构及数据的编辑浏览等。默认情况下，将显示当前计算机上的数据库引擎实例连接的摘要页。

2.1.5　分离和附加数据库文件

在 SQL Server 中，数据库文件和日志文件在磁盘上都是普通的操作系统文件。当数据库从 SQL Server 实例中分离出来后，就可以把数据库文件和日志文件复制出来（数据库在线时不能复制）。

1. 分离数据库并复制文件

方法一：使用对象资源管理器

步骤如下：

① 展开服务器组和服务器。

② 展开“数据库”文件夹。

③ 选择要分离的数据库，右键单击选择“任务”子菜单的分离数据库命令。

④ 在分离数据库对话框中选择“删除”，断开所有用户对该数据库的连接。

⑤ 单击“确定”，分离数据库。

⑥ 找到数据库和日志文件的存放位置，复制数据库文件和日志文件。

方法二：使用系统存储过程

① 运行 sp_detach_db　<’数据库名’>

② 复制数据库文件和日志文件。

2．附加数据库到系统

方法一：使用对象资源管理器

步骤如下：

① 展开服务器组和服务器。

② 右击“数据库”文件夹，选择子菜单中的“附加数据库”。

③ 在附加数据库对话框中，单击“添加”按钮，寻找附加的数据库文件和日志文件。

④ 单击“确定”按钮，新附加的数据库就出现在“数据库”文件夹下。

方法二：使用系统存储过程

运行 sp_attach_db　[@dbname =] '数据库名', [@filename1 =] '包括路径的数据库文件的物理名称' [,...16]。

注意：当一个数据库附加到 SQL Server 2012 之后，数据库的文件头将变化，也就不能再附加到较低的 SQL Server 版本，这就意味着低版本的数据库在向 SQL Server 2012 上附加时要做好备份。

2.2　网络协议配置

要实现多个服务器的使用，进行分布式查询，或者通过本地计算机管理别的远程主机上的服务器，再或者在远程计算机上实现针对本地服务器的管理工作，就必须实现同一个网络上两个 SQL Server 服务器之间的相互通信。为此，首先必须保证本地计算机（客户机）和远程服务器端（服务器）的网络连接设备的连通，如网线的畅通、网卡的正确安装等，其次是服务器的启动服务账户必须是域用账户，最后是两端之间网络库的正确配置。如果网线网卡有问题，可参看相关文献解决。启动服务账户前面已经介绍，下面主要介绍服务器和客户端网络库的正确配置

2.2.1　SQL Server 通信结构

1．SQL Server 通信方式

SQL Server 使用进程间通信机制实现客户端应用程序和 SQL Server 服务器之间的通信。当客户端和服务器在同一台计算机上时，客户端应用程序和服务器使用本地命名管道（Named Pipes）进行通信；当客户端应用程序和服务器运行在不同的计算机上时，即客户端使用远程服务器时，二者则使用网络进程进行通信。网络进程由以下两部分组成。

● API（应用程序接口）：一组函数，应用程序使用它向进程发送请求，并从进程检索结果。

● 协议：定义两个进程通信间所传递的信息格式。

一些 API 能够基于多种协议，如 TCP/IP 等。这些通信协议称为网络库，它们是一种比较高层的数据交换协议，用于在运行 SQL Server 的客户端和服务器之间传递网络数据包。

2．客户端和服务器通信实现过程

客户端调用数据库应用编程接口（API，如 OLE DB、ODBC、DB-Library）封装 SQL 请求到数据流包（TDS）。数据流包是 SQL Server 认识的数据格式。

客户端网络库将数据流包封装进网络包，并调用进程通信 API 向服务器传递客户请求。在传递过程中，如果是本地进程通信，则使用共享内存或本地命名管道；如果是网络进程通信，则客户端网络协议栈通过网络连接与服务器端网络协议栈进行通信。服务器端网络库从客户端传来的网络包中解出数据流包送给 SQL Server 数据库，处理用户的请求。操作完成后，SQL Server 将结果集打包到数据流包中，并利用服务器网络库将数据流包封装进网络包，返回给客户端应用程序。

服务器端可以有多个网络库，可以同时监听多个客户请求。客户端可以从多个安装的网络库中选取一个作为服务器端通信的默认网络库。

为保证客户和服务的正常通信：

- 客户端网络库必须是服务端网络库之一。
- 客户与服务端的网络协议必须一致。

2.2.2 配置服务器端网络协议

使用 SQL Server 配置管理器，可以配置服务器和客户端网络协议以及连接选项。如果用户需要重新配置服务器连接，以使 SQL Server 侦听特定的网络协议、端口或管道，则可以使用 SQL Server 配置管理器。

1. 使用 SQL Server 配置管理器启用要使用的协议

在使用 SQL Server 数据库时，用户可以根据需要使用不同的网络协议。通过 SQL Server 配置管理器可以实现选择何种网络协议。

（1）选择“开始|程序|Microsoft SQL Server |配置工具|SQL Server 配置管理器”命令，打开“SQL Server 配置管理器”窗口。

（2）在“SQL Server 配置管理器”窗口中，展开“SQL Server 网络配置”结点。

（3）在控制台窗格中，单击“<实例名>的协议”，本例中选择“MSSQLSERVER 的协议”。

（4）在细节窗格中，右击要更改的协议，在弹出的快捷菜单中选择“启用”或“禁用”命令，即可完成对该协议的配置操作。

注意：完成所有这些网络协议的配置后，必须重新启动数据库实例引擎，使修改的配置生效。

2. 为数据库引擎分配 TCP/IP 端口号

使用“SQL Server 配置管理器”为数据库引擎分配 TCP/IP 端口号，具体操作步骤如下。

（1）选择“开始|程序|Microsoft SQL Server|配置工具|SQL Server 配置管理器”命令，打开“SQL Server 配置管理器”窗口。

（2）在“SQL Server 配置管理器”窗口中，展开“SQL Server 网络配置”结点。

（3）在控制台窗格中，单击“<实例名>的协议”，本例中选择“MSSQLSERVER 的协议”。

（4）在细节窗格中，右击“TCP/IP”协议，在弹出的快捷菜单中选择“属性”命令，打开“TCP/IP 属性”对话框，并切换到“IP 地址”选项卡。

（5）在“IP 地址”选项卡上，显示了若干 IP 地址，格式为 IP1、IP2，直到 IPALL。这些 IP 地址中，有一个是用做本地主机的 IP 地址（127.0.0.1），其他 IP 地址是计算机上的各个 IP 地址。

如果“TCP 动态端口”选项框中包含 0，则表示数据库引擎正在侦听动态端口，请删除 0。在“TCP 端口”框中，输入希望此 IP 地址侦听的端口号。SQL Server 数据库引擎默认的端口号为 1433。

（6）单击“确定”按钮，即可完成为数据库引擎分配 TCP/IP 端口号的操作。

在配置完 SQL Server 协议后，使之侦听特定端口号，可以通过下列 3 种方法，使用客户端应用程序连接到特定端口。

- 运行服务器上的 SQL Server Browser 服务，按名称连接到数据库引擎实例。
- 在客户端上创建一个别名，制定端口号。
- 对客户端进行编程，以便使用自定义连接字符串进行连接。

3. 查看用户使用何种协议进行操作

用户可以在 SQL Server Management Studio 中新建查询，输入并执行如下语句，以查询用户使用何种协议进行操作。

```
Select net_transport
From sys.dm_exec_connections
Where session_id=@@spid
```

2.2.3 配置客户端网络协议

用户可以根据需要管理客户端网络协议，如启用或者禁用、设置协议的优先级等，以提供更加可靠的性能。

用户可以根据需要启用或禁用某一客户端协议，如 TCP/IP 协议，具体操作步骤如下。

（1）选择“开始|程序|Microsoft SQL Server|配置工具|SQL Server 配置管理器”命令，打开“SQL Server 配置管理器”窗口。

（2）展开“SQL Native Client 配置”结点。

（3）在控制台窗格中，右击“客户端协议”，在弹出的快捷菜单中选择“属性”命令，打开“客户端协议属性”对话框。

（4）单击“禁用的协议”框中的协议，单击“>”按钮来启用协议。如本例中启用了“TCP/IP”和“Named Pipes”协议。同样，可以通过单击“启用的协议”框中的协议，再单击“<”按钮来禁用协议。

（5）在“启用的协议”框中，单击“↑”或“↓”按钮，更改连接到 SQL Server 时尝试使用的协议的顺序。“启用的协议”框中最上面的协议是默认协议。

（6）单击“确定”按钮，完成配置客户端的网络协议。

2.3 添加新的注册服务器

在本地计算机上完成 SQL Server 数据库安装以后，第一次启动 SQL Server 时，SQL Server 会在本地计算机上自动完成数据库服务器的注册，即注册 SQL Server 的本地实例。如果只使用本地的这个默认实例，此时数据库系统已经准备好了。但一般情况下，要连接到其他服务器，首先要在 SQL Server Management Studio 工具中对服务器进行注册。注册类型包括数据库引擎、Analysis Services、Reporting Services、Integration Services 及 SQL Server Compact Edition。SQL Server Management Studio 记录并存储服务器连接信息，以供将来连接时使用。

2.3.1 新建注册服务器

注册连接的服务器，可以在 SQL Server Management Studio 工具中保存服务器的连接信息，因此可以方便注册服务器以便管理。新建注册服务器具体操作步骤如下。

（1）启动 SQL Server Management Studio 管理工具。

（2）在“已注册的服务器”工具栏上，右键单击“数据库引擎”。

（3）在快捷菜单中指向“新建|服务器注册”，打开“新建服务器注册”对话框。

（4）在“服务器名称”组合文本框中输入或选择希望注册的实例名称。

（5）在“连接属性”选项卡的“连接到数据库”列表中选择要连接的数据库。

（6）单击“保存”按钮，即可在“已注册的服务器”组件窗口中看到刚新建注册的服务器实例。

2.3.2 连接到数据库服务器

除了通过先注册，再连接到数据库服务器的方式之外，用户还可以直接通过“连接到服务器”对话框来连接到数据库服务器。具体操作步骤如下。

（1）选择“开始|程序|Microsoft SQL Server|SQL Server Management Studio”命令，打开“连接到服务器”对话框。

（2）在“服务器类型”下拉列表框中选择要连接到的 SQL Server 服务。一般包括数据库引擎、Analysis Services、Reporting Services、SQL Server Compact Edition 及 Integration Services。

（3）在“服务器名称”下拉列表框中，选择要连接到的 SQL Server 数据库服务器的实例名。也可以通过下拉列表中的“浏览更多…”，打开“查找服务器”对话框，来完成本地或网络服务器实例的选择输入。

说明：可以用“.\”来表示本机，例如“.\SQLExpress”表示本机下的 SQLExpress 数据库实例。远程数据库实例，建议采用“IP 地址\实例名”的形式来输入。

（4）在“身份验证”下拉列表框中选择身份验证模式。如果选择“SQL Server 身份验证”选项，还必须正确输入登录名和密码。此时，可以让系统记住输入的用户名和密码。

（5）单击“选项”按钮，打开“连接到服务器”连接属性页。在其中可以设置连接到的数据库、网络属性和连接属性以及是否需要加密连接等信息。

（6）正确设置以上所有参数后，单击“连接”按钮，即可连接到数据库服务器并打开 SQL Server Management Studio 管理环境。

2.4 链接服务器建立及其使用

链接服务器建立就是允许 SQL Server 对其他服务器上的 OLE DB 数据源进行访问操作，当然包括其他远程服务器上的 SQL Server 数据源。

2.4.1 链接服务器简介

链接服务器泛指 OLE DB 提供的程序和 OLE DB 数据源。

OLE DB 提供的程序是管理特定数据源和与特定数据源进行交互的动态链接库（DLL）。OLE DB 数据源标识可以通过 OLE DB 访问特定数据库。尽管通过链接服务器的定义所查询的数据源通常是数据库，但也存在适用于多种文件和文件格式的 OLE DB 提供程序，包括文本文件、电子表格数据和全文内容检索结果。

链接服务器具有以下优点。

（1）远程服务器访问

远程服务器访问是指用户通过本地 SQL Server 服务器能够访问到的网络上的其他 SQL Server 服务器。

一般情况下，用户对 SQL Server 数据库系统常用的访问方法是直接登录到所要访问的 SQL Server 服务器，然后根据个人权限访问服务器中不同的数据库对象。当网络中有多个 SQL Server 数据库服务器或实例时，用户要访问它们就需要分别登录，建立连接。这就要求用户在每个服务器上都有相应的登录标志和数据库用户名。

而采用链接服务器进行远程访问，用户利用本地服务器作为代理，只需登录到一个 SQL Server 服务器实例，然后通过它访问其他 SQL Server 实例。这时，用户不用登录到其他服务器即可执行它们中的存储过程，从而简化了用户登录操作。

（2）对整个企业内的异类数据源执行分布式查询、更新等事务

允许使用 SELECT、INSERT、UPDATE 和 DELETE 语句，也可以引用链接服务器上的视图、存储过程等数据对象。

（3）能够以相似的方式确定不同的数据源

表 2-1 所示为 OLE DB 对应需要的参数，在创建链接服务器时要根据不同的数据源对其参数进行设置。

表 2-1　OLE DB 对应需要的参数

远程 OLE DB 数据源	OLE DB 提供程序	产品名称 product_name	提供者名 provider_name	数据源 data_source	位置 location	连接字符 provider_string	catalog
SQL Server	用于 SQL Server 的 OLE DB 提供程序	—	SQLOLEDB	服务器名\实例名(对于特定实例)	—	—	数据库名称（可选）
Oracle	用于 Oracle 的 OLE DB 提供程序	任何	MSDAORA	用于 Oracle 数据库的 SQL* Net 别名	—	—	—
Access/Jet	用于 Jet 的 OLE DB 提供程序	任何	Microsoft.Jet.OLEDB.4.0	Jet 数据库文件的完整路径名	—	—	—
ODBC 数据源	用于 ODBC 的 OLE DB 提供程序	任何	MSDASQL	ODBC 数据源的系统 DSN	—	—	—
ODBC 数据源	用于 ODBC 的 OLE DB 提供程序	任何	MSDASQL	—	—	ODBC 连接字符串	—
文件系统	用于索引服务的 OLE DB 提供程序	任何	MSIDXS	索引服务目录名称	—	—	—
Microsoft Excel 电子表格	用于 Jet 的 OLE DB 提供程序	任何	Microsoft.Jet.OLEDB.4.0	Excel 文件的完整路径名	—	Excel 5.0	—
IBM DB2 数据库	用于 DB2 的 OLE DB 提供程序	任何	DB2OLEDB	—	—	参见用于 DB2 OLE DB 提供程序	DB2 数据库的目录名

2.4.2　创建链接服务器

创建链接服务器就是在 SQL Server 服务器上注册链接服务器的连接信息和数据源信息。注册以后，用户可以使用链接服务器唯一的逻辑名访问该数据源。创建链接服务器可以使用系统存储过程或使用企业管理器。

使用的系统存储过程是 sp_addlinkedserver。

语法格式：

```
sp_addlinkedserver [@server = ] 'server'
        [,[@srvproduct = ] 'product_name']
        [,[ @provider = ] 'provider_name' ]
        [,[@datasrc = ] 'data_source']
        [,[@location = ] 'location']
        [,[@provstr = ] 'provider_string']
        [,[@catalog = ] 'catalog']
```

参数说明：

① [@server =] 'server'为要创建的链接服务器的名称或 IP 地址，server 的数据类型为 sysname，没有默认设置。

② [@srvproduct =] 'product_name'为要添加为链接服务器的 OLE DB 数据源的产品名称。product_name 的数据类型为 nvarchar(128)，默认设置为 NULL。

③ [@datasrc =] 'data_source'为由 OLE DB 提供程序解释的数据源名称。data_source 的数据类型为 nvarchar(4000)，默认设置为 NULL。

④ [@location =] 'location'为 OLE DB 提供程序所解释的数据库的位置。location 的数据类型为 nvarchar(4000)，默认设置为 NULL。

⑤ [@provide=] 'provide_name '为与此数据源对应的的 OLE DB 访问接口的唯一编程标识符（ProgID），数据类型为 nvarchar(128)，默认设置为 NULL。

⑥ [@provstr =] 'provider_string'为 OLE DB 提供程序特定的连接字符串，它可标示唯一的数据源。provider_string 的数据类型为 nvarchar(4000)，默认设置为 NULL。

⑦ [@catalog =] 'catalog'为建立 OLE DB 提供程序的连接时所使用的目录。catalog 的数据类型为 sysname，默认设置为 NULL。

返回代码值：0（成功）或 1（失败）。

例如，执行 sp_addlinkedserver 以创建链接服务器访问远程 Access 数据库，指定 Microsoft.Jet.OLEDB.4.0 作为 provider_ name，并指定 Access 的.mdb 数据库文件的完整路径名作为 data_source。.mdb 数据库文件必须驻留在远程服务器上。data_source 在服务器（而不是客户端）上进行计算，且路径必须是服务器上的有效路径。

在本地服务器上可以模拟创建链接服务器。

假设本地服务器已经安装了 Microsoft Access，并在其下建立了“教学管理”数据库，且数据库存放在 d:\samples 下，数据库中建有若干表。下面的程序创建名为“MyAccess”的链接服务器。

```
USE master
GO
EXEC sp_addlinkedserver
   @server = 'MyAccess',
   @srvproduct = 'OLE DB Provider for Jet',
   @provider = 'Microsoft.Jet.OLEDB.4.0',
   @datasrc = 'd:\samples\教学管理.mdb'
GO
```

2.4.3 创建链接服务器登录标志

建立链接服务器之后，为了使用户能够通过 SQL Server 服务器访问链接服务器，需要在链接服务器和 SQL Server 服务器之间建立登录标志映射关系，也就是建立 SQL Server 服务器中的登录标识在链接服务器上所对应的账户。

系统存储过程是 sp_addlinkedsrvlogin。

语法格式：

```
sp_addlinkedsrvlogin
[ @rmtsrvname = ] 'rmtsrvname'
[ , [ @useself = ] 'useself' ]
[ , [ @locallogin = ] 'locallogin' ]
```

```
[ , [ @rmtuser = ] 'rmtuser' ]
[ , [ @rmtpassword = ] 'rmtpassword' ]
```

参数说明：

① [@rmtsrvname =] 'rmtsrvname'为应用登录映射的链接服务器名称。rmtsrvname 的数据类型为 sysname，没有默认设置。

② [@useself =] 'useself '为决定用于连接到远程服务器的本地登录。useself 的数据类型为 varchar(8)，默认设置为 TRUE。

③ [@locallogin =] 'locallogin'为本地服务器上的登录名称。locallogin 的数据类型为 sysname，默认设置为 NULL。

④ [@rmtuser =] 'rmtuser'为当 useself 为 false 时，用来连接远程用户的用户名，rmtuser 的数据类型为 sysname，默认设置为 NULL。

⑤ [@rmtpassword =] 'rmtpassword'为与 rmtuser 相关的密码。rmtpassword 的数据类型为 sysname，默认设置为 NULL。

返回代码值：0（成功）或 1（失败）。

注意：

- 当用户登录到本地服务器，并执行分布式查询，以访问链接服务器上的表时，本地服务器必须登录到链接服务器上，代表该用户访问该表。
- 不能从用户定义的事务中执行 sp_addlinkedsrvlogin。
- 只有 sysadmin 和 securityadmin 固定服务器角色的成员才可以执行 sp_addlinkedsrvlogin。

比如将上述创建的链接服务器 MyAccess 定义登录映射，使得本地用户 zufe-mxh\ meng（zufe-mxh 是本地计算机名或 IP 地址，meng 是登录本地机的用户名。一般计算机刚开始的用户名多为 Administrator）可以访问名为 MyAccess 链接服务器，其中登录映射定义为用户名 Admin（名字可以任意起），密码为 NULL。下面的程序创建本地用户登录 MyAccess 链接服务器的标识。

```
sp_addlinkedsrvlogin 'MyAccess', false, 'zufe-mxh\meng', 'Admin', NULL
GO
```

2.4.4　访问链接服务器

链接服务器是已定义到 SQL Server 2000 的虚拟服务器，其中包含了访问 OLE DB 数据源所需的全部信息。访问链接服务器上的数据对象，首先要链接服务器名称，使用系统存储过程 sp_addlinkedserver 定义，再使用 sp_addlinkedsrvlogin 将本地 SQL Server 登录映射为链接服务器中的登录，这两个过程的详细说明如上所述。下面是对不同类型数据源创建链接服务器并访问的实例。

在 T-SQL 语句中，指定数据库对象可以使用两种对象名：完全限定名和部分限定名。

完全限定名是访问对象的全名，它包含 4 部分：服务器名、数据库名、所有者名和对象名。其格式如下：

```
ServerName.DataBaseName.OwnerUserName.TableName
```

部分限定名是未指出的部分，使用默认值，当省略指出部分时，圆点符号“.”不能省略。

从名为 MyAccess 的链接服务器中检索数据库“教学管理”中 student 表的所有行。这里只需使用部分名称结构。程序如下：

```
SELECT *
FROM MyAccess...student
```

2.4.5 访问链接服务器的实例

【例 2-1】 创建链接服务器以访问 SQL Server 数据库。

创建一个名为 LinkSQLSrvr 的链接服务器，以便对运行于网络名称为 zufe-mxh 的服务器上的 SQL Server 实例进行操作。程序如下：

```
--创建链接服务器
sp_addlinkedserver
   @server = 'LinkSqlSrvr',
   @srvproduct = '',
   @provider ='SqlOLEDB',
   @datasrc = 'zufe-mxh'            --必须是真正存在的服务器名称或 IP 地址
GO
或
sp_addlinkedserver N'LinkSqlSrvr', ' ', N'SqlOLEDB', N'zufe-mxh'
GO
```

将本地登录 sa 的访问权限映射到名为 LinkedSQLSrvr 的链接服务器上的 SQL Server 授权登录 meng（名字可以任意起）。程序如下：

```
sp_addlinkedsrvlogin 'LinkSqlSrvr', false, 'sa', 'meng', NULL
GO
```

在链接服务器中访问 SQL Server 数据库的表时，必须使用完全限定名 LinkedServerName.DataBaseName.OwnerUserName.TableName 进行引用。下面是对 SQL Server 数据库 master 的 sysobjects 表的查询。

```
SELECT *
FROM LinkSqlSrvr.master.dbo.sysobjects
GO
```

【例 2-2】 创建链接服务器以访问 Excel 电子表格。

创建访问 MyExcel 电子表格的链接服务器，程序如下：

```
sp_addlinkedserver N'LinkExcel', N'Jet 4.0',
                   N'Microsoft.Jet.OLEDB.4.0',
                   N'd:\samples\mysheet.xls', NULL, N'excel 5.0'
GO
```

定义登录映射，使得本地 SQL Server 用户 sa 或本地 Windows 用户 zufe-mxh\meng 可以访问链接服务器 MyExcel 上的\MySheet.xls 电子表格，程序如下：

```
sp_addlinkedsrvlogin 'LinkExcel', false, 'sa', 'Admin', NULL
```

或

```
sp_addlinkedsrvlogin 'LinkExcel', false, 'zufe-mxh\meng', 'Admin', NULL
GO
```

若要访问 MyExcel 链接服务器上的电子表格中的数据，需要将单元范围与表格名称相关联。下面的查询能够访问名为 Sheet1 的表格范围中的数据。这里也不能使用完全限定名称结构。

```
SELECT *
FROM LinkExcel...Sheet1$
GO
```

【例 2-3】创建链接服务器以访问 Oracle 数据库实例。

将一个 SQL*Net 别名定义为 OracleDB，创建链接服务器 LinkOrclDB。程序如下：

```
sp_addlinkedserver 'LinkOrclDB', 'Oracle', 'MSDAORA', 'OracleDB'
GO
```

通过 Oracle 登录名 OrclUsr 和密码 OrclPwd 将 SQL Server 登录 Zufe-mxh\meng 映射到链接服务器，程序如下：

```
sp_addlinkedsrvlogin 'LinkOrclDB', false, 'Zufe-mxh\meng', 'OrclUsr',
'OrclPwd'
GO
```

每个 Oracle 数据库实例仅有一个名称为空的目录。Oracle 链接服务器中的表必须使用 4 部分名称格式 OracleLinked.ServerName.OwnerUserName.TableName 进行引用。例如，以下 SELECT 语句引用 Oracle 用户 mary 在 OrclDB 链接服务器映射的服务器上所拥有的表 sales。

```
SELECT *
FROM LinkOrclDB..mary.sales
GO
```

实验与思考

目的和任务

（1）了解安装 SQL Server 2005、SQL Server 2008 或 SQL Server 2012 的硬件要求和软件环境。

（2）掌握上述某个 SQL Server 的安装方法。

（3）掌握注册和配置 SQL Server 服务器的方法。

（4）对象资源管理器和查询编辑器的使用。

（5）熟悉链接服务器的概念。

（6）掌握链接服务器的创建和使用。

实验内容

（1）安装 SQL Server 2005 或 SQL Server 2008 或 SQL Server 2012。

（2）查看安装完成后的 SQL Server 的目录结构。

（3）注册服务器并和数据库连接。

（4）查看设置安全认证模式。

① 打开对象资源管理器。

② 右键单击要设置认证模式的服务器，从快捷菜单中选择“属性”选项，则出现 SQL Server 属性对话框。

（5）查询编辑器的使用。

① 选择要执行的数据库“master”。

② 在编辑器中输入以下语句，注意观察录入文本的颜色。

```
SELECT * FROM sysobjects WHERE name= 'sysrowsets'
```

③ 使用查询菜单的“执行”命令，执行 SQL 脚本。

④ 将 SQL 脚本以文件名 SQL02-01.SQL 保存。

（6）创建和使用链接服务器。

① 在 d:\samples 上建立 mysheet.xls 文件，输入数据。

② 在查询编辑器中输入例 2-2 的例子。

③ 用 Windows 本地用户定义登录映射。

④ 执行查询。

⑤ 用 SQL Server 本地用户定义登录映射。

⑥ 执行查询。

（7）分离某个用户数据库，然后再附加进系统。

问题思考

（1）安装 SQL Server 前为什么要进行系统规划？

（2）如何更改 SQL Server 的身份验证方式？

（3）试一试把安装后的数据文件移到另一个路径下，SQL Server 是否还可以启动和使用？

（4）查询编辑器中引用字符型数据时，可以用双引号吗？

（5）查询编辑器中输入 SELET 和 SELECT 的颜色一样吗？为什么？有什么作用？

第 3 章

SQL Server 数据库结构和管理

SQL Server 能够支持多个数据库。在一个服务器上最多可以创建 32767 个数据库。创建数据库的用户将成为该数据库的拥有者。数据库中的数据及各逻辑对象存储在操作系统文件或文件组中。对于用户来说创建一个数据库并不难，但对创建前数据库的物理存储规划和逻辑存储规划往往重视不够，因此使得创建的数据库在实际使用中不是很理想。

本章将花比较大的篇幅对数据库的物理存储和逻辑存储进行介绍，比如数据文件的使用分配、事务日志文件的结构、数据库的逻辑组织等，目的是希望读者通过学习了解数据库的这些存储原理，更合理地规划所要创建的数据库（比如一个数据库是用一个操作系统文件存储好，还是把它分成多个操作系统文件存储比较好），从而创建的数据库更接近实际，在实际中更好用。本章还将给出大量创建和管理数据库的实例和配置数据库的实例。

3.1　数据库物理存储结构

数据库管理系统体系结构最底层的管理器从原理上讲都可以统称为磁盘空间管理器，所以，数据库的物理存储是指数据库的数据以什么方式存储在计算机磁盘上，又是怎么在磁盘空间管理器管理下运行的。

3.1.1　数据库文件和文件组

数据库在磁盘上是以文件为单位存储的，由数据库文件和事务日志文件组成，一个数据库至少应该包含一个数据库文件和一个事务日志文件，有时可能还包括次要文件和多个事务日志文件。

- 主数据库文件（Primary Database File）：数据库的起点，可以指向数据库中文件的其他部分。每个数据库都有一个主数据库文件。文件扩展名一般是.mdf。
- 次数据库文件（Secondary Database File）：有的数据库可能没有次数据文件，而有的数据库则有多个次数据文件。文件扩展名多是.ndf。
- 事务日志文件：日志文件包含恢复数据库所需的所有日志信息。每个数据库必须至少有一个日志文件，但可以不止一个。推荐的文件扩展名是.ldf。

图 3-1 所示为 SQL Server 2000 在默认实例上按默认存储位置创建的数据库文件示例，它有一个主数据库文件、两个次数据库文件和两个日志文件。

其他版本存储子目录有所变化，如 SQL Server 2012 版本默认实例存储位置是 C:\Program Files\Microsoft SQL Server\MSSQL11.MSSQLSERVER\MSSQL\DATA

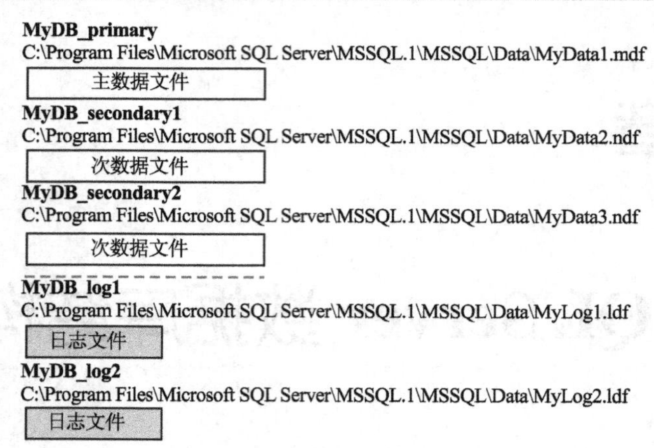

图 3-1　创建的数据库文件存储

为了便于分配和管理，SQL Server 允许将多个文件归纳为同一组，并赋予此组一个名称，这就是文件组。文件组能够控制各文件的存放位置，其中的文件常建立在不同的硬盘驱动器上，这样可以减轻单个磁盘驱动器的存储负载，提高数据库的存储效率，从而达到提高系统性能的目的。

在存储数据时，SQL Server 采用按比例填充的策略使用文件组内每个文件所提供的存储空间。例如，如果一个服务器上有 4 个可供数据库使用的硬盘，提供给数据库的最大存储空间分别为 100 MB、200 MB、300 MB 和 100 MB，我们可以在前面 3 个硬盘上建立一个数据文件组，包含 3 个文件，每个硬盘上分配 1 个文件，在第 4 个硬盘上建立数据库的日志文件，当发生数据库的读写操作时，日志数据写入第 4 个硬盘，而数据库数据写入前 3 个硬盘。在写入数据时，SQL Server 根据文件组内每个数据文件中剩余的空间大小按比例分配写入其中的数据量，即 1:2:3。这样不但保证文件组内每个文件的空间基本上同时用完，而且将一次磁盘操作同时分配给多个磁盘控制器，可以减轻每个磁盘的负载，从而提高写入速度。

在 SQL Server 中建立数据文件和文件组时，应注意以下两点：

① 每个数据文件或文件组只能属于一个数据库，每个数据文件也只能成为一个文件组的成员。也就是说，数据文件不能跨文件组使用，数据文件和文件组不能跨数据库使用。

② 日志文件是独立的，它不能作为其他数据文件组的成员。即数据库内的数据和日志不能存入相同的文件或文件组。

与数据库文件一样，文件组也分为主文件组（Primary File Group）和次文件组（Secondary File Group）。

① 主文件组：包含主数据文件和所有未被包含在其他文件组里的文件。在创建数据库时，如果未指定其他数据文件所属文件组，这些文件将归属于主文件组。数据库的系统表都包含在主文件组中，所以，当主文件组的空间用完后，将无法向系统表中添加新的目录信息。

② 次文件组：也称为用户自定义文件组，包括所有使用数据库创建语句（CREATE　DATABASES）或数据库修改语句（ALTER　DATABASES）时使用 FILEGROUP 关键字指定的文件。

任何时候，只能有一个文件组是默认文件组。默认情况下，主文件组被认为是默认文件组。

使用数据文件和文件组应注意以下几点。

① 创建数据库时，允许数据文件能够自动增长，但要设置一个上限，否则有可能充满磁盘。

② 主文件组要足够大以容纳所有的系统表，否则新的信息就无法添加到系统表中，数据库也就无法追加修改。

③ 建议把频繁查询的文件和频繁修改的文件分放在不同的文件组中。

④ 把索引、大型的文本文件和图像文件放到专门的文件组中。

3.1.2　数据文件的使用分配

1. 基本知识

数据库管理系统体系结构底层的这些管理器，从原理上讲都可以统称为磁盘空间管理器，磁盘空间管理器支持作为数据单元的页的概念，并且提供分配、回收页和读写页的命令。通常以磁盘块的大小作为页的大小，并且将页以磁盘块的方式存储起来，以便在一次磁盘 I\O 中就能完成一页的读写。

为一连串的页分配连续的磁盘块来存放那些需要频繁地按顺序访问的数据是非常有用的。对发挥顺序访问磁盘块的优势来说，这种能力是必需的。如果有必要，这种能力也可以由磁盘空间管理器提供。

总之，磁盘空间管理器隐藏了底层硬件和操作系统的细节，并允许数据库管理系统的高层软件把数据看成是页的集合。因此，在 SQL Server 的体系结构中有专门的页管理器和文本管理器。

在 SQL Server 中，数据文件存储的基本单位是页，页的大小是 8 KB。这就意味着 SQL Server 数据库每兆字节有 128 页。每页的开始部分是 96 字节的页首，用于存储系统信息，如页的类型、页的可用空间量、拥有页的对象 ID 等。根据页面所存储的不同信息，可以将它划分为 8 种类型。

表 3-1 所示为 SQL Server 数据库的数据文件中的 8 种页类型。

表 3-1　SQL Server 数据库的数据文件中的 8 种页类型

页　类　型	内　　容
数据页面	存储数据行中除 TEXT、nNTEXT 和 IMAGE 列数据以外的数据
文本/图像页面	存储数据行中的 TEXT、nNTEXT 和 IMAGE 列数据
索引页面	存储索引项
全局分配映射页面	存储数据文件的区域分配信息
页的可用空间信息页面	存储数据文件中可用的空闲页面信息
索引分配映射页面	存储表或索引所使用的区域信息
大容量更改信息页面	存储有关自上次执行 BACKUP LOG 语句后大容量操作所修改的扩展盘区的信息
差异更改信息页面	存储有关自上次执行 BACKUP DATABASE 语句后更改的扩展盘区的信息

2. 数据页面存储格式

（1）数据页面

在 SQL Server 中，数据文件的页按顺序编号，这个编号称为页码。文件首页的页码是 0。众多数据页构成一个数据文件，每个数据文件都有一个文件 ID。在数据库中唯一标识的一页需要同时使用文件 ID 和页码。

数据页中数据由数据行组成，数据行中包含除 TEXT、NTEXT 和 IMAGE 数据外的所有数据，TEXT、NTEXT 和 IMAGE 数据存储在单独的页中。在数据页上，数据行紧接着页首按顺序放置。在页尾有一个行偏移表。页上的每一行在行偏移表中都有一个条目，每个条目记录对应行的第 1 字节与页首的距离。行偏移表中的条目序列与页中行的序列相反。数据页面的存储结构如图 3-2 所示。

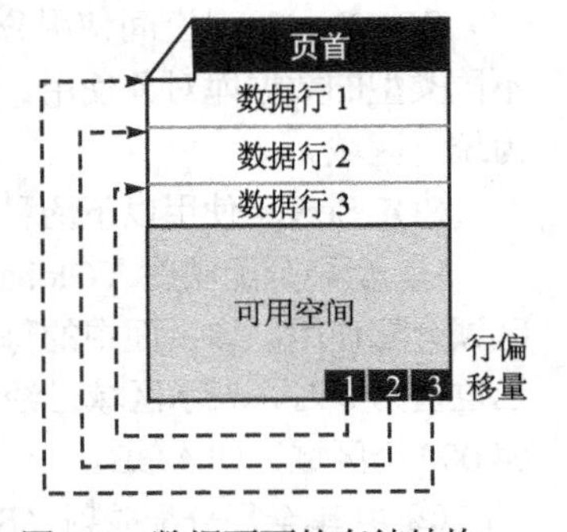

图 3-2　数据页面的存储结构

页首占用每个数据页的前 96 字节，剩余的 8096 字节用于数据和行偏移数组。

（2）数据行

紧跟着页头的就是存储表的真正数据行区域。单个数据行的最大长度是 8060 字节。

数据行不能跨页存储（文本和图像例外）。页内数据行的多少依赖于表的结构和要存储的数据。

如果一个表的所有列都是定长的，那么该表在每一页上存储相同数目的行。

如果一个表中有变长列，那么该表总是在每一页上存储尽可能多的行。

数据行越短，每一页存储的行数就越多。

（3）行偏移表

当单行数据长度为最大 8060 字节时，行偏移表占用 8096 − 8060 = 36 字节。

但实际中一个数据行大多不是 8060 字节，往往比这个数字小，所以数据行占用的总字节数目和行偏移表占用的总字节数是系统动态调整的，数据行字节越少，行偏移表字节越多，反之，数据行字节越多，行偏移表字节越少，但不能少于 36 字节。

每两个字节构成一个条目块，每个条目表示页中相关数据行第 1 字节相对页首的偏移量。

注意： *行偏移数组表示的是页中数据行的逻辑顺序，不是物理顺序。真正的物理顺序与聚集索引有关。*

（4）页面链接

每个表或索引视图的数据行一般都分开存储在多个 8 KB 数据页中。如上所述，每个数据页都有一个 96 字节的页头，其中包含拥有该页的表的标志符（ID）这样的系统信息，也包含指向下一页及前面用过的页的指针，如图 3-3 所示。

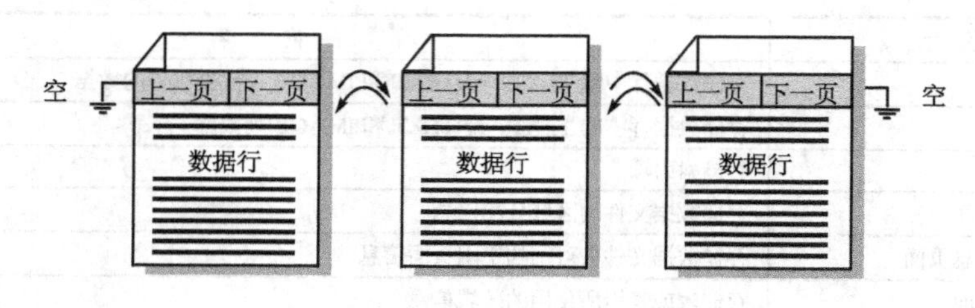

图 3-3　页面链接

3. SQL Server 空间使用分配

SQL Server 数据库是存储表和索引的，向表或索引分配空间的基本单位为区域，一个区域长度为 8 个连续的页面，也就是 64 KB。区域分为以下两种类型。

① 统一区域：区域中的 8 个页面只能存储同一种数据库对象。

② 混合区域：区域中不同页面可以存储不同的数据库对象。1 个混合区域最多可以存储 8 种数据库对象。

SQL Server 对空间使用分配时，当数据库对象中的数据较少时，可以分配混合区域，供数据库中不同类型的数据库对象使用。但当同种数据库对象所占用的空间达到 8 个页面时，可以再将它们转换为统一区域。

SQL Server 使用以下两种类型的分配映射页面记录区域的分配使用情况。

① 全局分配映射（Global Allocation Map，GAM）页面：用来记录哪些区域已经作为何种类型的区域分配使用。该页面中的每一位记录一个区域的分配情况，当位值为 1 时，说明区域为空闲区域，当位值为 0 时，表示区域已经被分配使用。由于每个页面大小为 8 KB，所以一个 GAM 页面能够覆盖 64 000 个区域，即 4 GB。

② 共享全局分配映射（Shared Global Allocation Map，SGAM）页面：用来记录有空闲页面的混合区域，而且至少有一页未被使用。每个 SGAM 页面覆盖 64 000 个区域。当位值为 1 时，说明区域

为混合区域，并且其中有空闲页面；当位值为0时，说明相应的盘区未被用做混合区域，或者它是一个没有空闲页可分配的混合区域。

表3-2说明了区域可能的位值设置情况。

表3-2 区域在GAM和SGAM页面中的位值设置

区域使用情况	GAM位值	SGAM位值
空闲，未分配使用	1	0
统一区域或其中页面全部用完的混合区域	0	0
混合区域并且其中有空闲页面	0	1

SQL Server在分配统一区域时，首先在GAM中查找到一个位值为1的位，然后将其设置为0；而在分配混合区域时，首先在GAM中查找到一个位值为1的位，并将其值设置为0，再将SGAM页面中对应位值设置为1。当释放一个区域时，SQL Server将GAM和SGAM页面中的对应位分别设置为1和0。所以如果SQL Server需要找到一个新的、完全未被使用的区域，就可以使用GAM页面中相应位值是1的所有区域；如果SQL Server需要找到一个可用的空间的混合区域，那么GAM页面中对应位值是0，而且SGAM页面中对应位值是1的任何区域就都满足条件。

在任何SQL Server数据库文件中，页面0（即第1页）永远是文件头页面，而且每个文件只能有一个文件头页面存在，页面1（即第2页）是PFS（Page Free Space）页，即页面自由空间页面，第一个GAM页面总是页2（即第3页），之后，每隔64 000个区域就建立另一个GAM或SGAM页面。

4. 索引分配映射管理

索引分配映射（IAM）页面管理堆或索引所分配区域的使用情况，它是根据每一个对象的需要来分配的。每个IAM页面的页面头记录该IAM页面所映射区域范围的起始区域，其映射区中的每一位说明一个区域的使用状态，其中第1位代表IAM页面所映射区域范围内的第1个区域，第2位代表第2个区域，等等。当映射区中某位为0时，说明该位所映射的区域仍未分配给拥有该IAM页面的对象使用；当其值为1时，说明该位所映射区域已经分配给拥有该IAM页面的对象使用。

每个堆或索引可以有一个或多个IAM页面记录分配给该对象区域的使用情况，堆或索引在每个分配有区域的数据文件中至少有一个IAM页面。这些IAM页面在数据文件中没有固定的位置，它们根据需要进行分配，并随机定位。一个对象的所有IAM页面组成一个链表，其第一个IAM页面的位置记录在sysindexes系统表的FirstIAM列内。所以，根据FirstIAM列和IAM页面链表就可以查找到一个对象的所有IAM页面。SQL Server确定某个页面属于某个表的唯一方法就是检查该表的IAM页。

5. 自由页面及页面空间管理

一旦一个区域分配给某个对象，就可以向这些区域的页中插入数据。如果数据被插入到B树，那么新数据的位置基于它在B树内的顺序，如果数据被插入到堆中，新数据就可以插入到任何有空闲区域的地方。在数据库文件中，SQL Server使用PFS（Page Free Space）页面记录每个单独的页是否已经被分配，以及页面中的空间使用情况，即全部空闲、1%～50%满、51%～80%满、81%～95%满，还是96%～100%满。当SQL Server需要分配新的页面，或者查找到有自由空间页面时，它使用PFS页面中的这些信息。数据库文件的第2页（页面1）是第一个PFS页，其后每经过8088页就又是一个PFS页。

SQL Server使用IAM页面和PFS页面在已经分配的区域内为新插入的数据行查找空闲的页面空间，如果在这些区域内不能查找到足够的空间，它将分配给一个新的区域给数据库对象。

3.1.3 事务日志文件结构

1. 事务日志

每个SQL Server数据库都有事务日志，用以记录所有事务和每个事务对数据库所做的修改，目的是一旦数据库出现故障，可以迅速执行前滚、重做等操作，从而保证数据库数据的一致性。为了获得最大的吞吐效果，日志管理器在内存中建立了两个或更多的快速缓冲区，在检索数据时，它将数据读入该缓冲区，而在修改数据时，它并不是直接修改磁盘中的数据，而是先在缓冲区中建立修改数据副本，之后在页面刷新时再将它们写入磁盘。当出现当前日志缓冲区爆满的时候，备用的快速缓冲区就立即启用。每当对缓冲区中的数据页面进行修改时，SQL Server 自动在日志缓存中构造该操作的日志记录。每个日志记录由日志序列号所标识（Log Sequence Number，LSN），一个新的日志记录的日志序列号均大于其前面记录的日志序列号，新的日志记录被写在日志的逻辑尾部。

日志记录所记录的操作类型如下：

- 每个事务的开始和结束。
- 数据的插入、修改和删除操作等。
- 事务操作的对象。
- 修改前数据的旧值，修改后数据的新值。
- 区域的分配和释放。
- 表和索引的创建和删除。

在数据库修复阶段所需要的事务日志称做事务日志的有效部分，事务日志有效部分中起始记录的日志序列号叫做最小恢复日志序列号（MinLSN）。MinLSN 之前的日志记录对数据库修复操作没有任何用途，但是在数据库日志备份和恢复操作时仍需要事务日志有效部分之前的日志记录，使用它们能够前滚数据库故障点之前的修改内容。

日志记录删除操作称为截断数据库日志。如果一直不截断一个数据库的事务日志，其日志记录最终可能消耗完整个日志文件空间。默认时，在日志备份后，SQL Server 会自动删除日志中的不活动部分。

2．事务日志的物理存储

一个数据库事务日志可以对应一个或多个物理文件，SQL Server 在内部又将每个物理日志文件分成许多个虚拟日志文件。虚拟日志文件没有固定大小，且物理日志文件所包含的虚拟日志文件数不固定。在创建或扩展日志文件时，SQL Server 动态地选择虚拟日志文件的大小。虚拟日志文件的大小或数量不能由管理员配置或设置，而由 SQL Server 代码动态确定。

事务日志是回绕的日志文件。例如，假设有一个数据库，它包含一个分成 4 个虚拟日志文件的物理日志文件。当创建数据库时，逻辑日志文件从物理日志文件的始端开始。在逻辑日志的末端添加新的日志记录，逻辑日志就向物理日志末端增长。截断操作发生时，删除最小恢复日志序号（MinLSN）之前的虚拟日志内的记录，这部分日志记录所占用的空间即可被重复使用。这一过程如图 3-4 所示。

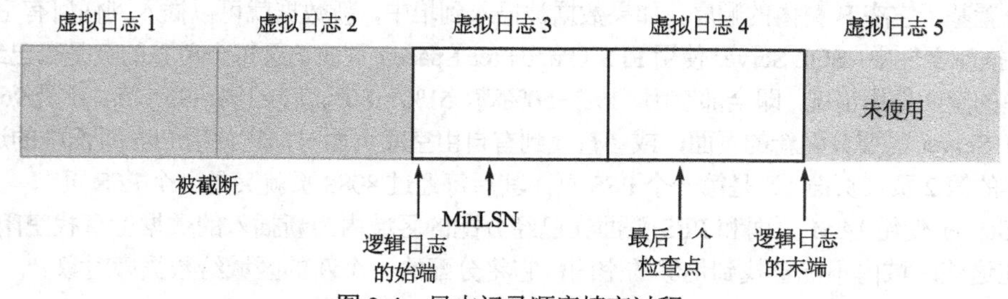

图 3-4　日志记录顺序填充过程

当逻辑日志的末端到达物理日志文件的末端时，新的日志记录绕回物理日志文件的始端，如图 3-5 所示。这个循环不断重复，只要逻辑日志的末端不到达逻辑日志的始端。如果经常截断旧的日志记录，使得总能为下一个检查点创建的所有新日志记录保留足够的空间，那么日志永远不会填满。然而，如果逻辑日志的末端真的到达了逻辑日志的始端，SQL Server 将执行下面两方面的操作：

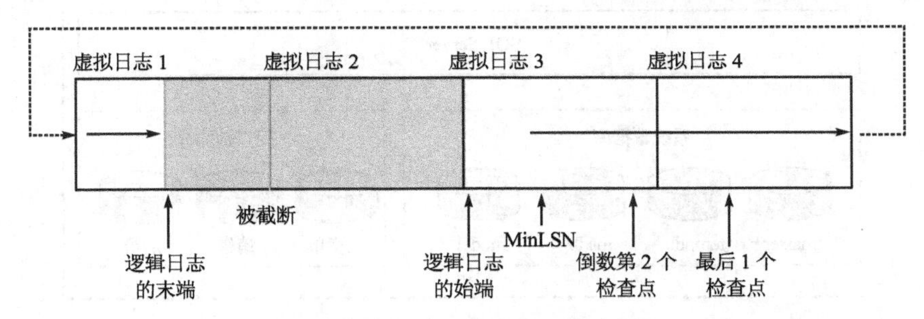

图 3-5　日志记录循环填充过程

① 如果对日志启用了自动增长且磁盘上有可用空间，文件就按指定的数量扩展，新的日志记录则添加到扩展的日志文件中。

② 如果没有启用自动增长，或者保存日志文件的磁盘上的可用空间比指定的日志文件增长数量少，系统将产生 1105 个错误。

3.2　数据库的逻辑组织

一个数据库服务器上可以有多个数据库，这些数据库可以按功能进行划分，最终存储管理相应的数据。每个数据库又有各种不同的逻辑组件。

3.2.1　数据库构架

SQL Server 数据存储在数据库中。在数据库中，数据被组织到用户可以看见的逻辑组件中。数据库存储按物理方式在磁盘上作为两个或更多的文件实现。文件的物理实现在很大程度上是透明的。一般只有数据库管理员需要处理物理实现。两者的关系如图 3-6 所示。

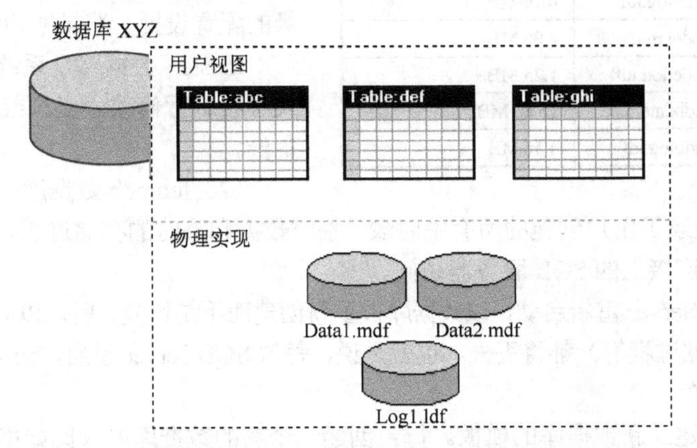

图 3-6　数据库物理实现和用户视图的关系

用户使用数据库时，使用的主要是逻辑组件，如表、视图、过程和用户。

每个 SQL Server 实例有 4 个系统数据库（master、model、tempdb 和 msdb），以及 1 个或多个用户数据库。有些单位只使用 1 个用户数据库来存储其所有数据；有些单位则为本单位的每一个组都设立不同的数据库，而且有时一个数据库只能由一个应用程序使用。例如，一个单位可以有销售数据库、工资单数据库、雇员数据库等。应用程序有时只使用一个数据库，有时则可以访问几个数据库，其结构如图 3-7 所示。

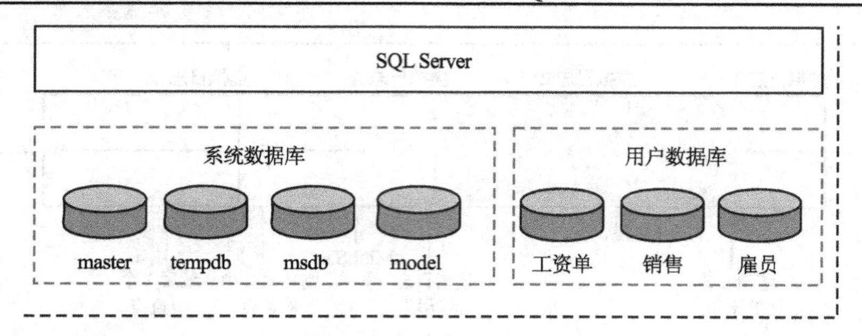

图 3-7　SQL Server 数据库构架

当连接到 SQL Server 实例时，用户的连接会与服务器上的某个具体数据库相关联，这个数据库就称为当前数据库。一般情况下，系统管理员通常会将用户的连接与默认数据库相连。但用户可以使用数据库 API 内的连接选项来指定另一个数据库。可以使用 Transact-SQL USE database_name 语句，或使用可更改当前数据库上下文的 API 函数，由一个数据库切换到另一个数据库。

3.2.2　系统数据库

在 SQL Server 中，除了用户自己定义的数据库之外，还有 4 个系统数据库，如表 3-3 所示。注意不要在 master 数据库中创建任何用户对象。表中列出了其数据和日志文件的初始配置值。对于 SQL Server 的不同版本，这些文件的大小可能略有不同。

表 3-3　系统数据库对照表

数据库文件	物理文件名	默认大小（典型安装）
master 主数据	Master.mdf	4.87 MB
master 日志	Mastlog.ldf	1.75 MB
tempdb 主数据	Tempdb.mdf	8.00 MB
tempdb 日志	Templog.ldf	0.76 MB
model 主数据	Model.mdf	4.06 MB
model 日志	Modellog.ldf	1.25 MB
msdb 主数据	Msdbdata.mdf	16.60 MB
msdb 日志	Msdblog.ldf	4.56 MB

（1）master 数据库

master 数据库由系统表组成，记录了安装及随后创建的所有数据库的信息，包括数据库所用磁盘空间、文件分配、空间使用率、系统级的配置设置、登录账户密码、存储位置等。

master 数据库是系统的关键，不允许任何人对它进行修改。必须经常保留一份它当前的备份。

（2）tempdb 数据库

tempdb 数据库记录了用户创建的所有临时表、临时数据和临时的存储过程。该数据库是一个全局资源，允许所有可以连接上的 SQL 服务器访问。

注意，每次 SQL Server 重新启动，该数据库被重新创建而不是恢复，所以以前用户创建的任何临时对象（表、数据、存储过程等）都将丢失。也就是说，每次 SQL Server 重启，tempdb 数据库都是空的。

（3）model 数据库

model 数据库是建立新数据库的模板。每当创建一个新的数据库时（比如用对象资源管理器去创建，或用 CREATE DATABASE 创建），SQL Server 就会根据 model 数据库的内容来形成新数据库结构的基础，把后面初始化为空，以准备存放数据，同时将系统表复制到刚创建的数据库中去。

严格禁止删除 model 数据库，否则 SQL Server 系统将无法使用。

（4）msdb 数据库

msdb 数据库是由 SQL Server Agent 服务使用的数据库。由于 SQL Server Agent 主要执行一些事先安排好的任务，所以该数据库多用于进行复制、作业调度以及管理报警等活动。

如果不使用代理服务功能，我们可以忽略这个数据库。

3.2.3　用户数据库

在 SQL Server 中，一个用户数据库由用户定义的用来永久存储像表和索引这样的数据库对象的磁盘空间构成，这些空间被分配在一个或多个操作系统文件上。

用户数据库和系统数据库一样，也被划分成许多逻辑页（每个逻辑页的大小是 8 KB），在每个数据库文件中，页从 0 到 X 连续编号，上限值 X 是由文件的大小决定的。

通过指定数据库 ID、文件 ID 和页号，可以引用任何一页。

当扩大文件时，新空间被追加到文件的末尾。

使用 CREATE DATABASE 语句创建一个新的用户数据库，该数据库就被赋予了一个唯一的数据库 ID，或者说 dbid，同时在 master 数据库中的 sysdatabases 表中就会插入一个新行，如图 3-8 所示。（注意，sysdatabases 表只在 master 数据库中。）

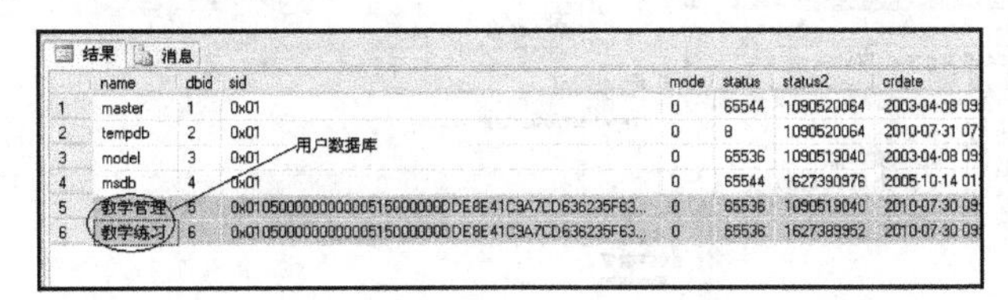

	name	dbid	sid	mode	status	status2	crdate
1	master	1	0x01	0	65544	1090520064	2003-04-08 09
2	tempdb	2	0x01	0	8	1090520064	2010-07-31 07
3	model	3	0x01	0	65536	1090519040	2003-04-08 09
4	msdb	4	0x01	0	65544	1627390976	2005-10-14 01
5	教学管理	5	0x010500000000000515000000DDE8E41C9A7CD636235F63...	0	65536	1090519040	2010-07-30 09
6	教学练习	6	0x010500000000000515000000DDE8E41C9A7CD636235F63...	0	65536	1627389952	2010-07-30 09

图 3-8　用户数据库在 sysdatabases 表中的记录

3.3　数据库创建与管理

3.3.1　创建数据库

SQL Server 能够支持多个数据库。在一个服务器上最多可以创建 32 767 个数据库。创建数据库的用户就成为该数据库的所有者。每个数据库都必须包含一个也只能包含一个主数据文件，必要时可以拥有多个次文件；每个数据库至少有一个日志文件，也可以有多个日志文件。可以把各个数据库文件组织成不同的文件组。

每个数据库由以下几个部分的数据库对象组成：关系图、表、视图、存储过程、用户、角色、规则、默认、用户自定义数据类型和用户自定义函数。

1. 准备创建数据库

① 确定数据库的名称、所有者（创建数据库的用户）。

② 确定存储该数据库的数据文件的初始大小及文件空间增长方式、日志、备份和系统存储参数等配置。

下面以创建教学管理数据库为例说明。

数据库：教学管理。

数据文件逻辑名称：教学管理_data。

日志文件逻辑名称：教学管理_log。

数据文件存储：d:\server\MSSQL\data\教学管理_data.mdf，初始大小 2 MB，最大空间 20 MB，增加量 2 MB，主文件中包含数据库的系统表。

日志文件存储：d:\server\MSSQL\data\教学管理_data.ldf，初始大小 2 MB，最大空间 20 MB，增加量 2 MB。

备份设备名称：backup。

备份文件：教学管理_backup.dat。

2. 创建数据库实例

创建数据库的方法有使用对象资源管理器和使用 Transact-SQL 命令两种。

方法一：使用对象资源管理器创建数据库

【例 3-1】 创建“教学管理”数据库。

① 在对象资源管理器中，在数据库文件夹下的“数据库”图标上单击鼠标右键，选择“新建数据库”选项，就会出现如图 3-9 所示的下拉菜单。

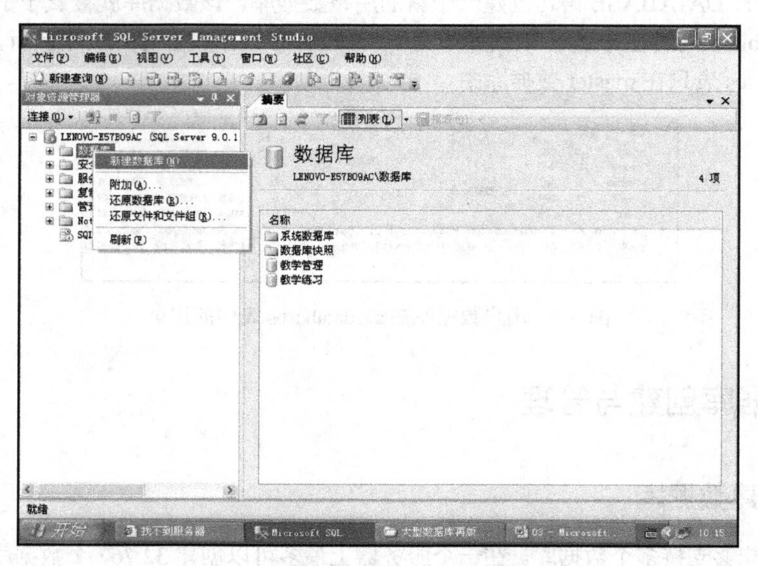

图 3-9 “新建数据库”快捷菜单

② 在“常规”选项卡中，要求用户输入数据库名称。输入新建数据库名称“教学管理”，如图 3-10 所示。

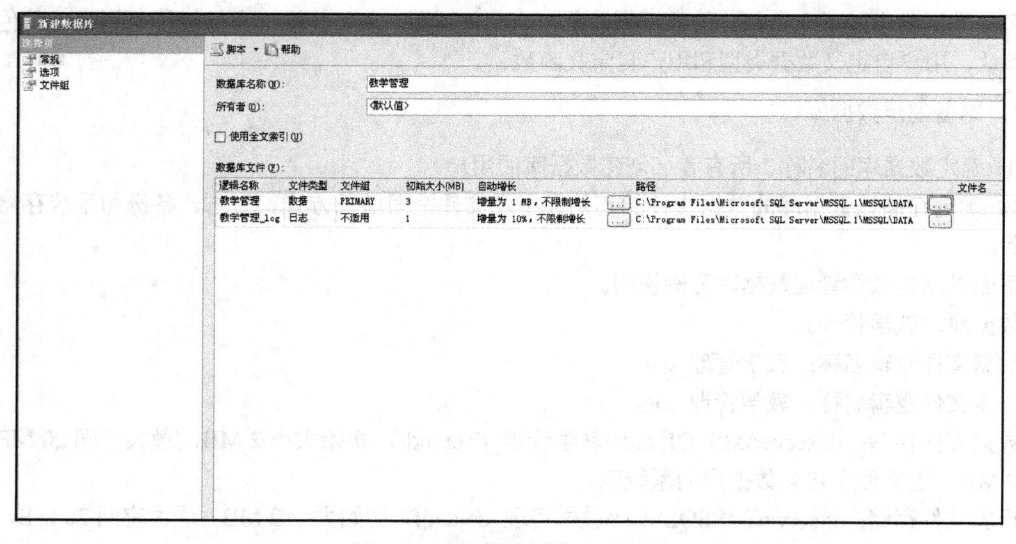

图 3-10 “数据库属性”对话框

③ 单击数据文件的自动增长 ... 按钮，如图 3-11 所示。

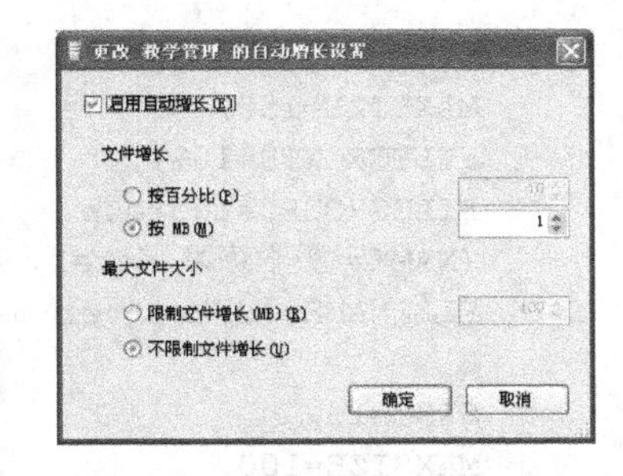

图 3-11　“数据文件”选项卡

- “按 MB”：表示指定数据文件按固定步长增长，并要求指定一个值。
- “按百分比”：表示指定数据文件按当前大小的百分比增长，并要求指定一个值。
- “不限制文件增长”：表示允许文件按需求增长。
- “限制文件增长（MB）”，表示允许文件增长到指定的最大值。

建议指定文件最大允许增长的大小，这样做可以防止文件在添加数据时无限增大，以至于用尽磁盘空间。

④ 单击“事务日志”选项卡，从中设置事务日志文件信息，与图 3-11 类似。

⑤ 单击“确定”按钮，则开始创建新的数据库。

方法二：使用 SQL 命令创建数据库

语法格式：

```
CREATE DATABASE 数据库名
     [ON [PRIMARY]  [<NAME='数据库逻辑名称'> [,…n]  [,< 文件组名> [,…n]]  ]
     [LOG ON {<LOG_NAME > [,…n]}]
     [FOR RESTORE]
     FILENAME='数据库物理文件名'
              [,SIZE=size]
              [,MAXSIZE={max_size|UNLIMITED}]
              [,FILEGROWTH=growth_increment] )  [,…n]
```

参数说明：

- PRIMARY 是一个关键字，指定主数据库文件，若未给出这个关键字，则默认文件序列第一个是主数据文件。
- LOG ON 指明事务日志文件的明确定义。
- NAME='数据库逻辑名称'是在 SQL Server 系统中使用的名称，是数据库在 SQL Server 中的标识符。
- FILENAME='数据库物理文件名'指定数据库所在文件的操作系统文件名称和路径，该操作系统文件名与 NAME 的逻辑名称一一对应。
- SIZE 指定数据库的初始容量大小。
- MAXSIZE 指定操作系统文件可以增长到的最大尺寸。
- FILEGROWTH 指定文件每次增加容量的大小，当指定数据为 0 时，表示文件不增长。

【例 3-2】指定文件组，创建一个多数据文件和日志文件的数据库。

该数据库名称为“教学练习”。其中，数据文件“教学练习_data”分配 20 MB，属于文件组 PRIMARY；“教学练习_data1”和“教学练习_data2”各分配 10 MB，属于文件组 stugroup。有 1 个 10 MB 的事务日志文件。

创建命令的程序清单如下：

```
CREATE DATABASE  教学练习          --数据库名称：教学练习
ON PRIMARY                         --下面主文件属于主文件组
(NAME= 教学练习_data,              --对应数据库第一个逻辑文件名
FILENAME='d:\server\mssql\data\教学练习_data.mdf',
```

```
                                         --对应的主文件名和存储位置
    SIZE=20,                             --初始分配的空间
    MAXSIZE=150,                         --指出最大空间为 150MB
    FILEGROWTH=10%),                     --空间增长按 10%增长
    FILEGROUP stugroup                   --指定新的文件组，下面文件属于 stugroup 文件组
    (NAME= 教学练习_data1,               --对应数据库第二个逻辑文件名
    FILENAME='d:\server\mssql\data\教学练习_data1.ndf',
                                         --对应的第一个次文件名和存储位置
    SIZE=10,                             --初始分配的空间
    MAXSIZE=100,                         --指出最大空间为 100MB
    FILEGROWTH=1),                       --空间增长按 1MB 增长
    (NAME= 教学练习_data2,               --对应数据库第三个逻辑文件名
    FILENAME='d:\server\mssql\data\教学练习_data2.ndf',
                                         --对应的第二个次文件名和存储位置
    SIZE=10,                             --初始分配的空间
    MAXSIZE=100,                         --指出最大空间为 100 MB
    FILEGROWTH=1)                        --空间增长按 1 MB 增长
    LOG ON                               --日志文件
    (NAME= 教学练习_log,
    FILENAME='d:\server\mssql\data\教学练习_log.ldf',
    SIZE=10,
    MAXSIZE=50,
    FILEGROWTH=1)
```

输出结果如下：

命令已成功完成。

说明：

① 执行命令后，如果语句执行正确，则出现如上所述的数据库创建成功的信息。

② 如果命令未成功执行，则出现出错信息，比如，出现如下提示信息：

设备激活错误。
物理文件名'd:\server\mssql\data\教学练习_data.mdf'可能有误，创建数据库失败。
未能创建所列出的某些文件名，请检查前面的错误信息。

上述命令失败的主要原因是存储物理文件的目录“d:\server\mssql\data”不存在，解决的办法是建立该文件夹。

3.3.2 管理数据库

1. 修改数据库

数据库创建后，主数据文件和日志文件的物理地址就不允许被改变和删除了。但数据文件和日志文件的大小、增长方式等属性可以改变，可以增加或删除次数据文件、次日志文件、文件组。

修改数据库的方法有使用 SQL 命令和使用对象资源管理器两种。

方法一：使用对象资源管理器

【例 3-3】修改“教学练习”数据库。

① 在对象资源管理器的“教学练习”数据库结点上单击右键，在出现的快捷菜单中选择“属性”，再单击“文件”标签，如图 3-12 所示。

② 当数据文件的容量不够存储数据时，可以考虑增加数据文件。单击页面下面的“添加”按钮，

直接在文件名一列的新行处输入要添加的数据文件逻辑名称“教学练习_add”，单击自动增长 ... 按钮，如图 3-12 所示。分配空间 5，选择“限制文件增长”；再单击路径 ... 按钮，确定物理文件的存储位置。

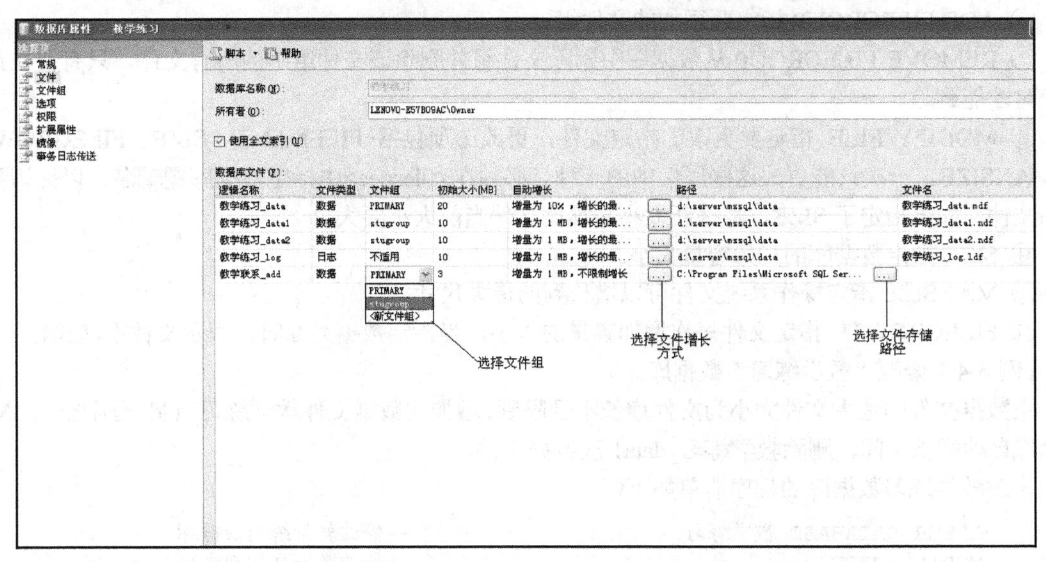

图 3-12 “数据库属性”对话框

③ 选中要删除的数据文件“教学练习_data2”，单击页面下方的“删除”按钮，出现“确定删除数据文件吗？”询问对话框，单击“确定”按钮。

在“教学练习属性”对话框中选择文件类型“日志”，也可以修改日志文件的属性。

方法二：使用 Transact-SQL 命令

语法格式：

```
ALTER DATABASE 数据库名
    { ADD FILE < filespec > [ ,...n ] [ TO FILEGROUP 文件组名 ]
    | ADD LOG FILE < filespec > [ ,...n ]
    | REMOVE FILE 数据库逻辑名
    | ADD FILEGROUP 文件组名
    | REMOVE FILEGROUP 文件组名
    | MODIFY FILE < filespec >
    | MODIFY NAME=数据库名
    |MODIFY FILEGROUP 文件组名{NAME=新文件组名 }
```

参数说明：

① filespec 参数定义如下。

```
( NAME =数据库逻辑名
    [ , NEWNAME =新数据库逻辑名]
    [ , FILENAME = '数据库物理文件名' ]
    [ , SIZE = size ]
    [ , MAXSIZE = { max_size | UNLIMITED } ]
    [ , FILEGROWTH = growth_increment ] )
```

② ADD FILE 指定要添加的文件。

③ TO FILEGROUP 指定要将指定文件添加到的文件组。

④ ADD LOG FILE 指定要将日志文件添加到的指定数据库。

⑤ REMOVE FILE 从数据库系统表中删除文件描述并删除物理文件。只有在文件为空时才能删除。

⑥ ADD FILEGROUP 指定要添加的文件组。

⑦ REMOVE FILEGROUP 从数据库中删除文件组并删除该文件组中的所有文件。只有在文件组为空时才能删除。

⑧ MODIFY FILE 指定要更改的指定文件，更改选项包括 FILENAME、SIZE、FILEGROWTH 和 MAXSIZE。一次只能更改这些属性中的一种。必须在<filespec>中指定数据库逻辑名，以标识要更改的文件。如果指定了 SIZE，那么新大小必须比文件当前大小要大。

⑨ SIZE 指定数据库的初始容量大小。

⑩ MAXSIZE 指定操作系统文件可以增长到的最大尺寸。

⑪ FILEGROWTH 指定文件每次增加容量的大小，当指定数据为 0 时，表示文件不增长。

【例 3-4】 修改“教学练习”数据库。

主数据文件的最大文件大小为文件增长不受限制。增加次数据文件教学练习_add，分配空间 5MB，不允许自动增长空间。删除教学练习_data1 次数据文件。

修改教学练习数据库的程序清单如下：

```
ALTER DATABASE 教学练习                          --修改教学练习数据库
MODIFY FILE(                                     --修改数据文件教学练习_data
          NAME='教学练习_data',
          MAXSIZE=UNLIMITED
         )
GO
ALTER DATABASE 教学练习
ADD FILE (                                       --增加数据文件教学练习_add
        NAME='教学练习_add',
        FILENAME='d:\server\mssql\data\教学练习_add.mdf',
        SIZE=5,
        FILEGROWTH=0                             --不允许自动增长
       )
GO
ALTER DATABASE 教学练习
REMOVE FILE 教学练习_data2                       --删除次数据文件教学练习_data2
GO
ALTER DATABASE 教学练习
ADD LOG FILE (                                   --增加日志文件教学练习_addlog
           NAME='教学练习_addlog',
           FILENAME='d:\server\mssql\data\教学练习_addlog.ldf',
           SIZE=1,
           MaxSIZE=10,
           FILEGROWTH=1
          )
GO
```

输出结果如下：

```
文件'教学练习_data2' 已删除。
```

2. 收缩数据库

SQL Server 提供收缩过于庞大的数据库的手段，以收回未使用的数据页面。可以用手动的方法单独收缩某一数据库文件，也可以收缩整个文件组的长度，还可以设置数据库在达到一定大小前自动执行收缩操作，自动收缩操作是在后台运行的，不会影响当前前台的任何活动。

注意： 不能将数据库收缩到小于创建的长度。日志文件不可以被收缩。

收缩数据库的方法有使用对象资源管理器和使用 Transact-SQL 命令两种。

使用 SQL 命令收缩数据库的**语法格式**如下：

```
DBCC  SHRINKDATABASE
          (database_name [,target_percent]
           [,{NOTRUNCATE | TRUNCATEONLY}]
          )
```

参数说明：

- target_percent：表示当数据库收缩后还剩下的自由空间。
- NOTRUNCATE：被释放的文件空间还保持在数据库文件的范围内，否则释放的空间被系统收回。
- TRUNCATEONLY：将所有未使用的数据空间释放给操作系统使用。使用该关键字，将忽略 target_percent 限制。

【例 3-5】 收缩教学练习数据库文件，使使用空间为原来的 40%。

方法一：使用对象资源管理器

① 在对象资源管理器的“教学练习”数据库结点上单击右键，在出现的快捷菜单中选择“所有任务”→“收缩数据库”，出现“收缩数据库”对话框，如图 3-13 所示。

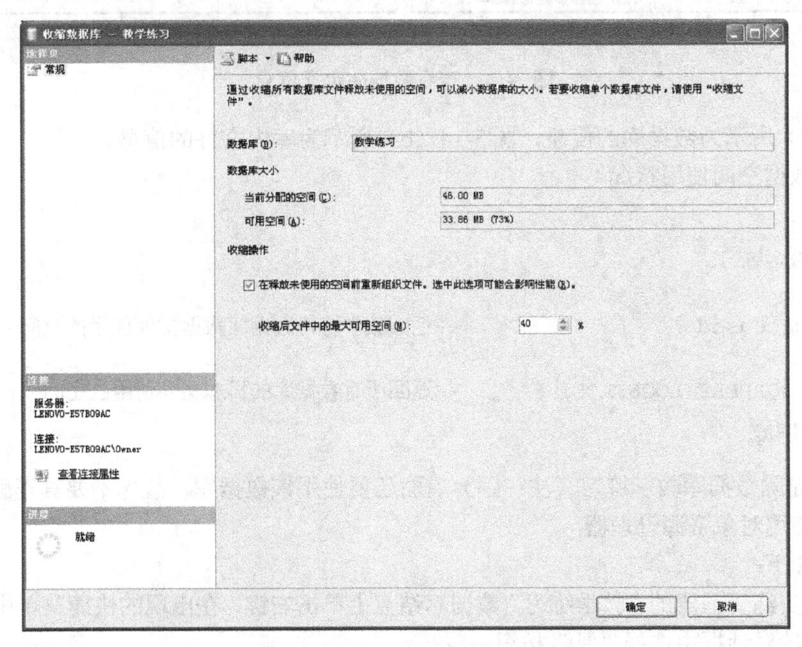

图 3-13 “收缩数据库”对话框

②“收缩后文件中的最大可用空间”表示用于设置压缩后文件的最大空闲空间。我们在此输入 40。

③ 在对象资源管理器的“教学练习”数据库结点上单击右键，在出现的快捷菜单中选择“所有任务”→“收缩文件”，同样出现“收缩文件”对话框。

④ 因为一个数据库往往不是一个数据文件，所以单击“文件”按钮可以选择数据库的某个数据文件单独进行收缩。

⑤ 单击“确定”按钮。

方法二：使用 Transact-SQL 命令

语句如下：

```
DBCC SHRINKDATABASE (教学练习,40)
GO
```

返回结果：

```
DBCC 执行完毕。
```

3．查看数据库信息

（1）查看数据库定义信息

程序如下：

```
sp_helpdb                          --返回所有定义的数据库信息
sp_helpdb 教学练习                  --返回指定数据库的定义信息
```

结果如图 3-14 所示。

结果 消息

	name	db_size	owner	dbid	created	status
1	master	5.25 MB	sa	1	04 8 2003	Status=ONLINE, Updateability=READ_WRITE,
2	model	3.19 MB	sa	3	04 8 2003	Status=ONLINE, Updateability=READ_WRITE,
3	msdb	7.44 MB	sa	4	10 14 2005	Status=ONLINE, Updateability=READ_WRITE,
4	tempdb	8.50 MB	sa	2	07 31 2010	Status=ONLINE, Updateability=READ_WRITE,
5	教学管理	4.00 MB	LENOVO-E57B09AC\Owner	5	07 30 2010	Status=ONLINE, Updateability=READ_WRITE,
6	教学练习	46.00 MB	LENOVO-E57B09AC\Owner	6	07 30 2010	Status=ONLINE, Updateability=READ_WRITE,

（a）

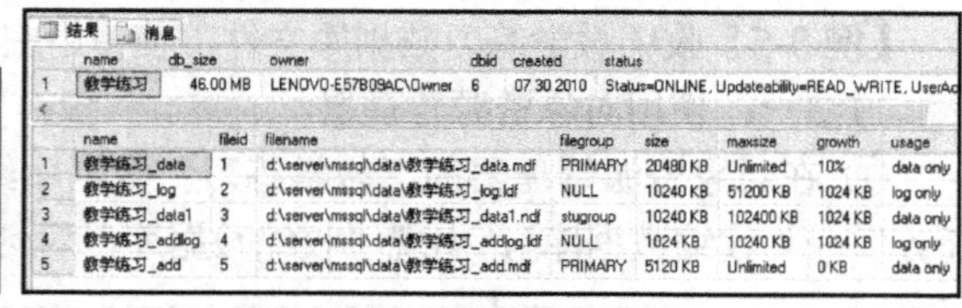

结果 消息

	name	db_size	owner	dbid	created	status
1	教学练习	46.00 MB	LENOVO-E57B09AC\Owner	6	07 30 2010	Status=ONLINE, Updateability=READ_WRITE, UserAc

	name	fileid	filename	filegroup	size	maxsize	growth	usage
1	教学练习_data	1	d:\server\mssql\data\教学练习_data.mdf	PRIMARY	20480 KB	Unlimited	10%	data only
2	教学练习_log	2	d:\server\mssql\data\教学练习_log.ldf	NULL	10240 KB	51200 KB	1024 KB	log only
3	教学练习_data1	3	d:\server\mssql\data\教学练习_data1.ndf	stugroup	10240 KB	102400 KB	1024 KB	data only
4	教学练习_addlog	4	d:\server\mssql\data\教学练习_addlog.ldf	NULL	1024 KB	10240 KB	1024 KB	log only
5	教学练习_add	5	d:\server\mssql\data\教学练习_add.mdf	PRIMARY	5120 KB	Unlimited	0 KB	data only

（b）

图 3-14　查看数据库定义信息

图 3-14（a）所示为数据库的信息，图 3-14（b）所示为库内文件的信息。

（2）查看数据空间使用状况

程序如下：

```
USE 教学练习
GO
sp_spaceused                       --返回教学练习数据库数据文件使用的空间
Go
DBCC SQLPERF(LOGSPACE)             --返回所有数据库的日志文件使用的空间
```

4．删除数据库

【例 3-6】 删除数据库教学练习（注：因为后面还要使用该数据库，故先不要真正删除）。

方法一：使用对象资源管理器

操作步骤如下：

① 在对象资源管理器的“教学练习”数据库结点上单击右键，在出现的快捷菜单中选择“删除”。

② 在弹出的对话框中选择“是”按钮。

方法二：使用 Transact-SQL 命令

利用 DROP 语句删除数据库。DROP 语句可以从 SQL Server 中一次删除一个或多个数据库。其语法如下：

```
DROP DATABASE database_name[,...n]
```

例如，删除创建的数据库“教学练习”的语句如下：

```
DROP DATABASE 教学练习              --教学练习中所包含的文件都被删除
```

实验与思考

目的和任务

（1）熟悉 SQL Server 数据库存储原理，并能进行数据库在不同存储设备上的存储规划。

（2）掌握 SQL Server 数据库的创建方法。

（3）掌握查看、修改数据库属性的方法。

（4）掌握数据库删除的方法。

实验内容

（1）用对象资源管理器创建数据库。

数据库名：xmgl。

数据文件 1 的逻辑名为 xmgl1，物理名为 xmgl1.mdf，存放在“D:\xmgl”目录下，初始大小为 1 MB，增长方式为自动增长，每次增加 1 MB。

数据文件 2 的逻辑名为 xmgl2，物理名为 xmgl2.ndf，存放在与主数据文件相同的目录下；文件大小为 3 MB；增长方式为自动增长，每次增加 10%。

日志文件 1 的逻辑名为 xmrz1，物理名为 xmrz1.ldf，存放在“D: \xmrz”目录下，初始大小为 1 MB，增长方式为自动增长，每次增加 10%。

（2）用对象资源管理器查看和修改数据库，将 xmgl1 的增长每次增加 1MB 修改为 10%。

（3）用 SQL 命令创建数据库，数据库要求同上。

（4）用 SQL 命令修改数据库。

在 xmgl 中增加一个名为“xmgl3”的数据文件，在“F:\xmgl”目录下增加“xmgl3.ndf”文件，初始大小为 3 MB，增长方式为自动增长，每次增加 15%。删除“xmgl2”。

将数据库“xmgl”中的文件 xmgl2 和刚增加的 xmgl3 删掉。

（5）删除数据库。

读者自己可以创建另外一个数据库，用企业管理器和 SQL 命令“DROP　database 数据库名”分别练习。

问题思考

（1）数据库在磁盘上的文件组织分几种类型？其中哪个是必需的？

（2）创建的数据库文件默认存放在磁盘的什么位置？

（3）使用 SQL 命令创建数据库时，语句中的每个参数是否都必须给出？

第 4 章 表的存储原理及完整性创建管理

数据表是数据库中的一个数据对象，主要存储各种数据类型。一个数据库可有 2 147 483 647 个数据对象。数据在表中主要以定长记录和变长记录两种形式存放。创建数据表，首先要规划数据内容，定义数据结构。基本表的创建定义中包含了若干列（最多 1024 列）的定义和若干完整性约束定义。

本章将介绍数据表的存储原理、数据行的结构、定长记录、变长记录和数据表的类型，以及数据表中使用的数据类型，读者通过学习本章可以对如何创建数据表有更清晰和理性的认识。在此基础上，本章系统地讲述如何创建数据表和创建数据表使用的多种完整性约束方法，并给出大量创建和管理数据表的实例。

4.1 SQL Server 表的类型

SQL Server 中的数据表分为永久表和临时表。临时表又分为本地临时表和全局临时表。系统根据表名前有无符号#确定创建的是临时表还是永久表。永久表又分系统（永久）表和用户（永久）表，本章后面所创建的表都是用户表。

4.1.1 SQL Server 的临时表

临时表是非常有用的工作空间，可以用临时表来处理中间数据，或者用临时表与其他连接共享进行中的工作。可以在任何数据库里创建临时表，但这些临时表只能放在 tempdb 数据库里，每次 SQL Server 重新启动，tempdb 数据库就被重新创建。

SQL Server 中主要以两种方式来使用临时表：本地和全局。

（1）本地临时表（#）

在表名前加上符号“#”，就可以在任何数据库中创建一个本地临时表。只有创建该表的连接才能访问该表，使得该表真正成为本地临时表，而且这种特权还不能授予另一个连接。作为一个临时表，它的生命期是与创建它的连接的生命期一致的，一旦该连接断开，它就被自动删除。该连接也可以使用 DROP TABLE 语句删除该表。

因为本地临时表只属于创建它的连接，所以，即使选择了在另一个连接里使用的表名作为本地临时表的表名，也不会有名字冲突的问题。

（2）全局临时表（##）

在表名前加上符号“##”，就可以在任何数据库和任何连接里创建全局临时表。然后任何连接都可以访问该表，以检索该表数据或更新数据。与本地临时表不同，所有连接都可以使用全局临时表的唯一备份。因此，如果另一个连接已经创建了一个同名的全局临时表，就会遭遇到名字冲突的问题，相应的 CREATE TABLE 语句就会失败。

在全局临时表的创建连接终止之前或对全局临时表的所有当前使用完成之前，全局临时表都存在。在创建连接终止之后，只有那些已经访问了全局临时表但访问还没有完成的连接允许继续进行，其他新的访问将不再允许，一般情况下，在使用它的最后一个会话结束时它被自动删除。如果希望全局临时表永远存在，可以用存储过程创建全局临时表，这样，只要 SQL Server 启动，它就会自动启动。

4.1.2　SQL Server 的系统表和系统视图

系统表中的数据组成了 SQL Server 系统利用的数据字典，系统表记录所有服务器活动的信息，是维护所有存储在其中的对象、数据类型、约束、配置选项等可利用资源的相关信息。

一些系统表只存在于 master 数据库中，它们包含系统级信息；另一些系统表则存在于每一个数据库(包括 master 数据库)，它们包含属于这个特定数据库的对象和资源的相关信息。SQL Server 2005 及以后版本都是将 SQL Server 2000 中 master 数据库内的系统表映射到它们中对应的系统视图或函数。

1．仅在 master 数据库中的系统表和系统视图

这些表或视图存储服务器级系统信息，如在 SQL Server 2000 里共有 18 个表，在 SQL Server 2005 里对应 20 个系统视图，如表 4-1 所示。

表 4-1　存储在 master 数据库中的 SQL Server 2000 系统表和 SQL Server 2005 系统视图之间的映射

SQL Server 2000		SQL Server 2005	
系　统　表	功 能 说 明	系 统 视 图	视 图 类 型
sysaltfiles	记录文件的状态和变化信息	sys.master_files	目录视图
sysdevices	记录磁盘、磁带备份文件的相关信息	sys.backup_devices	目录视图
sysoledbusers	记录连接服务器的用户名、密码等信息	sys.linked_logins	目录视图
sysopentapes	记录备份设备的列表和备份的装入请求信息	sys.dm_io_backup_tapes	动态管理视图
syscacheobjects	记录高速缓存的使用情况	sys.dm_exec_cached_plans	动态管理视图
syslanguages	记录服务器所能识别的语言	sys.syslanguages	兼容性视图
sysperfinfo	记录有关统计服务器性能的计数器的信息	sys.dm_os_performance_counters	动态管理视图
syscharsets	记录字符集和排列顺序的相关信息	sys.syscharsets	兼容性视图
syslockinfo	记录各种数据封锁的信息	sys.dm_tran_locks	动态管理视图
syslocks	记录当前活动的锁管理器资源的信息	sys.dm_tran_locks	动态管理视图
sysprocesses	记录正在进行中的进程信息	sys.dm_exec_connections sys.dm_exec_sessions sys.dm_exec_requests	动态管理视图
syslogins	记录所有的本地账户信息	sys.server_principals	目录视图
sysremotelogins	记录所有远程用户信息	sys.remote_logins	目录视图
syscurconfigs	记录服务器当前的配置信息	sys.configurations	目录视图
sysmessages	记录所有系统错误和警告信息	sys.messages	目录视图
sysdatabases	记录所有数据库的相关信息	sys.databases	目录视图
sysservers	记录所有可以访问的 SQL Server 服务器信息	sys.servers	目录视图
sysconfigures	记录服务器的配置信息	sys.configurations	目录视图

2. 每个数据库中都有的系统表和系统视图

这些表或视图为每个数据库存储数据库级系统信息，如在 SQL Server 2000 里共有 17 个表，在 SQL Server 2005 里对应 22 个系统视图，如表 4-2 所示。

表 4-2　存储在每个数据库中的 SQL Server 2000 系统表和 SQL Server 2005 系统视图之间的映射

SQL Server 2000		SQL Server 2005	
系 统 表	功 能 说 明	系 统 视 图	视 图 类 型
sysfiles	记录每个数据库文件的信息	sys.database_files	目录视图
sysobjects	记录所有数据库对象的相关信息	sys.objects	目录视图
syscolumns	记录表、视图中的列和存储过程的参数信息	sys.columns	目录视图
sysindexkeys	记录被定义为键或索引的列的信息	sys.index_columns	目录视图
syscomments	记录在建立数据库对象时定义的简介信息	sys.sql_modules	目录视图
sysmembers	记录所有数据库角色成员的相关信息	sys.database_role_members	目录视图
sysconstraints	记录约束和数据库对象之间的映射关系	sys.check_constraints sys.default_constraints sys.key_constraints sys.foreign_keys	目录视图
sysdepends	记录数据库对象之间的相关性关系	sys.sql_dependencies	目录视图
syspermissions	记录有关数据库及数据库对象访问许可的信息	sys.database_permissions sys.server_permissions	目录视图
sysfilegroups	记录数据库所有文件组的信息	sys.filegroups	目录视图
sysprotects	记录有关账户权限的信息	sys.database_permissions sys.server_permissions	目录视图
sysreferences	记录有关外键约束和相关表列的映射关系	sys.foreign_keys	目录视图
sysforeignkeys	记录有关外键约束的所有信息	sys.foreign_keys	目录视图
systypes	记录所有系统数据类型和用户自定义数据类型的信息	sys.types	目录视图
sysfulltextcatalogs	记录全文目录的信息	sys.fulltext_catalogs	目录视图
sysusers	记录所有服务器用户的信息	sys.database_principals	目录视图
sysindexes	记录有关索引和建立索引的表的相关信息	sys.indexes	目录视图

由表 4-2 可见，一些系统表或系统视图只存在于 master 数据库中，它们包含系统级信息；而其他系统表或系统视图则存在于每个数据库中，它们包含属于这个特定数据库对象和资源的相关信息。

注意： SQL Server 2005 及以后版本兼容 SQL Server 2000，系统表和系统视图都可以使用。不允许使用 SQL 语句直接修改系统表或系统视图中的内容；不允许编写程序直接访问系统表或系统视图中的信息；如果需要系统信息，可以通过系统的存储过程和系统提供的函数进行。

4.2　表的存储原理

4.2.1　内部存储概述

创建一个表，就会有一行或多行插入到用来管理这个表的多个系统表里。至少要写信息到 sys.objects、sys.indexes 和 sys.columns 这 3 个系统视图里，当新建的表有一个或多个外码约束时，相关的信息还会插入到 sysrefrences 系统视图里。对于每一个表来说，在 sys.objects 中都有单独一行描述这个表的基本信息，如表名、对象 ID 及表的所有者等。而对新表的每一列来说，sys.columns 中都有一行描述相应的列，包括列名、列的数据类型和长度等。每个列也有一个列 ID，即 colid，它直接对应在建表时所指定的列的顺序。也就是说，在 CREATE TABLE 语句列出的第 1 列的列 ID 为 1，在该语句列出的第 2 列的列 ID 为 2，等等。

比如，创建下面的课程表：

```
CREATE TABLE 课程表
(
    课号    CHAR (6)  NOT NULL ,
    课名  CHAR (20) NOT NULL ,
    教材名称 CHAR (20) NULL ,
    编著者   CHAR (10) NULL ,
    出版社   CHAR (20) NULL ,
    版号  CHAR (15) NULL ,
    定价 MONEY NULL,
   PRIMARY  KEY(课号)
)
```

图 4-1 显示了创建课程表后 sysobjects、syscolumns 和 sysindexes 中增加的信息。

- sysobjects 主要记录新表的基本信息，如表名、对象 ID 及表创建的时间等。
- syscolumns 主要记录新表列的信息，如列名、类型和长度等。
- sysindexes 主要记录指向新表所使用的存储空间的指针和主键名称等信息。

	name	object_id	principal_id	schema_id	parent_object_id	type	type_desc	create_date
1	课程表	2073058421	NULL	1	0	U	USER_TABLE	2010-07-31 09:59:51.340

	object_id	name	column_id	system_type_id	user_type_id	max_length	precision	scale	collation_name
1	2073058421	课号	1	175	175	6	0	0	Chinese_PRC_
2	2073058421	课名	2	175	175	20	0	0	Chinese_PRC_
3	2073058421	教材名称	3	175	175	20	0	0	Chinese_PRC_
4	2073058421	编著者	4	175	175	10	0	0	Chinese_PRC_
5	2073058421	出版社	5	175	175	20	0	0	Chinese_PRC_
6	2073058421	版号	6	175	175	15	0	0	Chinese_PRC_
7	2073058421	定价	7	60	60	8	19	4	NULL

	object_id	name	index_id	type	type_desc	is_unique	data_space_id	ignore_dup_key
1	2073058421	PK__课程表__7C8480AE	1	1	CLUSTERED	1	1	0

图 4-1　系统表关于新用户表创建的记录

4.2.2　SQL Server 数据记录结构

（1）定长记录的存储

首先来看最简单的情况，记录中所有字段都是定长的：

```
CREATE TABLE fixed
(
    col1 INT            NOT NULL
    col2 CHAR(5)        NOT NULL
    col3 CHAR(3)        NULL
    col4 FLOAT          NOT NULL
)
```

当这个表被创建以后，就有类似下面的一个记录被插入到 sysindexes 系统表中：

id	name	indid	first	minlen
2099048	fixed	0	0x000000000000	24

而其各字段则会被插入到 syscolumns 系统表中：

name	colid	xtype	length	xoffset
col1	1	56	4	4
col2	2	175	5	8
col3	3	175	3	13
col4	4	62	8	16

当往 fixed 表中插入一个记录数据时，例如：

INSERT INTO fixed VALUES(123,'ABCD',NULL,45.5)

fixed 表在 sysindexes 系统表里的内容就会发生变化：

id	name	indid	first	minlen
2099048	fixed	0	0x720000000000	24

这说明，在插入了一个记录数据之后，SQL Server 就为 fixed 表分配了一个数据页。fixed 表只包含 4 个定长字段，sysindexes 表中 minlen 字段的值表示记录的最小长度，该长度恰好是 syscolumns 表中表示字段长度的 length 的数字之和再加上 4 字节。其中，额外的 4 字节是用于记录字段数目的 2 字节和表示字段中 NULL 的字节数。

在 fixed 表中插入一条记录后，这个记录在数据页的实际内容如图 4-2 所示。

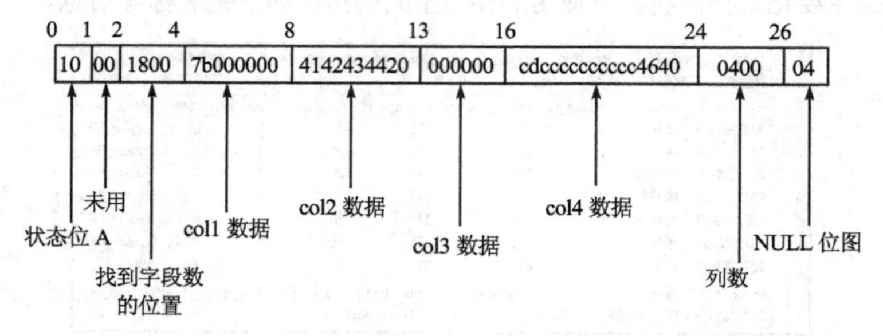

图 4-2　一个只包含定长字段的数据行

第 1 字节是状态位 A，它的值是 0x10，表示只有位 4 是 1，其他位都是 0，因此该记录没有变长字段（如果位 5 为 1，说明存在变长字段）。第 2 字节在记录中未用。第 3 和第 4 字节（1800）表示所有定长字段的长度，交换字节是 0x0018，它就是十进制 24。字段 col1 的数据从偏移量 4 开始；字段 col2 的数据从偏移量 8 开始；字段 col3 的数据从偏移量 13 开始；字段 col4 的数据从偏移量 16 开始。作为一个整数，字段 col2 中的数据 7b000000 必须交换字节变成 0x0000007b，该值是十进制的 123。字段 col3 中的数据 3 字节全是 0，说明该列是一个真正的 NULL。偏移量 24 为起始的 2 字节是 0400，交换字节后是 0x0004，表示该记录有 4 个字段。最后 1 字节是 NULL 位图，其值 04 意味着只有第 3 位是 1，表示第 3 个字段是 NULL。

需要强调的是，定长记录总是用满在表中定义的字节数，即使某个字段的值是 NULL，这是与变长字段记录的根本不同。

（2）变长字段记录的存储

下面是有变长字段的情况，记录中有 3 个字段是变长的。

```
CREATE TABLE variable
(
    col1 CHAR(3)                NOT NULL
    col2 VARCHAR(15)            NOT NULL
```

```
        col3 VARCHAR(5)                   NULL
        col4 VARCHAR(10)                  NOT NULL
        col5 SMALLINT                     NOT NULL
    )
```

当这个表被创建以后，就有类似下面一个记录被插入到 sysindexes 系统表中：

id	name	indid	first	minlen
18099105	variable	0	0x000000000000	9

而其各字段则会被插入到 syscolumns 系统表中。

name	colid	xtype	length	xoffset
col1	1	175	3	4
col2	2	167	15	–1
col3	3	167	5	–1
col4	4	167	10	–1
col5	5	52	2	7

当往 variable 表中插入一个记录数据时，例如：

INSERT INTO variable VALUES('xyz', 'ABCDe',NULL, '123',999)

variable 表在 sysindexes 系统表里的内容就会发生变化：

id	name	indid	first	minlen
18099105	variable	0	0x880000000000	9

定长字段的数据位于记录中由 syscolumns 的 xoffset 值指定的字节偏移量所在的位置，即 col1 起始于字节偏移量 4 的位置，而 col5 起始于字节偏移量 7 的位置，如图 4-3 所示。

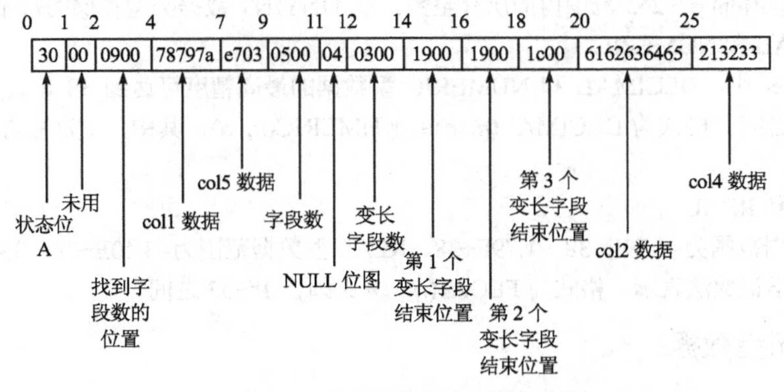

图 4-3　一个包含变长字段的数据行

为了找到变长字段，首先要确定记录中列偏移数组的位置。在表示总字段数的 2 字节（其值是 0500）和表示位图的 1 字节（其值为 04）之后，就是变长字段数的 2 字节，在本例中其值是 0300，换算成十六进制数是 0x003，换算成十进制数是 3，说明该记录有 3 个变长字段存在。紧跟其后的字节就是变长字段偏移数组。该例变长字段偏移数组用 3 个 2 字节来表示 3 个变长字段在记录中的结束位置。1900 经过字节交换是 0x0019，所以第 1 个变长字段结束于 25 字节处。接下来也是 0x0019，所以第 2 个变长字段实际长度为 0，表明没有任何东西存储在变长数据区域。所以，可见变长字段具有 NULL 值，在记录中是不占用任何空间的。SQL Server 根据位图中相应位是 0 还是 1，来区分一个变长字段的值是 NULL 还是空串。1c00 经过字节交换是 0x001c，所以第 3 个变长字段结束于 28 字节处，而且整个记录也结束于 28 字节处，换句话说，目前整个记录的实际长度是 28 字节。

需要注意的是，这个长度与上面表定义的记录的长度并不一样，这正说明了可变长字段是根据当前存入的具体数据长度确定存储长度。最后，千万不要忘记，整个记录的开销还包括页的底部用于每行的行偏移数组的 2 字节。

4.3 SQL Server 数据类型

定义数据表结构需要明确表中各个属性的字段名、字段类型，所以 SQL Server 为了实现 T-SQL 的良好性能，提供了丰富的数据类型。下面列出常用数据类型说明。

4.3.1 数值型数据

（1）BIGINT

BIGINT 可以存放 $-2^{63}\sim2^{63}-1$ 范围内的整型数据。以 BIGINT 数据类型存储的每个值占用 8 字节，共 64 位，其中 63 位用于存储数字，1 位用于表示正负。

（2）INT

INT 也可以写成 INTeger，可以存储 $-2^{31}\sim2^{31}-1$ 范围内的全部整数。以 INT 数据类型存储的每个值占用 4 字节，共 32 位，其中 31 位用于存储数字，1 位用于表示正负的区别。

（3）SMALLINT

SMALLINT 可以存储 $-2^{15}\sim2^{15}-1$ 范围内的所有整数。以 SMALLINT 数据类型存储的每个值占用 2 字节，共 16 位，其中 15 位用于存储数字，1 位用于表示正负的区别。

（4）TINYINT

TINYINT 可以存储 0～255 范围内的所有整数。以 TINYINT 数据类型存储的每个值占用 1 字节。

（5）DECIMAL 和 NUMERIC

在 SQL Server 中，DECIMAL 和 NUMERIC 型数据的最高精度可达到 38 位，也就是说必须在 $-10^{38}-1\sim10^{38}-1$ 之间。格式为 DECIMAL(*n*, *d*)或 NUMERIC(*n*, *d*)，其中，*n* 为总的位数，*d* 为小数位数。

（6）FLOAT 和 REAL

FLOAT 型数据范围为–1.79E+38～1.79E+38，REAL 型数据范围为–3.40E+38～3.40E+38。其中，FLOAT 可采用科学记数法表示，格式为 FLOAT(*n*)，*n* 必须在 1～53 之间。

4.3.2 货币型数据

（1）MONEY

MONEY 存储的货币值由 2～4 字节整数构成。前面的一个 4 字节表示货币值的整数部分，后面的一个 4 字节表示货币值的小数部分。以 MONEY 存储的货币值的范围是 $-2^{63}\sim2^{63}-1$，可以精确到万分之一货币单位。

（2）SMALLMONEY

SMALLMONEY 存储的货币值由两个 2 字节整数构成。前面的一个 2 字节表示货币值的整数部分，后面的一个 2 字节表示货币值的小数部分。以 SMALLMONEY 存储的货币值的范围为 –214 748.3648～+214 748.3647，也可以精确到万分之一货币单位。

4.3.3　字符型数据

（1）CHAR

利用 CHAR 数据类型存储数据时，每个字符占用 1 字节的存储空间。CHAR 数据类型使用固定长度来存储字符，最长可以容纳 8000 个字符。利用 CHAR 数据类型来定义表列或变量时，应该给定数据的最大长度。如果实际数据的字符长度短于给定的最大长度，则多余的字节会用空格填充；如果实际数据的字符长度超过了给定的最大长度，则超过的字符将会被截断。在使用字符型常量为字符数据类型赋值时，必须使用单引号（'）将字符型常量括起来。

（2）VARCHAR

VARCHAR 数据类型的使用方式与 CHAR 数据类型类似。SQL Server 利用 VARCHAR 数据类型来存储最长可以达到 8000 字符的变长字符。与 CHAR 数据类型不同，VARCHAR 数据类型的存储空间随存储在表列中的每一个数据的字符数的不同而变化。

例如，定义表列为 VARCHAR(20)，那么存储在该列的数据最多可以长达 20 字节。但是在数据没有达到 20 字节时并不会在多余的字节上填充空格。

当存储在列中的数据的值大小经常变化时，使用 VARCHAR 数据类型可以有效地节省空间。

（3）TEXT

当要存储的字符型数据非常庞大，以至于 8000 字节完全不够用时，CHAR 和 VARCHAR 数据类型都失去了作用。这时应该选择 TEXT 数据类型。

TEXT 数据类型专门用于存储数量庞大的变长字符数据。最大长度可以达到 $2^{31}-1$ 个字符，约 2 GB。

4.3.4　日期/时间数据类型

（1）DATETIME

DATETIME 数据类型范围为 1753 年 1 月 1 日～9999 年 12 月 31 日，可以精确到千分之一秒。DATETIME 数据类型的数据占用 8 字节的存储空间。

（2）SMALLDATETIME

SMALLDATETIME 数据范围为 1900 年 1 月 1 日～2079 年 6 月 6 日，可以精确到分。SMALLDATETIME 数据类型占 4 字节的存储空间。

4.4　数据表的创建和管理

4.4.1　数据表结构的创建

数据表是数据库中的一个数据对象，主要存储各种类型的数据。创建数据表，首先要规划数据内容，定义数据结构。基本表的创建定义中包含了若干列的定义和若干完整性约束。在 SQL Server 2000 中，每个数据库中最多可以创建 200 万个表，用户创建数据库表时，最多可以定义 1024 列，也就是可以定义 1024 个字段。

SQL Server 2000 提供了两种方法创建数据库表：一种方法是利用对象资源管理器（Enterprise Manager）创建表，另一种方法是利用 Transact-SQL 语句中的 CREATE 命令创建表。

1. CREATE TABLE 语句

语法格式：

```
CREATE TABLE <表名>
```

```
(
        <字段名> <数据类型>[列级完整性约束条件]
        [,<字段名> <数据类型>[列级完整性约束条件] ...]
        [,<表级完整性约束条件>]
)
```

参数说明：

① <表名>是所要定义的基本表的名字。一个表可以由一个或多个属性组成。

② <字段名>一般取有实际意义的名字。

③ <数据类型>可以是前面介绍的数据类型。

④ 在 SQL Server 2000 中有如下几种完整性约束条件：空值约束（NULL or NOT NULL）、主键约束（PRIMARY KEY CONSTRAINT）、唯一性约束（UNIQUE CONSTRAINT）、检查约束（CHECK CONSTRAINT）、缺省约束（DEFAULT CONSTRAINT）、外部键约束（FOREIGN KEY CONSTRAINT）等，以及用规则对象和默认值对象实现约束。因规则的功能可以用 CHECK 约束实现，默认值的功能也可以用缺省约束实现，故下面对其不赘述。

2．关于创建表时运用约束的说明

（1）空值约束（NULL 或 NOT NULL）

空值 NULL 约束决定属性值是否允许为空值（NULL）。NULL 表示没有输入任何内容，它不是零和空白。不允许为空值则用 NOT NULL 表示。

（2）主键约束（PRIMARY KEY CONSTRAINT）

主键约束要求主键属性取值必须唯一，一个表只能包含一个主键约束。如果没有在主键约束中指定 CLUSTERED 或 NONCLUSTERED，并且没有为 UNIQUE 约束指定聚集索引，则将对该主键约束用 CLUSTERED。

主键约束 SQL 的语法形式如下：

```
[CONSTRAINT  约束名] PRIMARY KEY [CLUSTERED|NONCLUSTERED]（列名[,…n]）
```

（3）唯一性约束（UNIQUE CONSTRAINT）

唯一性约束用于指定一个或者多个列的组合的值具有唯一性，以防止在列中输入重复的值。当使用唯一性约束时，需要考虑以下因素：

① 使用唯一性约束的字段允许为空值。

② 一个表中可以允许有多个唯一性约束。

③ 可以把唯一性约束定义在多个字段上。

④ 唯一性约束用于强制在指定字段上创建一个唯一性索引。

⑤ 在默认情况下，创建的索引类型为非聚簇索引。

创建唯一性约束的 SQL 语句如下：

```
[CONSTRAINT  约束名] UNIQUE [CLUSTERED|NONCLUSTERED]（列名[,...n]）
```

（4）检查约束（CHECK CONSTRAINT）

使用检查约束时，应该注意以下几点：

① 一个列级检查约束只能与限制的字段有关，一个表级检查约束只能与限制的表中字段有关。

② 一个表中可以定义多个检查约束。

③ 在每个 CREATE TABLE 语句中，每个字段只能定义一个检查约束。

④ 在多个字段上定义检查约束，必须将检查约束定义为表级约束。

⑤ 检查约束中不能包含子查询。

创建检查约束的SQL语法格式如下：

```
CONSTRAINT  CONSTRAINT_name
CHECK  [NOT FOR REPLICATION] (logical_expression)
```

（5）默认约束（DEFAULT CONSTRAINT）

使用默认约束时，应该注意以下几点：

① 每个字段只能定义一个默认约束。

② 如果定义的默认值长于其对应字段的允许长度，那么输入到表中的默认值将被截断。

③ 不能加入到带有IDENTITY属性或数据类型为timestamp的字段上。

④ 如果字段定义为用户定义的数据类型，并且该数据类型绑定到这个字段上，则不允许该字段有默认约束。

（6）外部键约束

外部键约束用于强制参照完整性，提供单个字段或者多个字段的参照完整性。当使用外部键约束时，应该考虑以下几个因素：

① 外部键约束提供了字段参照完整性。

② 外部键从句中的字段数目和每个字段指定的数据类型必须和 REFERENCES 从句中的字段相匹配。

③ 外部键约束不能自动创建索引，需要用户手动创建。

④ 一个表中最多可以有31个外部键约束。

⑤ 在临时表中，不能使用外部键约束。

⑥ 主键和外部键的数据类型必须严格匹配。

⑦ 如果需要级联修改和删除，要使用ON UPDATE CASCADE ON DELETE CASCADE

外部键约束SQL的语法形式如下：

```
[CONSTRAINT  约束名] FOREIGN KEY （外键列名）REFERENCES 参照表（参照列名）
[ON UPDATE CASCADE ON DELETE CASCADE]
```

3．数据表结构创建实例

【例4-1】创建数据库“教学管理”的数据表，包括学生表、课程表、教师表、开课表和选课表，数据表结构如表1-3、表1-4、表1-5、表1-6和表1-7所示，各表的完整性约束如表1-8、表1-9、表1-10、表1-11、表1-12所示。

方法一：使用对象资源管理器创建

（1）第一步　设置学生表的结构。

① 在树状目录中找到要建表的数据库。

② 在该数据库上单击鼠标右键，在弹出的快捷菜单中选择“新建”→“表”命令，如图4-4所示，出现创建数据表结构的表设计器窗口，如图4-5所示。

③ 表设计器的上半部分有一个表格，在这个表格中输入列的属性，表格的每一行对应一列。对每一列都需要进行设置，其中前3项是必须在建表时给出的。

- 列名：也称为属性名，可以直接输入。
- 数据类型：是一个下拉列表框，其中包括了所有的系统数据类型和数据库中的用户自定义数据类型。
- 长度：如果选择的数据类型需要长度，则指定长度。

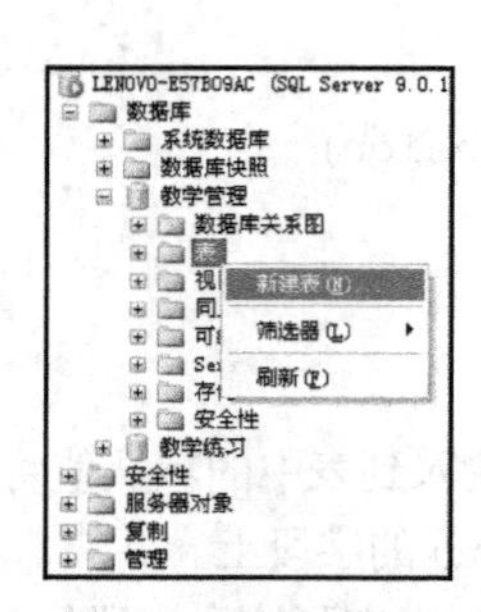

图 4-4　新建数据表

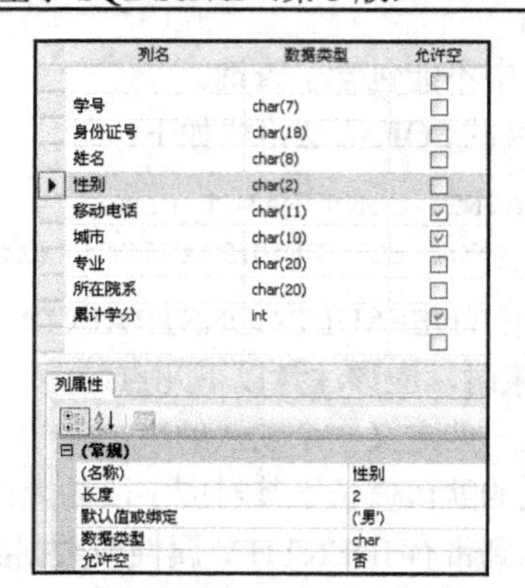

图 4-5　利用表设计器创建表结构

- 允许空：单击鼠标，可以切换是否允许为空值的状态，勾选说明允许为空值，空白说明不允许为空值，默认状态下是允许为空值的。
- 如果该列有默认值，可在列属性的“默认值或绑定”处输入。例如，性别的默认值是“男”。

④ 设置完成后，单击工具栏上的“保存”按钮，在出现的选择名称对话框中输入表名“学生表”。

⑤ 单击“确定”按钮退出。

（2）第二步　设置学生表完整性约束。

① 展开对象资源管理器的数据库“教学管理”，单击“表”结点，选定学生表，单击右键，在快捷菜单上单击“修改”，出现如图 4-5 所示的创建表结构窗口。

② 设置主键约束（PRIMARY KEY），将光标移到需要设置主键的“学号”字段，单击右键，出现下拉菜单，如图 4-6 所示。然后选择“设置主键”，“学号”列名左侧出现“钥匙”图标。

图 4-6　表设计器下拉快捷菜单

如果要设置多属性作为主键，可以按住 Ctrl 键，用鼠标左键依次单击要选定的列，选定多列后，单击右键出现下拉菜单，如图 4-6 所示。然后选择“设置主键”。取消主键设置的方法是，选定主键字段，单击右键出现下拉菜单，然后选择“移除主键”。

设置主键后，系统自动建立一个索引。

③ 在图 4-5 所示的表设计器上右击，出现下拉快捷菜单，如图 4-6 所示。

④ 选择“索引/键”选项卡，如图 4-7 所示，系统设置“学生表.学号”属性为主键，因此自动在表中建立一个根据学号值的大小升序排列的索引，主键索引名为“PK_学生表”。

⑤ 设置检查约束（CHECK），学生表定义了三个 CHECK 约束，第一个约束是学号，第二个约束是身份证号，第三个约束是移动电话。

单击图 4-6 所示的表设计器下拉快捷菜单中的“CHECK 约束”，出现如图 4-8 所示的“CHECK 约束”属性对话框，在其中新建约束。

建立学号的约束：单击“添加”按钮，系统自动给定一个约束名，可在“标识-（名称）”处改名为“CK_学生表_学号”，然后在“常规-表达式”行单击 ... ，出现约束表达式文本框，输入“学号 LIKE 'S[0-9][0-9][0-9][0-9][0-9][0-9]'”。

建立身份证约束：单击“添加”按钮，系统自动给定一个约束名，同上，改名为“CK_学生表_身份证号”，然后在约束表达式文本框中输入“身份证号 LIKE '[0–9][0–9][0–9][0–9] [0–9][0–9][0–9][0–9][0–9][0–9][0–9][0–9][0–9][0–9] [0–9][0–9][0–9][0–9]'”。

建立移动电话的约束与上类似。考虑到后续数据的模拟性，身份证号和移动电话约束可暂不定义。

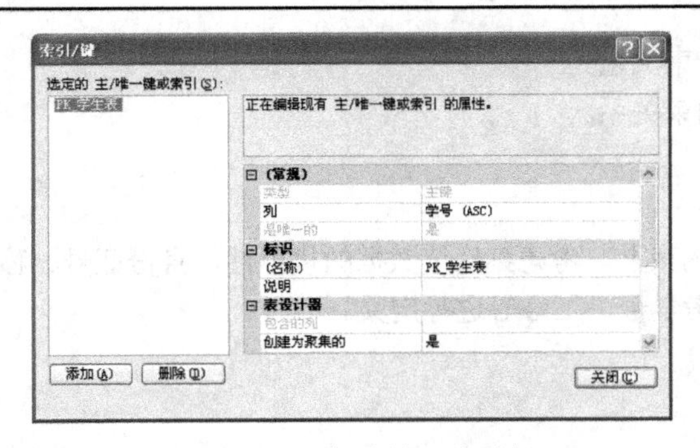

图 4-7　“索引/键”选项卡

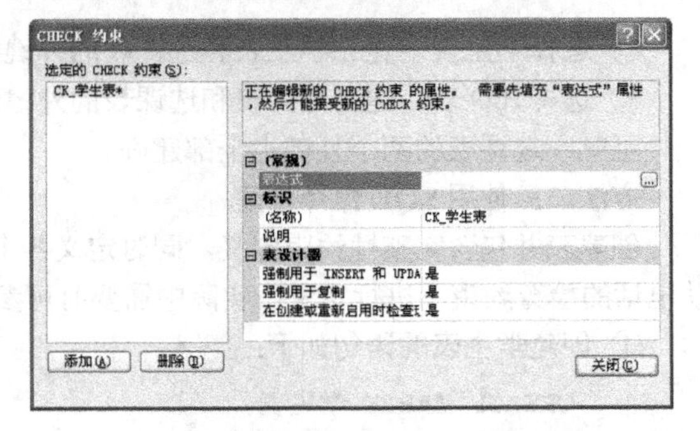

图 4-8　“CHECK 约束”属性对话框

（3）第三步　创建课程表结构，设置相应的约束，过程同学生表。

（4）第四步　创建教师表结构，设置相应的约束。

（5）第五步　创建开课表结构，设置相应的约束。

（6）第六步　创建选课表结构，设置相应的约束。

（7）第七步　设置各表之间的关系，建立相应的外键约束。

“教学管理”数据库中有 5 个表。其中，教师表、课程表和开课表有联系，开课表中的“课号”和“工号”是关于课程表和教师表的外键。同理，学生表、开课表和选课表有联系，选课表中的“学号”和“开课号”是关于学生表和开课表的外键。

设置步骤如下：

① 明确开课表和教师表关于工号的参照关系。开课表中的属性工号参照教师表中的属性工号的值，则开课表为外键表，开课表.工号为外键，教师表为主键表，教师表.工号是主键。

② 单击图 4-6 所示表设计器下拉快捷菜单中的“关系”，出现“外键关系”对话框，单击“添加”按钮，系统自动给出一个关系名，然后在“常规-表和列规范”行单击 ... ，出现如图 4-9 所示的教师表“关系”选项卡。在“关系名”处修改关系名称，选择主键表为教师表，外键表为开课表，选择两表的属性为工号。设置情况如图 4-9 所示。如果两个数据表有引用关系，那么只要在其中的一个表中建立外键约束（FOREIGN KEY），与其有关的另一个数据表中就会出现同名的 FOREIGN KEY 约束。

打开开课表的属性对话框，单击“关系”选项卡，就可以看到已经建立好的开课表和教师表的外键约束，设置情况如图 4-10 所示。在“常规-表和列规范”行单击 ... ，出现与图 4-9 一样的选项卡。

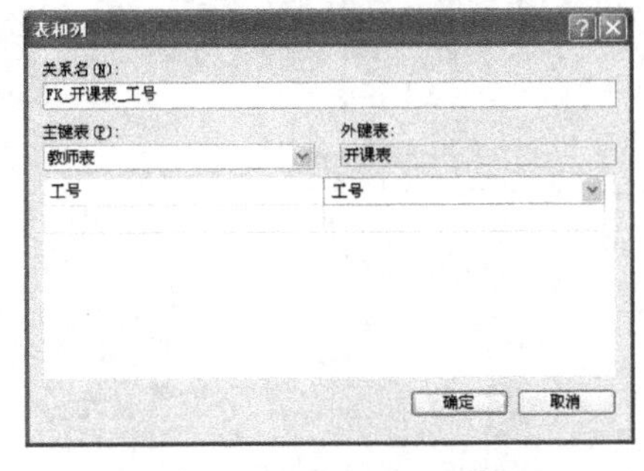

图 4-9　教师表“关系”选项卡

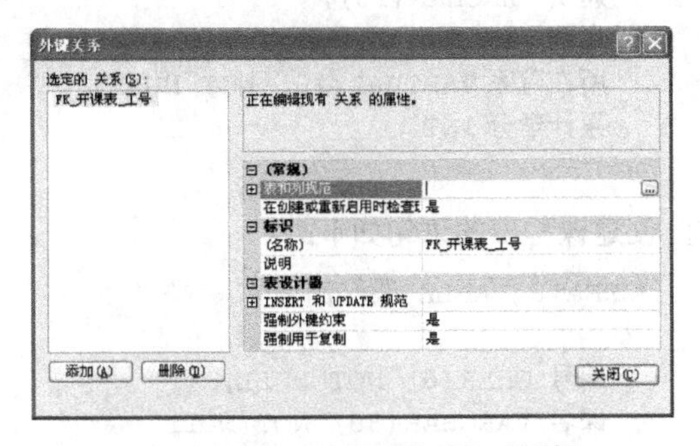

图 4-10　开课表“关系”对话框

③ 单击“关闭”按钮退回到表设计器。

④ 同理，选择课程表，建立课程表和开课表的外键约束关系。

至此，开课表的两个外键全部建好。

⑤ 选择学生表，建立学生表和选课表的外键约束关系。

⑥ 选择开课表，建立开课表和选课表的外键约束关系。

至此，选课表的两个外键也全部建好。

方法二：使用 SQL 命令创建

创建表并包含完整性约束定义，同时定义各个约束名。考虑到后续数据的模拟性，身份证号、移动电话的检查约束不进行定义，实际中需要时可参考学号、工号等进行定义。

① 创建学生表的语句如下：

```
CREATE TABLE 学生表
(
  学号 CHAR(7) NOT NULL,
  身份证号 CHAR(18) NOT NULL,
  姓名 CHAR(8) NOT NULL,
  性别 CHAR(2) DEFAULT '男',
  移动电话 CHAR(11),
  籍贯 VARCHAR(10),
  专业 VARCHAR(20) NOT NULL,
  所在院系 VARCHAR(20) NOT NULL,
  累计学分 INT,
  CONSTRAINT PK_学生表_学号  PRIMARY KEY(学号),
  CONSTRAINT CK_学生表_学号  CHECK(学号 LIKE 'S[0-9][0-9][0-9][0-9][0-9] [0-9]')
)
```

说明：约束名可以不定义；约束可以直接跟在列后。例如：

```
CREATE TABLE 学生表
(
  学号 CHAR(7) NOT NULL PRIMARY KEY(学号) CHECK(学号 LIKE 'S)0-9)[0-9][0-9][0-9]
     [0-9][0-9]'),
  身份证号 CHAR(18) NOT NULL,
  姓名 CHAR(8) NOT NULL,
  性别 CHAR(10) DEFAULT '男',
  移动电话 CHAR(11),
  籍贯 VARCHAR(10),
  专业 VARCHAR(20) NOT NULL,
  所在院系 VARCHAR(20) NOT NULL,
  累计学分 INT
)
```

② 创建课程表的语句如下：

```
CREATE TABLE 课程表
(
  课号 CHAR(6) NOT NULL,
  课名 VARCHAR(30) NOT NULL,
  学分 INT CHECK(学分>=1 and 学分<=5),
  教材名称 VARCHAR(30),
  编著者 CHAR(8),
  出版社 VARCHAR(20),
  版号 VARCHAR(20),
  定价 money,
```

```
  CONSTRAINT PK_课程表_课号  PRIMARY KEY(课号),
  CONSTRAINT CK_课程表_课号  CHECK(课号 LIKE 'C[0-9][0-9][0-9][0-9][0-9]')
)
```

③ 创建教师表的语句如下：

```
CREATE TABLE 教师表
(
  工号 CHAR(6) NOT NULL,
  身份证号 CHAR(18) NOT NULL,
  姓名 CHAR(8) NOT NULL,
  性别 CHAR(2) DEFAULT '男',
  移动电话 CHAR(11),
  籍贯 VARCHAR(10),
  所在院系 VARCHAR(20) NOT NULL,
  职称 CHAR(6),
  负责人 CHAR(6),
  CONSTRAINT PK_教师表_工号  PRIMARY KEY(工号),
  CONSTRAINT CK_教师表_工号 CHECK(工号 LIKE 'T[0-9][0-9][0-9][0-9][0-9]')
)
```

④ 创建开课表的语句如下：

```
CREATE TABLE 开课表
(
  开课号 CHAR(6) NOT NULL,
  课号 CHAR(6) NOT NULL,
  工号 CHAR(6) NOT NULL,
  开课地点 CHAR(6),
  开课学年 CHAR(9),
  开课学期 INT ,
  开课周数 INT DEFAULT 17,
  开课时间 VARCHAR(20),
  限选人数 INT,
  已选人数 INT,
  CONSTRAINT PK_开课表_开课号 PRIMARY KEY(开课号),
  CONSTRAINT FK_开课表_工号 FOREIGN KEY(工号) REFERENCES 教师表(工号)
  ON UPDATE CASCADE ON DELETE CASCADE,
  CONSTRAINT FK_开课表_课号 FOREIGN KEY(课号) REFERENCES 课程表(课号)
  ON UPDATE CASCADE ON DELETE CASCADE,
  CONSTRAINTCK_开课表_开课号 CHECK(开课号 LIKE'[0-9][0-9][0-9][0-9][0-9][0-9]'),
  CONSTRAINT CK_开课表_工号 CHECK(工号 LIKE 'T[0-9][0-9][0-9][0-9] [0-9]'),
  CONSTRAINT CK_开课表_课号 CHECK(课号 LIKE 'C[0-9][0-9][0-9][0-9][0-9]')
)
```

⑤ 创建选课表的语句如下：

```
CREATE TABLE 选课表
(
  学号 CHAR(7) NOT NULL,
  开课号 CHAR(6) NOT NULL,
  成绩 INT CHECK(成绩>=0 and 成绩<=100),
  CONSTRAINT PK_选课表_学号_开课号 PRIMARY KEY(学号,开课号),
```

```
    CONSTRAINT FK_选课表_学号 FOREIGN KEY(学号) REFERENCES 学生表(学号)
    ON UPDATE CASCADE ON DELETE CASCADE,
    CONSTRAINT FK_选课表_开课号 FOREIGN KEY(开课号) REFERENCES 开课表(开课号)
    ON UPDATE CASCADE ON DELETE CASCADE,
    CONSTRAINT CK_选课表_学号 CHECK(学号 LIKE 'S[0-9][0-9][0-9][0-9][0-9][0-9]'),
    CONSTRAINT CK_选课表_开课号 CHECK(开课号 LIKE '[0-9][0-9][0-9][0-9][0-9][0-9]')
)
```

4.4.2 数据表结构的管理

1. 修改数据表结构

表结构创建以后，在使用的过程中经常会发现原来创建的表可能存在结构、约束等方面的问题，在这种情况下，需要对原表进行修改。如果用创建一个新表的方法替换原表，将造成表中数据的丢失，而通过修改表则可以在保留表中原有数据的基础上修改表结构，打开、关闭或删除已有约束，或增加新的约束等。

修改表结构有两种方法：一种是利用对象资源管理器，另一种是使用 SQL 命令。

利用对象资源管理器修改表结构的过程如图 4-11 所示。单击“修改”命令，将弹出表设计器。

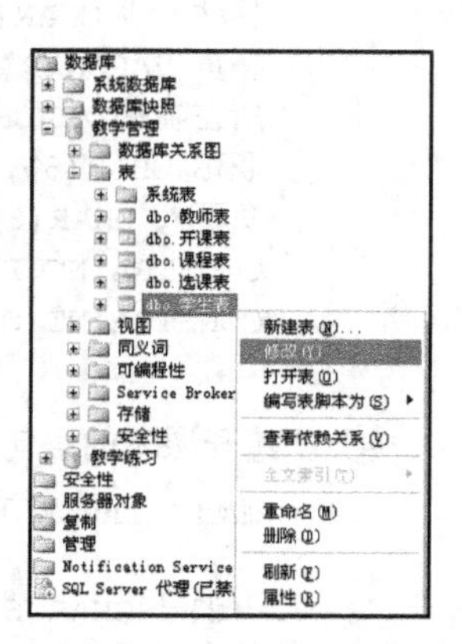

图 4-11　修改学生表结构

使用 SQL 命令修改表，**语法格式**如下：

```
ALTER TABLE <表名>
     ADD<新列名><数据类型>[完整性约束]
     |ALTER COLUMN 列名 新类型
     |DROP COLUMN 列名
     |ADD PRIMARY KEY（列名[,...]）
     |ADD FOREIGN KEY(列名) REFERENCES 表名（列名）
     |ADD CONSTRAINT 约束名....
     |DROP CONSTRAINT 约束名
```

【例 4-2】将教学管理数据库中学生表的“性别”属性的长度改为 2。

方法一：使用对象资源管理器

如图 4-12 所示。

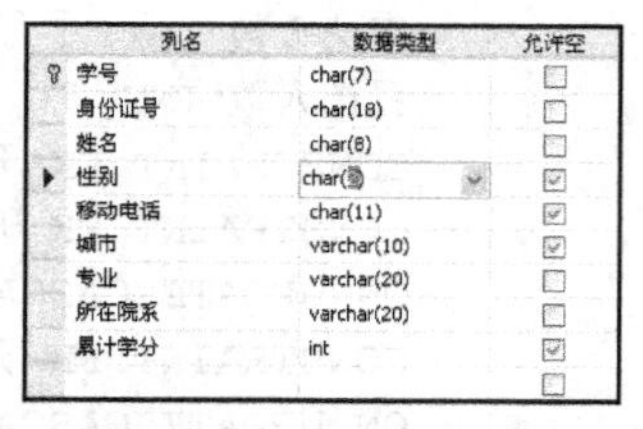

列名	数据类型	允许空
学号	char(7)	☐
身份证号	char(18)	☐
姓名	char(8)	☐
性别	char(8)	☑
移动电话	char(11)	☑
城市	varchar(10)	☑
专业	varchar(20)	☐
所在院系	varchar(20)	☐
累计学分	int	☑

图 4-12　修改学生表某些属性长度

方法二：使用 SQL 命令

程序如下。

```
USE 教学管理                                  --打开教学管理数据库
GO
ALTER TABLE 学生表
      ALTER COLUMN 性别 CHAR(2)               --修改属性列“性别”
```

【例 4-3】向教学管理数据库中的学生表增加“入学时间”属性，其数据类型为日期型，增加“年龄”属性，其类型为整型，取值为 13～70。

方法一：使用对象资源管理器

如图 4-13 所示。

然后，单击右键，选择“CHECK 约束”，出现图 4-14 所示对话框。建立年龄的约束：单击“添加”按钮，系统自动给定一个约束名，可在“标识-（名称）”处改名为“CK_学生表_年龄”，然后在“常规-表达式”行单击[...]，出现约束表达式文本框，输入“年龄>=13 AND 年龄<70”。

方法二：使用 SQL 命令

```
USE 教学管理
GO
ALTER TABLE 学生表
    ADD 入学时间 DATETIME,
        年龄 INT CONSTRAINT CK_学生表_年龄 CHECK（年龄>=13 AND 年龄<70）
```

列名	数据类型	允许空
学号	char(7)	☐
身份证号	char(18)	☐
姓名	char(8)	☐
性别	char(2)	☑
移动电话	char(11)	☑
城市	varchar(10)	☑
专业	varchar(20)	☐
所在院系	varchar(20)	☐
累计学分	int	☑
入学时间	datetime	☑
年龄	int	☑

图4-13 向学生表增加新属性列

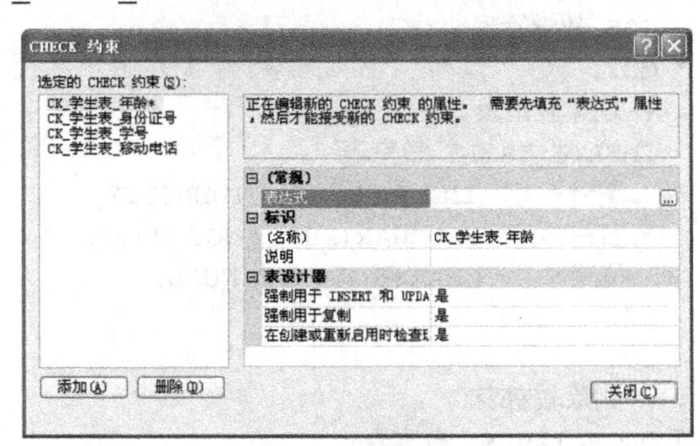

图4-14 选项卡中输入约束名和约束表达式

注意： *新增加的属性列不能定义为“NOT NULL”；新增加的属性可以带有主键约束、参照约束、CHECK 约束和默认值。*

【例4-4】删除学生表中的属性列年龄。

方法一：使用对象资源管理器

① 展开对象资源管理器的数据库结点，过程如图4-11所示。选择学生表，单击“修改”命令，将弹出表设计器。

② 首先删除“年龄”属性的CHECK约束。在设计器窗口单击右键，在快捷菜单上选择“CHECK约束”，选择CK_学生表_年龄约束，如图4-14所示，单击“删除”按钮即可删除。

③ 选定要删除的“年龄”属性列，如图4-15所示，单击右键，再单击快捷菜单中的“删除”按钮即可删除该属性列。

图4-15 删除数据表的属性列

方法二：使用 SQL 命令

```
USE 教学管理
GO
ALTER TABLE 学生表 DROP CONSTRAINT CK_学生表_年龄        --删除约束
ALTER TABLE 学生表 DROP COLUMN 年龄                     --删除去除了约束的属性
```

或者

```
ALTER TABLE 学生表
    DROP CONSTRAINT  CK_学生表_年龄,                    --删除约束
      COLUMN 年龄                                       --删除去除了约束的属性
```

注意： *跟属性列有关的约束和索引删除后，指定的属性才能删除。*

2．数据表结构的删除

可以用对象资源管理器或SQL语句删除基本表。

SQL 命令的一般格式如下：

```
DROP  TABLE  <表名>
```

方法一：使用对象资源管理器

① 选中要删除的数据表，单击右键，在快捷菜单（如图 4-10 所示）上选择“删除”。

② 在“除去对象”对话框中，单击“全部除去”。

方法二：使用 SQL 命令

【例 4-5】 创建一个教室信息表，然后删除它。

```
USE 教学管理
GO
--创建教室表
CREATE TABLE 教室表
( 编号      INT            IDENTITY,
  名称      VARCHAR(20)    NOT NULL,
  位置      CHAR(6)        NULL,
)
GO
--删除教室表
DROP TABLE  教室表
```

注意： 当删除一个表时，表的定义和表中的所有数据，以及该表的索引、权限设置、约束等均被自动删除，与该表相绑定的规则和默认对象失去与它的绑定关系；但是，使用 DROP TABLE 语句不能删除系统表和被 FOREIGN KEY 约束所参照的用户表，必须先删除引用的外键约束或引用的表。

实验与思考

目的和任务

（1）理解表的存储机理，掌握表的创建方法。

（2）掌握 SQL Server 表创建时的基本字段类型。

（3）掌握约束概念及实施的方法。

（4）掌握添加和删除列的方法。

实验内容

（1）创建表。

① 使用对象资源管理器创建

完成本书第 1 章 5 个表的创建，参看本章实例。

② 使用 T-SQL 语句创建

有一个项目管理（xmgl）数据库，现有四张表，分别是部门表（<u>部门号</u>，部门名，部门电话，部门地址，部门人数）；员工表（<u>员工号</u>，姓名，性别，出生年月，技术职称，工资，*所在部门号*）；项目表（<u>项目编号</u>，项目名称，所在地方，项目类型）；员工参与项目（<u>*员工号*</u>，<u>*项目编号*</u>，职责）。其中有下画线的字段为关键字，斜体的字段是外关键字。除工资为数值类型、出生年月为日期类型外，其余字段均为字符类型。

（2）从 sysobjects、sysindexes 和 syscolumns，sysrefrences 表中查看关于上述创建的表的信息。

（3）使用对象资源管理器定义下面的约束。

① 员工号是 4 位数字串，其中第 1 位和最后 1 位取 1～9 之间的数字，其他取 0～9 之间的数字。

② 项目编号是以字母 J 开始的其他是数字的 4 位字符串。

③ 约束性别的取值为“男”、“女”。

④ 约束电话号码的格式：以 8892 开始，第 5 位取 234 中的一个，其他是任意数字的 8 位数字串。

（4）使用 SQL 语言增加修改部分表及字段。

① 在部门表中增加“部门领导”字段（注意和员工号同域）；在项目表中增加“项目主管”字段（注意和员工号同域）；并考虑相应的外键约束。

② 在员工表中增加“技术职称”和“工资字段”，其中“工资”字段为数值类型。

③ 在项目表中增加“开工日期”和“完工日期字段”，为日期类型。

④ 增加约束：工程开工日期小于计划完工日期。

⑤ 修改“部门人数”字段类型为整型。

⑥ 删除项目表中的“项目类型”字段。

问题思考

（1）表中的字段有次序吗？

（2）创建外键的好处是什么？

（3）定长记录和变长记录各有什么特点？在 SQL Server 中，数据记录的存储有什么特点？

第 5 章 查询处理和表数据编辑

SQL 语言的全称为 Structured Query Language（结构化查询语言），它利用一些语法简单的命令实现数据库中的数据定义、数据操纵和数据控制功能。本章首先重点介绍 SQL 语言的数据查询和数据编辑功能，所用数据表见第 1 章。

5.1 查询数据

SQL 语言提供了 SELECT 语句进行数据查询，该语句具有灵活的使用方式和丰富的功能。其一般格式如下：

```
SELECT [DISTINCT] <目标列表达式>[,…n]
FROM <表名或视图名> [,…n ]
[WHERE <条件表达式>]
[GROUP BY <列名 1> [HAVING <条件表达式>] ]
[ORDER BY <列名 2> [ASC | DESC] ]
```

整个 SELECT 语句的含义是，根据 WHERE 子句的条件表达式，从 FROM 子句指定的基本表或视图中找出满足条件的元组，再按 SELECT 子句中的目标列表达式，选出元组中的属性值形成结果表。如果有 GROUP 子句，则将结果按<列名 1>的值进行分组，该属性列值相等的元组分为一个组，每个组产生结果表中的一条记录。通常会在每组中作用集函数。如果 GROUP 子句带 HAVING 短语，则只输出满足 HAVING 条件的组。如果有 ORDER 子句，则还要按<列名 2>值的升序或降序对结果表进行排序。

SELECT 语句既可以完成简单的单表查询，也可以完成复杂的连接查询和嵌套查询。本节将以第 1 章给出的 5 张表为基础，举例说明 SELECT 语句的各种用法。

5.1.1 简单查询

简单查询指的是仅涉及一张表的查询，例如，查询一张表中的某些列，查询一张表中满足给定条件的元组，等等。

1. 最简单的查询

将 SELECT 语句的大部分可选成分省略后，就得到如下最简单的查询命令：

```
SELECT [DISTINCT] <目标列表达式> [,…n ]
FROM <表名或视图名>
```

最简单的查询命令可以对一张表中的某些列进行操作，实现下列查询功能。

（1）查询指定列

【例 5-1】查询全体学生的姓名、学号和电话号码。

```
SELECT   姓名，学号，移动电话
FROM     学生表
```

注意，<目标列表达式>中各个列的先后顺序可以与表中的顺序不一致。也就是说，用户在查询时可以根据应用的需要改变列的显示顺序。

（2）查询所有列

SELECT 语句用“*”表示表的所有列，常用来将表中的所有列按照表中的顺序全部输出。

【例 5-2】查询全体学生的详细信息。

```
SELECT   *
FROM     学生表
```

（3）查询计算列

SELECT 语句中的<目标列表达式>不仅可以是表中的属性列，也可以是由常量、变量和函数构成的表达式，即可以将查询出来的属性列经过一定的计算后列出结果。

【例 5-3】将每个学生的累计学分降低 10%后显示出来。

```
SELECT   姓名，累计学分，累计学分- 累计学分*0.1
FROM     学生表
```

查询结果如下：

```
姓名        累计学分        （无列名）
-------------------------------
王东民          160          144
张小芬          160          144
…
```

<目标列表达式>不仅可以是算术表达式，还可以是字符串常量、函数等。

（4）为列起别名

若要按照用户的习惯显示查询结果的列名，或者为无列名的计算列起一个名字，就要用到列的别名。为列起别名的方法有以下两种。

① 用 AS 关键字。格式如下：

<目标列表达式> [AS] <别名>

注意，关键字 AS 是可选的。

② 用 SQL Server 支持的“=”来连接别名和目标列表达式。格式如下：

<别名>＝<目标列表达式>

【例 5-4】将每个学生的累计学分降低 10%后显示出来，要求查询结果表的标题用英语或字母显示。

```
SELECT   姓名 AS name, 累计学分 Ogpa, Ngpa=累计学分- 累计学分*0.1
FROM     学生表
```

查询结果如下：

```
name          Ogpa             Ngpa
------------------------------------
王东民        160              144
张小芬        160              144
…
```

注意，当列的别名含有空格时要用单引号括起。例如：

```
SELECT   姓名 AS '学生表 Name', 累计学分 'Old Gpa', 'New Gpa'=累计学分- 累计学
         分*0.1
FROM     学生表
```

（5）使用 DISTINCT 关键字消除重复元组

如果不指定 DISTINCT 关键字，SQL Server 在执行 SELECT 语句时会搜索所有满足条件的元组，按照目标列表达式指定的列进行输出，而不管查询结果表中是否存在重复的元组。指定 DISTINCT 关键字后，SQL Server 会自动消除结果表中的重复元组。

【例 5-5】查询每个院系有在读学生的专业。

```
SELECT   所在院系, 专业
FROM     学生表
```

查询结果如下：

```
所在院系        专业
--------------------
信息学院        计算机
信息学院        计算机
信息学院        计算机
信息学院        计算机
信息学院        计算机
信息学院        信息管理
信息学院        信息管理
信息学院        电子商务
信息学院        电子商务
```

上述查询结果表中包含了许多重复的元组，需要指定 DISTINCT 关键字进行消除：

```
SELECT   DISTINCT 所在院系, 专业
FROM     学生表
```

查询结果如下：

```
所在院系        专业
--------------------
信息学院        计算机
信息学院        信息管理
信息学院        电子商务
```

注意：DISTINCT 关键字的作用范围是整个查询列表，而不是单独的某个列，因此应该紧跟在 SELECT 之后书写。例如，下列 DISTINCT 关键字的用法是错误的。

```
SELECT   所在院系, DISTINCT 专业
FROM     学生表
```

2．查询满足条件的元组

查询满足条件的元组是通过在 WHERE 子句中指定查询条件来实现的。在 SQL Server 中，查询条件是一个返回 TRUE（真）、FALSE（假）或 UNKNOWN[①]（未知）三种逻辑值的逻辑表达式。若

① UNKNOWN 是由值为 NULL 的数据参与逻辑表达式运算所返回的结果。

一个元组使 WHERE 子句中的查询条件为真，则称该元组满足查询条件，否则称该元组违反查询条件。表 5-1、表 5-2 和表 5-3 分别列出了 NOT、AND 和 OR 三种逻辑运算在各种情况下的结果。

表 5-1　NOT 运算情况

NOT	结果
T	F
F	T
U	U

表 5-2　AND 运算情况

AND	T	F	U
T	T	F	U
F	F	F	F
U	U	F	U

表 5-3　OR 运算情况

OR	T	F	U
T	T	T	T
F	T	F	U
U	T	U	U

WHERE 子句常用的查询条件如表 5-4 所示，下面逐一进行介绍。

表 5-4　常用的查询条件

查询条件	运算符（θ）	条件（逻辑表达式）格式	备　注
比较大小	=，>，<，>=，<=，!=，<>，!>，!<	op_1 θ op_2	双目运算
确定范围	[NOT] BETWEEN AND	op_1 [NOT] BETWEEN op_2 AND op_3	三目运算
确定集合	[NOT] IN	op_1 [NOT] IN op_2	双目运算
字符串匹配	[NOT] LIKE	op_1 [NOT] LIKE op_2	双目运算
空值	IS [NOT] NULL	*op* IS [NOT] NULL	单目运算
多重条件	NOT，AND，OR，()	NOT *op*，op_1 AND op_2，op_1 OR op_2	NOT 是单目运算，其余是双目运算，括号用于改变运算优先级

（1）比较大小

比较大小就是用比较运算符（θ）连接两个同类操作数（op_1 和 op_2）来表达查询条件，其一般格式如下：

op_1 θ op_2

其中，op_1 和 op_2 是由常量、变量、函数构成的算术表达式或字符串表达式；比较运算符θ包括

=	等于	<=	小于等于
>	大于	!=或<>	不等于
<	小于	!>	不大于
>=	大于等于	!<	不小于

【例 5-6】查询来自杭州的所有学生。

```
SELECT *
FROM 学生表
WHERE 籍贯='杭州'
```

【例 5-7】查询累计学分在 160 分以下的学生姓名和累计学分。

```
SELECT 姓名，累计学分
FROM 学生表
WHERE 累计学分<160
```

（2）确定范围

确定范围就是用三目运算符[NOT] BETWEEN AND 连接三个同类操作数（op_1，op_2，op_3）来表达查询条件，其一般格式如下：

op_1 [NOT] BETWEEN op_2 AND op_3

其中，op_1、op_2、op_3 是由常量、变量、函数构成的算术表达式或字符串表达式。

上述查询条件的含义是：若 op_1（不）在 op_2 和 op_3 之间，则条件为真，否则为假。与确定范围等价的查询条件见表 5-5。

表 5-5　与确定范围等价的查询条件

确 定 范 围	等价的查询条件
op_1 BETWEEN op_2 AND op_3	op_2 <= op_1 AND op_1 <= op_3
op_1 NOT BETWEEN op_2 AND op_3	NOT op_1 BETWEEN op_2 AND op_3 或 op_1 < op_2 OR op_1 > op_3

【例 5-8】查询累计学分不在 150 和 159 之间的学生姓名和累计学分。

```
SELECT 姓名，累计学分
FROM 学生表
WHERE 累计学分 NOT BETWEEN 150 AND 159
```

【例 5-9】查询姓名在“陈”和“李”之间的学生学号和姓名。

```
SELECT 学号，姓名
FROM 学生表
WHERE 姓名 BETWEEN '陈' AND '李'
```

查询结果如下：

```
学号          姓名
--------------------
S060109       陈晓莉
S060201       胡汉民
```

由字符串定义的范围是根据字符内码的顺序确定的（一般按字典顺序）。

（3）确定集合

确定集合就是用运算符[NOT] IN 连接两个操作数（op_1 和 op_2）来表达查询条件，其一般格式如下：

op_1 [NOT] IN op_2

其中，op_1 是由常量、变量、函数构成的算术表达式或字符串表达式；op_2 是一个集合，在 SQL 语言中常表示为（$e_1, e_2, \cdots, e_n$）的形式，其中 $e_1, e_2, \cdots, e_n$ 为集合的元素，它们可以是与 op_1 同类型的常量、变量和函数构成的表达式。

上述查询条件的含义是：如果 op_1（不）是集合 op_2 中的元素，则条件为真，否则为假。与确定集合等价的查询条件见表 5-6。

表 5-6　与确定集合等价的查询条件

确 定 集 合	等价的查询条件
op IN ($e_1, e_2, \cdots, e_n$)	$op = e_1$ OR $op = e_2$ OR ⋯ OR $op = e_n$
op NOT IN ($e_1, e_2, \cdots, e_n$)	NOT op IN ($e_1, e_2, \cdots, e_n$) 或 op != e_1 AND op != e_2 AND ⋯ AND op != e_n

【例 5-10】查询来自杭州、宁波或温州的学生学号和姓名。

```
SELECT 学号，姓名
FROM 学生表
WHERE 籍贯 IN ('杭州','宁波', '温州')
```

【例 5-11】查询既不来自杭州，也不来自宁波的学生学号和姓名。

```
SELECT 学号，姓名
FROM 学生表
WHERE 籍贯 NOT IN ('杭州', '宁波')
```

【例 5-12】查询学号后两位是“09”，或者等于学号前两位或中间两位的学生学号和姓名。

```
SELECT 学号，姓名
FROM 学生表
WHERE SUBSTRING(学号,6,2) IN ('09', SUBSTRING(学号,2,2), SUBSTRING (学号,4,2) )
```

查询结果如下：

```
学号              姓名
-------------------
S060101          王东民
S060109          陈晓莉
S060202          王俊青
S060306          吴双红
```

本例用到了 SQL Server 提供的取子串函数 SUBSTRING(s, p, c)，其含义是返回字符串 s 中从第 p 个字符开始，长度为 c 的子串。在本例中，参与 IN 运算的操作数和集合元素是函数或常量。

（4）字符串匹配

字符串匹配就是用运算符[NOT] LIKE 连接两个字符串操作数（s_1 和 s_2）来表达查询条件，其一般格式如下：

```
s1 [NOT] LIKE s2 [ESCAPE '<换码字符>']
```

其中，s_1 和 s_2 是由常量、变量、函数构成的字符串表达式。s_1 称为主字符串，s_2 称为模式字符串（ESCAPE 短语稍后介绍）。模式字符串除了包含普通字符外，还包含下列特殊字符（称为通配符）：

%	匹配任意长度的字符串（长度可以为 0）
_	匹配任意一个字符
[$c_1c_2…c_n$]	匹配字符 c_1，c_2，…，c_n 中的一个。当 c_1，c_2，…，c_n 连续时可简化为[c_1-c_n]
[^$c_1c_2…c_n$]	匹配除 c_1，c_2，…，c_n 外的一个字符。当 c_1，c_2，…，c_n 连续时可简化为[^c_1-c_n]

上述查询条件的含义是：如果主字符串 s_1（不）与模式字符串 s_2 相匹配，则条件为真，否则为假。字符串匹配常用来实现模糊查询。

【例 5-13】 查询姓名中第二个字为“鹏”的学生学号和姓名。

```
SELECT 学号，姓名
FROM 学生表
WHERE 姓名 LIKE '_鹏%'
```

【例 5-14】 查询学号长度不等于 7，或者学号后 6 位含有非数字字符的学生学号和姓名。

```
SELECT 学号，姓名
FROM 学生表
WHERE 学号 NOT LIKE 'S[0-9][0-9][0-9][0-9][0-9][0-9]'
```

【例 5-15】 查询学号最后一位既不是“1”或“3”，也不是“9”的学生学号和姓名。

```
SELECT 学号，姓名
FROM 学生表
WHERE 学号 LIKE '%[^139]'
```

我们知道，模式字符串中的通配符（%、_、[、]）已被赋予了特殊含义。要让某个通配符恢复原来的含义，就要用 ESCAPE 短语对通配符进行转义。

比如，要查课程名以“DB_”开头的课程信息。将模式串写成“DB_%”是错误的，因为此时找到的是课程名以“DB”开头，第三个字符任意的课程信息，显然不符合题意。例 5-16 用 ESCAPE 短语给出了解决办法。

【例 5-16】查询课程名以“DB_”开头的课程信息。

```
SELECT *
FROM 课程表
WHERE 课名 LIKE 'DB\_%' ESCAPE '\'
```

ESCAPE '\'短语表示“\”为换码字符，这样模式串中紧跟在“\”后面的字符“_”不再具有通配符的含义，而被转义为普通的“_”字符。但“%”仍是通配符。

（5）涉及空值的查询

涉及空值的查询就是用运算符 IS [NOT] NULL 对一个表达式（*exp*）的值进行判断，判断它是否为 NULL，其一般格式如下：

```
exp IS [NOT] NULL
```

其中，*exp* 是由常量、变量、函数构成的表达式。

上述查询条件的含义是：如果 *exp* 的值（不）为空值，则条件为真，否则为假。

注意，与 *exp* IS NOT NULL 等价的查询条件是 NOT *exp* IS NULL。

【例 5-17】查询没有成绩的学号和开课计划编号。

```
SELECT 学号, 开课号
FROM 选课表
WHERE 成绩 IS NULL
```

注意，“IS”不能用“=”代替。

【例 5-18】查询有成绩的学号和开课计划编号。

```
SELECT 学号, 开课号
FROM 选课表
WHERE 成绩 IS NOT NULL
```

注意，“IS NOT”不能用“!=”或“<>”代替。本例的查询条件等价于 NOT 成绩 IS NULL。

（6）多重条件查询

多重条件查询就是用逻辑运算符 NOT、AND、OR 和括号将多个逻辑表达式连接起来，形成一个更为复杂的逻辑表达式，作为 WHERE 子句中的查询条件。在逻辑表达式中，括号的优先级最高，NOT 次之，AND 再次之，OR 的优先级最低。

【例 5-19】查询这样的男生，他的电话号码前 3 位是“130”，他来自杭州或者宁波，他既不主修电子商务专业，也不主修信息管理专业。

```
SELECT *
FROM 学生表
WHERE  性别 = '男' AND SUBSTRING(移动电话, 1, 3) = '130' AND
       ( 籍贯 = '杭州' OR 籍贯 = '宁波' ) AND
       NOT 专业 IN ('电子商务', '信息管理')
```

3. 对查询结果排序

如果没有指定查询结果的显示顺序，DBMS 将按其最方便的顺序（通常是元组在表中的先后顺序）输出查询结果。用户也可以用 ORDER BY 子句指定按照一个或多个属性列的升序（ASC）或降序（DESC）重新排列查询结果，其中升序 ASC 为默认值。OEDER BY 子句的语法如下：

```
ORDER BY {<排序列> [ASC | DESC]}[,…n]
```

其中，<排序列>用来定义排序所依据的列。可以按照多列的值进行排序，各列在 ORDER BY 子句中的先后次序决定了排序过程的优先级。例如，ORDER BY 姓名，年龄 DESC，表示对结果集先按姓名升序排列，姓名相同时按年龄降序排列。

【例 5-20】 查询选修了开课计划编号为“010101”的课程的学生学号和成绩，查询结果按分数降序排列。

```
SELECT 学号, 成绩
FROM 选课表
WHERE 开课号 = '010101'
ORDER BY 成绩 DESC
```

可以使用列在 SELECT 子句中的顺序编号来指定排序列，例如，上例可以改写为

```
SELECT 学号, 成绩
FROM 选课表
WHERE 开课号 = '010101'
ORDER BY 2 DESC
```

如果 SELECT 子句中使用了计算列，并且需要按照这个计算列进行排序，则在 ORDER BY 子句中可以采用三种方法来表示这个计算列：① 这个计算列的表达式；② 这个计算列的顺序编号；③ 这个计算列的别名。

【例 5-21】 查询选修了开课编号为“010101”的课程的学生学号、成绩，以及加了 10 分后的新成绩，查询结果按原成绩降序、按新成绩升序排列。

```
SELECT 学号, 成绩, 成绩+10 AS New成绩
FROM 选课表
WHERE 开课号 = '010101'
ORDER BY 成绩 DESC, 成绩+10
```

上例 ORDER BY 子句中的“成绩+10”也可改写为“New 成绩或 3”。

也可根据 SELECT 子句中没有出现的列进行排序，此时不能用顺序编号来表示排序列。

【例 5-22】 查询选修了开课编号为“010101”的课程的学生学号，并按成绩降序排列。

```
SELECT 学号
FROM 选课表
WHERE 开课号 = '010101'
ORDER BY 成绩 DESC
```

5.1.2　统计

为了有效处理使用 SQL 查询得到的数据集合，SQL Server 提供了一系列的统计函数，用来实现对数据集的汇总、求平均等各种运算。

1. 常用的统计函数

表 5-7 列出了最常用的统计函数，其中 DISTINCT 表示统计时要剔除重复值。

表 5-7　最常用的统计函数

函 数 格 式	函 数 功 能
COUNT([DISTINCT] *)	统计元组个数
COUNT([DISTINCT] <列表达式>)	统计列值个数

续表

函数格式	函数功能
SUM([DISTINCT] <列表达式>)	计算数值型列表达式的总和
AVG([DISTINCT] <列表达式>)	计算数值型列表达式的平均值
MAX([DISTINCT] <列表达式>)	求列表达式的最大值
MIN([DISTINCT] <列表达式>)	求列表达式的最小值

这些函数常在 SELECT 子句中直接作为计算列或参与计算列的运算，对数据集进行一定的统计运算并返回结果。

【例 5-23】 查询所有课本的总价格和平均价格，以及打七折后的总价格和平均价格。

```
SELECT SUM(定价), AVG(定价), SUM(定价*0.7), AVG(定价*0.7)
FROM 课程表
```

查询结果如下：

```
(无列名)      (无列名)      (无列名)      (无列名)
--------------------------------------------------
93            31            65.1          21.7
```

关于本例有如下几条说明：

① 这条查询语句搜索了课程表的所有行，但只返回一行结果。

② 用统计函数表示的列和计算列一样，返回结果都没有列名，因此也可以像计算列一样指定列的别名，例如：

```
SELECT   SUM(定价) AS 原总价, AVG(定价) AS 原均价,
         SUM(定价*0.7) 折扣总价, 折扣均价=AVG(定价*0.7)
FROM 课程表
```

查询结果如下：

```
原总价        原均价        折扣总价      折扣均价
------------------------------------------------
93            31            65.1          21.7
```

③ 统计列值为空的元组不参与统计计算。例如，课程表中含有 4 门课本价格为空的课程，它们不参与求总价和均价的计算。

如果结合 WHERE 子句来使用统计函数，则只有满足 WHERE 条件的行才参与统计。

【例 5-24】 查询课程编号前两位数字是“02”的课程所用课本的总价格和平均价格。

```
SELECT SUM(定价), AVG(定价)
FROM 课程表
WHERE 课号 LIKE 'C02%'
```

在统计函数中可以用 DISTINCT 关键字来剔除重复值。

【例 5-25】 查询至少选修了一门课程的学生总数。

```
SELECT COUNT(DISTINCT 学号)
FROM 选课表
```

在本例中，DISTINCT 关键字使得一个学生只统计一次，而无论他选修了多少门课程。

COUNT(*)用来统计满足条件的元组个数。

【例 5-26】 查询课程编号前两位数字是“02”的课程总数。

```
SELECT COUNT(*)
FROM 课程表
WHERE 课号 LIKE 'C02%'
```

2. 分组查询

以上关于统计函数的例子都是针对满足 WHERE 条件的查询结果集进行的统计。如果要先对查询结果集进行分组，然后再对每个组进行统计，就要用到 GROUP BY 子句了。GROUP BY 子句可以将查询结果集按一列或多列取值相等的原则进行分组。含 GROUP BY 子句的查询称为分组查询。

（1）使用 GROUP BY 子句进行分组

SQL Server 用 GROUP BY 子句对查询结果集进行分组，目的是为了细化统计函数的作用对象。如果未对查询结果集分组，统计函数将作用于整个查询结果集，即整个查询结果集只有一个统计值。否则，统计函数将作用于每个组，即每一个组都有一个统计值。GROUP BY 子句的语法如下：

```
GROUP BY <分组列>[,…n]
```

【例 5-27】 查询各门课程的课程号及相应的选课人数。

```
SELECT 开课号, COUNT(学号)
FROM 选课表
GROUP BY 开课号
```

该 SELECT 语句先对选课表按开课号的取值进行分组，所有具有相同开课号值的元组被分为一组，然后用 COUNT 函数统计每一组的学生人数。

查询结果如下：

```
开课号          (无列名)
--------------------
010101      5
010201      1
010202      1
010301      3
020101      2
020102      1
020201      2
020301      1
020302      1
030101      1
```

注意：

① GROUP BY 子句中的列名只能是 FROM 子句所列表的列名，不能是列的别名。例如，下列查询是错误的：

```
SELECT 开课号 AS 开课计划编号, COUNT(学号)
FROM 选课表
GROUP BY 开课计划编号
```

② 使用 GROUP BY 子句后，SELECT 子句的目标列表达式所涉及的列必须满足：要么在 GROUP BY 子句中，要么在某个统计函数中。例如，下列查询是错误的：

```
SELECT 开课号, 学号
FROM 选课表
```

```
GROUP BY 开课号
```

因为学号既不在 GROUP BY 子句中，也不在任何统计函数中。

（2）使用 HAVING 短语来筛选组

如果分组后还要求按一定的条件对这些组进行筛选，最终只输出满足指定条件的组，则可以使用 HAVING 短语指定筛选条件。

【例 5-28】查询学号前 5 位为“S0601”且选修了两门以上（含两门）课程的学生学号。

```
SELECT 学号
FROM 选课表
WHERE 学号 LIKE 'S0601%'
GROUP BY 学号
HAVING COUNT(*)>=2
```

本例首先通过 WHERE 子句从选课表中求出学号前 5 位为“S0601”的学生。然后求其中每个学生选修了几门课，为此需要用 GROUP BY 子句按学号进行分组，再用统计函数 COUNT 对每个组的元组数进行计数。如果某一组的元组数大于等于 2，则表示此学生选修了两门以上的课程，应将他的学号选出来。HAVING 短语指定选择组的条件，只有满足条件（即元组数>=2）的组才会被选出来。

WHERE 子句与 HAVING 短语的区别有二。一是作用对象不同。WHERE 子句作用于 FROM 子句所列的表，从中选择满足条件的元组，而 HAVING 短语作用于组，从中选择满足条件的组。二是选择条件的构成有差异。WHERE 条件不能直接包含统计函数，而 HAVING 条件所涉及的列必须要么在 GROUP BY 子句中，要么在某个统计函数中。

5.1.3 连接查询

到目前为止，我们所介绍的查询只涉及一张表，但大多数查询需要从多个相关的表中获取信息。例如，要查询选修了开课计划编号为“010101”的课程的学生姓名，就需要从选课表和学生表两张表中获取信息。如果将只涉及一张表的查询称为单表查询的话，那么涉及多张表的查询就称为多表查询或连接查询。

1. 连接查询和单表查询的区别和联系

从形式上看，连接查询和单表查询的主要区别在于：单表查询的 FROM 子句只涉及一张表，而连接查询的 FROM 子句要涉及多张表。但是，如果我们将 FROM 子句中的多个表看成由这些表的笛卡儿积构成的一张大表，那么连接查询实际上就是这张大表上的单表查询，因此，连接查询和单表查询并没有本质的区别。

尽管如此，连接查询还是有一些特殊性的：

（1）由于不同表的某些列可能重名，故如果查询的某些子句涉及这些重名列，则需要在列名前加“<表名>.”作为限定。

（2）在连接查询中，如果没有 WHERE 子句，查询结果将是没有实际意义的笛卡儿积。为了避免这种情况，WHERE 条件应包括必须的连接条件和可选的普通查询条件。

（3）在涉及 *n* 张表的连接查询中，至少应包括 *n*–1 个连接条件，否则，这 *n* 张表之间的某些位置将蜕化为没有实际意义的笛卡儿积。

【例 5-29】查询学生的基本信息及其选课信息。

```
SELECT 学生表.*, 开课号, 成绩
FROM 学生表, 选课表
```

```
WHERE 学生表.学号= 选课表.学号
```

【例 5-30】查询选修了开课计划编号为“010101”的课程的学生学号和姓名。

```
SELECT 学生表.学号, 姓名
FROM 学生表, 选课表
WHERE 学生表.学号= 选课表.学号 AND 开课号 = '010101'
```

2. 为 FROM 子句后的表起别名

为 FROM 子句后的表起别名的格式如下：

```
<表名> [AS] <别名>
```

为表起别名的目的有两个。

一是为了缩短涉及重名列的子句的书写。因为重名列前需要加“<表名>.”作为限定，如果<表名>很长，则涉及重名列的子句也会很长；如果为长的<表名>起一个短的别名，就可以用“<别名>.”作为重名列的限定，从而缩短涉及重名列的子句。

二是为了表达自身连接。自身连接指的是一张表和自己连接，也就是说，FROM 子句含有多张相同的表。如果不起别名，重名列前的“<表名>.”限定将失效。为这些相同的表起不同的别名，就可以用“<别名>.”作为重名列的限定，从而解决这个问题。

【例 5-31】查询至少选修了学号为“S060110”的学生所选一门课程的学生学号和姓名。

```
SELECT DISTINCT Z.学号, 姓名
FROM 选课表 AS X, 选课表 AS Y, 学生表 AS Z
WHERE X.学号= 'S060110' AND Y.学号!=X.学号 AND Y.开课号 = X.开课号 AND Y.学
      号=Z.学号
```

3. 使用 JOIN 和 ON 关键字

可以用 JOIN 和 ON 关键字将连接条件和普通查询条件分开。普通查询条件仍写在 WHERE 子句中。JOIN 用于连接两张表，ON 则用于给出这两张表的连接条件。用 JOIN 和 ON 表达的连接查询有如下格式：

```
SELECT 子句
FROM <表名> {JOIN <表名> ON <连接条件> }[ …n ]
[WHERE <普通查询条件>]
[其他子句]
```

【例 5-32】用 JOIN 和 ON 关键字实现例 5-31 的查询。

```
SELECT DISTINCT Z.学号, 姓名
FROM 选课表 X JOIN 选课表 Y ON Y.学号!=X.学号 AND Y.开课号 = X.开课号
     JOIN 学生表 Z ON Y.学号=Z.学号
WHERE X.学号= 'S060110'
```

4. 外连接

通常的连接查询只输出满足连接条件的元组。例如，在例 5-29 的结果表中没有关于 S060109 和 S060308 两个学生的信息，原因是他们没有选课，在选课表中没有相应的元组。有时要以学生表为主体列出每个学生的基本情况及其选课情况，对没有选课的学生则只输出基本情况，相应的选课信息为空，这就需要使用外连接（Outer Join）。

外连接又分为左外连接、右外连接和全外连接三种。相应地可将普通连接称为内连接。

左外连接是指在连接时要将左边关系中的未用元组配上空值加到结果集中。可以通过将连接条件中的“=”改成“*=”，或者将 JOIN 关键字改成 LEFT OUTER JOIN 来表示左外连接。

右外连接是指在连接时要将右边关系中的未用元组配上空值加到结果集中。可以通过将连接条件中的“=”改成“=*”，或者将 JOIN 关键字改成 RIGHT OUTER JOIN 来表示右外连接。

全外连接是指在连接时要将右边关系和右边关系中的未用元组都配上空值加到结果集中。可以通过将 JOIN 关键字改成 FULL OUTER JOIN 来表示全外连接。

此外，内连接除了可以用 JOIN 关键字表达外，还可以用 INNER JOIN 关键字进行表达。

【例 5-33】查询学生的学号、姓名、籍贯信息及选课信息，分别以左外连接、右外连接和全外连接的形式显示。

（1）左外连接

```
SELECT 学生表.学号，姓名，籍贯，开课号，成绩
FROM 学生表，选课表
WHERE 学生表.学号*= 选课表.学号
```

这种外连接形式是基本 SQL 中的，建议使用下面的形式。

查询结果如下：

```
学号      姓名     籍贯     开课号     成绩
----------------------------------------
S060101  王东民   杭州   010101  90.0
......................................
S060102  张小芬   宁波   010101  93.0
......................................
S060103  李鹏飞   温州   010101  85.0
S060109  陈晓莉   西安   NULL    NULL
S060110  赵青山   太原   010101  88.0
S060110  赵青山   太原   010301  NULL
S060201  胡汉民   杭州   020101  NULL
S060201  胡汉民   杭州   020102  NULL
S060202  王俊青   金华   010101  75.0
......................................
S060306  吴双红   杭州   020302  NULL
S060308  张丹宁   宁波   NULL    NULL
```

（2）右外连接

```
SELECT 学生表.学号，姓名，籍贯，开课号，成绩
FROM 学生表 RIGHT OUTER JOIN 选课表 ON 学生表.学号= 选课表.学号
```

（3）全外连接

```
SELECT 学生表.学号，姓名，籍贯，开课号，成绩
FROM 学生表 FULL OUTER JOIN 选课表 ON 学生表.学号= 选课表.学号
```

在本例中，由于选课表中没有未用元组，因此右外连接的结果和内连接相同，全外连接的结果和左外连接相同。

5.1.4 子查询

在 SQL 语言中，一条 SELECT 语句称为一个查询块。将一个查询块用圆括号括起，就表示由这个查询块返回的元组构成的集合。可以通过将这个集合放在另一个查询块的 WHERE 子句或 HAVING

短语中进行各种集合检查，来表达查询条件。这种查询称为嵌套查询，其中上层查询块称为父查询，下层查询块称为子查询。

对子查询结果集的检查包括① 检查给定值是否在结果集中；② 用给定值和结果集中的元素进行大小比较；③ 检查结果集是否为空。下面分别进行介绍。

1．检查给定值是否在结果集中

检查给定值是否在结果集中是指父查询与子查询之间用 IN 进行连接，判断父查询的某个属性列的值是否在子查询的结果中。

【例 5-34】 查询选修了课程名为“数据库原理”的学生学号和姓名。

```
SELECT 学号，姓名
FROM 学生表
WHERE 学号 IN (SELECT 学号
      FROM 选课表
      WHERE 开课号 IN (SELECT 开课号
            FROM 开课表
            WHERE 课号 IN (SELECT 课号
                  FROM 课程表
                  WHERE 课名='数据库原理'
            )
      )
)
```

本例首先从课程表中找出课程名为“数据库原理”的课程号集合，然后在开课表中找出这些课程号的开课计划号集合，接着在选课表中找出选修了这些开课计划号的学号集合，最后在学生表中找出与这些学号对应的学生姓名。

从本例我们可以看出嵌套查询的如下特点：

（1）嵌套查询的求解顺序是由内向外进行的。即子查询的求解先于父查询的求解，子查询的结果用于建立父查询的查询条件。

（2）嵌套查询使得可以用一系列简单查询构成复杂的查询，从而明显地增强了 SQL 的查询能力。子查询的嵌套层数没有限制。

（3）如果父查询与子查询用 IN 或比较运算符连接，则子查询的 SELECT 子句只能有一个列表达式。

（4）如果父查询与子查询用 IN 或比较运算符连接，则 IN 或比较运算符左边的列表达式和右边 SELECT 子句中的列表达式应具有相同的含义，否则得不到正确的结果。

2．用给定值和结果集中的元素进行大小比较

用给定值和结果集中的元素进行大小比较是指，父查询与子查询之间用比较运算符进行连接。这种比较又分为单值比较和多值比较两类。

（1）单值比较

当用户能确切知道子查询的结果集只包含一个值时，可以用比较运算符直接连接父查询的列表达式和子查询的结果集，实现其间的大小比较。例如，在例 5-34 中，若同名课程只有一个课程号，则课程号后的“IN”可以用“=”替代。

在 SQL Server 中，返回单值的子查询可以作为一个值参加任何合法的表达式运算。

【例 5-35】 查询累计学分比“胡汉民”多 2 分以上（含 2 分）的学生学号、姓名和累计学分。

```
SELECT 学号，姓名，累计学分
```

```
FROM  学生表
WHERE 累计学分 >= (SELECT 累计学分 FROM 学生表 WHERE 姓名 = '胡汉民' ) + 2
```

【例 5-36】查询学生 S060101 的姓名和各门课程的平均成绩。

```
SELECT 姓名, (SELECT SUM(成绩) FROM 选课表 WHERE 学号='S060101')
    FROM 学生表
    WHERE 学号='S060101'
```

本例用两个返回单值的子查询分别计算学生 S060101 各门课程的总成绩和选修的课程门数，然后将这两个子查询相除而得的平均成绩作为最终结果表的第 2 列。

（2）多值比较

多值比较是指当子查询的结果集包含多个值时，用给定值和结果集中的某个值进行的比较。此时父查询与子查询之间要用比较运算符后缀 ANY 或 ALL 进行连接，其含义见表 5-8。

表 5-8 多值比较

比较运算	含义
> ANY	大于子查询结果集中的某个值
< ANY	小于子查询结果集中的某个值
>= ANY	大于等于子查询结果集中的某个值
<= ANY	小于等于子查询结果集中的某个值
= ANY	等于子查询结果集中的某个值
!= ANY 或<> ANY	不等于子查询结果集中的某个值（通常没有实际意义）
> ALL	大于子查询结果中的所有值
< ALL	小于子查询结果中的所有值
>= ALL	大于等于子查询结果中的所有值
<= ALL	小于等于子查询结果中的所有值
= ALL	等于子查询结果中的所有值（通常没有实际意义）
!= ALL 或<> ALL	不等于子查询结果中的任何一个值

【例 5-37】查询累计学分比计算机专业和信息管理专业所有学生都低的学生名单。

```
SELECT 姓名
FROM 学生表
WHERE    专业 <> '计算机' AND 专业 <> '信息管理' AND
      累计学分 <ALL (SELECT 累计学分 FROM 学生表
           WHERE 专业 IN ('计算机' , '信息管理') )
```

本例也可以用统计函数实现：

```
SELECT 姓名
FROM 学生表
WHERE    专业 <> '计算机' AND 专业 <> '信息管理' AND
      累计学分 < (SELECT MIN(累计学分) FROM 学生表
           WHERE 专业 IN ('计算机' , '信息管理') )
```

事实上，用统计函数实现子查询通常比直接用 ANY 或 ALL 实现查询效率要高。ANY 和 ALL 与统计函数的对应关系如表 5-9 所示。

表 5-9 ANY 和 ALL 与统计函数的对应关系

	=	<>或!=	<	<=	>	>=
ANY	IN	—	<MAX	<=MAX	>MIN	>=MIN
ALL	—	NOT IN	<MIN	<=MIN	>MAX	>=MAX

3. 检查结果集是否为空

可以用关键字 EXISTS 来检查子查询的结果集是否为空，检查结果是逻辑值“真”或“假”。如果 EXISTS 检查返回“真”，则子查询结果集不空，否则子查询结果集为空。同理，也可以用关键字 NOT EXISTS 来检查子查询的结果集是否为空。如果 NOT EXISTS 检查返回“真”，则子查询结果集为空，否则子查询结果集不空。

【例 5-38】查询选修了开课计划编号为 010101 的课程的学生姓名。

```
SELECT 姓名
FROM 学生表 AS S
WHERE EXISTS (   SELECT *
                 FROM 选课表 AS E
                 WHERE E.学号=S.学号 AND 开课号='010101'  )
```

这类子查询具有如下特点：

（1）子查询的条件往往要引用上层查询所涉及的表。例如，在例 5-38 中，子查询的 WHERE 子句引用了父查询涉及的表。父查询不允许引用子查询涉及的表。

（2）子查询的 SELECT 子句一般写成 SELECT *即可，无须给出具体的列名。

5.1.5　联合查询

每一个 SELECT 语句都能获得一个或一组元组。若要把多个 SELECT 语句的结果合并为一个结果，可用 UNION 操作来完成。使用 UNION 将多个查询结果合并起来，形成一个完整的查询结果时，系统会自动去掉重复的元组。需要注意的是，参加 UNION 操作的各结果表的列数必须相同，对应列的数据类型也必须相同，结果表的列名取第 1 个 SELECT 语句定义的列名。

【例 5-39】查询计算机专业和信息管理专业的学生信息。

```
SELECT *
FROM 学生表
WHERE 专业 ='计算机'
UNION
SELECT *
FROM 学生表
WHERE 专业 ='信息管理'
```

5.2　表数据编辑

表数据编辑又称数据更新，包括插入数据、修改数据和删除数据三类命令。插入数据要用 INSERT 命令，修改数据要用 UPDATE 命令，删除数据要用 DELETE 命令。下面分别进行介绍。

5.2.1　插入数据

1. 插入单个元组

SQL 语言用 INSERT…VALUES 语句向关系表添加一条元组，其一般格式如下：

```
INSERT [INTO] <表名> [ (<列名>[,…n]) ]
VALUES (<表达式>[,…n])
```

注意：

（1）未出现在列名列表中的列插入时取空值；

（2）VALUES 子句中的表达式数量必须和 INSERT 后面的列名数量相等，表达式的数据类型必须和对应列的数据类型相兼容；

（3）若关系表中存在定义为 NOT NULL 的列，则该列的列名必须出现在列名列表中，该列的值也必须出现在 VALUES 子句中且不能为空；

（4）如果省略列名列表，则 VALUES 子句必须指定所有列的值。

【例 5-40】 插入一条选课记录（'S060102', '010201'）到选课表中。

```
INSERT INTO 选课表 (学号, 开课号)
VALUES ('S060102', '010201')
```

新插入的记录在成绩列上取空值。

【例 5-41】 将新生记录（'S060111', NULL, '陈向东', '男', NULL, '上海', '计算机', '信息学院', 158）插入学生表中。

```
INSERT INTO 学生表
VALUES ('S060111', NULL, '陈向东', '男', NULL, '上海', '计算机', '信息学院', 158)
```

本例由于省略了列名列表，因此 VALUES 子句给出了所有列的值。

2. 插入子查询的结果

SQL 语言用 INSERT…SELECT 语句将子查询的结果插入到关系表中，其一般格式如下：

```
INSERT [INTO] <表名> [ (<列名>[,…n]) ]
SELECT 语句
```

注意：

（1）未出现在列名列表中的列插入时取空值；

（2）SELECT 语句中的目标列表达式数量必须和 INSERT 后面的列名数量相等，目标列表达式的数据类型必须和对应列的数据类型相兼容；

（3）若关系表中存在定义为 NOT NULL 的列，则该列的列名必须出现在列名列表中，该列的值也必须出现在 SELECT 语句的目标列中，且不能为空；

（4）如果省略列名列表，则 SELECT 语句必须指定所有列的值。

【例 5-42】 对每一个专业，求学生的平均累计学分，并把结果存入一张表中。

这道题分两个步骤求解。首先用 CREATE TABLE 语句建立一个含两个属性列的表主修专业，一列存放专业名，另一列存放主修该专业的学生的平均累计学分。然后对学生表按专业分组并求每个组平均累计学分，再把专业名和平均累计学分存入主修专业表中。

```
CREATE TABLE 主修专业 ( 专业 CHAR(20), avgpa INT)
INSERT INTO 主修专业(专业, avgpa)
SELECT 专业, AVG(累计学分)
FROM 学生表
GROUP BY 专业
```

3. 使用 SELECT…INTO 语句进行数据插入

用 SELECT…INTO 语句进行数据插入时，系统首先自动创建一个新表，新表的结构由目标列表达式的特性定义，然后将 SELECT 语句的结果集插入这个新表。其一般格式如下：

```
SELECT <目标列>[,…n] INTO <新表名>
  [SELECT 语句的其他子句]
```

注意：当目标列是计算列时，必须为它起别名。

实际上，SELECT … INTO 语句和 INSERT…SELECT 语句的功能是相同的，不同之处是 INSERT…SELECT 语句需要由用户建立新表，而 SELECT…INTO 语句则由系统自动建立这张新表。

【例 5-43】用 SELECT … INTO 语句改写例 5-42。

```
SELECT 专业, AVG(累计学分) AS 平均累计学分 INTO 主修专业
FROM 学生表
GROUP BY 专业
```

5.2.2　修改数据

1. 数据修改语句概述

SQL 语言用 UPDATE 语句对表中的数据进行修改。

语法格式：

```
UPDATE <表名>
SET <列名> = <表达式>[,…n]
[ FROM <表名>[,…n] ]
[WHERE <条件>]
```

参数说明：

（1）UPDATE 语句用来修改指定表中满足 WHERE 条件（即修改条件）的元组。修改方法是用 SET 子句中<表达式>的值取代相应列的值。

（2）修改条件的构造方法和 SELECT 语句中 WHERE 条件的构造方法完全相同，例如，修改条件不仅可以直接使用 UPDATE 关键字后面的表所包含的列，也可以通过引入 FROM 子句直接使用其他表所包含的列，甚至可以将复杂的子查询嵌入修改条件中。

2. 修改给定表的所有行

如果省略 WHERE 子句（此时 FROM 子句不起任何作用，通常同时省略），则 UPDATE 语句将修改表的所有行。

【例 5-44】将所有学生的累计学分增加 3 分。

```
UPDATE 学生表
SET 累计学分=累计学分+3
```

3. 基于给定表修改某些行

如果省略 FROM 子句，但含有 WHERE 子句，则 UPDATE 语句将修改满足修改条件的行，但是此时的修改条件只能直接使用 UPDATE 后面的表所包含的列。

【例 5-45】将计算机专业所有女生的籍贯改为“杭州”，累计学分增加 3 分。

```
UPDATE 学生表
SET 累计学分=累计学分+3, 籍贯='杭州'
WHERE 专业 = '计算机' AND 性别 = '女'
```

4. 基于其他表修改某些行

如果 UPDATE 语句中的修改条件需要使用其他表的列，就要用 FROM 子句将这些表引入到

UPDATE 语句中，此时的修改条件不仅能够直接使用 UPDATE 后面的表所包含的列，也能够直接使用 FROM 后面的表所包含的列。

【例 5-46】将计算机专业所有学生的数据库原理课程的成绩增加 10 分。

```
UPDATE 选课表
SET 成绩 = 成绩+10
FROM 开课表 AS O, 课程表 AS C, 学生表 AS S
WHERE    专业 = '计算机' AND 课名 = '数据库原理' AND
      C.课号 = O.课号 AND O.开课号 = 选课表.开课号 AND 选课表.学号 = S.学号
```

5. 使用子查询修改某些行

UPDATE 语句中的修改条件还可以通过嵌入子查询进行构造。由于子查询的嵌套层数没有限制，并且其中的 WHERE 条件可以直接使用 UPDATE 后面的表所包含的列、外层 FROM 后面的表所包含的列、子查询中 FROM 后面的表所包含的列，因此可以表达非常复杂的修改条件。

【例 5-47】用子查询构造例 5-46 的修改条件，实现相同的修改功能。

```
UPDATE 选课表
SET 成绩 = 成绩+10
FROM 学生表 AS S
WHERE    专业 = '计算机' AND 选课表.学号 = S.学号 AND 开课号 IN (
    SELECT 开课号 FROM 开课表
    WHERE 课号 IN (
        SELECT 课号 FROM 课程表
        WHERE 课名 = '数据库原理'
    )
)
```

5.2.3 删除数据

1. 数据删除语句概述

SQL 语言用 DELETE 语句删除给定表中的某些行。

语法格式：

```
DELETE [FROM] <目标表名>
[FROM <表名>[,…n] ]
[WHERE <条件>]
```

参数说明：

（1）DELETE 语句用来删除目标表中满足 WHERE 条件（即删除条件）的元组。

（2）删除条件的构造方法和 SELECT 语句中 WHERE 条件的构造方法完全相同。例如，删除条件不仅可以直接使用目标表所包含的列，也可以通过引入 FROM 子句直接使用其他表所包含的列，甚至可以将复杂的子查询嵌入删除条件中。

注意，DELETE 语句中有两个 FROM 关键字。第一个 FROM 关键字可以省略，用来指定目标表。第二个 FROM 关键字用来指定 FROM 子句。

2. 删除目标表的所有行

如果省略 WHERE 子句（此时 FROM 子句不起任何作用，通常同时省略），则 DELETE 语句将删除目标表的所有行，即将目标表清空。

【例 5-48】将学生表清空。

```
DELETE FROM 学生表
```

此外，还可以用 TRUNCATE TABLE 语句来清空目标表，其格式如下：

```
TRUNCATE TABLE <目标表名>
```

TRUNCATE TABLE 语句的执行速度通常要比 DELETE 语句快，因为 TRUNCATE TABLE 语句是不记录日志的操作，因此，由它删除的数据将无法恢复。

3．基于目标表删除某些行

如果省略 FROM 子句，但含有 WHERE 子句，则 DELETE 语句将删除满足删除条件的行，但是此时的删除条件只能直接使用目标表所包含的列。

【例 5-49】从学生表中删除计算机专业所有女生的信息。

```
DELETE FROM 学生表
WHERE 专业 = '计算机' AND 性别 = '女'
```

4．基于其他表删除某些行

如果 DELETE 语句中的删除条件需要使用其他表的列，就要用 FROM 子句将这些表引入到 DELETE 语句中，此时的删除条件不仅能够直接使用目标表所包含的列，也能够直接使用 FROM 子句中的表所包含的列。

【例 5-50】从选课表中删除计算机专业所有学生对数据库原理课程的选修信息。

```
DELETE FROM 选课表
FROM 开课表 AS O, 课程表 AS C, 学生表 AS S
WHERE     专业 = '计算机' AND 课名 = '数据库原理' AND
          C.课号 = O.课号 AND O.开课号 = 选课表.开课号 AND 选课表.学号 = S.学号
```

5．使用子查询删除某些行

DELETE 语句中的删除条件还可以通过嵌入子查询进行构造。由于子查询的嵌套层数没有限制，并且其中的 WHERE 条件可以直接使用目标表所包含的列、外层 FROM 子句中的表所包含的列，以及子查询 FROM 子句中的表所包含的列，因此可以表达非常复杂的删除条件。

【例 5-51】用子查询构造例 5-50 的删除条件，实现相同的删除功能。

```
DELETE FROM 选课表
FROM 学生表 AS S
WHERE     专业 = '计算机' AND 选课表.学号 = S.学号 AND 开课号 IN (
      SELECT 开课号 FROM 开课表
      WHERE 课号 IN (
          SELECT 课号 FROM 课程表
          WHERE 课名 = '数据库原理'
      )
)
```

实验与思考

目的和任务

（1）能够向已创建的表添加数据、修改数据和删除数据。

（2）掌握查询编辑器的使用方法。

（3）掌握 SELECT 语句在单表查询中的应用。

（4）掌握 SELECT 语句在多表查询中的应用。

（5）掌握复杂查询的使用方法。

实验内容

（1）调出第 4 章实验创建的 4 个表。方法：附加 XMGL 数据库或运行创建 4 个表的 SQL 语句。

（2）用 SQL 增加数据语句输入 4 个表中数据。其中部门表不得少于 5 个，员工表不得少于 10 个，项目表不得少于 10 个，员工参与项目的情况表不得少于 20 个。注意：输入数据时应先输入主表数据，再输入有外键的数据，同时注意各表已经定义约束条件。

（3）设计查询语句并在查询编辑器中进行查询。

① 求参加某个项目的员工姓名。

② 查询某个职工所参加的项目的项目号、项目名称以及项目所在地方。

③ 查询参与了所有项目的员工姓名和员工所在的部门。

④ 查询没有参与任何项目的员工姓名和所在部门。

⑤ 查询所有部门都有员工参与的项目。

⑥ 查询参加了在上海的项目的所有职工的编号、姓名和所在部门。

⑦ 列出每个部门的平均工资、最高工资、最低工资、工资合计，以及整个单位职工的平均工资总计。

⑧ 对所有项目主管的工资增加 10%。

问题思考

（1）简述单表查询和连接查询在表达查询条件时的区别和联系。

（2）使用 GROUP BY 进行分组查询时应注意哪些问题？

（3）用 SELECT 语句进行多表连接查询时应注意哪些问题？

（4）什么是外连接？它有哪些类型？JOIN…ON 关键字的含义、作用和用法如何？

第 6 章

索引的机理、规划和管理

索引对数据库中数据的查找，表间连接等的快慢有非常大的作用。通过索引，可以大大加快数据的检索速度。但是如果索引不当，也会大大增加数据更新带来的成本，反而使数据处理变得更慢。所以要使用索引，事先必须了解数据库，必须对那些数据索引进行规划，要把规划做好，就需要了解索引的机理。

本章首先介绍了索引的结构、原理和索引的类型，并比较详细地叙述了规划设计索引的一般原则，以及通过索引如何进行查询优化处理，最后讲解了索引的创建、管理和维护，并提供了比较详实的实例分析。SQL Server 2005 对索引进行了扩充，增加了一些功能，比如 XML 的索引，SQL Server 2012 增加了列内存索引等，限于篇幅，扩充功能没有介绍。

6.1　索引的作用与结构

6.1.1　索引概述

1．什么叫索引

索引是对数据库表中一个或多个列的值进行排序的结构。每个索引都有一个特定的搜索码与表中的记录相关联，索引按顺序存储搜索码的值。比如，数据库中的一种非聚集索引与书籍中的索引类似，在一本书中，利用索引可以快速查找所需信息，无须阅读整本书；在数据库中，索引使数据库程序无须对整个表进行扫描，就可以在其中找到所需数据。书中的索引是一个词语列表，其中注明了包含各个词的页码。而数据库中的索引是某个表中一列或若干列值的集合，以及相应的指向表中物理标识这些值的数据页的逻辑指针清单。

2．索引的作用

通过创建唯一索引，可以保证数据记录的唯一性。

索引可以大大加快数据检索速度。如果对于一个未建立索引的表执行查询操作，SQL Server 将逐行扫描表数据页面中的数据行，并从中挑选出所有符合条件的数据行，显然，使用这种方式查询，会降低系统查询效率。对建立索引的表执行查询操作，SQL Server 将根据索引的指示，直接定位到需要查询的数据行，从而加快数据检索速度。

可以加速表与表之间的连接，这一点在实现数据的参照完整性方面有特别的意义。

在使用 ORDER BY 和 GROUP BY 子句进行检索数据时，可以明显减少查询中分组和排序的时间。

使用索引可以在检索数据的过程中使用查询优化器，提高系统性能。

6.1.2 SQL Server 索引下的数据组织结构

在 SQL Server 数据库内，索引页的结构与数据页的结构非常相似。索引页的大小也是固定的 8 KB，和数据页一样，索引页也有一个 96 字节的页头，其中包含类似拥有该页的表的标识符（ID）这样的系统信息。如果页链接在列表中，则页头还包含指向下一页及前面用过的页的指针；但不像数据页那样，索引页的尾部没有用来表示页中偏移的两字节的行偏移数组。

SQL Server 索引是通过 sysindexes 表进行管理的。sysindexes 表内的页指针可以定位表、索引和索引视图的所有页集合。每个表和索引视图有一个数据页集合，以及其他一些实现为这个表或视图定义的各个索引的页集合。

每个表、索引和索引视图在 sysindexes 内有一记录行，由对象标识符（id）列和索引标识符（indid）列的组合唯一标识。索引分配映象（Index Allocation Map，IAM）页管理分配表、索引和索引视图所使用的页的空间。FirstIAM 列指向 IAM 页链的 IAM 首页。如果对象有索引，则 root 列指向索引 B 树的顶端。

1. 堆集结构

堆集结构不按任何特殊顺序存储数据行，数据页序列也没有任何特殊顺序。数据页不在链表内链接。堆集存储方式是最简单、最原始、最早使用的一种存储结构，在这种结构中，记录按其插入的先后顺序存放，好像堆货物一样，来了新的货物就堆在上面，所以叫做堆结构。堆集在 sysindexes 内有一记录，其 indid = 0。sysindexes.FirstIAM 列指向 IAM 页链的 IAM 首页，IAM 页链管理分配给堆集的空间，如图 6-1 所示。SQL Server 使用 IAM 页在堆集中浏览。堆集内的数据页和行没有任何特定的顺序，也不链接在一起。数据页之间唯一的逻辑连接是记录在 IAM 页内的连接信息。

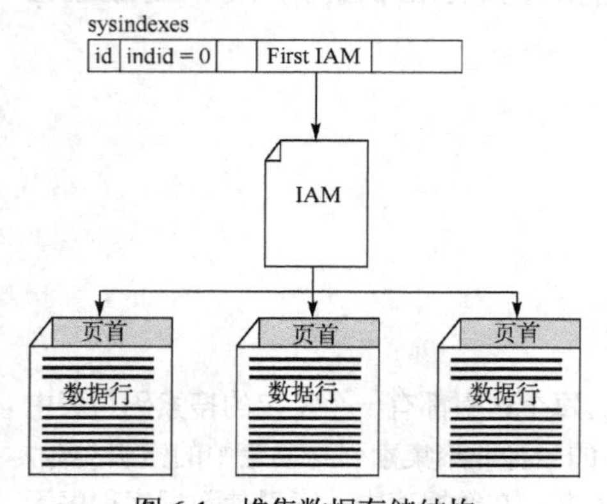

图 6-1 堆集数据存储结构

通过扫描 IAM 页可以对堆集进行表扫描或串行读，以找到容纳这个堆集的页的扩展盘区。因为 IAM 按扩展盘区在数据文件内的顺序表示它们，所以这意味着串行堆集扫描一律沿每个文件进行。使用 IAM 页设置扫描顺序还意味着堆集中的行一般不按照插入的顺序返回。

堆集结构插入很容易，但查找就不方便了。因为它所提供的唯一存取路径就是顺序搜索或顺序扫描，这种操作称为表扫描，即按记录的自然顺序查找所需记录，查找到某一个特定记录行，访问的平均记录数为$(N+1)/2$。这是一种非常低效的操作。堆集存储方式删除比较麻烦，因为这涉及删除记录的空间回收问题。一般在删除时只做删除标记，等删除的记录累计到一定量后再集中清理一次。

2. 聚集索引结构

聚集索引类似于电话簿，如果电话号码按姓氏排列，也就是按姓名索引，则其后的电话号码也随之跟着姓名排列。由于聚集索引规定数据在表中的物理存储顺序，数据行本身只能按一个顺序存储，因此一个表只能包含一个聚集索引。聚集索引对表的物理数据页中的数据按列进行排序，然后再重新存储到磁盘上，即聚集索引与数据是混为一体的，它的叶结点中存储的是实际的数据。

在 SQL Server 中，聚集索引在系统表 sysindexes 内的 indid = 1，root 列指向聚集索引 B 树的顶端，如图 6-2 所示。索引内的每一页包含一个页首，页首后面跟着索引行。每个索引行都包含一个键值及一个指向较低级页或数据行的指针。索引的每个页称为索引结点。顶端结点称为根结点。索引的底层结点称为叶结点，叶结点包含数据页，而不仅仅是索引键值。根和叶之间的任何索引级统称为中间级。每级索引中的页链接在双向链接列表中，当到达聚集索引的叶级时，真正的数据也找到了，而不简单是一个指针。

大多数表都应该有一个聚集索引，尤其是当表只有一个索引时，它最好是聚集的。

在 SQL Server 中，所有的聚集索引都是唯一的。如果创建了一个聚集索引却没有指定关键词 UNIQUE，SQL Server 会根据需要给行增加一个唯一标识来保证索引的唯一性。

3. 非聚集索引结构

非聚集索引与课本中的索引类似。数据存储在一个地方，索引存储在另一个地方，索引带有指针，指向数据的存储位置。索引中的项目按索引键值的顺序存储，而表中的信息按另一种顺序存储，非聚集索引在系统表 sysindexes 内的 indid>1，root 列指向非聚集索引 B 树的顶端，如图 6-3 所示。非聚集索引具有完全独立于数据行的结构，使用非聚集索引不用将物理数据页中的数据按列排序。

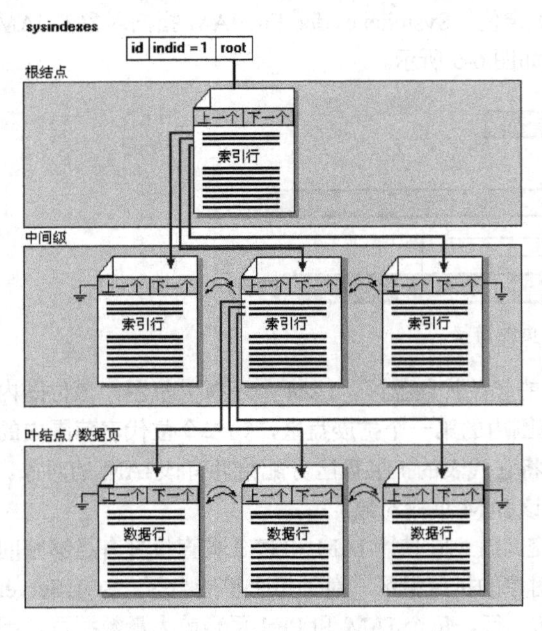

图 6-2　聚集索引数据存储结构

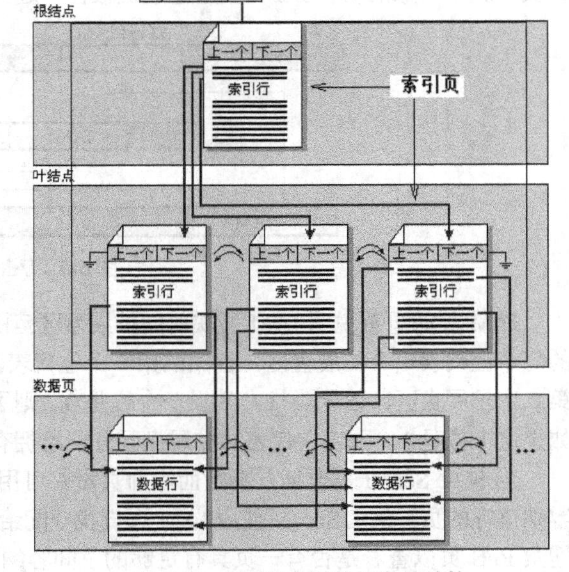

图 6-3　非聚集索引数据存储结构

在 SQL Server 中，每个表最多可以创建 249 个非聚集索引。

非聚集索引与聚集索引一样有 B 树结构，但是有两个重大区别：

（1）数据行不按非聚集索引键的顺序排列和存储。

（2）非聚集索引的叶层不包含数据页。相反，叶结点包含索引行。非聚集索引可以在有聚集索引的表、堆集或索引视图上定义。

在 SQL Server 中，非聚集索引中的行定位器有两种形式：

（1）如果表是堆集（没有聚集索引），行定位器就是指向行的指针。该指针用文件标识符（ID）、页码和页上的行数生成。整个指针称为行 ID。

（2）如果表有聚集索引，或者索引在索引视图上，则行定位器就是行的聚集索引键。

4．扩展盘区空间的管理

索引分配映射表（IAM）页映射数据库文件中由堆集或索引使用的扩展盘区。对于任何具有 ntext、text 和 image 类型的列的表，IAM 页还映射分配给这些类型的页链的扩展盘区。每个对象对每个包含扩展盘区的文件都至少有一个 IAM。如果分配给对象的文件上的扩展盘区的范围超过了一个 IAM 页可以记录的范围，则扩展盘区可能会在文件上有多个 IAM 页，如图 6-4 所示。

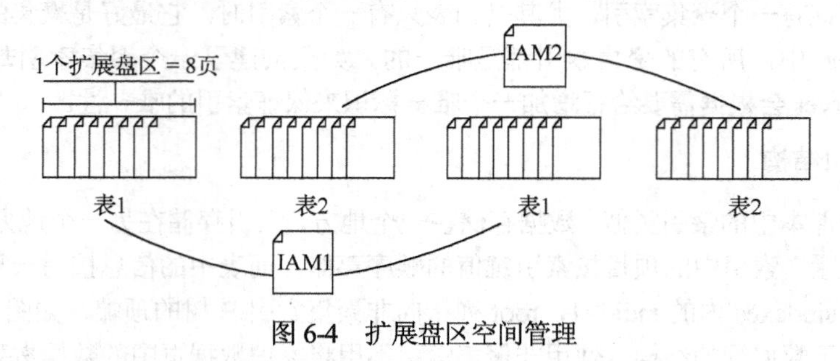

图 6-4　扩展盘区空间管理

IAM 页按需要分配给每个对象，并在文件内随机定位。Sysindexes.dbo.FirstIAM 指向对象的 IAM 首页，这个对象的所有 IAM 页用链条链接在一起，如图 6-5 所示。

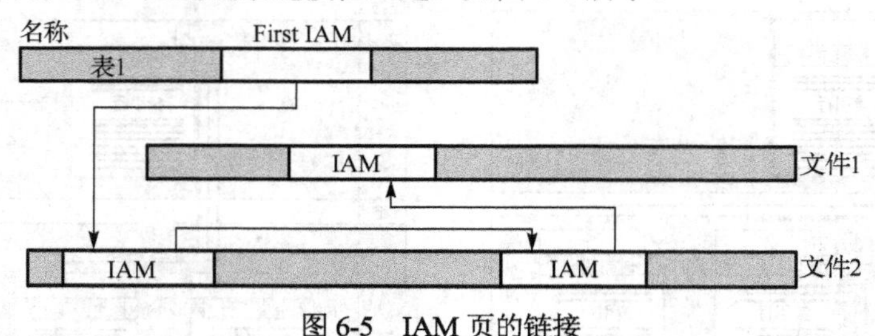

图 6-5　IAM 页的链接

IAM 页的页首说明 IAM 所映射的扩展盘区范围的起始扩展盘区。IAM 中还有大位图，该位图内的每个位代表一个扩展盘区。位图的第一个位代表范围内的第一个扩展盘区，第二个位代表范围内的第二个扩展盘区，以此类推。如果一个位是 0，则不将它代表的扩展盘区分配给拥有该 IAM 的对象。如果这个位是 1，则将它代表的扩展盘区分配给拥有该 IAM 页的对象。

当 SQL Server 需要插入新行而当前页没有可用空间时，它使用 IAM 和 PFS 页查找具有足够空间容纳该行的页。SQL Server 使用 IAM 页查找分配给对象的扩展盘区。对于每个扩展盘区，SQL Server 搜索 PFS 页以查看是否有一页具有足够的空间容纳这一行。每个 IAM 和 PFS 页涵盖大量数据页，因此，一个数据库内只有很少的 IAM 和 PFS 页。这意味着 IAM 和 PFS 页一般在 SQL Server 缓冲池的内存中，所以能很快找到它们。

SQL Server 只有当无法在现有的扩展盘区内快速找到一页有足够空间容纳正插入的行时，才给对象分配新的扩展盘区。SQL Server 使用按比例分配算法，从文件组内的可用扩展盘区中分配扩展盘区。如果一个文件组有两个文件，其中一个的可用空间是另一个的两倍，那么每从后者分配一页，就从前者分配两页。这意味着文件组内的每个文件应该有近似的空间使用百分比。

6.2　索引类型

索引类型按不同的需求和分法可分为：聚集索引和非聚集索引、主键索引和普通索引、唯一索引和非唯一索引，以及单列索引和复合索引。

6.2.1　聚集索引和非聚集索引

在聚集索引中，如上所述，行的物理存储顺序与索引顺序完全相同，每个表只允许建立一个聚集索引。而非聚集索引不改变表中数据行的物理存储顺序。由于建立聚集索引随时要改变表中数据行的物理顺序，所以应在其他非聚集索引建立之前建立聚集索引，以免引起 SQL Server 重新构造非聚集索引。使用聚集索引检索数据要比非聚集索引快。在默认情况下，SQL Server 为主键约束建立的索引为聚集索引，但这一默认设置可以使用 NONCLUSTERED 关键字改变。同样，在默认情况下，SQL Server 为 UNIQUE 约束所建立的索引为非聚集索引，这一默认设置可以使用 CLUSTERED 关键字改变。在 CREATE INDEX 语句中，使用 CLUSTERED 选项可以建立聚集索引。聚集索引可以使用 NONCLUSTERED 关键字改变为非聚集索引。一个表最多可以建立 249 个非聚集索引。

6.2.2　主键索引和非主键索引

表定义主键时自动创建主键索引，并且会自动创建聚集索引。在创建聚集索引时，可以指定填充因子，以便在索引页上留出额外的间隙，保留一定百分比的空间，供将来表的数据行增加或更新时减少发生页拆分的机会。填充因子的值是从 0～100 的百分比数值，值为 100 时表示页将填满，留出的存储空间量最小，只有当不会对数据进行更改时才会使用此设置。填充因子的默认值为 0，值越小则数据页上的空闲空间越大，这样可以减少在索引增长过程中对页进行拆分的需要。

频繁更改的属性列上不适宜创建主键聚集索引，因为 SQL Server 要求必须按照这些属性列的值重新安排记录的物理顺序，这将导致记录的物理移动。非主键索引是在非主键的属性列上创建的索引，这些索引一般都是非聚集索引，除非主键索引通过 NONCLUSTERED 关键字改变为非聚集索引，才可以在某个非主键列上创建聚集索引。

6.2.3　唯一索引和非唯一索引

唯一索引可以确保索引列中不包含重复值。只有当唯一性是数据本身特征时，指定唯一索引才有意义。使用唯一索引不能完全等同于使用主键。如果某列包含多行 NULL 值，则不能在该列上创建唯一索引。在 CREATE TABLE 或 ALTER TABLE 语句中设置 PRIMARY KEY 约束或 UNIQUE 约束时，SQL Server 自动为这些约束创建唯一索引；在 CREATE INDEX 语句中使用 UNIQUE 选项也可创建唯一索引。

在使用 CREATE INDEX 语句对一个已经存在的表创建唯一索引时，系统首先检查表中已有的数据，如果被索引的列存在重复键值，系统将停止建立索引，这时 SQL Server 将显示一条错误信息，并列出重复数据。在这种情况下，只有删除已经存在的重复后，才能对这些列建立唯一索引。数据表创建唯一索引后，SQL Server 将禁止 INSERT 语句和 UPDATE 语句向表中添加重复的键值行。

6.2.4　单列索引和复合索引

单列索引是指对表中单个列建立索引。多数情况下，单列索引是创建索引首选考虑的索引，因为单列索引代价相对较小，而对数据库查询效能提高很大。而一个索引中包含了一个以上的列称为复合索引，最多可以有 16 个列复合到一个索引中，并且这些列必须位于同一个表中，复合的多列索引允许某一列具有相同的值。复合索引值的最大长度为 900 字节。例如，不可在定义为 char（300）、char（300）和 char（301）的三个列上创建单个索引，因为总宽度超过了 900 字节。

在使用复合索引检索时，把被索引的列作为一个单位。复合索引中的列顺序可以和表中的列顺序不同。在复合索引中应该首先定义最可能具有唯一性的属性列。

6.3 规划设计索引的一般原则

当 SQL Server 执行查询时，查询优化器会对可用的数据检索方法的成本进行评估，从中选用最有效的方法。SQL Server 在没有索引的情况下执行表扫描，也就是说要扫描整个表，如果索引存在，则使用索引。当 SQL Server 执行表扫描时，它从表的第一行开始逐行查找，将符合查询条件的行提取出来。当 SQL Server 使用索引时，它会查找查询所需的行的存储位置，并只提取出所需的行。

6.3.1 什么类型查询适合建立索引

在考虑是否为一个列创建索引时，应考虑被索引的列是否及如何用到查询中。索引对以下类型的列查询很有帮助：

（1）搜索符合特定搜索关键字值的行（精确匹配查询）。精确匹配比较是指查询使用 WHERE 语句指定具有给定值的列条目。例如：

```
WHERE 学号= 'S00080'
```

（2）搜索其搜索关键字值为范围值的行（范围查询）。范围查询是指查询指定值介于两个值之间的任何条目。例如：

```
WHERE 成绩 BETWEEN 69 AND 82
```

或

```
WHERE 成绩 >= 69 AND 成绩 <= 82
```

（3）在表 T1 中搜索根据联接谓词与表 T2 中的某个行匹配的行。

（4）在不进行显式排序操作的情况下产生经排序的查询输出，尤其是经排序的动态游标。

（5）在不进行显式排序操作的情况下，按一种有序的顺序对行进行扫描，以允许基于顺序的操作，如合并连接。

（6）以优于表扫描的性能对表中所有的行进行扫描，性能提高是由于减少了要扫描的列集和数据总量。

（7）搜索插入和更新操作中重复的新搜索关键字值，以实施 PRIMARY KEY 和 UNIQUE 约束。

（8）搜索已定义了 FOREIGN KEY 约束的两个表之间匹配的行。

（9）使用 LIKE 比较进行查询时，如果模式以特定字符串（如“abc%”）开头进行了索引，则使用索引会提高效率。

在很多查询中，索引可以带来多方面的好处。例如，索引除了可以覆盖查询外，还使得范围查询可以进行。SQL Server 可以在同一个查询中为一个表使用多个索引，并可以合并多个索引（使用连接算法），以便搜索关键字共同覆盖一个查询。另外，SQL Server 会自动确定利用哪些索引进行查询，并且能够在表被改动时确保该表的所有索引都得到维护。

6.3.2 索引设计的其他准则

设计索引时还要考虑的其他准则如下：

（1）一个表如果建有大量索引，会影响 INSERT、UPDATE 和 DELETE 语句的性能，因为在表中的数据更改时，所有索引都须进行适当的调整。另外，对于不需要修改数据的查询（SELECT 语句），大量索引有助于提高性能，因为 SQL Server 有更多的索引可选择，以便确定以最快速度访问数据的最佳方法。

（2）覆盖的查询可以提高性能。覆盖的查询是指查询中所有指定的列都包含在同一个索引中。例如，如果在一个表的 a、b 和 c 列上创建了组合索引，则从该表中检索 a 和 b 列的查询被视为覆盖的查询。创建覆盖一个查询的索引可以提高性能，因为该查询的所有数据都包含在索引自身当中；检索数据时只需引用表的索引页，不必引用数据页，因而减少了 I/O 总量。尽管给索引添加列以覆盖查询可以提高性能，但在索引中额外维护更多的列会产生更新和存储成本。

（3）对小型表进行索引可能不会产生优化效果，因为 SQL Server 在遍历索引以搜索数据时，花费的时间可能比简单的表扫描还长。

（4）应使用 SQL 事件探查器和索引优化向导帮助分析查询，确定要创建的索引。为数据库及其工作负荷选择正确的索引是非常复杂的，需要在查询速度和更新成本之间取得平衡。窄索引（搜索关键字中只有很少的列的索引）需要的磁盘空间和维护开销都更少，而宽索引可以覆盖更多的查询。确定正确的索引集没有简便的规则，经验丰富的数据库管理员常常能够设计出很好的索引集，但是，即使对于不特别复杂的数据库和工作负荷来说，这项任务也十分复杂、费时和易出错。可以使用索引优化向导使这项任务自动化。

（5）可以在视图上指定索引。只有安装了 SQL Server 企业版或 SQL Server 开发版，才可以创建索引视图。如果很少更新基础数据，则索引视图的效果最佳。索引视图的维护可能比维护表索引的成本高。如果经常更新基础数据，则维护索引视图数据的成本可能超过使用索引视图所带来的性能收益。

（6）可以在计算列上指定索引，但计算列必须是确定性的。如果表达式对一组给定的输入总是返回同样的结果，则该表达式是确定性的。

6.3.3　索引的特征

在确定某一索引适合某一查询之后，可以自定义最适合具体情况的索引类型。索引特征如下：

（1）聚集还是非聚集。

（2）唯一还是不唯一。

（3）单列还是多列。

（4）索引中的列顺序为升序还是降序。

（5）覆盖还是非覆盖。

还可以自定义索引的初始存储特征，通过设置填充因子优化其维护，并使用文件和文件组自定义其位置以优化性能。

6.3.4　在文件组上合理放置索引

在默认情况下，索引创建在基表所在的文件组上，该索引即在该基表上创建。不过，可以在不同于包含基表的文件组的其他文件组上创建非聚集索引。通过在其他文件组上创建索引，可以在文件组通过自带的控制器使用不同的物理驱动器时实现性能提升。这样，数据和索引信息即可由多个磁头并行读取。例如，如果文件组 f1 上的 Table_A 和文件组 f2 上的 Index_A 都由同一个查询使用，就可无争夺地充分利用这两个文件组，因此可以实现性能提升。但是，如果 Table_A 由查询扫描而没有引用 Index_A，则只利用文件组 f1，因而未实现性能提升。

然而，由于不能预测将要发生的访问类型及访问时间，因此更安全的决策可能是将表和索引在所有文件组中展开。这将保证能够访问所有磁盘，因为所有数据和索引在所有磁盘上均匀展开，不受数据访问方式的限制。这对系统管理员来说也是更简单的方法。

如果表上有聚集索引，数据和该聚集索引将始终驻留在相同的文件组内。因此，可以在基表上创建一个聚集索引，指定另外一个文件组，在该文件组上新建索引（然后可以除去该索引，而只在新文件组内保留基表），从而将表从一个文件组移动到另一个文件组。

如果表的索引跨越多个文件组，则必须将所有包含该表及其索引的文件组一起备份，之后还必须创建事务日志备份。否则，只能备份索引的一部分，导致还原备份时无法恢复索引。

单个表或索引只能属于一个文件组，而不能跨越多个文件组。

6.3.5 索引优化建议

高效的索引设计对获得好的性能极为重要，正因为如此，应该尽量试验不同的索引。由于 SQL Server 查询优化器在多数情况下能够可靠地选择最高效的索引，所以在设计索引时应为查询优化器提供更多的索引选择机会。

关于创建索引建议如下：

（1）将更新尽可能多的行的查询写入单个语句内，而不要使用多个查询更新相同的行。仅使用一个语句，就可以利用优化的索引维护。

（2）使用索引优化向导分析查询并获得索引建议。

（3）对聚集索引使用整型键。另外，在唯一列、非空列或 IDENTITY 列上创建聚集索引可以获得比较好的性能收益。

（4）在查询经常用到的所有列上创建非聚集索引。这可以最大程度地利用隐蔽查询。

（5）物理创建索引所需的时间在很大程度上取决于磁盘子系统，需要考虑的因素如下：

① 用于存储数据库和事务日志文件的 RAID（独立磁盘冗余阵列）等级。

② 磁盘阵列中的磁盘数（如果使用了 RAID）。

③ 每个数据行的大小和每页的行数。

④ 索引中的列数和使用的数据类型。

（6）检查列的唯一性。

（7）在索引列中要注意检查数据的分布情况。通常情况下，为包含很少唯一值的列创建索引或在这样的列上执行连接，将导致长时间运行的查询。例如，如果电话簿按姓的字母顺序排序，而城市里所有人的姓都是“张”或“李”，则无法快速找到某个人。

6.4 索引的创建和删除

6.4.1 创建索引

1. 创建索引的方法

SQL Server 创建索引的主要方法有：利用对象资源管理器创建索引、利用 SQL 语句中的 CREATE INDEX 命令创建索引。

（1）利用对象资源管理器直接创建索引

其具体步骤如下：

① 在对象资源管理器中，展开指定的服务器和数据库，选择要创建索引的表，用右键单击该表，从弹出的快捷菜单中选择“修改”选项，就会出现表设计器对话框，单击右键，在快捷菜单中选择“索引/键”选项，则出现新建索引对话框。

② 单击“添加”按钮，则出现新的索引名，然后在“常规”中选择要索引的列。

③ 完成后单击"关闭"按钮，即可生成新的索引。

（2）利用 SQL 中的 CREATE INDEX 命令创建索引

语法格式：

```
CREATE [UNIQUE] [CLUSTERED| NONCLUSTERED ]
INDEX 索引名
ON  数据表名|视图名( 字段名 [ ASC | DESC ] [ ,...n ] )
[WITH(
[PAD_INDEX]
[[,]FILLFACTOR=填充因子]
[[,]IGNORE_DUP_KEY=ON|OFF]
[[,]DROP_EXISTING=ON|OFF]
[[,]STATISTICS_NORECOMPUTE=ON|OFF]
[[,]SORT_IN_TEMPDB=ON|OFF]))
[ ON 文件组名]
```

参数说明：

（1）UNIQUE：指定为表或视图创建唯一索引，即不允许存在索引值相同的两行。

（2）CLUSTERED：指定创建的索引为聚集索引。

（3）NONCLUSTERED：指定创建的索引为非聚集索引。

（4）ASC|DESC：指定具体某个索引列的升序或降序排序方向。

（5）PAD_INDEX：指定是否使用索引填充，默认值为 OFF。必须和填充因子同时使用。

（6）FILLFACTOR =填充因子：指定在创建索引时，每个索引页的数据占索引页大小的百分比，填充因子的值为 1～100，默认值为 0。

（7）IGNORE_DUP_KEY：控制当往包含于一个唯一聚集索引中的列中插入数据时出现重复键值的错误反应。默认值为 OFF，当使用该选项，即值改为 ON 时表示当插入或更新记录时，忽略重复键值。

（8）DROP_EXISTING：指定是否删除并重新创建已命名的先前存在的聚集索引或非聚集索引，默认值为 OFF。

（9）STATISTICS_NORECOMPUTE：指定过期的索引统计是否会自动重新计算，默认值为 OFF。

（10）SORT_IN_TEMPDB：指定将创建索引时的中间排序结果存储在 tempdb 数据库中，默认值为 OFF。

建立索引是以最小的代价得到所需数据的有效方法。建立索引虽提高了查询性能，但由于数据的更改、插入操作，需要额外的开销去改变索引文件，降低了数据的更新速度。所以，必须设计有效的索引。

2. 创建索引实例分析

数据库"教学管理"索引设计如表 6-1 所示，下面的例子将按此表中索引的设计进行部分表的索引创建，其余的读者可仿照进行创建。

表 6-1 教学管理库中表的索引设计

列 名	聚集索引	唯一索引	非聚集索引	是否主键
学生表.学号	√	√		√
学生表.姓名			√	
课程表.课号	√	√		√
课程表.课名		√	√	

续表

列　　名	聚 集 索 引	唯 一 索 引	非聚集索引	是 否 主 键
教师表.工号	√	√		√
教师表.姓名			√	
开课表.开课号	√	√		√
选课表.学号	√	√		√
选课表.开课号				
选课表.成绩			√	

【例 6-1】 为数据库“教学管理”中的学生数据表关于“学生表.学号”建立聚集索引，关于“学生表.姓名”建立非聚集索引。

因“学生表.学号”已经是主键，故聚集索引自动建立，这里不再重复。

方法一：使用对象资源管理器创建索引

操作步骤如下：

① 在对象资源管理器中，展开“教学管理”数据库，选择学生表结点并单击右键，在快捷菜单中选择“修改”。

② 在设计器窗口中单击右键，在快捷菜单中选择“索引/键”，则出现新建索引对话框。

③ 单击“添加”按钮，系统自动给出新索引名（可以在“标识”里重新命名），然后在“常规”中选择要索引的列“姓名”。

④ 单击“关闭”按纽，索引创建完毕。创建过程如图 6-6 所示。

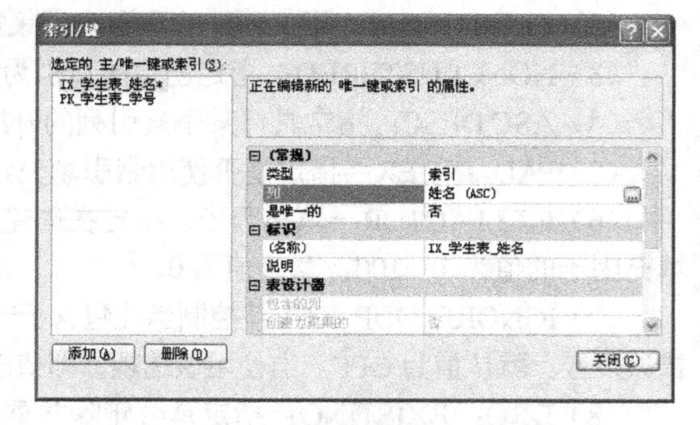

图 6-6　创建索引窗口

方法二：使用 SQL 命令创建索引

```
USE 教学管理
GO
CREATE UNIQUE CLUSTERED INDEX IX_
     学号 ON 学生表(学号)
        WITH(pad_index,fillfactor=100)
```

上述命令关于“学生表.学号”建立了升序唯一性聚集索引，索引名为 IX_学号，填充因子为 100。

如果学生表已经有聚集索引，则会出现下列错误信息：

服务器：消息 1902，级别 16，状态 3，行 1

不能在表“学生表”上创建多个聚集索引。请在创建新聚集索引前除去现有的聚集索引 “PK_学生表”。

```
CREATE INDEX IX_学生表_姓名 ON 学生表(姓名)
```

上述命令关于“学生表.姓名”建立升序非聚集索引，索引名为 IX_学生表_姓名。

【例 6-2】 为数据库“教学管理”中的数据表关于“课程表.课名”降序建立唯一索引 IX_课程表_课名。

方法一：使用对象资源管理器

创建过程请参照例 6-1，参见图 6-6。

方法二：使用 SQL 命令

```
USE 教学管理
```

```
GO
CREATE UNIQUE INDEX IX_课程表_课名 ON 课程表(课名 DESC)
```

【例 6-3】为数据库“教学管理”中的数据表关于“教师表.姓名”升序建立非聚集和非唯一索引IX_教师表_姓名。

方法一：使用对象资源管理器

创建过程请参照例 6-1，参见图 6-6。

方法二：使用 SQL 命令

```
USE 教学管理
GO
CREATE INDEX IX_教师表_姓名 ON 教师表 (姓名 ASC)
```

【例 6-4】为数据库“教学管理”中的数据表关于“选课表.学号”降序、“选课表.开课号”升序建立组合唯一索引 IX_学号_开课号，填充因子为 90，在插入数据时，可以忽略重复的值。如果已经存在IX_学号_开课号索引，则先删除后重建。

方法一：使用对象资源管理器

创建过程请参照例 6-1，参见图 6-6。

方法二：使用 SQL 命令

```
USE 教学管理
GO
CREATE UNIQUE INDEX IX_学号_开课号 ON 选课表(学号 DESC,开课号 ASC)
   WITH(
   PAD_INDEX=ON,                          --保持索引开放的空间
   FILLFACTOR=90,                         --填充因子 90
   IGNORE_DUP_KEY=ON,                     --忽略重复键值
   DROP_EXISTING=ON)                      --如果存在 IX_学号_开课号索引则删除
                                          --如果不存在，则提示错误。中断索引创建
```

【例 6-5】为数据库“教学管理”中的数据表关于“选课表.成绩”降序建立非聚集索引 IX_选课表_成绩。

方法一：使用对象资源管理器

创建过程请参照例 6-1，参见图 6-6。

方法二：使用 SQL 命令

```
USE 教学管理
GO
IF EXISTS (SELECT name FROM sysindexes WHERE name='IX_选课表_成绩')
   DROP INDEX 选课表.IX_选课表_成绩    --如果存在 IX_选课表_成绩索引则删除
CREATE NONCLUSTERED INDEX IX_选课表_成绩 ON 选课表(成绩 DESC)
```

6.4.2 删除索引

1. 删除索引的方法

SQL Server 删除索引的主要方法有：利用对象资源管理器删除索引，利用 SQL 语句中的 DROP INDEX 命令删除索引。

（1）利用对象资源管理器删除索引

具体步骤如下：

① 在对象资源管理器中，展开指定的服务器和数据库，选择要删除索引的表，右键单击该表，从弹出的快捷菜单中选择所有任务项的管理索引选项，就会出现管理索引对话框，在该对话框中，可以选择要处理的数据库和表。

② 选择要删除的索引，单击“删除”按钮。

（2）利用 SQL 中的 DROP INDEX 命令删除索引

语法形式如下：

```
DROP INDEX 表名.索引名[,…n]
```

2. 删除索引实例分析

【例 6-6】 删除数据库“教学管理”中数据表关于“选课表.成绩”建立的非聚集索引 IX_选课表_成绩。

方法一：使用对象资源管理器

操作步骤一：

① 在对象资源管理器中，展开“教学管理”数据库，选择选课表结点并单击右键，在快捷菜单中选择“修改”。

② 在设计器窗口中单击右键，在快捷菜单中选择“索引/键”。出现图 6-6 所示窗口。

③ 在选定的索引列表中选择要删除的索引 IX_选课表_成绩，单击“删除”按纽，再单击“关闭”按纽完成索引的删除工作。

操作步骤二：

① 在对象资源管理器中，展开“教学管理”数据库，找到“选课表”。

② 在“选课表”下选择“索引”。

③ 在管理索引窗口中，如图 6-7 所示。在索引列表中选择要删除的索引 IX_选课表_成绩，单击右键，出现快捷菜单，选择“删除”完成索引的删除工作。

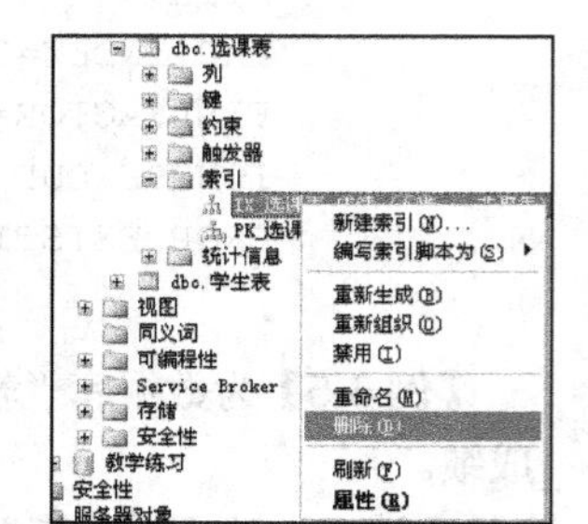

图 6-7　管理索引窗口

方法二：使用 SQL 命令

```
USE 教学管理
GO
DROP INDEX 选课表.IX_选课表_成绩
```

6.5　查询中的执行计划

SQL Server 执行查询的时候，首先会确定执行该查询的最佳方式。这个决定包括如何且以何种顺序来访问和联接数据，如何且何时执行计算和聚合，等等。这些工作由 SQL Server 中一个称为“查询优化器”的子系统负责。

SQL Server 查询优化器能否针对给定的查询生成高效的执行计划，取决于以下两个因素：

① 索引　就像一本书的索引一样，数据库索引提供了在表中快速查询特定行的能力。每一张表中可以存在许多索引。在表中索引的支持下，SQL Server 查询优化器可以找出并使用正确的索引来优化对数据的访问。如果没有索引，则查询优化器只有一个选择，那就是对表中的数据进行全部扫描以找出要找的数据行。

② 数据的分布统计　SQL Server 会保存数据分布的有关统计信息。如果这些统计信息丢失或者过时了，查询优化器就无法计算出高效的执行计划。在许多情况下，统计信息会自动生成并更新。

可以看出，执行计划的高效与否决定了这个查询是否能够在毫秒、秒、甚至分钟数量级的时间内完成，因此，对于 SQL Server 性能，执行计划的生成是至关重要的。我们可以通过分析低效查询的执行计划来确定是否丢失了索引，数据分布统计信息是否过时或丢失了，或 SQL Server 是否选择了一个低效的计划（这种情况不常发生）。

6.5.1　查看查询执行计划

从“开始”菜单中，依次选择“所有程序|Microsoft SQL Server|SQL Server Management Studio”。单击“新建查询”按钮打开一个“新建查询”窗口，并在“可用数据库”下拉菜单中选择“教学管理”。

执行以下 SELECT 语句：

```
SELECT 学号，姓名
FROM 学生表
ORDER BY 姓名
```

按 Ctrl+L 键或在“查询”菜单上选择“显示估计的执行计划”，显示这个查询的执行计划，执行计划如图 6-8 所示。估计的执行计划是在不真正执行查询的情况下生成的。查询由查询优化器进行优化，但是并没有执行。在处理运行时间长的查询时，查询优化器的这一特性具有明显的优势，因为没有必要在查询完成之后再看执行计划。阅读图形化显示的执行计划时，应该从右向左，从上向下阅读。每一个图标代表计划中的一个运算符，并且图中的箭头表示了在这些运算符之间的数据交换过程。箭头的宽度代表运算符之间传递数据的数量。图 6-8 所示的执行计划中的运算符如下：

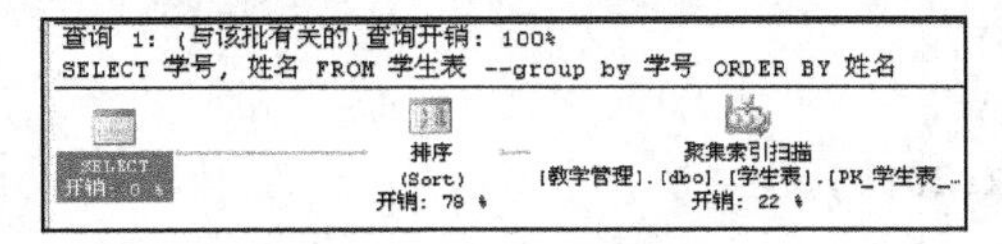

图 6-8　查看“执行计划”

- SQL Server 使用聚集索引扫描来访问数据。这种扫描是真实的数据访问操作。
- 数据随后传递到排序运算符，它将根据语句的 ORDER BY 子句对数据进行排序。
- 发送至客户的数据。

在每一个操作符图标下面的开销百分比显示了这个操作在查询总开销中所占的百分比。可通过这个数字清楚地了解哪一个操作使用的执行资源最多。在这个例子中，“排序”的开销最大，占此查询总开销的 78%。

鼠标指针移到“聚集索引扫描”操作符，此时会出现一个黄色窗口，如图 6-9 所示。这个窗口提供了此操作的详细信息。显示了估计的开销、估计的行数和估计行的大小。行数是基于 SQL Server 为该表所存储的统计信息而估计出的，而开销数是基于统计信息和参考系统的开销数得出的，因此，根据开销数并不能计算出这个查询会在计算机上运行多长时间。这些信息只能用于判断一个操作和其他操作相比运行时间是节约还是浪费。

聚集索引扫描

整体扫描聚集索引或只扫描一定范围。

物理运算	聚集索引扫描
Logical Operation	Clustered Index Scan
估计 I/O 开销	0.003125
估计 CPU 开销	0.0001669
估计运算符开销	0.0032919 (22%)
估计子树大小	0.0032919
估计行数	9
估计行大小	22 字节
已排序	False
节点 ID	1

对象

[教学管理].[dbo].[学生表].[PK_学生表_学号]

输出列表

[教学管理].[dbo].[学生表].学号，[教学管理].[dbo].[学生表].姓名

图 6-9　操作符的详细信息

以上有关操作符的信息还可以在 SQL Server Management Studio 的“属性”窗口中看到。右键单击操作符图标，在弹出菜单中选择“属性”即可打开“属性”窗口。

执行计划还可以保存。右键单击要保存的计划，然后在弹出菜单中选择“将执行计划另存为”来保存该执行计划。执行计划将以 XML 的格式存储，扩展名为.sqlplan。在 SQL Server Management Studio 中，在“文件”菜单选择“打开|文件”即可打开文件已保存的执行计划。

目前看到的只是一个查询的估计执行计划，还可以显示一个实际的执行计划。实际的执行计划与估计的执行计划类似，但会包括实际的数量（不是估计的），如行数和重绕次数等。按“Ctrl+M”键或在“查询”菜单中选择“包括实际的执行计划”来包括实际的执行计划。然后按“F5”键执行查询。执行结果会以通常的方式显示出来，但执行计划将显示在“执行计划”选项卡中。

6.5.2 索引和未索引执行计划的比较

1. 检验堆结构

先创建一个学生表_备份表。

```
USE 学生管理
GO
CREATE TABLE 学生表_备份
(
  学号 CHAR(7)  ,
  身份证号 CHAR(18)  ,
  姓名 CHAR(8)  ,
  性别 CHAR(2)  ,
  移动电话 CHAR(11),
  籍贯 VARCHAR(10),
  专业 VARCHAR(20)  ,
  所在院系 VARCHAR(20)  ,
  累计学分 INT
)
```

再将学生表里的数据复制过来，则学生表_备份表因为没有定义主键，也没有索引，所以是一个堆结构。

```
INSERT INTO 学生表_备份
SELECT 学号，身份证号，姓名，性别，移动电话，
        籍贯，专业，所在院系,累计学分
FROM 学生表
```

输入以下语句来查询学生表_备份表。在执行之前按“Ctrl+M”键或在“查询”菜单中选择“包括实际的执行计划”来包括实际的执行计划。然后执行这个查询。

```
SET  STATISTICS  IO  ON;
SELECT  *  FROM  学生表_备份
SET  STATISTICS  IO  OFF
```

SET STATISTICS IO 选项会打开一个特性，使 SQL Server 将语句执行期间 I/O 操作的有关信息发回给用户。这是一个用于判断查询 I/O 开销的极好特性。

切换到“消息”选项卡，可看到与图 6-10 相似的信息。

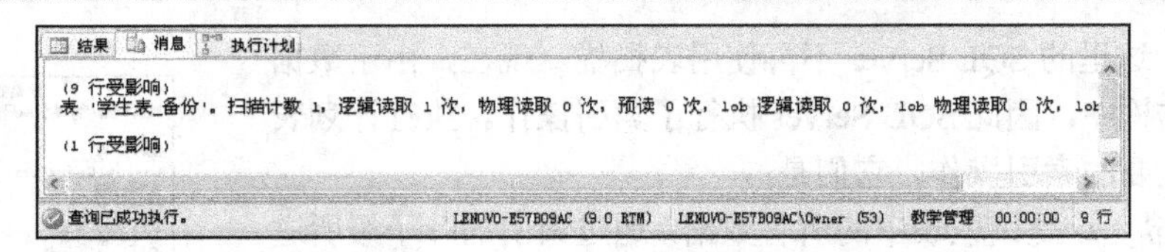

图 6-10 “消息”选项卡

切换到“执行计划”选项卡。在执行计划中，如图 6-11 所示。可以看出，SQL Server 使用一次表扫描操作来访问数据，这是唯一的选择。

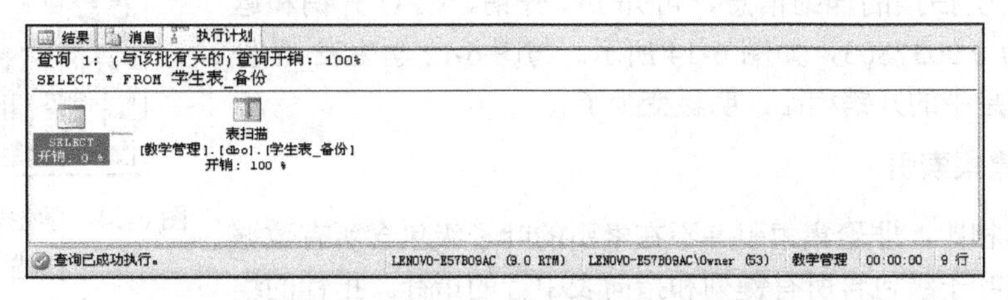

图 6-11　使用表扫描操作来访问数据

查看表扫描的详细信息，如图 6-12 所示，可知 I/O 开销、CPU 开销和运算符开销一共为 0.0065838。

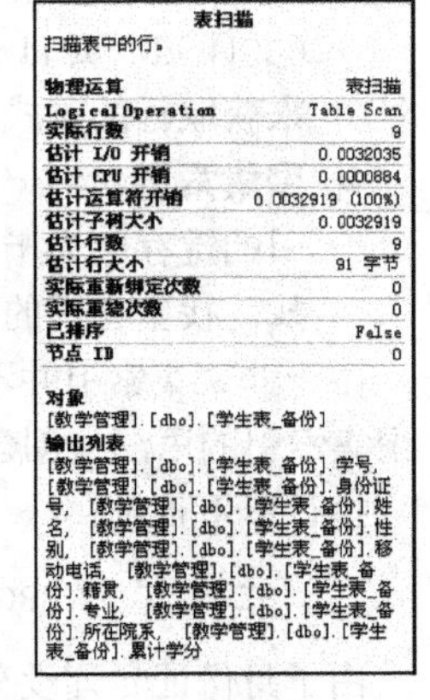

图 6-12　学生表_备份表扫描的详细信息

2. 检验聚集索引

聚集索引是一种特殊的平衡树。在聚集索引中，叶子级并不包括索引键和指针，它们就是数据本身。这个差异意味着数据并不存储在堆结构中，它们存储在索引的叶子级，并按索引键进行排序。数据依据索引键排序，这是主要的优点。无论什么时候，只要 SQL Server 需要依据索引键排序数据，都不必再执行排序操作，因为数据已经排好序了。

创建并使用聚集索引

```
CREATE UNIQUE CLUSTERED INDEX CLIDX_学生表_备份_ID
    ON 学生表_备份(学号)
```

再执行前面执行过的 SELECT 语句来检验区别。要保证在执行时包括实际的执行计划。

```
SET STATISTICS IO ON;
SELECT  *  FROM  学生表_备份
SET STATISTICS IO OFF;
```

切换到“执行计划”选项卡，如图 6-13 所示。

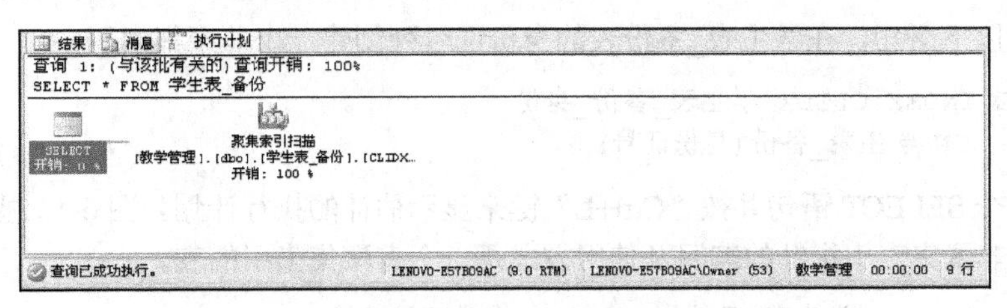

图 6-13 “执行计划”选项卡

可以看出，这里的 SQL Server 不再使用表扫描。现在，由于数据不再存储在堆结构中，因此 SQL Server 执行了索引操作。执行计划表明将使用两个主要的索引操作，它们是：

- **索引扫描**　这是读取表中的所有数据，通过索引的叶子级所进行的扫描。
- **索引查找**　这是 SQL Server 查找特定值的一个操作。这个操作起始于索引的根，并将查询值传递给索引的分支以进行查询。

查看聚集索引扫描的详细信息，可知 I/O 开销、CPU 开销和运算符开销一共为 0.0037803，如图 6-14 所示。与图 6-12 学生表_备份表扫描的详细信息中的开销相比，明显变少了。

图 6-14　学生表_备份聚集索引扫描“消息”选项卡

3. 检验非聚集索引

与聚集索引相比，非聚集索引并不在索引的叶子级包含所有数据行。相反，它在叶子级包含所有键列和指向表中行的指针。指针的编写及使用方式取决于表是一个堆，还是一个有聚集索引的表。

- **堆**　如果表没有聚集索引，SQL Server 将在非聚集索引的叶子级存储一个指向物理行的指针（文件 id、页 id 合页中的行 id）。在这种情况下，SQL Server 通过查询索引进而依据指针指向来获取行的方式查找一个特定的行。
- **聚集索引**　当一个聚集索引存在的时候，SQL Server 会在非聚集索引的叶子级将此行的聚集索引的键存储为指针。如果 SQL Server 要根据非聚集索引获取一行，会在非聚集索引中进行查找，找出合适的聚集键，然后再通过聚集索引来获取行。

由于非聚集索引并不包括整个数据行，因此，在一个表上可以建立多达 249 个非聚集索引。创建非聚集索引的语法与创建聚集索引的语法非常相似。

执行以下查询：

```
SELECT * FROM 学生表_备份 order by 身份证号
```

由于身份证号列没有索引，因此 SQL Server 执行了一次聚集索引操作，主要操作用到了排序，如图 6-15 所示。为了加速这个查询，SQL Server 需要身份证号列有一个索引。由于在学生表_备份表上已经定义了一个聚集索引，因此必须使用非聚集索引。

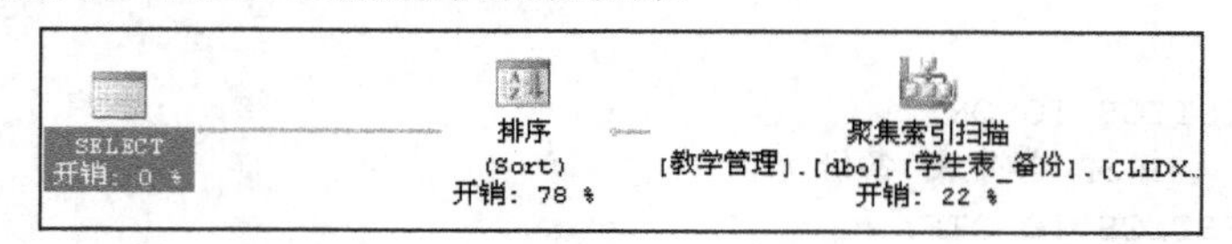

图 6-15　学号聚集索引身份证号没索引的执行计划

输入并执行以下语句，在学生表_备份表的身份证号列创建一个非聚集索引。

```
CREATE INDEX CLIDX_学生表_备份_身份
          ON 学生表_备份(身份证号)
```

再执行前一个 SELECT 语句并按“Ctrl+L”键来显示估计的执行计划。图 6-16 显示了执行结果。这个查询显示了非聚集索引指针的编写及使用方式是一个有聚集索引的表。

```
SELECT * FROM 学生表_备份 order by 身份证号
```

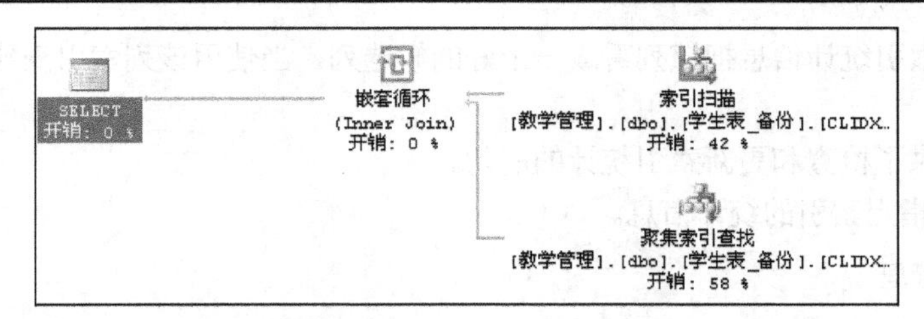

图 6-16　在聚集索引上非聚集索引的执行计划

现在来看 SQL Server 是如何在存在非聚集索引而没有聚集索引的表上访问数据的。输入并执行以下 DROP INDEX 语句来删除学生表_备份表上的聚集索引。

```
DROP INDEX 学生表_备份. CLIDX_学生表_备份_ID
```

输入与前面一样的 SELECT 语句并按“Ctrl+L”键来显示估计的执行计划，图 6-17 显示了执行结果。这个查询显示了非聚集索引指针的编写及使用方式是一个堆表。

```
SELECT * FROM 学生表_备份 order by 身份证号
```

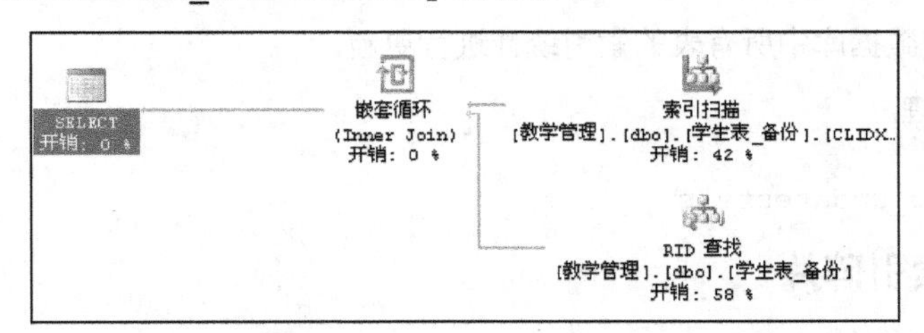

图 6-17　在堆上非聚集索引的执行计划

可以看出，由于 SQL Server 通过索引所获取的指针是指向物理数据行的指针而不是聚集键。因此，SQL Server 现在使用一个 RID 查找操作来获取行。SQL Server 用 RID 查找操作是 SQL Server 直接在页上获取行。

6.6　索引使用中的维护

创建索引后，必须对索引进行维护，确保索引的统计信息是有效的，才能够提高查找速度。随着数据访问时间的加长，索引会变得越来越碎，如果索引的碎片比较多，这些数据碎片会导致额外的页读取，妨碍数据的行扫描，系统对数据库的操作代价将十分昂贵。所以，一定的时候，需要人工管理和维护索引。

6.6.1　维护索引的统计信息

在创建索引时，SQL Server 自动对列中的数据进行采样，记录数据在索引列中分布情况的统计信息。SQL Server 查询优化器根据这些统计信息估算使用该索引进行查询的成本，用来决定最佳的查询策略。但是，随着列中数据的更改，索引和列的统计信息可能会过时，如果索引统计信息不是最新的，将导致查询优化器选择的查询处理方法不是最优的，反而影响数据查找速度。

例如，在一个包含 10 000 行的数据表上创建了非唯一索引，而索引列中包含的数据在创建索引时没有重复数据，则查询优化器把该索引列视为查询数据的最好方法。如果更新活动频繁发生使得索引列有很多重复值，则该列对于查询不再是理想的候选列，由于索引统计信息没有及时维护，查询优化器仍然根据过时的索引统计信息把该列看成一个好的候选列，当使用该列索引查找数据时，查询花费的代价将会很大。

SQL Server 提供了检查和更新索引统计的语句。

【例 6-7】 显示指定索引的统计信息。

```
USE 教学管理
GO
DBCC SHOW_STATISTICS (学生表_备份,CLIDX_学生表_备份_身份)
--显示学生表_备份上CLIDX_学生表_备份_身份索引的统计信息
GO
```

【例 6-8】 更新指定表的索引统计信息。

```
USE 教学管理
GO
UPDATE STATISTICS 学生表          --更新学生表的所有索引的统计
GO
```

【例 6-9】 对指定数据库中所有表的索引统计进行更新。

```
USE 教学管理
GO
EXECUTE sp_updatestats
```

6.6.2 维护索引碎片

1. 索引碎片类型

索引碎片有两类：内部碎片和外部碎片。

- **内部碎片** 当索引页里还有空间可利用时，出现的碎片是内部碎片；内部碎片意味着索引占据了比实际需要多的空间。在创建索引时指定一个较低的填充因子，就会产生内部碎片。有一定的内部碎片是好事，可以因页里有空闲空间而避免插入多行数据时分裂页。分裂的新页需要重新建立索引链并且容易导致外部碎片。
- **外部碎片** 当数据页的逻辑顺序和物理顺序不匹配，或者一个表的存储区不连续时，出现的碎片就是外部碎片。由于存在外部碎片，需要对多页操作，使访问效率低下，操作成本高昂。

2. 索引碎片的检测

用 DBCC SHOWCONTIG 命令查看索引碎片。

语法格式：

```
DBCC  SHOWCONTIG  (表名，索引名)
```

【例 6-10】 查看教学管理数据库中学生表_备份表的 CLIDX_学生表_备份_身份索引碎片信息。

```
USE 教学管理
GO
DBCC  SHOWCONTIG  (学生表_备份,CLIDX_学生表_备份_身份)
```

结果显示如图 6-18 所示。

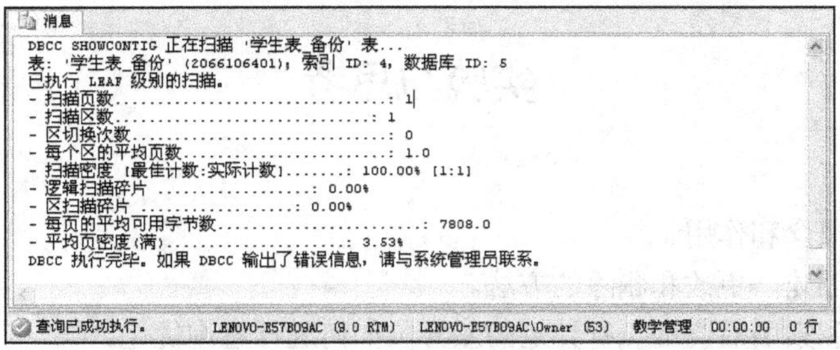

```
消息
DBCC SHOWCONTIG 正在扫描 '学生表_备份' 表...
表: '学生表_备份' (2066106401); 索引 ID: 4, 数据库 ID: 5
已执行 LEAF 级别的扫描。
- 扫描页数................................: 1
- 扫描区数...............................: 1
- 区切换次数..............................: 0
- 每个区的平均页数........................: 1.0
- 扫描密度 [最佳计数:实际计数].......: 100.00% [1:1]
- 逻辑扫描碎片 ..................: 0.00%
- 区扫描碎片 ..................: 0.00%
- 每页的平均可用字节数.........................: 7808.0
- 平均页密度(满).....................: 3.53%
DBCC 执行完毕。如果 DBCC 输出了错误信息，请与系统管理员联系。
查询已成功执行。  LENOVO-E57B09AC (9.0 RTM)  LENOVO-E57B09AC\Owner (53)  教学管理  00:00:00  0 行
```

图 6-18　索引碎片信息

表 6-2 描述了上述结果集中的信息。

表 6-2　结果集中信息

统　计	描　述
扫描页数	表或索引的页数
扫描区数	表或索引中的扩展盘区数
区切换次数	遍历索引或表的页时，DBCC 语句从一个扩展盘区移动到其他扩展盘区的次数
每个区上的平均页数	页链中每个扩展盘区的页数
扫描密度 [最佳值:实际值]	最佳值是指在一切都连续地链接的情况下，扩展盘区更改的理想数目。实际值是指扩展盘区更改的实际次数。如果一切都连续，则扫描密度数为 100；如果小于 100，则存在碎片。扫描密度为百分比值
逻辑扫描碎片	对索引的叶子级页扫描所返回的无序页的百分比。该数与堆集和文本索引无关。无序页是指在 IAM 中所指示的下一页不同于由叶子级页中的下一页指针所指向的页
区扫描碎片	无序扩展盘区在扫描索引叶子级页中所占的百分比。该数与堆集无关。无序扩展盘区是指：含有索引的当前页的扩展盘区不是物理上的含有索引的前一页的扩展盘区后的下一个扩展盘区
平均每页上的平均可用字节数	所扫描的页上的平均可用字节数。数字越大，页的填满程度越低。数字越小越好。该数还受行大小影响：行大小越大，数字就越大
平均页密度（满）	平均页密度（为百分比）。该值考虑行大小，所以它是页的填满程度的更准确表示。百分比越大越好

一般情况下，“扩展盘区切换次数”的值应尽可能接近“扫描扩展盘区数”的值。“扫描密度”的值应尽可能高。“逻辑扫描碎片”和“扩展盘区扫描碎片”（对于较小的扩展盘区）的值应尽可能接近零（但 0～10%的值也可接受）。否则，应对索引进行整理。

3. 重建和整理索引

（1）删除并重新创建聚集索引

使用 DORP INDEX 和 CREATE INDEX 命令删除表上的聚集索引，随后再重新创建聚集索引，将对数据进行重新组织，能够使数据页填满，并且除去数据碎片。

使用删除旧索引重新创建新索引的方式重建聚集索引，是一种昂贵的方法。删除聚集索引将导致重建所有非聚集索引，如果重新创建聚集索引，将再次重建非聚集索引。所以使用这种方法重建聚集索引，将导致所有非聚集索引都被删除和重新创建两次。

（2）使用 DBCC DBREINDEX 命令。它能够在一次操作里重建一个表上的所有索引。但重建索引时表不可用。

（3）使用 DBCC INDEXDEFRAG 命令。删除索引碎片，提高索引扫描性能。该命令是一个联机操作，它不控制长期锁。但索引若完全破坏，则无能为力。格式如下：

```
DBCC  INDEXDEFRAG （数据库名，表名|视图名，索引名）
```

实验与思考

目的和任务

（1）理解索引的概念和作用。

（2）掌握索引的创建、更改和删除的方法。

（3）了解索引前和索引后查询执行计划的差异，如何进行查询优化。

（4）掌握维护索引的方法。

实验内容

（1）使用对象资源管理器创建、管理索引。

① 为员工表创建一个索引名为“emp_id”的唯一性非聚集索引，索引关键字是“员工号”，填充因子 80 %。

② 重命名索引，将索引“emp_id”重命名为“员工表_员工号”。

③ 删除索引“员工表_员工号”。

（2）使用 T-SQL 语句创建、管理索引。

① 为员工表创建一个索引名为“emp_id”的唯一性非聚集索引，索引关键字是“员工号”，填充因子 80 % 。

② 重命名索引，将索引“emp_id”重命名为“员工表_员工号”。

③ 为员工参与项目表创建一个索引名为“员工_项目_index”的非聚集复合索引，索引关键字为“员工号”，升序，项目编号，降序，填充因子 50%。

④ 删除索引“员工表_员工号”和“员工_项目_index”。

（3）索引前后的执行计划。

① 删除员工表中员工号上的主键。按员工姓名和项目名称查询对应的职责，然后观察执行计划信息，计算总的 I/O 和 CPU 开销。（员工表和员工参与项目表中的员工号都没有索引。）

② 为员工参与项目表创建一个索引名为“员工参与项目_员工号”的非聚集索引，索引关键字为“员工号”，升序；按员工姓名和项目名称查询对应的职责，然后观察执行计划信息，计算总的 I/O 和 CPU 开销。（员工表中员工号没索引，员工参与项目表中的员工号有非聚集索引。）

③ 重建员工表中员工号上的主键，删除“员工参与项目_员工号”的非聚集索引。按员工姓名和项目名称查询对应的职责，然后观察执行计划信息，计算总的 I/O 和 CPU 开销。（员工表中员工号有聚集索引，员工参与项目表中的员工号没有非聚集索引。）

④ 为员工参与项目表创建一个索引名为“员工参与项目_员工号”的非聚集索引，索引关键字为“员工号”，升序。按员工姓名和项目名称查询对应的职责，然后观察执行计划信息，计算总的 I/O 和 CPU 开销。（员工表中员工号有聚集索引，员工参与项目表中的员工号有非聚集索引。）

问题思考

（1）查看堆上有无非聚集索引、聚集索引上有无非聚集索引的执行计划，总的 I/O 和 CPU 开销变化明显吗？为什么？

（2）使用命令查看索引的统计信息。

第 7 章　SQL Server 事务和并发控制

事务是一系列的数据库操作，是数据库应用程序的基本单元，也是并发控制和数据恢复的基本单位。事务由一系列 SQL 语句组成，对 SQL 语句组成的程序能否正确执行，程序在并发事件中能否保证数据的一致和正确都具有很大的影响。

本章比较详细地介绍了事务、事务在 SQL 程序中的类型及分布式事务等，并给出了编写事务的实例分析，最后讲述了并发控制的相关知识。

7.1　事务

事务是一个用户定义的完整的工作单元，一个事务内的所有语句作为整体执行，要么全部执行，要么全部不执行。遇到错误时，可以回滚事务，取消事务内所做的所有改变，从而保证数据库中数据的一致性和可恢复性。

事务具有如下四个特性（ACID）：

- **原子性（Atomicity）**　事务是数据库逻辑工作的原子单位，事务中的修改更新操作要么都做，要么都不做，如果做了一部分要全部取消。
- **一致性（Consistency）**　事务执行的结果必须是使数据库从一个一致性状态变到另一个一致性状态。即事务所修改的数据必须遵循数据库中各种约束、规则的要求，保持数据的完整性。在事务完成时，SQL Server 所有内部数据结构必须得到更新。
- **隔离性（Isolation）**　事务的执行不能被其他事务干扰。一个事务所做的修改必须能与其他事务所做的修改隔离开来。在并发处理过程中，一个事务所看到的数据状态必须是另一个事务处理前或处理后的数据，而不能是其他事务执行过程中的中间数据状态。事务的隔离性通过锁来实现。
- **永久性（Durability）**　指事务一旦提交，则其对数据库中数据的改变就应该是永久保持的。

事务是恢复和并发控制的基本单位。保证事务 ACID 特性是事务处理的重要任务。

7.1.1　事务与并发控制的关系

多个事务并行运行时，不同事务的操作交叉执行。在这种情况下，数据库管理系统必须保证多个事务的交叉运行不影响这些事务的原子性。

如果在用户并发访问期间没有保证多个事务正确地交叉运行，用户操作相同的数据时可能会产生以下一些意想不到的问题。

（1）丢失修改或被覆盖。如果两个或多个事务读取数据库中的相同数据，然后对它们做更新操作时，由于每个事务都不知道其他事务所执行的操作，所以最后执行的更新操作将覆盖其前面事务所做的更新，从而导致前面事务所更新的数据丢失。

例如，两个窗口同时发售同一个车次的票，如果它们从系统中取得的票余数都为 5，窗口一卖出 10 张，将票的余数修改成 4；窗口二卖出 2 张，也是将余数修改成 3，最终系统中的余数是 3。但实际卖了 3 张票，系统中应该只剩 2 张票而不是 3 张票。产生错误的原因是数据库中只反映了窗口二修改后的结果，窗口一的修改丢失了，或者说被窗口二的修改覆盖了。

（2）读脏数据。指甲事务读取乙事务已经更新的数据，但后来乙事务又作废了这个数据。

例如，取款事务从某一账户要取走以前存入的一笔钱，如果利息结算事务对其利息进行结算时把产生的利息计入了该账户，但此时取款事务失败了，该款项没有支取，那么这个利息的计入就用了要取走款的这个"脏数据"。如果再执行取款事务，利息又重新计入，这在实际中是不允许的。

（3）不能重复读。一个事务第二次访问同一行数据时，该行数据被另一个事务进行了修改，那么所读取的数据和上一次是不同的。

例如，教务处把学生成绩向学生处和学生所在学院通报，当向学生处发送期间，有其他的事务修改了学生成绩，那么教务处向学生所在学院发送的成绩就和发送给学生处的成绩不一样了。

（4）幻影读。指一个事务多次读取一定范围内的数据行，而前后两次所读取的数据行不同，比如，以前有的数据行莫名其妙没有了，有的却莫名其妙增加了，这就是因为这些数据在上次读后被其他事务进行了增加和删除操作。

例如，教务处把一个班的成绩向学生处和学生所在学院通报，当向学生处发送期间，管理成绩的事务又增加了部分同学某些选修课的成绩，那么教务处向学生所在学院发送的选修课成绩的数目就和发送给学生处的成绩不一样了，发往学院的选修课成绩数目就多于发往学生处的成绩数目。

以上错误都是因为用户并发访问期间没有保证多个事务正确地交叉运行，数据库如何并发控制将在本章后面叙述。

7.1.2 事务对保障数据一致和完整性的作用

尽管数据库系统中采取了各种保护措施来防止数据库的安全性和完整性被破坏，保证并发事务的正确执行，但是计算机系统中硬件的故障、软件的错误、操作员的失误及恶意的破坏仍是不可避免的，这些故障轻则造成运行事务非正常中断，影响数据库中数据的正确性，重则破坏数据库，使数据库中全部或部分数据丢失。因此，数据库管理系统必须能把数据库从错误状态恢复到某一已知的正确状态（亦称为一致状态或完整状态）。事务在运行过程中如果被上述故障强行终止，数据库管理系统必须保证被强行终止的事务对数据库和其他事务没有任何影响。

影响事务正常运行的故障有以下几种。

1. 事务内部的故障

事务内部的故障有的是可以通过事务程序本身发现的，如银行转账事务。该事务把一笔金额从账户甲转给账户乙。

```
读账户甲的余额balance;
balance = balance-amount;  --amount 为转账金额
IF(balance<0) THEN {
  打印'金额不足，不能转账'；
  撤销该事务
}
ELSE {
```

```
    读账户乙的余额balance1;
    balance1 = balance1+amount;
    写回balance1;
    提交该事务
}
```

事务内部更多的故障是非预期的，是不能由应用程序处理的，如运算溢出、并发事务发生死锁而被选中撤销该事务、违反了某些完整性限制等。在后面的章节中，事务故障仅指这类非预期的故障。

事务故障意味着事务没有达到预期的终点，因此，数据库可能处于不正确状态。恢复程序要在不影响其他事务运行的情况下，强行回滚该事务，即撤销该事务已经做出的任何对数据库的修改，使得该事务好像根本没有启动一样。这类恢复操作称为事务撤销。

2．系统故障

系统故障是指造成系统停止运转的任何事件，使得系统重新启动，通常称为软故障。例如，特定类型的硬件错误（CPU 故障）、操作系统故障、DBMS 代码错误、突然停电等。这类故障影响正在运行的所有事务，但不破坏数据库。这时主存内容，尤其是数据库缓冲区（在内存）中的内容都被丢失，所有运行事务都非正常终止。发生系统故障时，一些尚未完成的事务的结果可能已送入物理数据库，有些已完成的事务可能有一部分甚至全部留在缓冲区，尚未写回到磁盘上的物理数据库中，从而造成数据库可能处于不正确状态。为保证数据一致性，恢复子系统必须在系统重新启动时让所有非正常终止的事务回滚，强行撤销所有未完成事务，重做所有已提交的事务，以将数据库真正恢复到一致状态。

3．介质故障

介质故障称为硬故障，硬故障指外存故障。如磁盘损坏、磁头碰撞，瞬时强磁场干扰等。这类故障将破坏数据库或部分数据库，并影响正在存取这部分数据的所有事务。这类故障比前两类故障发生的可能性小得多，但破坏性最大。

4．计算机病毒

计算机病毒是具有破坏性、可以自我复制的计算机程序。计算机病毒已成为计算机系统的主要威胁，自然也是数据库系统的主要威胁。因此，数据库一旦被破坏，仍要用恢复技术把数据库加以恢复。

出现上述故障，需要进行数据恢复。数据库管理系统中的恢复机制及其恢复操作将在第 17 章详细介绍。

7.2　事务的分类和控制

7.2.1　事务的分类

SQL Server 的事务模式可分为显式事务、隐式事务和自动事务三种。

1．显式事务

显式事务是指由用户执行 SQL 事务语句而定义的事务，这类事务又称为用户定义事务。事务以 BEGIN TRANSACTION 语句开始，即启动一个事务，以 COMMIT TRANSACTION 或 COMMIT WORK 结束，说明事务已成功执行，事务内所修改的数据被永久保存到数据库中；若以 ROLLBACK TRANSACTION 或 ROLLBACK WORK 结束，说明事务执行过程中遇到错误，事务内所修改的数据被回滚到事务执行前的状态。

也可以在 ADO .NET 和 OLE DB 中使用显式事务。在 ADO .NET 中，可在 SqlCeConnection 对象上使用 BeginTransaction 方法启动一个显式事务。若要结束该事务，请调用 SqlCeTransaction 对象的 Commit 或 Rollback 方法。在 OLE DB 中，调用 ITransactionLocal:: StartTransaction 方法来启动一个事务。调用 ITransaction::Commit 或 ITransaction::Abort 方法并将 fRetaining 设置为 FALSE 可结束该事务，而不自动启动另一个事务。

2. 隐式事务

隐式事务不需要使用 BEGIN TRANSACTION 语句启动事务，而只需要用户使用 COMMIT TRANSACTION、COMMIT WORK、ROLLBACK TRANSACTION、ROLLBACK WORK 等语句提交或回滚事务。在提交或回滚后，SQL Server 自动准备开始下一个事务。当执行下面任意一个语句时，SQL Server 就重新启动一个事务。这些语句是：所有 CREATE 语句，ALTER TABLE，所有 DROP 语句，TRUNCATE TABLE，GRANT，REVOKE，INSERT，UPDATE，DELETE，SELECT，OPEN，FETCH。

3. 自动事务模式

在自动事务模式下，当一个语句成功执行后，被自动提交；而当执行过程中产生错误时，被自动回滚。自动事务模式是 SQL Server 的默认事务管理模式，当与 SQL Server 建立连接后，直接进入自动事务模式，直到使用 BEGIN TRANSACTION 语句开始一个显式事务，或者使用 SET IMPLICIT_TRANSACTIONS ON 连接选项进入隐式事务模式为止。

而当显式事务被提交或 IMPLICIT_TRANSACTIONS 被关闭后，SQL Server 又进入自动事务管理模式。

7.2.2 事务控制

应用程序主要通过指定事务启动和结束的时间来控制事务。这可以使用 Transact-SQL 语句或数据库 API 函数。系统还必须能够正确处理那些在事务完成之前便终止事务的错误。

1. 启动事务

在 SQL Server 中，可以按显式、自动提交或隐性模式启动事务。

（1）显式事务

通过发出 BEGIN TRANSACTION 语句显式启动事务。

语法格式：

```
BEGIN TRANSACTION [事务的名称 @变量] [WITH MARK ['描述标记的字符串']]]
```

功能说明：

定义显式事务，标识一个事务的开始，即启动事务。

（2）隐性事务

通过 SET IMPLICIT_TRANSACTIONS ON 语句，将隐性事务模式设置为打开。下一个语句自动启动一个新事务。当该事务完成时，再下一个 Transact-SQL 语句又将启动一个新事务。需要关闭隐式事务模式时，执行 SET IMPLICIT_TRANSACTIONS OFF 语句即可。

（3）自动提交事务

这是 SQL Server 的默认模式。每个单独的 Transact-SQL 语句都在其完成后提交。不必指定任何语句控制事务。

2．结束事务

（1）提交事务

语法格式：

```
COMMIT TRANSACTION [事务的名称 @变量]
```

或

```
COMMIT [WORK]
```

功能说明：

标识一个事务的结束，说明事务被成功执行，事务内所修改的数据被永久保存到数据库中，因此不能在发出 COMMIT TRANSACTION 语句之后回滚事务。

（2）取消事务（回滚事务）

语法格式：

```
ROLLBACK TRANSACTION [事务的名称 @变量|保存点|@保存点变量]
```

或

```
ROLLBACK WORK
```

功能说明：

标识一个事务的结束，说明事务执行过程中遇到错误，事务内所修改的数据被回滚到事务执行前的状态。它将清除自事务的起点或到某个保存点所做的任何数据修改，并且释放由事务控制的资源。

3．设置事务保存点

语法格式：

```
SAVE TRANSACTION <保存点|@保存点变量>
```

功能说明：

在事务内设置保存点。

保存点是事务可以返回的一个位置。如果要有条件地取消事务的一部分，那么事务可以返回到该保存点位置。在事务内允许有重复的保存点名称，但 ROLLBACK TRANSACTION 若使用重复的保存点名称，则只回滚到最近的使用该保存点的 SAVE TRANSACTION。若要取消整个事务，则必须使用不带事务名称和保存点的 ROLLBACK TRANSACTION 语句，这样才能将所有语句回滚到最远的 BEGIN TRANSACTION。

"@保存点变量"是用户定义的变量，必须使用 CHAR, VARCHAR, NCHAR 或 NVARCHAR 数据类型声明该变量。

4．当前事务嵌套

事务可以嵌套，可以通过全局变量@@TRANCOUNT 检索到连接的事务处理嵌套层次。

每个 BEGIN TRANSACTION 语句使@@TRANCOUNT 加 1。每个 COMMIT 语句使@@TRANCOUNT 减 1。当全局变量@@TRANCOUNT 为 1 时，COMMIT TRANSACTION 释放连接占用的资源，并将变量@@TRANCOUNT 减少到 0，当@@TRANCOUNT 为 0 时，发出 COMMIT TRANSACTION 将会导致出现错误，因为没有相应的 BEGIN TRANSACTION。

没有事务名的或使用一组嵌套事务中最外部事务名称的 ROLLBACK 语句将使@@TRANCOUNT 减到 0。

5．事务处理过程中的错误

如果服务器错误使事务无法成功完成，SQL Server 将自动回滚该事务，并释放该事务占用的所有资源。如果客户端与 SQL Server 的网络连接中断了，那么当网络告知 SQL Server 该中断时，将回滚该连接的所有未完成事务。如果客户端应用程序失败、客户计算机崩溃或重启，也会中断该连接，而且当网络告知 SQL Server 该中断时，也会回滚所有未完成的连接。如果客户从该应用程序注销，所有未完成的事务也会被回滚。SQL Server 2005 以后 T-SQL 增加了新特性：TRY 和 CATCH 语句块。可以在 CATCH 块中使用特定的函数来获取错误并对错误进行管理。还可以使用 RAISERROR 函数抛出一个自定义的错误。

7.3 编写有效事务的建议

尽可能使事务保持简短很重要。启动事务后，DBMS 必须将很多资源控制到事务结束时，以保护事务的 ACID 属性。如果修改数据，则必须用排他锁保护修改过的行，以防止任何其他事务读取该行，并且必须将排他锁控制到提交或回滚事务时为止。根据事务隔离级别设置，SELECT 语句可以获取必须被控制到提交或回滚事务时为止的锁。特别是在有很多用户的系统中，必须尽可能使事务保持简短以减少并发连接间的资源锁定争夺。在有少量用户的系统中，运行时间长、效率低的事务可能不会成为问题，但是在有上千个用户的系统中，将不能忍受这样的事务。

7.3.1 编写有效事务的指导原则

1．不要在事务处理期间输入数据

在事务启动之前，应该完成所有需要的数据输入。如果在事务处理期间还需要其他的数据输入，则应该回滚当前的事务，并在进行了用户输入之后重新启动该事务。即使用户立即响应，作为人，其反应时间也要比计算机慢得多。事务占用的所有资源都要保持很长的时间，这就有可能造成阻塞问题。如果用户没有响应，该事务就会仍保持活动状态，并锁定关键资源，直到他们响应为止，但是用户可能会几分钟甚至几小时都不响应。

2．浏览数据时，尽量不要打开事务

在所有预备的数据浏览分析完成之前，不应启动事务。

3．保持事务尽可能短

在知道了必须要进行的修改之后，启动事务，执行修改语句，然后立即提交或回滚。

4．灵活地使用更低的事务隔离级别

虽然可以很容易地编写出许多使用授权进行事务隔离级别的应用程序，但并不是所有的事务都要求可串行事务隔离级别。即使需要进行事务隔离，也应该尽量使用比较低级别的事务隔离。关于事务隔离级别参见 7.6.3 节。

5．在事务中尽量使访问的数据量最小

在事务中，应尽量减少锁定的数据行数，从而减少事务之间的争夺。

7.3.2 避免并发问题

为了防止并发问题，应该小心地管理隐性事务。在使用隐性事务时，COMMIT 或 ROLLBACK 之后的下一个 Transact-SQL 语句会自动启动一个新事务。这可能在应用程序浏览数据时，甚至在要求用

户输入时，打开新的事务。所以，在完成保护数据修改所需要的最后一个事务之后和再次需要一个事务来保护数据修改之前，应该关闭隐性事务。

7.4　事务处理实例分析

【例 7-1】使用自动事务模式进行表处理，观察执行的过程。

```
USE 教学管理
GO
SELECT 查询批次=0, * FROM 学生表                    --检查当前表中的结果
GO
--SQL Server 处于自动事务管理模式
INSERT 学生表 VALUES('S080101','******19880510***','关汉青','男','','西安
        ','计算机','信息学院',NULL)
INSERT 学生表 VALUES('S080102','******19880510***',NULL,'男','','西安',
        '计算机','信息学院',NULL)

--(1 行受影响)
--消息 515，级别 16，状态 2，第 1 行
--不能将值 NULL 插入列'姓名'，表'教学管理.dbo.学生表'；列不允许有空值。INSERT 失败
--语句已终止

SELECT 查询批次=1, * FROM 学生表                 --显示只有'S080101'被插入
GO
/*SQL Server 使用自动提交事务时，每一个语句本身是一个事务。如果这个语句产生了错误，它的
        事务会自动回滚。如果这个语句成功执行而没有产生错误，它的事务会自动提交。因此，第一
        个语句被提交，而第二个有错误的语句会回滚。*/
```

【例 7-2】使用显式事务模式进行表处理，观察执行的过程。

```
USE 教学管理
GO
delete from 学生表 where 学号='S080101'             --删除上面添加的行
SELECT 查询批次=0, * FROM 学生表                    --检查当前表中的结果
GO
BEGIN TRANSACTION                                   --进入显式事务模式
INSERT 学生表 VALUES('S080101','******19880510***','关汉青','男','','西安',
      '计算机','信息学院',NULL)
INSERT 学生表 VALUES('S080102','******19880510***',NULL,'男','','西安','计算机',
      '信息学院',NULL)
COMMIT TRANSACTION
GO
--(1 行受影响)
--消息 515，级别 16，状态 2，第 3 行
--不能将值 NULL 插入列'姓名'，表'教学管理.dbo.学生表'；列不允许有空值。INSERT 失败
--语句已终止
SELECT 查询批次=1,* FROM 学生表                     --显示只有'S080101'被插入
GO
/*可以看出，结果与在自动提交模式时的结果相同。一行被插入了，违反 NULL 值约束的行则没有插
```

```
    入。因为在事务中没有错误处理程序，这个批没有被取消，SQL Server 简单地处理每一个 INSERT
    语句并随后处理了 COMMIT 语句。因此，得到的结果与在自动提交模式时一样。*/
/*为了加入一个错误处理程序，可以使用 SQL Server 2005 T-SQL 的新特性：TRY 和 CATCH
        语句块。再次删除这个行并执行如下具有错误处理程序的事务：*/
delete from 学生表 where 学号='S080101'       --删除上面添加的行
SELECT 查询批次=2, * FROM 学生表               --检查当前表中的结果
GO
BEGIN TRY
BEGIN TRANSACTION
INSERT 学生表 VALUES('S080101','******19880510***','关汉青','男','','西安',
    '计算机','信息学院',NULL)
INSERT 学生表 VALUES('S080101','******19880510***',NULL,'男','','西安','计算机',
    '信息学院',NULL)
COMMIT TRANSACTION
END TRY
BEGIN CATCH
    ROLLBACK TRANSACTION
END CATCH;
SELECT 查询批次=3,* FROM 学生表
GO
/*没有记录插入。可以看出，整个事务都回滚了。在 INSERT 语句中发生违规插入的时候，SQL
   Server 跳到 CATCH 语句块并回滚了事务。*/
```

【例 7-3】使用隐式事务模式进行表处理，观察执行的过程。

```
USE 教学管理
GO
SET IMPLICIT_TRANSACTIONS ON                        --进入隐式事务模式
INSERT 学生表 VALUES('S080103','******19880898***','陈会珍','女','','北
    京','电子商务','信息学院',NULL)
SELECT 查询批次=5,* FROM 学生表                      --显示'S080103'被插入
ROLLBACK
GO
SELECT 查询批次=1,* FROM 学生表                 --因为执行了回滚，插入的'S080103'被撤销
SET IMPLICIT_TRANSACTIONS OFF                       --隐式事务模式结束
GO
/*在使用隐式事务时要小心。不要忘记提交或回滚工作。由于没有显式的 BEGIN TRANSACTION 语句，
  这些步骤很容易被忘记，并导致事务长期运行、在连接关闭时产生的不必要的回滚，以及与其他连
  接之间产生的阻塞问题。*/
```

【例 7-4】定义事务，使事务回滚到指定的保存点，分批执行，观察执行的过程。

```
USE 教学管理
GO
SELECT 查询批次=0, * FROM 学生表               --检查当前表中的结果
GO
BEGIN TRANSACTION
INSERT 学生表 VALUES('S080101','******19880510***','关汉青','男','','西
    安','计算机','信息学院',NULL)
SAVE TRANSACTION save_p
```

```
INSERT 学生表 VALUES('S080107','******19890818***','杨理华','女','','运
    城','计算机','信息学院',NULL)
SELECT 查询批次=1, * FROM 学生表          --显示'S080101'和'S080107'都被插入
GO
ROLLBACK TRANSACTION save_p              --回滚部分事务
SELECT 查询批次=2, * FROM 学生表          --显示'S080107'被撤销不存在
GO
ROLLBACK TRANSACTION                     --回滚整个事务
SELECT 查询批次=3, * FROM 学生表          --显示'S080101'被撤销不存在
GO
```

【例 7-5】事务可以嵌套，可以通过全局变量@@TRANCOUNT 检索到连接的事务处理嵌套层次。每个 BEGIN TRANSACTION 语句使@@TRANCOUNT 加 1。每个 COMMIT 语句使@@TRANCOUNT 减 1。下面示例生成三个级别的嵌套事务，并提交该嵌套事务。观察变量@@TRANCOUNT 的值的变化。

```
USE 教学管理                              --选择数据库必须单独在一个批中
GO
SELECT @@TRANCOUNT                        --变量@@TRANCOUNT 的值为 0
BEGIN TRANSACTION inside1
SELECT @@TRANCOUNT                        --变量@@TRANCOUNT 的值为 1
INSERT 学生表 VALUES('S060106','******19880510***','关汉青','男','','西安',
    '计算机','信息学院',NULL)
GO
BEGIN TRANSACTION inside2
SELECT @@TRANCOUNT                        --变量@@TRANCOUNT 的值为 2
INSERT 学生表 VALUES('S080107','******19890818***','杨理华','女','','运城',
    '计算机','信息学院',NULL)
GO
BEGIN TRANSACTION inside3
SELECT @@TRANCOUNT                        --变量@@TRANCOUNT 的值为 3
INSERT 学生表 VALUES('S080108','******19870818***','陈向前','男','','北京',
    '计算机','信息学院',NULL)
GO
COMMIT TRANSACTION inside3
SELECT @@TRANCOUNT                        --变量@@TRANCOUNT 的值减为 2
GO
COMMIT TRANSACTION inside2
SELECT @@TRANCOUNT                        --变量@@TRANCOUNT 的值减为 1
GO
COMMIT TRANSACTION inside1
SELECT @@TRANCOUNT                        --变量@@TRANCOUNT 的值减为 0
GO
```

【例 7-6】在教学管理数据的学生表中先删除一条记录，然后再插入一条记录，通过测试错误值确定提交还是回滚。

```
USE 教学管理
GO
DECLARE @del_error INT, @ins_error INT
--开始一个事务
```

```
BEGIN TRAN
--删除一个学生
DELETE 学生表 WHERE 学号 = 'S060308'
--为删除语句设置一个接受错误数值的变量
SELECT @del_error = @@ERROR
--再执行插入语句
INSERT INTO 学生表
VALUES('S060308','******19890526***','张丹宁','男',
'130***12','宁波','电子商务','信息学院', NULL)
--为插入语句设置一个接受错误数值的变量
SELECT @ins_error = @@ERROR
--测试错误变量中的值
IF @del_error = 0 AND @ins_error = 0
  BEGIN
      --成功，提交事务
      COMMIT TRAN
  END
ELSE
  BEGIN
      --有错误发生，回滚事务
    IF @del_error <> 0
      PRINT '错误发生在删除语句'
    IF @ins_error <> 0
      PRINT '错误发生在插入语句'
    ROLLBACK TRAN
  END
GO
```

读者可以将插入的“S060308”改为“SS060308”，再执行一次该程序，观察结果有什么不同。

7.5 分布式事务

在大型应用领域，经常需要事务跨服务器进行数据操作，这样的事务称为分布式事务。所以分布式事务要能在多个服务器上执行。

按照关于分布式事务处理的 X/Open XA 规范，分布式事务的处理过程规定为两个阶段，就是通常说的两阶段提交。

为了简化应用程序对分布式事务的处理工作，系统提供了一个事务管理器来协调各不同服务器对事务的处理操作，就是 MS DTC（Distributed Transaction Coordinator），即事务管理协调器。

7.5.1 分布式事务的两阶段提交

（1）准备阶段。当分布式事务管理器接收到提交请求后，向所有参与该事务的 SQL Server 服务器发出准备命令。每个服务器接收到准备命令后，做好接收处理事务的准备工作，并将准备工作状态返回给事务管理器。

（2）提交阶段。当事务管理器接收到所有服务器成功准备好的信息后，向这些服务器发出提交命令，之后所有服务器进行提交。如果所有服务器均能成功提交事务，则管理器向应用程序报告分布式事务成功提交；如若有任一个服务器未能提交，事务管理器将向所有服务器发出回滚事务命令，并向应用程序报告事务提交失败。

7.5.2　分布式事务的处理过程

在 SQL Server 服务器上使用 SQL 语言处理分布式事务的方法非常简单，因为有很多工作被 SQL Server 内部自动执行。在 SQL Server 服务器上，分布式事务的处理过程如下。

（1）SQL 程序或应用程序执行。BEGIN DISTRIBUTED TRANSACTION 语句启动一个分布式事务。此后，该服务器就成为分布式服务器的管理服务器。

（2）应用程序对链接服务器执行分布式查询或执行远程服务器上的存储过程。

（3）分布式事务管理服务器自动调用 MS DTC，使链接服务器或远程服务器参加分布式事务处理。

（4）SQL 应用程序执行 COMMIT 或 ROLLBACK 语句时，分布式事务管理服务器通过调用 MS DTC 来管理两阶段提交，使链接或远程服务器提交或回滚事务。

7.5.3　分布式事务实例分析

1. 分布式事务语法格式

语法格式：

```
BEGIN DISTRIBUTED TRANSANCTION
    [transanctin_name|@ transanctin_variable]
```

参数说明：

transanctin_name|@ transanctin_variable 事务名称或事务名变量。

2. 分布式事务实例

【例 7-7】 有两个服务器 LinkServer1 和 LinkServer2。在 LinkServer2 服务器上建立存储过程学生表_insert_new，其功能是向 LinkServer1 上的教学管理数据库的学生表插入一个新行。

```
--先创建链接（远程）服务器（参见第 2 章）
--在第一台运行 SQL Server 的服务器上运行下列代码：
EXEC sp_addlinkedserver 'LinkServer1', '','SQLOLEDB','本地服务器名或 ip 地址'
                                        --例如'zufe-mxh'
EXEC sp_addlinkedserver 'LinkServer2', '','SQLOLEDB','远程服务器名或 ip 地址'
                                        --例如'172.19.2.156'
EXEC sp_configure 'remote access', 1    --系统默认是 1，一般不需要设置
RECONFIGURE
--设置'LinkServer1'的 rpc 输出属性，使得允许调用链接服务器上的存储过程
EXEC sp_serveroption  'LinkServer1','rpc out','true'
GO
--停止并重新启动第一台 SQL Server

--确保使用 SQL Server 身份验证登录。在第二台 SQL Server 上运行下列代码
EXEC sp_addlinkedserver 'LinkServer2', '','SQLOLEDB','本地服务器名或 ip 地址'
                                        --例如'172.19.2.156'
EXEC sp_addlinkedserver 'LinkServer1', '','SQLOLEDB','远程服务器名或 ip 地址'
                                        --例如'zufe-mxh'
EXEC sp_configure 'remote access', 1    --系统默认是 1，一般不需要设置
RECONFIGURE
--设置'LinkServer2'的 rpc 输出属性，使得允许调用链接服务器上的存储过程
EXEC sp_serveroption  'LinkServer2','rpc out','true'
```

```
GO
--在第二个服务器上添加新的远程登录 ID（LinkServer1），以便允许远程服务器
  LinkServer1 连接并执行远程过程调用
--假设登录 LinkServer2 和 LinkServer1 的用户都是'sa'，并且有相同的口令
EXEC sp_addremotelogin LinkServer1, sa, sa
GO
--停止并重新启动第二台 SQL Server。

--在 LinkServer2 上创建存储过程（见第 12 章）
--假设该服务器上面有数据库‘教学管理’
Use 教学管理
GO
CREATE procedure 学生表_insert_new
AS
INSERT LinkServer1.教学管理.dbo.学生表 VALUES('S060112',
    '******19870818***','许少文','男','','湖州','计算机','信息学院',NULL)
GO

--在第一台服务器上启动 DTC 开始分布式事务
--使用 sa 登录，现在就可以在第一台 SQL Server 上执行第二台 SQL Server 上的存储过程。
USE 教学管理
GO
BEGIN DISTRIBUTED TRANSACTION insert_tran                --开始分布式事务
--在 LinkServer1 服务器上实行对表学生表的插入
INSERT 学生表 VALUES('S060111','******19870818***','陈东生','男','','上海',
     '计算机','信息学院',NULL)
GO
--LinkServer1 服务器自动调用 MS DTC 使得 LinkServer2 服务器执行存储过程学生表_insert
     _new 对表学生表的插入。
EXECUTE LinkServer2.教学练习.dbo.学生表_insert_new
COMMIT TRANSACTION                                       --提交事务
GO
```

7.6 并发控制

在大型分布式数据库应用程序中，对数据库的并发访问操作是一个普遍存在的问题。SQL Server 使用资源锁定的方法管理用户的并发操作。SQL Server 2000 提供了两种并发控制方法。

① **乐观并发控制**　该方法假定用户之间不太可能发生资源冲突（事实上不是不可能），所以允许用户在不锁定任何资源的情况下执行事务。只有当用户试图修改数据时才检查资源是否冲突。该方法需要使用游标。

② **悲观并发控制**　该方法根据需要在事务的持续时间内锁定资源，从而确保事务的完整性和数据库的一致性。这是 SQL Server 2000 默认的并发控制方法。下面予以介绍。

7.6.1 SQL Server 锁的粒度及模式

1. 锁粒度说明

SQL Server 有各种粒度的锁，它可以根据事务所执行的任务来灵活选择所锁定的资源粒度。SQL Server 能够锁定的资源粒度有：

- **RID** 行标识符，锁定表中单行数据。
- **键值** 具有索引的行数据。
- **页面** 一个数据页面或索引页面。
- **区域** 一组连续的8个数据页面或索引页面。
- **表** 整个表，包括其所有的数据和索引。
- **数据库** 一个完整的数据库。

可以根据事务所执行的任务来灵活选择所锁定的资源粒度。

2. 基本锁

（1）共享锁（S锁，Share lock）。用于只读数据操作，它允许多个并发事务对资源锁定进行读取，但禁止其他事务对锁定资源的修改操作。

（2）排他锁（X锁，eXclusive lock）。它锁定的资源不能被其他并发事务再进行任何锁定，所以其他事务不能读取和修改。锁定的资源用于自己的数据修改。

一般更新模式由一个事务组成，该事务先读取记录，获取资源的共享锁，然后修改记录，此操作要求锁转换为排他锁。如果两个事务都获得了资源上的共享锁，然后试图同时更新数据，这样肯定有一个事务要将共享锁转化为排他锁，因为一个事务的排他锁与其他事务的共享锁不兼容，发生锁等待。另一个事务也会出现这个问题，由于两个事务都要转化为排他锁，并且都等待另一个事务释放共享锁，因此发生死锁。

3. 专用锁

（1）更新锁（U锁，Update lock）

在修改操作的初始化阶段用于锁定可能被修改的资源。一个数据修改事务在开始时直接申请更新锁，每次只有一个事务可以获得资源的更新锁。

使用更新锁可以避免上述死锁，因为一次只有一个事务可以获得更新锁，之后当需要继续修改数据时，将更新锁转换为排他锁，否则将更新锁转换为共享锁。

（2）意向锁（I锁，Intend lock）

数据库中被封锁的资源粒度大小会呈现一种层次关系，例如，记录隶属于表，表隶属于数据库等，如果这些对象直接封锁的话，可能产生潜在的冲突，为了避免这种冲突，引入意向锁。意向锁表示，如果获得一个对象的锁，说明该结点的下层对象正在被加锁。例如，放置在表上的共享意向锁表示事务打算在表中的页或行上也要加共享锁。

意向锁可以提高性能，因为系统仅在表级上检查意向锁，而无须检查下层。

① 意向共享锁（IS锁）：对一个对象加意向共享锁，表示将要对它的下层对象加共享锁。

② 意向排他锁（IX锁）：对一个对象加意向排他锁，表示将要对它的下层对象加排他锁。

③ 意向排它共享锁：对一个对象加意向排它共享锁，表示对它加共享锁，再在它的下层对象加排他锁。

（3）架构锁

① 架构修改锁（Sch-M锁）：执行表的数据定义语言（DDL）操作时使用。

② 架构稳定锁（Sch-S锁）：编译查询时使用。它不阻塞任何事务锁，包括排他锁。

（4）大容量更新锁（BU锁）

当数据大容量复制到表的时候使用。该锁允许进程将大批数据并发复制到同一个表，并禁止其他不进行大批复制数据的进程访问该表。

在事务执行过程中，SQL Server 能够自动为事务选择合适的资源锁模式和锁定资源的粒度，并能够动态调整锁定资源的粒度。

表 7-1 对上述各种锁做了一个小结。

表 7-1　SQL Server 中的锁模式

缩　写	锁 模 式	内部代码	描　述
S	共享锁	4	允许其他进程读，但不允许修改封锁的资源
X	排他锁	6	阻止其他进程修改或读取被封锁的资源
U	更新锁	5	阻止其他进程申请更新锁或排他锁
IS	意向共享锁	7	表示资源的一部分被施加了共享锁。它只能用于表级或页级
IU	意向更新锁	8	表示资源的一部分被施加了更新锁。它只能用于表级或页级
IX	意向排他锁	9	表示资源的一部分被施加了排他锁。它只能用于表级或页级
SIX	共享意向排他锁	11	表示资源被施加了共享锁，并且资源的一部分（页或行）被施加了排他锁
Sch-S	模式稳定锁	2	表示引用该表的查询正在被编译
Sch-M	模式修改锁	3	表示该表的结构正在改变
BU	批量更新锁	13	当向表中批量复制数据时使用的批量更新锁

4．查询有关锁的信息

语法格式：

```
sp_lock [[@spid1 =] 'spid1'] [,[@spid2 =] 'spid2']
```

参数说明：

① [@spid1 =] 'spid1'：是来自 master.dbo.sysprocesses 的 SQL Server 进程 ID 号。spid1 的数据类型为 INT，默认值为 NULL。如果没有指定 spid1，则显示所有锁的信息。

② [@spid2 =] 'spid2'：是用于检查锁信息的另一个 SQL Server 进程 ID 号。spid2 的数据类型为 INT，默认设置为 NULL。spid2 为可以与 spid1 同时拥有锁的另一个 spid，用户还可获取有关它的信息。

③ sp_ lock：可含有 0 个、1 个或 2 个参数。这些参数确定存储过程是显示全部、1 个还是 2 个 spid 进程的锁定信息。

④ 返回代码值：0（成功），操作成功后，返回的结果集见表 7-2。

表 7-2　结果集

列　名	数 据 类 型	描　述
spid	smallint	SQL Server 进程 ID 号
dbid	smallint	请求锁的数据库标识号
ObjId	int	请求锁的对象的对象标识号
IndId	smallint	索引标识号
type	nchar(4)	锁的粒度类型为 DB：数据库 FIL：文件 IDX：索引 PG：页 KEY：键 TAB：表 EXT：扩展盘区 RID：行标识符
Resource	nchar(16)	与 syslockinfo.restext 中的值对应的锁资源
Mode	nvarchar(8)	锁请求者的锁模式。该锁模式代表已授予模式、转换模式或等待模式
Status	int	锁的请求状态 GRANT：处于锁定状态 WAIT：处于等待状态 CNVRT：处于转换状态

【例 7-8】执行系统存储过程 sp_lock，检索在程序执行过程中锁的使用状况。

```
use 教学管理
GO
BEGIN TRANSACTION
EXECUTE sp_lock     --第 1 次检索锁，对数据库和表加了共享锁和意向共享锁
  INSERT INTO 选课表 VALUES('S060308', '010101',NULL)
--select * from 选课表 where 学号='S060308'
EXECUTE sp_lock     --第 2 次检索锁，因为写数据，增加了对表和页的意向排他锁和键的排他锁
SAVE TRANSACTION inside
  INSERT INTO 选课表 VALUES('S060308', '020201',NULL)
--select * from 选课表 where 学号='S060308'
EXECUTE sp_lock     --第 3 次检索锁，因为再写数据，又增加了一个键的排他锁
ROLLBACK TRANSACTION inside
--select * from 选课表 where 学号='S060308'
EXECUTE sp_lock     --第 4 次检索锁，因为释放了一个写，恢复为第 2 次检索锁的情况
ROLLBACK TRANSACTION
--select * from 选课表 where 学号='S060308'
EXECUTE sp_lock     --第 5 次检索锁，两个写都结束了，情况就和第 1 次一样
```

显示结果如图 7-1 所示。

第1次检索锁

	spid	dbid	ObjId	In...	Ty...	Resource	Mode	Status
1	52	5	0	0	DB		S	GRANT
2	52	1	1115151018	0	TAB		IS	GRANT

第2次检索锁

	spid	dbid	ObjId	In...	Type	Resource	Mode	Status
1	52	5	0	0	DB		S	GRANT
2	52	5	1266103551	1	PAG	1:115	IX	GRANT
3	52	5	1266103551	0	TAB		IX	GRANT
4	52	5	1266103551	1	KEY	(7f01aa441232)	X	GRANT
5	52	1	1115151018	0	TAB		IS	GRANT

第3次检索锁

	spid	dbid	ObjId	In...	Type	Resource	Mode	Status
1	52	5	0	0	DB		S	GRANT
2	52	5	1266103551	1	PAG	1:115	IX	GRANT
3	52	5	1266103551	0	TAB		IX	GRANT
4	52	5	1266103551	1	KEY	(7f01aa441232)	X	GRANT
5	52	1	1115151018	0	TAB		IS	GRANT
6	52	5	1266103551	1	KEY	(7f012380f477)	X	GRANT

第4次检索锁

	spid	dbid	ObjId	In...	Type	Resource	Mode	Status
1	52	5	0	0	DB		S	GRANT
2	52	5	1266103551	1	PAG	1:115	IX	GRANT
3	52	5	1266103551	0	TAB		IX	GRANT
4	52	5	1266103551	1	KEY	(7f01aa441232)	X	GRANT
5	52	1	1115151018	0	TAB		IS	GRANT

第5次检索锁

	spid	dbid	ObjId	In...	Ty...	Resource	Mode	Status
1	52	5	0	0	DB		S	GRANT
2	52	1	1115151018	0	TAB		IS	GRANT

图 7-1　检索锁信息

7.6.2　封锁协议

在运用 X 锁和 S 锁对数据对象加锁时，需要约定一些规则，这称为封锁协议（Locking Protocol）。例如：

- 何时申请 X 锁或 S 锁？
- 持锁时间多长？何时释放？

不同的封锁协议，在不同的程度上为并发操作的正确调度提供一定的保证。下面介绍常用的三级

封锁协议，可以分别在不同程度上解决并发操作的不正确调度带来的丢失修改、不可重复读和读“脏”数据的不一致性问题。

1．一级封锁协议

事务 T 在修改数据 R 之前必须先对其加 X 锁，直到事务结束才释放。事务结束包括正常结束（COMMIT）和非正常结束（ROLLBACK）。

一级封锁协议可防止丢失修改，并保证事务 T 是可恢复的。

在一级封锁协议中，如果是读数据，则不需要加锁，所以它不能保证可重复读和不读“脏”数据。

2．二级封锁协议

二级封锁协议是：一级封锁协议+事务 T 在读取数据 R 前必须先加 S 锁，读完后即可释放 S 锁。

二级封锁协议可以防止丢失修改，还可进一步防止读“脏”数据。

在二级封锁协议中，由于读完数据后即可释放 S 锁，所以它不能保证可重复读。

3．三级封锁协议

三级封锁协议是：一级封锁协议+事务 T 在读取数据 R 之前必须先对其加 S 锁，直到事务结束才能释放。

三级封锁协议可防止丢失修改、读脏数据和不可重复读，但容易造成比较多的死锁。

上述三级协议的主要区别在于什么操作需要申请封锁，以及何时释放锁。

7.6.3　事务隔离

为了避免产生并发访问问题，不同的并发访问可以通过设置不同的事务隔离级别加以解决。SQL Server 使用不同类型的锁对资源进行锁定，从而限制在一个事务读取数据期间其他事务锁执行的操作类型，即对事务进行隔离。

SQL Server 支持 SQL-92 中定义的事务隔离级别。设置事务隔离级别虽然使程序员承担了某些完整性问题所带来的风险，但可以换取对数据更大的并发访问权。与以前的隔离级别相比，每个隔离级别都提供了更大的隔离性，但这是通过在更长的时间内占用更多限制锁换来的。

1．事务隔离级别

（1）未提交读：这是 4 种隔离级别中限制最低的级别，它仅能保证 SQL Server 不读取物理损坏的数据。在这种隔离级别下，不发出共享锁，也不接受排他锁，事务可以对数据执行未提交读或脏读；在事务结束前可以更改数据集内的数值，行也可以出现在数据集中或从数据集消失。

（2）提交读：它要求在读取数据时控制共享锁以避免发生脏读，但数据可在事务结束前更改，这可能产生不能重复读或幻影读问题。

（3）可重复读：锁定查询中使用的所有数据以防止其他用户更新，但是其他用户可以将新的幻影行插入到数据集中，新插入的幻影行将出现在当前事物的后续读取结果集中。可重复读能够避免产生脏读和非重复读问题，但仍可能导致幻影读问题。

（4）可串行读：这是事务隔离的最高级别，它使事务之间完全隔离，所以将使得并发级别较低。在这种隔离级别下，SQL Server 在数据集上放置一个范围锁，以防止其他用户在事务完成之前更新数据集或向数据集内插入数据行，从而避免出现脏读、非重复读或幻影读等并发问题。

2. 事务隔离级别对不同并发异常类型的行为（见表 7-3）

表 7-3　事务隔离级别对不同并发异常类型的行为

隔离级别	脏 数 据	丢失修改	不可重读	幻　影
未提交读	是	是	是	是
提交读	否	是	是	是
可重复读	否	否	否	是
可串行读	否	否	否	否

3. 设置事务隔离级别

调用 T-SQL 中的 SET TRANSACTION INOLATION LEVEL 语句可以调整事务的隔离级别，以控制由该连接所发出的所有 SELECT 语句的默认事务锁定行为。

语法格式：

```
SET TRANSACTION ISOLATION LEVEL
{
   READ UNCOMMITTED
     |READ COMMITTED
     |REPEATABLE  READ
     |SERIALIZABLE
}
```

参数说明：

（1）READ UNCOMMITTED 未提交读。

（2）READ COMMITTED 提交读。属于 SQL Server 的默认事务隔离级别。

（3）REPEATABLE READ 可重复读。

（4）SERIALIZABLE 可串行读。

【例 7-9】 将事务隔离级别设置为 REPEATABLE　READ。

```
SET TRANSACTION ISOLATION LEVEL
                              REPEATABLE  READ
```

注意：一旦设定，系统就会按这种隔离级别自动进行并发处理。

4. 设置表级锁

表级锁定可以由程序员自己根据事务的要求来进行，然后，系统按程序员在程序中的锁定予以执行。表级锁可以对 SELECT、INSERT、UPDATE、DELETE 语句进行精确控制。

一般来说，读操作需要共享锁，写操作需要排他锁。如果需要更精确，还需要一些其他专用锁。

【例 7-10】 使用 HOLDLOCK 设置共享锁。

```
USE  教学管理
GO
BEGIN TRANSACTION  T1
SELECT  学号,开课号 FROM  选课表
                    WITH  (HOLDLOCK)
exec sp_lock
SELECT  COUNT(学号)  行数 FROM  选课表
```

```
exec sp_lock
COMMIT
```

对于 INSERT、UPDATE 和 DELETE 语句使用排他锁。在并发事务中，只有一个事务能够获得资源的排他锁。

【例 7-11】使用 TABLOCKX 设置排他锁。

```
USE  教学管理
GO
BEGIN TRANSACTION
INSERT  INTO  选课表 WITH(TABLOCKX)(学号,开课号)
     VALUES ('S060308', '010101')
exec sp_lock
ROLLBACK TRANSACTION
```

7.6.4　死锁处理

当不同用户分别锁定一个资源，之后双方又都等待对方释放锁定的资源时，就产生了一个锁定请求环，从而出现死锁现象。在多用户环境下，数据库系统出现死锁现象是难免的，关键是数据库管理系统怎么及时处理死锁问题。

SQL Server 能够自动定期搜索和处理死锁问题。当检测到有死锁时， SQL Server 回滚被中断的事务，并向应用程序返回 1205 号错误信息，未被中断的事务则继续执行。在数据库应用程序捕捉到 1205 号错误，可以对死锁现象做后续处理。

虽然不能完全避免死锁，但可以使死锁的数量减至最少。将死锁减至最少可以增加事务的吞吐量并减少系统开销，因为只有很少的事务回滚，而回滚会取消事务执行的所有工作。

由于死锁时回滚而由应用程序重新提交，所以下列方法有助于最大限度地降低死锁。

1. 降低死锁的方法

（1）按同一顺序访问对象

如果所有并发事务按同一顺序访问对象，则发生死锁的可能性会降低。例如，如果两个并发事务获得 Supplier 表上的锁，然后获得 Part 表上的锁，则在其中一个事务完成之前，另一个事务被阻塞在 Supplier 表上。第一个事务提交或回滚后，第二个事务继续进行，不发生死锁。将存储过程用于所有的数据修改可以标准化访问对象的顺序。

（2）避免事务中的用户交互

避免编写包含用户交互的事务，因为运行没有用户交互的批处理的速度要远远快于用户手动响应查询的速度，如答复应用程序请求参数的提示。例如，如果事务正在等待用户输入，而用户去吃午餐了，甚至回家过周末了，则用户将此事务挂起使之不能完成。这样将降低系统的吞吐量，因为事务持有的任何锁只有在事务提交或回滚时才会释放。即使不出现死锁的情况，访问同一资源的其他事务也会被阻塞，等待该事务完成。

（3）保持事务简短并在一个批处理中

在同一数据库中并发执行多个需要长时间运行的事务时通常发生死锁。事务运行时间越长，其持有排他锁或更新锁的时间也就越长，从而堵塞其他活动并可能导致死锁。

保持事务在一个批处理中，可以最小化事务的网络通信往返量，减少完成事务可能的延迟并释放锁。

（4）使用低隔离级别

确定事务是否能在更低的隔离级别上运行。执行提交读允许事务读取另一个事务已读取（未修改）

的数据，而不必等待第一个事务完成。使用较低的隔离级别（如提交读）而不使用较高的隔离级别（如可串行读）可以缩短持有共享锁的时间，从而降低锁定争夺。

（5）使用绑定连接

使用绑定连接使同一应用程序所打开的两个或多个连接可以相互合作。次级连接所获得的任何锁可以像由主连接获得的锁那样持有，反之亦然，因此不会相互阻塞。

2．检测和结束死锁

在 SQL Server 中，死锁检测由一个称为锁监视器线程的单独的线程执行。在出现下列任一情况时，锁监视器线程对特定线程启动死锁搜索。

（1）线程已经为同一资源等待了一段指定的时间。锁监视器线程定期醒来并识别所有等待某个资源的线程。如果锁监视器再次醒来时这些线程仍在等待同一资源，则它将对等待线程启动锁搜索。

（2）线程等待资源并启动急切的死锁搜索。

SQL Server 通常只执行定期死锁检测，而不使用急切模式。因为系统中遇到的死锁数通常很少，定期死锁检测有助于减少系统中死锁检测的开销。

当锁监视器对特定线程启动死锁检测时，它识别线程正在等待的资源。然后，锁监视器查找特定资源的拥有者，并递归地继续执行对那些线程的死锁搜索，直到找到一个循环。用这种方式识别的循环形成一个死锁。

在识别死锁后，SQL Server 通过自动选择可以打破死锁的线程（死锁牺牲品）来结束死锁。SQL Server 回滚作为死锁牺牲品的事务，通知线程的应用程序（通过返回 1205 号错误信息），取消线程的当前请求，然后允许不间断线程的事务继续进行。

SQL Server 通常选择运行撤消时花费最少的事务的线程作为死锁牺牲品。另外，用户可以使用 SET 语句将会话的 DEADLOCK_PRIORITY 设置为 LOW。DEADLOCK_PRIORITY 选项控制在死锁情况下如何衡量会话的重要性。如果会话的设置为 LOW，则当会话陷入死锁情况时将成为首选牺牲品。

实验与思考

目的和任务

（1）理解事务的概念和事务的结构。

（2）掌握事务的使用方法。

（3）了解并发控制中锁的作用。

（4）了解锁的类型。

实验内容

（1）比较自动事务模式和显式事务模式执行 SQL 的不同。

① 以自动事务模式执行下面的 SQL 语句

```
insert into 员工表 values ('2011','杨阳','男','1990-07-20', '销售员',3800,'1004')
--注意部门号'1004'必须是部门表里有的部门号，即要满足外键约束。
select times=1,*from 员工表
update 员工表 set 工资=4000 where 员工号='2011'
select times=2,*from 员工表
delete from 员工表 where 员工号='2011'
select times=3,*from 员工表
```

② 以显式事务模式执行 SQL 语句

```
--进入显式事务模式
begin transaction
--插入数据
insert into 员工表 values ('2011','杨阳','男','1990-07-20','销售员',3800,'1004')
select times=4,*from 员工表
--执行提交操作
commit transaction
go
select times=5,*from 员工表
begin transaction
--修改数据
update 员工表 set 工资=4000 where 员工号='2012'
select times=6,*from 员工表
--执行回退操作
rollback transaction
go
select times=7,*from 员工表
begin transaction
--删除数据
delete from 员工表 where 员工号='2012'
select times=8,*from 员工表
--执行回退操作
rollback transaction
go
select times=9,*from 员工表
```

（2）对员工表结构进行修改，增加最高学历和毕业院校字段，如果成功则提交，否则取消。（用显式事务，如果语句执行成功，则系统变量@@ERROR 是 0。可以在 sysmessages 系统表中查看与@@ERROR 错误代码相关的文本信息。）

（3）仿照例 7-8 执行系统存储过程 sp_lock，观察程序执行过程中锁的使用状况。

问题思考

（1）SQL Server 的事务模式可分为哪几类？各有什么特点？

（2）定义事务，向表中插入一行数据，然后删除该行。要求在删除命令前定义保存点 MY，并使用 ROLLBACK 语句将操作回滚到保存点。该数据是否被插入？

第 8 章

Transact-SQL 程序结构

Transact-SQL（T-SQL）是微软公司对 ANSI SQL92 的扩展，是 SQL Server 的核心组件之一。针对 ANSI SQL92 可编程性和灵活性较弱等问题，T-SQL 对其进行了扩展，加入了程序流程控制结构（如 IF 和 WHILE）、局部变量和其他一些功能。利用这些功能，可以写出更复杂的查询语句，或建立驻留在服务器上的基于代码的对象，如存储过程和触发器。虽然 SQL Server 也提供了自动生成查询语句的可视化用户界面，但要编写具有实际用途的数据库应用程序，必须借助于 T-SQL。本章将介绍 T-SQL 程序结构，主要包括变量的定义和赋值、运算符、表达式、函数和流程控制等内容。

8.1 注释和变量

8.1.1 T-SQL 程序的基本结构

1. 批

批是一组 SQL 语句的集合，一个批以结束符 GO 而终结。批中的所有语句被一次性提交给 SQL Server，SQL Server 将这些语句编译为一个执行单元，在执行时全部执行。

注意： 在执行批时，

（1）只要其中任一个 SQL 语句存在语法错误，SQL Server 都将取消整个批内所有语句执行。

（2）如果没有语法问题可以运行，但发生逻辑错误（如算术溢出），则可能导致停止批中当前语句及后面语句的执行，或仅停止当前语句的执行，后面语句继续。这样可能发生严重错误，所以批应位于一个事务之内。

使用批的基本规则：

（1）所有 CREATE 语句应单独构成一个批，不能在批中和其他 SQL 语句组合使用。

（2）使用 ALTER TABLE 语句修改表结构后，不能在同一个批中使用新定义的列。

（3）EXCUTE 语句为批中第一个语句时，可以省略 EXCUTE 关键字，否则，必须使用 EXCUTE 关键字。

（4）批命令 GO 和 SQL 语句不能在同一行上，但在 GO 命令中可以包含注释。

批命令 GO 并不是 SQL 的语句组成部分，它仅作为批结束的标志。当编译器读到 GO 时，会把它前面的所有语句打成一个数据包一起发给服务器。

正确批处理的例子：

```
USE 教学管理
GO
CREATE VIEW sub_学生表
        AS
        SELECT 学号,姓名 FROM 学生表
GO
SELECT * FROM sub_学生表
GO
```

上面的操作分在 3 个不同的批处理中，这是实现上述功能的唯一方法。

不正确批处理的例子：

```
USE 教学管理
CREATE VIEW sub_学生表
        AS
        SELECT 学号,姓名 FROM 学生表
GO
SELECT * FROM sub_学生表
GO
```

服务器产生下面的错误信息：

服务器: 消息 111，级别 15，状态 1，行 2

'CREATE VIEW' 必须是批查询中的第一条语句。

服务器: 消息 208，级别 16，状态 1，行 1

对象名 'sub_学生表' 无效。

错误的原因在于，将选择数据库与创建视图放在了同一个批中，前面说过 CREATE 必须单独在一个批中。

2. 事务

事务是一个用户定义的完整的工作单元，一个事务内的所有语句作为整体执行，要么全部执行，要么全部不执行。遇到错误时，可以回滚事务，取消事务内所做的所有改变，从而保证数据库中数据的一致性和可恢复性。一个事务一般以 BEGIN TRANSACTION 开始、以 COMMIT（提交）或 ROLLBACK（回滚）结束。

3. 事务和批的区别

编程时，一定要区分事务和批的差别。

（1）批是一组整体编译的 SQL 语句，事务是一组作为单个逻辑工作单元执行的 SQL 语句。

（2）批语句的组合发生在编译时刻，事务中语句的组合发生在执行时刻。

（3）当在编译时，批中某个语句存在语法错误，系统将取消整个批中所有语句的执行。而在运行时刻，如果事务中某个数据修改违反约束、规则等，系统将回滚整个事务。

（4）如果批内产生一个运行时刻错误，则系统默认只回退到产生该错误的语句。但当打开 XACT_ABORT 连接选项时，可使系统自动回滚产生该错误的当前事务。

一个事务中也可以拥有多个批，一个批里可以有多个 SQL 语句组成的事务，事务内批的数量不影响事务的提交或回滚操作。

4．程序结构

一个 T-SQL 程序包含若干个事务，一个事务又包含若干个以 GO 结束的批处理，一个批处理包含若干条 T-SQL 语句。因此 T-SQL 程序的基本结构如下：

```
{ BEGIN TRANSACTION
     {  T-SQL 语句[ …n]
        GO
     }[ …n]
{ COMMIT | ROLLBACK }
}[ …n]
```

【例 8-1】下面的 T-SQL 程序包含两个事务，每个事务又包含两个批处理。第一个事务删除了学生 S060101 的选课记录及其学生记录，但事务最终以 ROLLBACK（回滚）结束，因此并未真正实施删除；第二个事务在学生表中插入学生 S060199，在选课表中插入该生选修课程 010101 的信息，由于事务最终以 COMMIT（提交）结束，因此确实插入了该生的信息。

```
USE  教学管理
GO
BEGIN TRANSACTION
   DELETE FROM 选课表 WHERE 学号='S060101'
   DELETE FROM 学生表 WHERE 学号='S060101'
   GO
   SELECT * FROM 选课表 WHERE 学号='S060101'
   SELECT * FROM 学生表 WHERE 学号='S060101'
   GO
ROLLBACK
BEGIN TRANSACTION
   INSERT INTO 学生表(学号) VALUES('S060199')
   INSERT INTO 选课表(学号,ono) VALUES('S060199', '010101')
   GO
   SELECT * FROM 选课表 WHERE 学号='S060199'
   SELECT * FROM 学生表 WHERE 学号='S060199'
   GO
COMMIT
```

8.1.2 注释

注释是程序代码中不执行的文本。注释可用于对代码进行说明或暂时禁用正在进行调试的部分 T-SQL 语句和批处理。使用注释对代码进行说明，可使程序代码易于维护。

SQL Server 支持两种类型的注释。

1．双减号（--）

在程序中，从双减号（--）到行尾均为注释，常用来给出单行注释。对于多行注释，必须在每个注释行的开始使用双减号。

2．斜杠-星号对（/*…*/）

在程序中，从开始注释对（/*）到结束注释对（*/）之间的全部内容均视为注释，常用来给出多行注释。

注意，多行斜杠-星号对注释不能跨越批处理。整个注释必须包含在一个批处理内。例如，以下程序是错误的，原因是注释的第二行行首包含了批处理结束关键字 GO。

```
USE 教学管理
GO
SELECT * FROM 课程表
/* The
GO in this comment causes it to be broken in half */
SELECT * FROM products
GO
```

【例 8-2】下面是一些有效注释的例子。

```
USE 教学管理
GO
--First line of a multiple-line comment.
--Second line of a multiple-line comment.
SELECT * FROM 课程表
GO
/* First line of a multiple-line comment.
  Second line of a multipl-line comment. */
SELECT * FROM 教师表
GO
SELECT 学号, /* 身份证号, */ 姓名
FROM 学生表
GO
```

8.1.3 变量

T-SQL 中可以使用两种变量，一种是全局变量，另一种是局部变量。

全局变量是 SQL Server 系统内部使用的变量，其作用范围并不局限于某一程序，而是任何程序均可随时调用。全局变量通常存储一些 SQL Server 的配置设定值和性能统计数据，用户可在程序中用全局变量来测试系统的设定值或 T-SQL 命令执行后的状态值。有关 SQL Server 全局变量的详细情况请查看 SQL Server 帮助。

局部变量是用户自定义的变量，它仅在定义它的批处理内有效，常用来暂存从表中查询到的数据，或作为流程控制变量。SQL Server 规定，局部变量必须以@开头，而且必须先用 DECLARE 命令定义后才可使用。DECLARE 命令的格式如下：

```
DECLARE {@变量名 变量类型}[, …n]
```

其中，变量类型可以是 SQL Server 支持的所有数据类型，也可以是用户自定义的数据类型。

【例 8-3】以下例子定义了两个局部变量。

```
DECLARE @V1 INT, @V2 CHAR(100)
```

8.1.4 变量赋值

T-SQL 使用 SELECT 或 SET 命令为变量赋值，其语法如下：

```
SELECT {@变量名=<表达式>}[, …n]
SET @变量名=<表达式>
```

注意：一条 SET 语句只能为一个变量赋值，而一条 SELECT 语句可以为多个变量赋值。

【例 8-4】用 SET 和 SELECT 语句为变量赋值。

```
DECLARE @V1 INT, @V2 CHAR(100), @V3 INT, @V4 CHAR(100)
SET @V1=100*100
SET @V2='ABC'+'DEF'
SELECT @V3=2*@V1, @V4=@V2+'HIJ'
PRINT @V1+@V3
PRINT @V2+@V4
GO
```

8.2　运算符和表达式

运算符是一种符号，用来指定要在一个或多个表达式中执行的操作。本节将讨论 T-SQL 语言使用的运算符，包括① 算术运算符；② 位运算符；③ 连接运算符；④ 比较运算符；⑤ 逻辑运算符。

表达式是用运算符和括号将多个常量、局部变量、列、函数连接起来而得的符合 T-SQL 语法规则的式子。本节也将讨论 T-SQL 语言的表达式，包括① 数值型表达式；② 字符串表达式；③ 条件表达式。

8.2.1　算术运算符

算术运算符用来对一个或两个数值型数据实施操作，进行其间的算术运算并返回数值型运算结果。算术运算符包括+（加）、-（减、求负数）、*（乘）、/（除）、%（求余）。

8.2.2　位运算符

位运算符用来对一个或两个整型数据实施操作，进行其间的按位运算并返回整型运算结果。位运算符包括&（按位与）、|（按位或）、~（按位取反）、^（按位异或）。

8.2.3　连接运算符

连接运算符用来将两个字符串操作数进行首尾相接，形成一个更长的字符串并作为运算结果返回。T-SQL 语言的连接运算是“+”。

8.2.4　比较运算符

比较运算符用来对一个、两个或三个（同类）数据实施操作，进行其间的比较运算并返回逻辑值“真”或“假”。比较运算符分为普通比较运算符和特殊比较运算符两类。

普通比较运算符用来对两个同类数据实施比较，包括>（大于）、<（小于）、=（等于）、>=（大于等于）、<=（小于等于）、<>（不等于）、!=（不等于）、!>（不大于）、!<（不小于）。

特殊比较运算符实际上是普通比较运算符的推广或缩写形式，包括[NOT] BETWEEN AND（确定范围，三元运算）、[NOT] IN（确定集合，二元运算）、[NOT] LIKE（字符串匹配，二元运算）、IS [NOT] NULL（空值判断，一元运算）、<普通比较运算符>+{ALL|ANY}（二元运算）、EXISTS（一元运算）。有关特殊比较运算符的用法请参阅第 5 章。

8.2.5　逻辑运算符

比较运算符用来对一个或两个逻辑型数据实施操作，进行其间的逻辑运算并返回逻辑值“真”或“假”。逻辑运算符包括 AND（与）、OR（或）、NOT（非）。

8.2.6 表达式

可以将 T-SQL 语言的表达式分为数值型表达式、字符串表达式和条件表达式三类。

数值型表达式是用算术运算符、位运算符和括号将多个数值型常量、数值型局部变量、数值型列、数值型函数连接起来而得的符合 T-SQL 语法规则的式子。数值型表达式的返回值是数值型数据。

字符串表达式是用连接运算符和括号将多个字符型常量、字符型局部变量、字符型列、字符型函数连接起来而得的符合 T-SQL 语法规则的式子。字符串表达式的返回值是字符串。

条件表达式是用比较运算符、逻辑运算符和括号将多个数值型表达式或字符串表达式连接起来而得的符合 T-SQL 语法规则的式子。条件表达式的返回值是逻辑值“真”或“假”。

8.3 函数

在数据库的使用和程序设计中，函数的使用非常频繁。正确使用函数可以帮助用户获得系统的有关信息，简化数据的查询统计。T-SQL 提供了丰富的函数，在此不可能全部详细介绍，有兴趣和需要者请参看 SQL Server 帮助。

8.3.1 数学函数

数学函数对数值型输入参数值执行计算，并返回一个数值。这些函数都是标量函数。

表 8-1 列出了所有数学函数及其含义，随后将进行举例说明。

表 8-1 数学函数

函 数 名	说 明
ABS(*numeric_expression*)	以 FLOAT 类型返回数值 *numeric_expression* 的绝对值
COS(*float_expression*)	以 FLOAT 类型返回给定角度 *float_expression* 的余弦值
ACOS(*float_expression*)	以 FLOAT 类型返回给定值 *float_expression* 的反余弦值，单位为弧度
SIN(*float_expression*)	以 FLOAT 类型返回给定角度 *float_expression* 的正弦值
ASIN(*float_expression*)	以 FLOAT 类型返回给定值 *float_expression* 的反正弦值，单位为弧度
TAN(*float_expression*)	以 FLOAT 类型返回给定角度 *float_expression* 的正切值
ATAN(*float_expression*)	以 FLOAT 类型返回给定值 *float_expression* 的反正切值，单位为弧度
ATN2(*float_expression1*, *float_expression2*)	返回以弧度表示的角度值，该角度的正切值介于两个给定的 FLOAT 表达式之间
COT(*float_expression*)	以 FLOAT 类型返回给定角度 *float_expression* 的余切值
PI()	以 FLOAT 类型返回圆周率π值
DEGREES(*numeric_expression*)	将弧度转换为度
RADIANS(*numeric_expression*)	将度转换为弧度
CEILING(*numeric_expression*)	返回大于或等于所给数值表达式的最小整数
FLOOR(*numeric_expression*)	返回小于或等于所给数字表达式的最大整数
ROUND(*numeric_expression*, *length* [,*function*])	返回数值表达式并四舍五入为指定的长度或精度。其中 *numeric_expression* 为要进行四舍五入的数值表达式，*length* 为四舍五入的精度（*numeric_expression* 四舍五入为 *length* 指定的小数位数），*function* 是要执行的操作类型。如果省略 *function* 或 *function* 的值为 0（默认），则进行四舍五入处理，否则进行截断处理
EXP(*float_expression*)	以 FLOAT 类型返回 FLOAT 表达式的以 *e* 为底的指数函数值
LOG(*float_expression*)	以 FLOAT 类型返回 FLOAT 表达式的自然对数值
LOG10(*float_expression*)	以 FLOAT 类型返回 FLOAT 表达式的以 10 为底的对数值
POWER(*numeric_expression*, *y*)	以 FLOAT 类型返回 FLOAT 表达式的 *y* 次幂
SQUARE(*float_expression*)	以 FLOAT 类型返回 FLOAT 表达式的平方
SQRT(*float_expression*)	以 FLOAT 类型返回 FLOAT 表达式的平方根
RAND([*seed*])	以 FLOAT 类型返回 0 到 1 之间的随机数。其中 *seed* 是给出种子值的整型表达式
SIGN (*numeric_expression*)	以 FLOAT 类型返回给定数值表达式的符号。返回–1 表示表达式的值为负数，返回 0 表示表达式的值为 0，返回 1 表示表达式的值为正数

【例 8-5】以下代码显示给定角度的 COS 值。

```
DECLARE @angle FLOAT
SET @angle = 14.78
PRINT 'The COS of the value is: ' + CONVERT(VARCHAR, COS(@angle))
```

【例 8-6】以下代码显示/2 弧度的度数。

```
PRINT DEGREES((PI( )/2))
```

【例 8-7】以下代码显示/2 弧度的度数。

```
PRINT RADIANS(128.0)
```

【例 8-8】以下代码显示使用 CEILING 函数的正数、负数和零值。

```
SELECT CEILING(123.45), CEILING(-123.45), CEILING(0.0)
```

【例 8-9】下面的代码显示各种数值的 ROUND 值。

```
SELECT ROUND(123.9994, 3), ROUND(123.9995, 3),
       ROUND(123.4545, 2), ROUND(123.45, -2),
       ROUND(150.75, 0), ROUND(150.75, 0, 1)
```

执行结果：

```
123.9990 124.0000 123.4500 100.00 151.00 150.00
```

【例 8-10】以下代码产生 4 个不同的随机数。

```
DECLARE @counter SMALLINT
SET @counter = 1
WHILE @counter < 5 BEGIN
     PRINT RAND(@counter)
     SET @counter = @counter + 1
END
```

【例 8-11】以下代码返回从–1 到 1 的 SIGN 数值。

```
DECLARE @value REAL
SET @value = -1
WHILE @value < 2 BEGIN
     PRINT SIGN(@value)
     SELECT @value = @value + 1
END
```

8.3.2　字符串函数

字符串函数对字符串输入值执行操作，返回字符串或数值。这些函数都是标量函数。表 8-2 列出了所有字符串函数及其含义，随后将进行举例说明。

表 8-2　字符串函数

函　数	功　能
ASCII(character_expression)	以 INT 类型返回字符串 character_expression 最左端字符的 ASCII 代码值
CHAR(integer_expression)	以 CHAR(1)类型返回 ASCII 代码等于整型表达式 integer_expression 的值的字符

续表

函　　数	功　　能
STR(float_expression [, length [, decimal]])	将数值 float_expression 转换成长度为 length，小数位数为 decimal 的数字字符串
LEFT(character_expression, count)	以 VARCHAR 类型返回从字符串 character_expression 左边截取的长度为 count 的子串
RIGHT(character_expression, count)	以 VARCHAR 类型返回从字符串 character_expression 右边截取的长度为 count 的子串
SUBSTRING(character_expression, start, length)	返回从字符串 character_expression 中从位置 start 开始截取的长度为 length 的子串
LEN(string_expression)	返回给定字符串表达式的字符数，不包含尾随空格
LOWER(character_expression)	将字符串 character_expression 中的大写字母转换为小写字母后返回整个字符串
UPPER(character_expression)	将字符串 character_expression 中的小写字母转换为大写字母后返回整个字符串
LTRIM(character_expression)	将字符串 character_expression 中的左边前导空格删除后返回整个字符串
RTRIM(character_expression)	将字符串 character_expression 中的右边尾随空格删除后返回整个字符串
REPLACE(string_expression1, string_expression2, string_expression3)	先用字符串 string_expression3 替换字符串 string_expression1 中字符串 string_expression2 的所有出现，然后返回替换的结果
REPLICATE(character_expression, count)	将字符串 character_expression 重复 count 次后返回
REVERSE(character_expression)	将字符串 character_expression 反转后返回
STUFF(string_expression1, start, length, string_expression2)	用字符串 string_expression2 替换 string_expression1 中从 start 开始的 length 个字符并返回替换结果
SPACE(count)	返回由 count 个空格组成的字符串

【例 8-12】下面的代码生成一张可见字符的 ASCII 码表。

```
CREATE TABLE AscTB ( Character CHAR(1), Ascii  INT )
DECLARE @asc INT
SET @asc=33
WHILE @asc<=126 BEGIN
    INSERT INTO AscTB VALUES(CHAR(@asc), @asc)
    SET @asc=@asc+1
END
SELECT * FROM AscTB
```

【例 8-13】下面的代码显示字符串“abcdefg”中从位置 3 开始的 2 个字符。

```
PRINT SUBSTRING('abcdefg', 3, 2)
```

【例 8-14】下面的代码展示了 LOWER 和 UPPER 函数的用法。

```
SELECT LOWER('aBcDeFg'), UPPER('aBcDeFg')
```

【例 8-15】下面的代码展示了 LTRIM 和 RTRIM 函数的用法。

```
DECLARE @string CHAR(20)
SET @string = '     ABCDEFG      '
PRINT '[' + LTRIM(@string)+']'
PRINT '[' + RTRIM(@string)+']'
PRINT '[' + LTRIM(RTRIM(@string))+']'
```

【例 8-16】下面的代码用“xxx”替换“abcdefghicde”中的字符串“cde”。

```
PRINT REPLACE('abcdefghicde', 'cde', 'xxx')
```

【例 8-17】下面的代码将字符串“ABC”反转后返回。

```
PRINT REVERSE('ABC')
```

【例 8-18】下面的代码用“ijklmn”替换“ABCDEF”中第 2 个字符开始的 3 个字符。

```
PRINT STUFF('ABCDEF', 2, 3, 'ijklmn')
```

8.3.3　时间日期函数

时间日期函数对日期和时间输入值执行操作，并返回一个字符串、数字值或日期和时间值。这些函数都是标量函数。

表 8-3 罗列了所有时间日期函数及其含义，表 8-4 是参数 *datepart* 的取值。

表 8-3　时间日期函数

函　数	功　能
GETDATE( )	以 DATETIME 类型返回当前系统日期和时间
YEAR(date)	以 INT 类型返回给定日期时间的年份。其中参数 date 给出了指定日期时间
MONTH(date)	以 INT 类型返回给定日期时间的月份。其中参数 date 给出了指定日期时间
DAY(date)	以 INT 类型返回给定日期时间是本月的几号。其中参数 date 给出了指定日期时间
DATEADD(datepart, number, date)	在指定日期时间的基础上加上一段时间，得到一个新的 DATETIME 值并返回，其中参数 datepart 是规定应向日期和时间的哪一部分计算新值的参数
DATEDIFF(datepart, startdate, enddate)	以 INT 类型返回两个给定日期时间值之差。其中参数 datepart 规定了计算差额的日期时间部分
DATENAME(datepart, date)	以 NVARCHAR 类型返回代表指定日期时间的指定部分的字符串。其中参数 datepart 规定了日期时间部分
DATEPART(datepart, date)	以 INT 类型返回代表指定日期时间的指定部分的整数。其中参数 datepart 规定了日期和时间部分

表 8-4　参数 *datepart* 的取值

datepart 参数	缩　写	*datepart* 参数	缩　写
year	yy，yyyy	week	wk，ww
quarter	qq，q	hour	hh
month	mm，m	minute	mi，n
dayofyear	dy，y	second	ss，s
day	dd，d	millisecond	ms

【例 8-19】下面的代码将当前日期时间加上 3 周后显示出来。

```
DECLARE @old DATETIME, @new DATETIME
SELECT @old=GETDATE( ), @new=DATEADD(wk, 3, @old )
SELECT @old AS '当前日期时间', @new '三周后的日期时间'
```

【例 8-20】下面的代码计算执行一个语句块所消耗的时间（单位为毫秒）。

```
DECLARE @start DATETIME, @end DATETIME
SELECT @start=GETDATE( ) /*获得语句块的时间起点*/
BEGIN /*语句块开始*/
```

```
        IF EXISTS(SELECT * FROM sysobjects
                WHERE  name='mytb' AND xtype='U' ) DROP TABLE mytb
        SELECT * INTO mytb FROM sysobjects
    END  /*语句块结束*/
    SELECT @end=GETDATE( )  /*获得语句块的时间终点*/
    SELECT DATEDIFF(ms, @start, @end) AS '消耗的时间(ms)'
```

【例 8-21】下面的代码从当前日期中提取所处月份和本年的第几个星期。

```
DECLARE @date DATETIME
SELECT @date= GETDATE( )
SELECT DATENAME(m,@date) 月份, DATENAME(wk,@date) 星期
```

8.3.4 转换函数

将某种数据类型的表达式显式转换为另一种数据类型的值并返回。CAST 和 CONVERT 提供相似的功能，使用语法如下：

```
CAST ( <表达式> AS <目标数据类型>[(<长度>)] )
CONVERT (<目标数据类型>[(<长度>)], <表达式> [, style])
```

其中，*style* 表示转换方式，它与<表达式>的数据类型和目标数据类型密切相关。

（1）若要实现日期时间数据类型和字符数据类型之间的转换，则 *style* 可以取表 8-5 所列的各种值。在表 8-5 中，左侧两列分别表示在 2 位年份或 4 位年份的日期时间数据和字符数据之间进行转换时所需的 *style* 值。

表 8-5 日期时间数据和字符数据之间进行转换时所需的 *style* 值

2 位年份的日期时间	4 位年份的日期时间	对应的字符数据格式	标　准
-	0 或 100	mon dd yyyy hh:miAM（或 PM）	默认值
1	101	mm/dd/yyyy	美国
2	102	yy.mm.dd	ANSI
3	103	dd/mm/yy	英国/法国
4	104	dd.mm.yy	德国
5	105	dd-mm-yy	意大利
6	106	dd mon yy	—
7	107	mon dd, yy	—
8	108	hh:mm:ss	—
—	9 或 109	mon dd yyyy hh:mi:ss:mmmAM（或 PM）	默认值 + 毫秒
10	110	mm-dd-yy	美国
11	111	yy/mm/dd	日本
12	112	yymmdd	ISO
—	13 或 113	dd mon yyyy hh:mm:ss:mmm(24h)	欧洲默认值 + 毫秒
14	114	—	hh:mi:ss:mmm(24h)
—	20 或 120	yyyy-mm-dd hh:mm:ss[.fff]	ODBC 规范
—	21 或 121	yyyy-mm-dd hh:mm:ss[.fff]	ODBC 规范（带毫秒）
—	126	yyyy-mm-dd Thh:mm:ss:mmm（不含空格）	ISO8601
—	130	dd mon yyyy hh:mi:ss:mmmAM	科威特
—	131	dd/mm/yy hh:mi:ss:mmmAM	科威特

（2）若要实现从 FLOAT 或 REAL 数据类型到字符数据类型的转换，则 *style* 可以取表 8-6 所列的各种值。

表 8-6 从 FLOAT 或 REAL 到字符类型转换时所需的 *style* 值

style 值	对应的字符数据格式
0（默认值）	最大为 6 位数。根据需要使用科学计数法
1	始终为 8 位值。始终使用科学计数法
2	始终为 16 位值。始终使用科学计数法

（3）若要实现从 MONEY 或 SMALLMONEY 数据类型到字符数据类型的转换，则 *style* 可以取表 8-7 所列的各种值。

表 8-7 从 MONEY 或 SMALLMONEY 到字符类型转换时所需的 *style* 值

style 值	对应的字符数据格式
0（默认值）	小数点左侧每 3 位数字之间不以逗号分隔，小数点右侧取 2 位数，如 4235.98
1	小数点左侧每 3 位数字之间以逗号分隔，小数点右侧取 2 位数，如 3510.92
2	小数点左侧每 3 位数字之间不以逗号分隔，小数点右侧取 4 位数，如 4235.9819

【例 8-22】下面是使用 CAST 和 CONVERT 的简单例子。

```
SELECT CAST('ABC' AS CHAR(10) )+'CDE'
SELECT CONVERT(VARCHAR(60), GETDATE(), 126)
```

8.3.5 配置函数

配置函数用来返回系统当前的配置选项设置信息。所有配置函数都以两个@开头，调用时不带任何参数。

表 8-8 列出了所有配置函数及其含义，随后将选择一些常用配置函数进行举例说明，其余配置函数的详细说明请参阅 SQL Server 帮助。

表 8-8 配置函数

函 数 名	说 明
@@DATEFIRST	以 TINYINT 类型返回 SET DATEFIRST 参数的当前值。SET DATEFIRST 参数用来规定每周的第一天是星期几，1 表示星期一，2 表示星期二，依次类推，7 表示星期日
@@DBTS	以 VARBINARY 类型返回当前数据库最后使用的时间戳值，并保证其唯一性
@@LANGID	以 SMALLINT 类型返回当前所使用语言的标识符
@@LANGUAGE	以 NVARCHAR 类型返回当前使用的语言名
@@LOCK_TIMEOUT	以 INT 类型返回当前会话的当前锁超时设置，单位为毫秒。SET LOCK_TIMEOUT 允许应用程序设置语句等待的最长时间。当一条语句已等待超过 LOCK_TIMEOUT 所设置的时间时，则被锁住的语句将自动取消，并给应用程序返回一条错误信息。LOCK_TIMEOUT 在连接时被初始化为 - 1
@@MAX_CONNECTIONS	以 INT 类型返回 SQL Server 上允许的最大连接数
@@MAX_PRECISION	以 TINYINT 类型返回 DECIMAL 和 NUMERIC 数据类型所用的精度级别，即该服务器中当前设置的精度
@@NESTLEVEL	以 INT 类型返回当前存储过程的嵌套层次（初始值为 0）。当一个存储过程调用另一个存储过程时，嵌套层次即进行递增。超过最大层数 32 时，事务即被终止
@@OPTIONS	以 INT 类型返回当前 SET 选项的信息。每个用户有一个@@OPTIONS 函数代表其配置环境。从第一次登录开始，系统管理员即为所有用户分配一个默认的配置设置。用户可以用 SET 语句更改语言和查询处理选项
@@REMSERVER	以 NVARCHAR(256)类型返回远程 SQL Server 数据库服务器的名称。@@REMSERVER 使存储过程可以查看它目前在哪个数据库服务器上运行
@@SERVERNAME	以 NVARCHAR 类型返回本地服务器名
@@SERVICENAME	以 NVARCHAR 类型返回 SQL Server 的注册表键名。若当前实例为默认实例，则@@SERVICENAME 返回 MSSQLServer；若当前实例是命名实例，则该函数返回实例名
@@SPID	以 SMALLINT 类型返回当前用户进程的服务器进程标识符
@@TEXTSIZE	以 INT 类型返回 SET TEXTSIZE 选项的当前值，它指定 SELECT 语句返回的 TEXT 或 IMAGE 数据的最大长度，以字节为单位。默认大小是 4096 字节
@@VERSION	以 NVARCHAR 类型返回 SQL Server 当前安装的日期、版本和处理器类型

【例 8-23】下面的代码将每周第一天设为 5（星期五），并假定当日是星期六。SELECT 语句返回 DATEFIRST 值和当日是此周的第几天。

```
SET DATEFIRST 5
SELECT @@DATEFIRST AS '1st Day', DATEPART( dw, GETDATE() ) AS 'Today'
```

其中，GETDATE 函数返回当前日期，DATEPART 函数对日期进行分解。详见 8.4 节关于日期时间函数的说明。

【例 8-24】下面的代码首先显示 LOCK_TIMEOUT 的初值，然后将 LOCK_TIMEOUT 设置为 1800ms，最后调用@@LOCK_TIMEOUT 函数显示这个最新设置值。

```
SELECT @@LOCK_TIMEOUT AS 初值
SET LOCK_TIMEOUT 1800
SELECT @@LOCK_TIMEOUT AS 设置后的值
```

【例 8-25】下面的代码创建两个存储过程，其中一个存储过程调用另一个存储过程，每个存储过程都显示自身的@@NESTLEVEL 设置值。

```
CREATE PROCEDURE innerproc AS
  SELECT @@NESTLEVEL AS 'Inner Level'
GO
CREATE PROCEDURE outerproc AS
  SELECT @@NESTLEVEL AS 'Outer Level'
  EXEC innerproc  /*调用 innerproc */
GO
EXECUTE outerproc  /*执行 outerproc*/
GO
```

有关存储过程的说明请参阅第 12 章。

【例 8-26】下面的代码设置 NOCOUNT ON 选项，然后检测@@OPTIONS 的值。NOCOUNT ON 选项用来取消语句执行结果中“所影响的行数”信息。@@OPTIONS 的第 9 位为 1，表示设置了 NOCOUNT 选项，可以将@@OPTIONS 和 512 (0x0200)按位求与来检查这个选项。

```
SET NOCOUNT ON
IF @@OPTIONS & 512 > 0 PRINT 'NOCOUNT has been turned on.'
```

【例 8-27】下面的代码返回当前用户进程的进程 ID、登录名和用户名。

```
SELECT @@SPID AS ID, SYSTEM_USER AS 登录名, USER AS 用户名
```

8.4 流程控制

T-SQL 语言的流程控制语句与常见的程序设计语言类似，主要有：块语句、条件语句、循环语句、等待语句和返回语句等。

8.4.1 块语句

T-SQL 语言的块语句由位于 BEGIN 和 END 之间的一组语句组成，其基本格式如下：

```
BEGIN
   T-SQL 语句[ …n]
END
```

一个语句块从整体上应视为一条语句。BEGIN 和 END 可以嵌套，即一个块语句中又包含了另一个（子）块语句。

8.4.2 条件语句

条件语句的基本格式如下：

```
IF <条件表达式>
    语句 1
ELSE
    语句 2
```

其含义是：如果<条件表达式>为“真”，则执行语句 1，否则执行语句 2。其中，语句 1 和语句 2 都是一条语句（简单语句或块语句）。IF 语句允许嵌套，但最多只能嵌套 32 层。

【例 8-28】 在实数范围内求一元二次方程的根。

```
DECLARE @a FLOAT, @b FLOAT, @c FLOAT, @d FLOAT
SELECT @a=1, @b=-4, @c=4 /*置方程的系数*/
SET @d=@b*@b-4*@a*@c /*计算判别式*/
IF @d>=0 BEGIN
    IF @d!=0 BEGIN
        PRINT '方程' + LTRIM(STR(@a)) + '*X^2+(' + LTRIM(STR(@b)) + ')*X+('+
            LTRIM(STR(@c))+')=0 有两个不相等的实数根：'
        PRINT 'root1=' + LTRIM(STR( (-@b+SQRT(@d) ) / (2*@a) ))
        PRINT 'root2=' + LTRIM(STR( (-@b-SQRT(@d) ) / (2*@a) ))
    END
    ELSE BEGIN
        PRINT '方程' + LTRIM(STR(@a)) + '*X^2+(' + LTRIM(STR(@b)) + ')*X+('+
            LTRIM(STR(@c))+')=0 有两个相等的实数根：'
        PRINT 'root1=root2=' + LTRIM(STR( (-@b+SQRT(@d) ) / (2*@a) ))
    END
END
ELSE PRINT '方程' + LTRIM(STR(@a)) + '*X^2+(' + LTRIM(STR(@b)) + ')*X+('+
            LTRIM(STR(@c))+')=0 无实数根！'
```

8.4.3 CASE 语句

CASE 语句用来计算条件列表并返回多个可能结果之一。 CASE 具有两种格式：简单 CASE 语句和 CASE 搜索语句。

简单 CASE 语句有如下语法：

```
CASE <输入表达式>
    WHEN <当表达式 1> THEN <结果表达式 1>
    WHEN <当表达式 2> THEN <结果表达式 2>
    ..................
    WHEN <当表达式 n> THEN <结果表达式 n>
    [ ELSE <结果表达式 n+1> ]
END
```

CASE 搜索语句有如下语法：

```
CASE
```

```
        WHEN <条件表达式 1> THEN <结果表达式 1>
        WHEN <条件表达式 2> THEN <结果表达式 2>
        ..............................................
        <条件表达式 n> THEN <结果表达式 n>
        [ ELSE <结果表达式 n+1> ]
    END
```

参数说明：

（1）简单 CASE 语句的计算过程。将<输入表达式>和<当表达式 1>、<当表达式 2>、…、<当表达式 *n*>逐一进行比较，如果<输入表达式>的值等于<当表达式 *i*>的值，则返回<结果表达式 *i*>的值作为 CASE 语句的结果（*i*=1, …, *n*），否则返回<结果表达式 *n*+1>的值作为 CASE 语句的结果（如果没有 ELSE 子句则返回 NULL）。

（2）CASE 搜索语句的计算过程。逐一计算<条件表达式 1>、<条件表达式 2>、…、<条件表达式 *n*>，如果<条件表达式 *i*>的值为真，则返回<结果表达式 *i*>的值作为 CASE 语句的结果（*i*=1, 2, …, *n*），否则返回<结果表达式 *n*+1>的值作为 CASE 语句的结果（如果没有 ELSE 子句则返回 NULL）。

（3）CASE 语句中的表达式可以是由常量、变量、函数等构成的任意合法的 SQL Server 表达式，但在同一个 CASE 语句中，各个<结果表达式>、<输入表达式>和<当表达式>的数据类型必须相同，或者可进行隐性转换。

（4）结果的类型是<结果表达式 1>、…、<结果表达式 *n*>中优先级最高的类型。

（5）CASE 语句可以嵌套，即一个 CASE 语句出现在另一个 CASE 语句的表达式中。

【例 8-29】显示每个学生的姓名、来自的省份和主修专业。

```
SELECT  姓名,  CASE 籍贯
                        WHEN '杭州' THEN '浙江'
                        WHEN '宁波' THEN '浙江'
                        WHEN '温州' THEN '浙江'
                        WHEN '金华' THEN '浙江'
                        WHEN '西安' THEN '陕西'
                        WHEN '太原' THEN '山西'
                      END AS 省份, 专业
FROM 学生表
```

【例 8-30】显示每个学生的学号及学生成绩（按优、良、中、及格、不及格、未知显示）。

```
SELECT 学号, 成绩 = CASE
                        WHEN 成绩>=90 THEN '优'
                        WHEN 成绩>=80 THEN '良'
                        WHEN 成绩>=70 THEN '中'
                        WHEN 成绩>=60 THEN '及格'
                        WHEN 成绩>=0    THEN '不及格'
                        END
FROM 选课表
```

【例 8-31】已知课程号前两位表示所属教研室编码，显示每门课的课程名和所属教研室。

```
SELECT 课名, CASE
                        WHEN SUBSTRING(课号,1,3) = 'C01' THEN '计算机'
                        WHEN SUBSTRING(课号,1,3) = 'C02' THEN '信息管理'
                        WHEN SUBSTRING(课号,1,3) = 'C03' THEN '电子商务'
```

```
            ELSE '未知'
            END AS 所属教研室
FROM 课程表
```

8.4.4 循环语句

循环语句的基本格式：

```
WHILE <条件表达式>
BEGIN
    T-SQL 语句[ …n]
    [BREAK]       /*跳出循环*/
    [CONTINUE]     /*进入下一次循环*/
END
```

含义：如果<条件表达式>为“真”，则执行 WHILE 后的块语句，否则终止循环。

其中，BREAK 语句用于提前跳出循环，CONTINUE 语句用于提前终止本次循环并进入下次循环。WHILE 语句允许嵌套，但最多只能嵌套 32 层。

【例 8-32】用“*”打印一个高为奇数的菱形。

```
DECLARE  @sp INT,                     --前导空格数
         @st INT,                     --星号数
         @h INT                       --菱形高度
SELECT  @h=7, @st=1, @sp=@h/2         --初始化：要打印高度为 7 的菱形
WHILE @sp>=0
BEGIN                                 --打印菱形的上半部分
    PRINT SPACE(@sp) + REPLICATE('*', @st)
    SELECT @sp=@sp-1, @st=@st+2
END
SELECT @sp=1, @st=@st-4
WHILE @st>0 BEGIN                     --打印菱形的下半部分
    PRINT SPACE(@sp) + REPLICATE('*', @st)
    SELECT @sp=@sp+1, @st=@st-2
END
```

8.4.5 等待语句

等待语句用来暂停程序执行，直到所设定的等待时间已过，或所设定的时间已到或设定的事件发生才继续往下执行，其语法如下：

```
WAITFOR { DELAY <'时间'> | TIME <'时间'>
         | ERROREXIT | PROCESSEXIT | MIRROREXIT }
```

其中，时间必须为 DATETIME 类型的数据，如“11:15:27”，但不能包括日期。各关键字含义如下。

- DELAY 用来设定等待的时间，最多可达 24 小时；
- TIME 用来设定等待结束的时间点；
- ERROREXIT 一直等待到处理非正常中断；
- PROCESSEXIT 一直等待到处理正常或非正常中断；
- MIRROREXIT 一直等待到镜像设备失败。

【例 8-33】等待 1 小时 2 分零 3 秒后才执行 SELECT 语句。

```
WAITFOR DELAY '01:02:03'
SELECT * FROM 教师表
```

【例 8-34】等到晚上 11 点零 8 分后才执行 SELECT 语句。

```
WAITFOR TIME '23:08:00'
SELECT * FROM 教师表
```

8.4.6 GOTO 语句

GOTO 语句用来改变程序执行的流程，使程序跳到标有标号的行继续往下执行，语法如下：

```
GOTO <标号>
```

其中，作为跳转目标的标号可为数字与字符的组合，但必须以“:”结尾，如“12:”或“a_1:”。GOTO 语句中的标号不要跟“:”。

【例 8-35】分行打印字符 1，2，3，4，5。

```
DECLARE @X INT
SELECT @X = 1
LABEL_1: PRINT @X
SELECT @X = @X + 1
WHILE @X < 6 GOTO LABEL_1
```

8.4.7 返回语句

返回语句用于结束当前程序的执行，返回到上一个调用它的程序或其他程序，语法如下：

```
RETURN ([整型表达式])
```

其中，整型表达式的值是 RETURN 语句的返回值。注意，RETURN 语句通常在存储过程中使用。

【例 8-36】本例先创建一个简单的存储过程，用来判断两个整数的大小，并用 RETURN 语句返回判断结果，然后调用这个存储过程来判断两个具体整数的大小。

```
IF EXISTS (SELECT * FROM sysobjects WHERE name='CmpInt' and xtype='P')
  DROP PROC CmpInt                              --若存储过程已存在则删除之
GO
CREATE PROC CmpInt(@x INT, @y INT)      --创建存储过程
AS  IF @X>@Y
        RETURN(1)
    ELSE
        RETURN(2)
GO
DECLARE @rc INT, @X INT, @Y INT
SELECT @X=100, @Y=200
EXEC @rc=CmpInt @X, @Y                          --调用存储过程
IF @rc =1
    PRINT LTRIM(STR(@X)) + '比' + LTRIM(STR(@Y)) + '大'
ELSE
    PRINT LTRIM(STR(@X)) + '比' + LTRIM(STR(@Y)) + '小'
```

8.5 程序应用实例分析

下面基于第 1 章给出的 5 张表用 T-SQL 程序来操纵相关信息的两个例子。

1. 查询各个系的系主任名

【例 8-37】本查询仅涉及教师表。由于“负责人”字段是负责人的工号，要将工号转换成姓名还需要到教师表中进行一次查询。相应的 T-SQL 程序如下：

```
DECLARE @tmp_tb TABLE(tdepa CHAR(20), tmane CHAR(6) )  --定义一个表变量
INSERT INTO @tmp_tb                            --查询系名－系主任教师编号对照表
  SELECT DISTINCT 所在院系, 负责人             --结果插入到临时表@tmp_tb 中
  FROM 教师表
SELECT X.tdepa, Y.姓名                         --查询系名－负责人名对照表，注意，这是临时表
FROM @tmp_tb AS X, 教师表 AS Y                 --@tmp_tb 与基本表教师表之间的连接查询
WHERE X.tmane=Y.工号
```

本查询也可用如下 SELECT 语句实现。

```
SELECT DISTINCT X.所在院系, Y. 姓名 FROM  教师表 AS X, 教师表 AS Y
WHERE X.负责人=Y.工号
```

2. 计算教师的工作量

【例 8-38】假定助教和讲师的工作量系数为 1，副教授为 1.2，教授为 1.5，现要计算每个教师的总工作量，这可以用如下 T-SQL 程序实现。注意，在开课表中没有显式地给出“每周课时数”这个必要信息，因此需要对“开课时间”字段中的逗号进行计数，每周课时数就等于逗号出现次数加 1，但 SQL Server 没有实现这一功能的内置函数，因此需要创建一个用户自定义函数“F_计算教师工作量”来实现这个功能（有关自定义函数的详细介绍请参阅第 11 章）。

```
IF EXISTS(SELECT * FROM sysobjects WHERE name='F_计算教师工作量' ANDxtype='FN')
  DROP FUNCTION F_计算教师工作量                    --若函数已存在则删除之
GO
--以下为创建函数 F_计算教师工作量的代码
CREATE FUNCTION F_计算教师工作量(@开课时间 VARCHAR(20))
RETURNS INT
AS BEGIN
  DECLARE     @st VARCHAR(20),                      --用来暂存@开课时间
              @cc INT,                              --用来统计@开课时间中逗号出现次数
              @pos INT                              --用来定位逗号出现位置
  SELECT @st=@开课时间, @cc=0                        --初始化
  SET @pos=CHARINDEX(',', @st)                      --在@st 中定位逗号
  WHILE @pos!=0 BEGIN                               --@st 中存在逗号
     SET @cc=@cc+1                                  --逗号出现次数加
     SET @st=RIGHT(@st, LEN(@st)-@pos)              --截取逗号右边的字符串
     SET @pos=CHARINDEX(',', @st)                   --在@st 中定位逗号
  END
  RETURN @cc+1
END
GO
```

```
--以下为计算总工作量的代码
SELECT 姓名, SUM(dbo.F_计算教师工作量(开课时间)*开课周数*
              CASE 职称
                WHEN '教授' THEN 1.5
                WHEN '副教授' THEN 1.2
                WHEN '讲师' THEN 1.0
                ELSE 1.0
              END ) AS 工作量汇总
FROM 开课表 O, 教师表 T
WHERE O.工号=T.工号
GROUP BY T.工号,姓名
GO
```

3. 学生选课处理

【例 8-39】学生“赵青山”计划选修“管理信息系统”课程，根据开课计划，每个关于“管理信息系统”的开课计划选修人数不能超过 30 人，如果都超过，则该课程不能再增加新的选修学生，如果有一个计划没有超过，则可以在这个计划里增加选修学生，如果有多个计划都没有超过计划人数，可在任一个计划里增加选修学生。

已知学生“赵青山”的学号是“S060110”。

```
USE 教学管理
GO

DECLARE @OFF_NO CHAR(6)
--检查是否有选修少于 30 人的开课计划，如果有，开课号送变量@OFF_NO
SELECT @OFF_NO=开课号 FROM 选课表 WHERE 开课号 IN
     (SELECT 开课号 FROM 开课表 WHERE 课号 IN
          (SELECT 课号 FROM 课程表 WHERE 课名='管理信息系统'))
     GROUP BY 开课号
     HAVING COUNT(*)<30
--检查申请选修该课的学生是否已经选修了该课程，如果没有，增加选修记录
IF NOT EXISTS(SELECT * FROM 选课表 WHERE 开课号 IN
                (SELECT 开课号 FROM 开课表 WHERE 课号 IN
                     (SELECT 课号 FROM 课程表 WHERE 课名='管理信息系统'))
          AND 学号='S060110')
  BEGIN
    --开始一个插入事务
    BEGIN TRAN
   INSERT INTO 选课表 VALUES('S060110',@OFF_NO,NULL)
   IF @OFF_NO=NULL       --没有少于 30 人的开课计划，增加取消，否则提交
     ROLLBACK TRAN
   ELSE
     COMMIT TRAN
  END
GO
```

实验与思考

目的和任务

（1）掌握变量的分类及使用。

（2）掌握各种运算符的使用。

（3）掌握各种控制语句的使用。

（4）掌握函数的使用。

实验内容

（1）变量的使用

声明两个字符变量：@i1 和@i2，然后将它们转换为整形变量，对@i1 赋初值 10，@i2 的值为@i1 的值乘以 5，再显示@i2 的结果。执行程序显示结果。

（2）分支结构的使用

查询某个部门员工参与的项目，如果该部门没有人参与任何项目，就在员工项目表中增加该部门至少一人去参与项目；否则不在该表中增加该部门人员。同时在员工表中将参与项目的员工工资增加 200，以上增加和修改要求通过显式事务实现，如果成功则提交，否则回退。执行程序显示结果。

（3）循环结构的使用

查询员工的基本信息，要求列出员工的职工号、姓名、部门编号、部门和工资，而对工资则不直接显示具体数值，而进行替换，显示工资级别：1000～1200，为一级工资，1200～1500，为二级工资，1500～2000，为三级工资，2000～2700，为四级工资，2800～3700，为五级工资，高于 3700 为高级工资。

要求按部门编号循环分批处理显示。执行程序显示结果。

（4）常用函数的使用

① 计算从 1980 年 1 月 1 号到当前日期的天数、月数及年数。

② 计算当前日期加上 100 天之后的日期。

③ 将日期 2009/10/26 转换为 2009 年 10 月 26 日的字符串。

④ 用函数计算字符串“I am a teacher.”的长度，并使用函数将“student”替换为“teacher”。

⑤ 用函数求“You are a student”字符串中，从 11 开始，长度为 7 的子串。

问题思考

（1）用户定义的变量前面可以加“@@”吗？

（2）块语句在程序中是不是必须的？什么时候需要用块语句？

第 9 章

视图的规划与操作

视图是关系数据库系统提供给用户以多种角度观察数据库中数据的重要机制。

视图对应于三级模式中的外模式（用户模式），它是从一个或几个基本表导出的表。视图中存放着视图的定义及其关联的基本表名等信息，而不存放视图对应的数据，这些数据仍然存放在导出视图的基本表中，因此视图又称为虚拟表。从这个意义上讲，视图就像一个窗口，透过它可以看到数据库中自己感兴趣的数据及其变化。

视图一经定义，就可以和基本表一样被查询、被删除，我们也可以在一个视图之上再定义新的视图，但对视图的更新（增加、删除、修改）操作则有一定的限制。

9.1 视图的作用与规划

9.1.1 视图的作用

数据库使用视图机制主要有以下优点：

（1）视图能够简化用户的操作

视图机制使用户可以将注意力集中在所关心的数据上。如果这些数据不是来自基本表，则可以通过定义视图，使数据库看起来结构简单、清晰，并且可以简化用户的数据查询操作。例如，由若干表连接定义的一个视图，就将表与表之间的连接操作对用户隐藏起来。这样，就把对多个表的连接查询转化成对一个虚拟表（视图）的简单查询了，而用户无须关心这个表示是如何得来的。

（2）视图使用户能以多种角度看待同一数据

视图机制能使不同的用户以不同的方式看待同一数据，当许多不同种类的用户共享同一个数据库时，这种灵活性就非常重要。因为不同用户的岗位不同，职责不同，需求也不同，因此可以通过为不同用户定义不同的视图，使得他们能够按照自己的方式看待同一数据。

（3）视图为数据库重构提供了一定程度的逻辑独立性

在 1.2.3 节已经介绍过数据的物理独立性与逻辑独立性的概念。数据的逻辑独立性是指当数据库重新构造时，如增加新的关系或对原有关系增加新的字段等，用户和用户程序不会受影响。

在关系数据库中，数据库的重构往往是不可避免的。重构数据库最常见的是将一个基本表“水平”地分成多个基本表。

例如，有一全国连锁的销售企业，在每个省份都有产品销售，设计数据库时将所有省份的数据集中存放在一个关系基本表中，但是由于销售业务的蓬勃发展，销售数据膨胀，集中存放不仅增加数据维护的工作量，还将降低数据存取效率，于是将全国每个省份的销售数据都各自放在一个结构相同的关系基本表中，实现分布存储。此时，为了使得数据库逻辑结构的改变不影响应用程序，我们可以定义视图，将几个基本表的数据进行联合，提供给应用程序与原来基本表相同的数据。

这样，尽管数据库的逻辑结构改变了，但应用程序不必修改，因为新建立的视图定义了用户原来的关系，使用户的外模式保持不变，用户的应用程序通过视图仍然能够查询数据。

同样的道理，重构数据库另一常见的动作是将一个基本表“垂直”地分成多个基本表，比如将表中常用的或易变的数据和很少使用的基本不变的数据分开存储。这样我们也可以通过建立视图，对分解后的基本表按照原主码进行连接，从而定义与原始基本表一样的关系。

但是，视图只能为数据库重构提供一定程度的逻辑独立性。比如，由于对视图的更新是有条件的，因此应用程序中修改数据的语句可能仍会因基本表结构改变而改变。

（4）视图能够对机密数据提供安全保护

有了视图机制，就可以在设计数据库应用系统时，对不同的用户定义不同的视图，使机密数据不出现在不应看到这些数据的用户视图上，这样视图机制就自动提供了对机密数据的安全保护功能。

例如，根据某大学的管理规定，每个学院的教学秘书只能查询本学院的学生各个科目的成绩。这样我们可以为各个学院的教学秘书定义相应的学生成绩视图，使得每个教学秘书只能查询其有权查询的学生成绩数据。

9.1.2　视图的规划

在设计好数据库的全局逻辑结构后，还应该根据局部应用的需求，结合 DBMS 的特点，设计局部应用的数据库局部逻辑结构，即设计更符合局部用户需要的用户视图。

定义数据库全局逻辑结构主要从系统的时间效率、空间效率、易维护等角度出发。由于局部用户局部视图与全局逻辑视图是相对独立的，因此在定义用户局部视图时可以注重考虑用户的习惯与方便，包括以下内容：

（1）使用更符合用户习惯的别名

我们基于数据库分视图设计数据库基本视图的过程中，进行了消除命名冲突的工作，已使数据库系统中同一关系和属性具有唯一的名字，这在设计数据库总体结构时是非常有必要的。但是，在局部应用中，对同一关系或属性，有自己更加习惯的名字。可以用视图机制在设计用户视图时重新定义某些属性名，使其与用户习惯一致，以方便使用。

（2）可以对不同级别的用户定义不同的视图，以保证系统的安全性

假设关系模式——产品（产品号，产品名，规格，单价，生产车间，生产负责人，产品成本，产品合格率，质量登记）。

可以在产品关系上建立两个视图：

为一般顾客建立视图——产品 1（产品号，产品名，规格，单价）；

为产品销售部门建立视图——产品 2（产品号，产品名，规格，单价，车间，生产负责人）。

顾客视图中只包含顾客查询的属性；销售部门视图中只包含允许销售部门查询的属性。生产领导部门则可以查询全部产品数据。这样就可以防止用户非法访问本来不允许他们查询的数据，保证数据库的安全。

（3）简化用户对系统的使用

如果某些局部应用中经常要使用某些很复杂的查询，为了方便用户，可以将这些复杂查询定义为视图，用户每次只对定义好的视图进行查询，大大简化了用户的使用。

9.2 视图操作

9.2.1 创建视图

SQL Server 提供了使用企业管理器和 SQL 命令两种方法来创建视图。在创建或使用视图时，应该注意以下情况：

① 只能在当前数据库中创建视图，在视图中最多只能引用 1024 列；

② 如果视图引用的表被删除，则当使用该视图时将返回一条错误信息，如果创建具有相同的表结构的新表来替代已删除的表，则视图可以使用，否则必须重新创建视图；

③ 如果视图中某一列是函数、数学表达式、常量或来自多个表的列名相同，则必须为列定义名字；

④ 定义视图的查询语句不能包含 COMPUTE 或 COMPUTEBY 子句；不能包含 ORDER BY 子句，除非在 SELECT 语句的选择列表中也有一个 TOP 子句；不能包含 INTO 关键字；不能引用临时表或表变量；

⑤ 不能在视图上创建全文索引、规则、默认值和 after 触发器；不能在规则、默认、触发器的定义中引用视图；

⑥ 不能创建临时视图，也不能在临时表上建立视图。

1. 使用对象资源管理器来创建视图

在 SQL Server 中使用对象资源管理器来创建视图。

步骤如下：

① 启动 SQL Server，登录到指定的服务器；

② 打开要创建视图的数据库文件夹，选中“视图”图标，此时在右面的窗格中显示当前数据库的所有视图，右击图标，在弹出菜单中选择“新建视图”选项，打开新建视图对话框，如图 9-1 所示。在添加表对话框中出现数据库下的所有表名；

③ 选择创建视图所用的表，单击“添加”按钮，将表添加到表区，如图 9-2 所示；

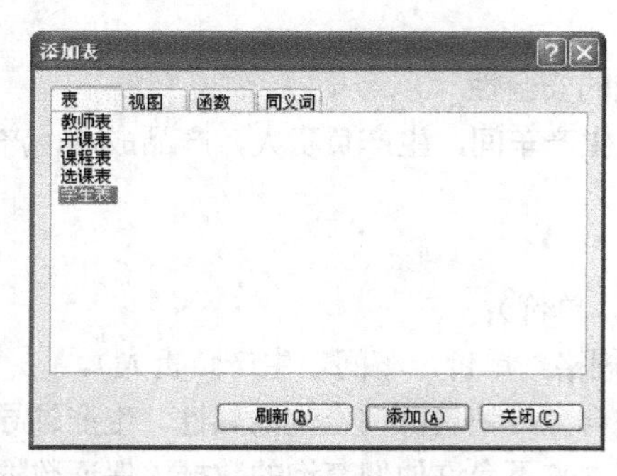

图 9-1 新建视图对话框

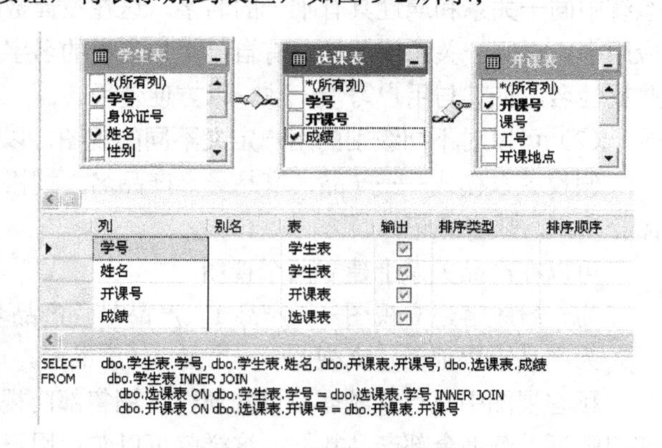

图 9-2 添加表对话框

④ 在相应表列区中选择将包括在视图中的数据列，此时相应的 SQL Server 脚本便显示在 SQL script 区；

⑤ 选择“输出”下的多选框，在 SQL 脚本的输出位置出现相应的列名；

⑥ 单击 按钮，在弹出对话框中输入视图名，单击“保存”按钮完成视图的创建。

2. Transact-SQL 命令创建视图

使用 Transact-SQL 命令 CREATE VIEW 创建视图。

语法格式：

```
CREATE VIEW [ < database_name > .] [ < owner > .] view_name [ ( column
              [ ,...n ] ) ]
[ WITH < VIEW_attribute > [ ,...n ] ]
AS
select_statement
[ WITH CHECK OPTION ]

< VIEW_attribute > ::= { ENCRYPTION | SCHEMABINDING | VIEW_METADATA }
```

参数说明：

（1）view_name 是视图的名称。视图名称必须符合标志符规则，可以选择是否指定视图所有者名称。

（2）Column 是视图中的列名。只有在下列情况下，才必须命名 CREATE VIEW 中的列：当列是从算术表达式、函数或常量派生的时，两个或更多的列可能会具有相同的名称（通常是因为连接），视图中的某列被赋予了不同于派生来源列的名称，以便符合用户习惯。还可以在 SELECT 语句中指派列名。如果未指定 column，则视图列与 SELECT 语句中的列具有相同的名称。

说明：在视图的各列中，列名的权限在 CREATE VIEW 或 ALTER VIEW 语句中均适用，与基础数据源无关。例如，如果在 CREATE VIEW 语句中授予了 title_id 列上的权限，则 ALTER VIEW 语句可以将 title_id 列改名（如改为 title_number），但权限仍与使用 title_id 的视图上的权限相同。

n 是表示可以指定多列的占位符。

（3）AS 是视图要执行的操作。

（4）select_statement 是定义视图的 SELECT 语句。该语句可以使用多个表或其他视图。若要从创建视图的 SELECT 子句所引用的对象中选择，必须具有适当的权限。

视图不必是具体某个表的行和列的简单子集。可以用具有任意复杂性的 SELECT 子句，使用多个表或其他视图来创建视图。

在索引视图定义中，SELECT 语句必须是单个表的语句或带有可选聚合的多表 JOIN。

对于视图定义中的 SELECT 子句有几个限制。CREATE VIEW 语句不能：

- 包含 COMPUTE 或 COMPUTE BY 子句；
- 包含 ORDER BY 子句，除非在 SELECT 语句的选择列表中也有一个 TOP 子句；
- 包含 INTO 关键字；
- 引用临时表或表变量。

在 select_statement 中可以使用函数。select_statement 可使用多个由 UNION 或 UNION ALL 分隔的 SELECT 语句。

（5）WITH CHECK OPTION 表示强制视图上执行的所有数据修改语句都必须符合由 select_statement 设置的准则。通过视图修改行时，WITH CHECK OPTION 可确保提交修改后仍可通过视图看到修改的数据。

（6）WITH ENCRYPTION 表示 SQL Server 加密包含 CREATE VIEW 语句文本的系统表列。使用 WITH ENCRYPTION 可防止将视图作为 SQL Server 复制的一部分发布。

（7）SCHEMABINDING 将视图绑定到架构上。指定 SCHEMABINDING 时，select _statement 必须包含所引用的表、视图或用户定义函数的两部分名称（owner.object）。不能除去参与用架构绑定子句创建的视图中的表或视图，除非该视图已被除去或更改，不再具有架构绑定。否则，SQL Server 会产生错误。另外，如果对参与具有架构绑定的视图的表执行 ALTER TABLE 语句，而这些语句又会影响该架构绑定视图的定义，则这些语句将会失败。

（8）VIEW_METADATA 指定为引用视图的查询请求浏览模式的元数据时，SQL Server 将向 DBLIB、ODBC 和 OLE DB API 返回有关视图的元数据信息，而不是返回基表或表。浏览模式的元数据是由 SQL Server 向客户端 DB-LIB、ODBC 和 OLE DB API 返回的附加元数据，它允许客户端 API 实现可更新的客户端游标。浏览模式的元数据包含有关结果集内的列所属的基表信息。对于用 VIEW_METADATA 选项创建的视图，当描述结果集中视图内的列时，浏览模式的元数据返回与基表名相对的视图名。当用 VIEW_METADATA 创建视图时，如果该视图具有 INSERT 或 UPDATE INSTEAD OF 触发器，则视图的所有列（timestamp 除外）都是可更新的。请参见本主题后面的“可更新视图”。

注释：

（1）只能在当前数据库中创建视图。视图最多可以引用 1024 列。

（2）通过视图进行查询时，Microsoft SQL Server 将检查语句中任意位置引用的所有数据库对象是否都存在，这些对象在语句的上下文中是否有效，以及数据修改语句是否没有违反任何数据完整性规则。如果检查失败，将返回错误信息；如果检查成功，则将操作转换成对基础表的操作。

（3）如果某个视图依赖于已除去的表（或视图），则当有人试图使用该视图时，SQL Server 将产生错误信息。如果创建了新表或视图（该表的结构与以前的基表没有不同之处）以替换除去的表或视图，则视图将再次可用。如果新表或视图的结构发生更改，则必须除去并重新创建该视图。

（4）创建视图时，视图的名称存储在 sysobjects 表中。有关视图中所定义的列信息添加到 syscolumns 表中，而有关视图相关性的信息添加到 sysdepends 表中。另外，CREATE VIEW 语句的文本添加到 syscomments 表中。这与存储过程相似；当首次执行视图时，只有其查询树存储在过程高速缓存中。每次访问视图时，都重新编译其执行计划。

（5）在通过 numeric 或 float 表达式定义的视图上使用索引所得到的查询结果，可能不同于不在视图上使用索引的类似查询所得到的结果。这种差异可能是由对基础表进行 INSERT、DELETE 或 UPDATE 操作时的舍入错误引起的。

（6）创建视图时，SQL Server 保存 SET QUOTED_IDENTIFIER 和 SET ANSI_NULLS 的设置。使用视图时，将还原这些最初的设置。因此，当访问视图时，将忽略 SET QUOTED_IDENTIFIER 和 SET ANSI_NULLS 的所有客户端会话设置。

3. 视图创建实例

【例 9-1】 使用简单的 CREATE VIEW。

下例创建具有简单 SELECT 语句的视图。当需要频繁地查询列的某种组合时，简单视图非常有用。

```
USE 教学管理
IF EXISTS (SELECT TABLE_NAME FROM INFORMATION_SCHEMA.VIEWS
      WHERE TABLE_NAME = 'V_课程表查询')
   DROP VIEW V_课程表查询
GO
CREATE VIEW V_课程表查询
AS
SELECT 课号，课名，教材名称，编著者，出版社
FROM 课程表
GO
```

【例 9-2】使用 WITH ENCRYPTION。

下例使用 WITH ENCRYPTION 选项和内置函数，使用函数时，必须在 CREATE VIEW 语句中为派生列指定列名。

```
USE 教学管理
IF EXISTS (SELECT TABLE_NAME FROM INFORMATION_SCHEMA.VIEWS
     WHERE TABLE_NAME = 'V_学生平均成绩')
  DROP VIEW V_学生平均成绩
GO
CREATE VIEW V_学生平均成绩 (学号, 姓名, 平均成绩)
WITH ENCRYPTION
AS
SELECT S.学号, 姓名, AVG(成绩)
FROM 学生表 S, 选课表 E
WHERE S.学号=E.学号
GROUP BY S.学号,姓名
GO
```

下面是用来检索加密存储过程的标志号和文本的查询，由于创建视图时，使用了 WITH ENCRYPTION 选项，就看不到任何文本信息。

```
USE 教学管理
GO
SELECT c.id, c.text
FROM syscomments c, sysobjects o
WHERE c.id = o.id and o.name = 'V_学生平均成绩'
GO
```

显示结果如下：

```
id        text
-------------------------------------------------------------------
1   85575343   NULL
```

【例 9-3】使用 WITH CHECK OPTION。

下例显示名为“V_仅对信电学院”的视图，该视图使得只能对信电学院的学生做数据修改。

```
USE 教学管理
IF EXISTS (SELECT TABLE_NAME FROM INFORMATION_SCHEMA.VIEWS
     WHERE TABLE_NAME = 'V_仅对信电学院')
  DROP VIEW V_仅对信电学院
GO
CREATE VIEW V_仅对信电学院
AS
SELECT 学号, 身份证号, 姓名, 性别, 移动电话, 籍贯, 专业, 所在院系, 累计学分
FROM 学生表
WHERE 所在院系 = '信电学院'
WITH CHECK OPTION
GO
```

如果要通过视图“V_仅对信电学院”插入或修改不属于信电学院的学生的数据，则会返回出错信息，修改失败。

例如，执行以下 INSERT 语句：

```
INSERT INTO V_仅对信电学院
VALUES('S060501','******19890428***','张斌','男','130***34','宁波','会计学',
       '会计学院',162)
```

由于所插入的学生是会计系学生，不属于该视图的数据，则系统返回错误信息：

```
消息 550，级别 16，状态 1，第 1 行
    试图进行的插入或更新已失败，原因是目标视图或者目标视图所跨越的某一视图指定了 WITH CHECK
OPTION，而该操作的一个或多个结果行又不符合 CHECK OPTION 约束。
```

同样，也不能通过该视图删除不属于该视图的数据。

9.2.2 视图的修改、重命名和删除

1. 修改视图

修改一个先前创建的视图的定义，使用 ALTER VIEW 语句。ALTER VIEW 语句不影响相关的存储过程或触发器，也不更改权限。

语法格式：

```
ALTER VIEW [ < database_name > .] [ < owner > .] view_name [ ( column
            [ ,...n ] ) ]
[ WITH < VIEW_attribute > [ ,...n ] ]
AS
select_statement
[ WITH CHECK OPTION ]

< VIEW_attribute > ::={ ENCRYPTION | SCHEMABINDING | VIEW_METADATA }
```

有关 ALTER VIEW 语句中所用参数的更多信息，请参见 CREATE VIEW。

参数说明：

如果原来的视图定义是用 WITH ENCRYPTION 或 CHECK OPTION 创建的，那么只有在 ALTER VIEW 中也包含这些选项时，这些选项才有效。

如果使用 ALTER VIEW 更改当前正在使用的视图，SQL Server 将在该视图上放一个排他架构锁。当锁已授予，并且该视图没有活动用户时，SQL Server 将从过程缓存中删除该视图的所有副本。引用该视图的现有计划将继续保留在缓存中，但当唤醒调用时将重新编译。

ALTER VIEW 可应用于索引视图。然而，ALTER VIEW 将无条件地除去视图上的所有索引。

【例 9-4】 更改视图。

下例创建名为“V_全体教师信息”的视图，该视图包含全部教师，并将该视图的查询权授予所有用户。但是由于该视图中包含了教师的编号、身份证号等个人信息，需使用 ALTER VIEW 替换该视图，不包括工号、身份证号、籍贯等个人信息，以保护教师个人隐私。

```
--根据教师表创建包含所有教师信息的视图
CREATE VIEW V_全体教师信息 (工号,身份证号,姓名,移动电话,籍贯,所在院系,职称)
AS
SELECT 工号,身份证号,姓名,移动电话,籍贯,所在院系,职称
FROM 教学管理..教师表
GO
```

```
--将该视图的查询权授予所有用户
GRANT SELECT ON V_全体教师信息 TO public
GO
--改变视图，去掉工号、身份证号、籍贯等个人信息
ALTER VIEW V_全体教师信息 (姓名,移动电话,所在院系,职称)
AS
SELECT 姓名,移动电话,所在院系,职称
FROM 教学管理..教师表
GO
```

2．视图重命名

使用系统存储过程 sp_rename 对已创建的视图进行重命名。

语法格式：

```
sp_rename [ @objname = ] 'object_name' ,
[ @newname = ] 'new_name'
[ , [ @objtype = ] 'object_type' ]
```

参数说明：

（1）[@objname =] 'object_name'是用户对象（表、视图、列、存储过程、触发器、默认值、数据库、对象或规则）或数据类型的当前名称，这里是原视图名。

（2）[@newname =] 'new_name'是指定对象的新名称。这里是视图的新名字。

（3）[@objtype =] 'object_type'是要重命名的对象的类型。这里对视图重命名，可用“OBJECT”。其他类型如表 9-1 所示。

表 9-1　其他类型

值	描　述
COLUMN	要重命名的列
DATABASE	用户定义的数据库。要重命名数据库时需用此选项
INDEX	用户定义的索引
OBJECT	在 sysobjects 中跟踪的类型的项目。例如，OBJECT 可用来重命名约束（CHECK、FOREIGN KEY、PRIMARY/UNIQUE KEY）、用户表、视图、存储过程、触发器和规则等对象
USERDATATYPE	通过执行 sp_addtype 而添加的用户定义数据类型

返回代码值：0（成功）或非零数字（失败）。

【例 9-5】将例 9-4 中称为“V_全体教师信息”的视图重命名。

```
EXEC sp_rename 'V_全体教师信息', '全体教师信息_VIEW'
```

3．删除视图

从当前数据库中删除一个或多个视图。可执行 DROP VIEW 语句。

语法格式：

```
DROP VIEW { View_name } [ ,...n ]
```

参数说明：

（1）View_name 是要删除的视图名称。视图名称必须符合标识符规则。可以选择是否指定视图所有者名称。若要查看当前创建的视图列表，则使用 sp_help。

（2）n 是表示可以指定多个视图的占位符。

注释：

除去视图时，将从 sysobjects、syscolumns、syscomments、sysdepends 和 sysprotects 系统表中删除视图的定义及其他有关视图的信息，还将删除视图的所有权限。

对索引视图执行 DROP VIEW 时，将自动除去视图上的所有索引。使用 sp_helpindex 可显示视图上的所有索引。

有关确定特定视图相关性的更多信息，请参见sp_depends。

有关查看视图文本的更多信息，请参见sp_helptext。

【例 9-6】下例删除“V_学生平均成绩”视图。

```
USE 教学管理
IF EXISTS (SELECT TABLE_NAME FROM INFORMATION_SCHEMA.VIEWS
      WHERE TABLE_NAME = 'V_学生平均成绩')
   DROP VIEW V_学生平均成绩
GO
```

9.2.3 查询视图

视图定义后，用户就可以像对基本表一样对视图进行查询了。

【例 9-7】如果要查询信电学院每个学生的情况，只须从视图“V_仅对信电学院”查询即可。

```
SELECT *
From V_仅对信电学院
```

系统执行对视图的查询时，首先进行有效性检查，检查查询的表、视图等是否存在。如果存在，则从数据字典中取出视图的定义，把定义中的子查询和用户的查询结合起来，转换成等价的对基本表的查询。如果检查失败，将返回错误信息。

【例 9-8】创建信电学院每个学生的成绩视图，包括学生的学号、姓名、所选课程号、课程名、成绩，并进行查询。

```
USE 教学管理
IF EXISTS (SELECT TABLE_NAME FROM INFORMATION_SCHEMA.VIEWS
    WHERE TABLE_NAME = 'V_信电学生成绩')
  DROP VIEW V_信电学生成绩
GO
CREATE VIEW V_信电学生成绩 (学号,姓名,开课号,课号,课名,成绩)
AS
SELECT S.学号, 姓名,O.开课号,C.课号,课名,成绩
FROM 学生表 S, 选课表 E, 开课表 O, 课程表 C
WHERE S.学号=E.学号
AND E.开课号=O.开课号
AND O.课号=C.课号
AND 所在院系='信电学院'
GO
--通过视图查询信电学院所有学生的选课情况及成绩，如果该查询使用频繁，则能够显著地简化查询，
  而无须写复杂的多表连接查询
SELECT * FROM V_信电学生成绩
SELECT * FROM V_信电学生成绩 where 学号='S060101'
```

【例 9-9】创建每个学生平均成绩的视图，并浏览查询。

```
USE 教学管理
GO
CREATE VIEW V_学生平均成绩
AS
SELECT 学号,AVG(成绩) AS 平均成绩
FROM 选课表
GROUP BY 学号
--浏览查询
SELECT * FROM V_学生平均成绩
```

9.2.4 更新视图

更新视图是指通过视图来插入（INSERT）、删除（DELETE）和修改（UPDATE）数据。由于视图是不实际存储数据的虚表，因此，对视图的更新最终要转换为对基本表的更新。

为防止用户通过视图对数据进行增加、删除、修改时，有意无意地对不属于视图范围内的基本表数据进行操作，可在定义视图时加上 WITH CHECK OPTION 子句。这样在视图上增、删、改数据时，DBMS 会检查视图定义中的条件，若不满足，则拒绝该操作。

Microsoft SQL Server 以两种方法增强可更新视图的类别：

（1）INSTEAD OF 触发器。可以在视图上创建 INSTEAD OF 触发器，以使视图可更新。在修改数据时，执行 INSTEAD OF 触发器，而不执行定义触发器的数据修改语句。有关 INSTEAD OF 触发器的更多信息，请参见设计 INSTEAD OF 触发器。

（2）分区视图。只有 SQL Server 2000 开发版和企业版才允许在分区视图上修改该数据，但必须满足以下条件，才能实现分区视图的修改操作。

① INSERT 语句必须为分区视图中的所有列提供数据，并且不允许在 INSERT、UPDATE 语句内使用 DEFAULT 关键字；

② 插入的分区列值应满足基表约束条件；

③ 如果分区视图的某个成员包含 TIMESTAMP 列，则不能用 INSERT、UPDATE 语句修改视图；

④ 如果一个成员表中包含 IDENTITY 列，则不能用 INSERT 语句插入数据，也不能用 UPDATE 语句修改 IDENTITY 列，但用 UPDATE 语句可修改表内其他列；

⑤ 如果存在具有同一视图或成员表的自链接，则不能使用 INSERT、UPDATE、DELETE 语句对成员表进行插入、修改和删除操作；

⑥ 如果列中包含 TEXT、NTEXT 或 IMAGE 列数据，则不能使用 UPDATE 语句修改 PRIAMARY KEY 列。

通过视图对数据进行更新与删除时需要注意以下几个问题：

（1）不带 WITH CHECK OPTION 选项的视图，能够插入非视图数据，因为数据最终存储在视图所引用的基本表中，但插入后不在视图数据集，故无法通过视图查询该数据；

（2）执行 UPDATE DELETE 时，所删除与更新的数据，必须包含在视图结果集中，否则失败。下面例子中通过“V_会计学生信息”视图对“S060601”学生数据的修改和删除操作均失败。

【例 9-10】在例 9-3 中，“V_仅对信电学院”是可更新视图，但由于视图使用了 WITH CHECK OPTION 选项，故只允许更新信电学院学生数据。下面的例子说明，如果没有 WITH CHECK OPTION 选项，则不能保护非视图数据库，使其免于被插入、修改和删除。

```
--首先，创建“会计学院”学生视图，不带 WITH CHECK OPTION 选项
USE 教学管理
```

```
IF EXISTS (SELECT TABLE_NAME FROM INFORMATION_SCHEMA.VIEWS
      WHERE TABLE_NAME = 'V_会计学生信息')
   DROP VIEW V_会计学生信息
GO
CREATE VIEW V_会计学生信息
AS
SELECT 学号，身份证号，姓名，性别，移动电话，籍贯，专业,所在院系，累计学分
FROM 学生表
WHERE 所在院系 = '会计学院'
GO
--然后输入前面不能通过 V_仅对信电学院视图插入的学生元组
INSERT INTO V_会计学生信息
VALUES('S060501','******19890428***','张斌','男','130***34','宁波','会计学',
      '会计学院',162)
GO
--数据插入成功
--再用 INSERT 语句通过 V_会计学生信息视图插入一工商管理学院的学生
INSERT INTO V_会计学生信息
VALUES('S060601','******19881020***','李文','女','136***57','余姚','工商管理',
      '工商管理学院',161)
GO
--数据插入成功，因为该视图没有使用 WITH CHECK OPTION 选项，所以不对所插入元组进行
  有效性检查，但该数据不在该视图数据集内
select * FROM 学生表 WHERE 学号='S060601'
SELECT * FROM V_会计学生信息 where 学号='S060601'
--对基本表的查询结果集中包含'S060601'学生数据，但是对视图的查询结果中没有
--对以上所插入元组进行修改
update V_会计学生信息
set 累计学分=160
WHERE 学号='S060601'
GO
--不成功
--删除该元组
DELETE FROM V_会计学生信息
WHERE 学号='S060601'
--不成功。修改 V_会计学生信息视图定义，增加 WITH CHECK OPTION 选项
ALTER VIEW V_会计学生信息
AS
SELECT 学号，身份证号，姓名，性别，移动电话，籍贯，专业,所在院系，累计学分
FROM 学生表
WHERE 所在院系 = '会计学院'
WITH CHECK OPTION
GO
--执行插入语句
INSERT INTO V_会计学生信息
VALUES('S060602','******19890912***','王伟','男','136***42','金华','工商管理',
      '工商管理学院',163)
GO
--返回如例 9-3 的出错信息，插入不成功
```

```
--插入会计学院学生数据
INSERT INTO V_会计学生信息
VALUES('S060502','******19890529***','张扬','男','133***32','杭州','会计学',
       '会计学院',165)
GO
--插入成功
--修改数据
update V_会计学生信息
set 累计学分=162
WHERE 学号='S060502'
GO
--修改成功
--删除数据
DELETE FROM V_会计学生信息
WHERE 学号='S060502'
GO
--删除成功
```

如果视图没有 INSTEAD OF 触发器，或者视图不是分区视图，则视图只有满足下列条件才可更新：

（1）当视图引用多个表时，无法用 DELETE 命令删除数据，若使用 UPDATE，则应与 INSERT 操作一样，被更新的列必须属于同一个表。

（2）select_statement 在选择列表中没有聚合函数，也不包含 TOP、GROUP BY、UNION（除非视图是本主题稍后要描述的分区视图）或 DISTINCT 子句。聚合函数可以用在 FROM 子句的子查询中，只要不修改函数返回的值即可。

（3）select_statement 的选择列表中没有派生列。派生列是由任何非简单列表达式（使用函数、加法或减法运算符等）所构成的结果集列。

（4）一个 UPDATE 或 INSERT 语句只修改视图的 FROM 子句引用的一个基表中的数据。

（5）只有当视图在其 FROM 子句中只引用一个表时，DELETE 语句才能引用可更新的视图。

【例 9-11】视图“V_信电学生成绩”（例 9-8 所创建）引用了多个表，不能对视图直接删除。

```
--执行以下查询语句：
SELECT * FROM V_信电学生成绩
--显示结果：
     学号      姓名      开课号    课号     课名            成绩
-----------------------------------------------------------------------
1   S060101   王东民    010101   C01001   C++程序设计       90.0
2   S060101   王东民    010201   C01002   数据结构          NULL
3   S060101   王东民    010301   C01003   数据库原理        NULL
4   S060101   王东民    020101   C02001   管理信息系统      NULL
5   S060101   王东民    020201   C02002   ERP 原理          NULL
6   S060101   王东民    020301   C02003   会计信息系统      NULL
7   S060101   王东民    030101   C03001   电子商务          NULL

--假如删除数据库中学生'王东民'的数据结构课程，则执行：
delete FROM V_信电学生成绩 where 学号='S060101' AND 开课号='010201'
--返回出错信息：
**************************
服务器：消息 4405，级别 16，状态 1，行 1
```

```
视图或函数 'V_信电学生成绩' 不可更新，因为修改会影响多个基表。
*****************************
```

【例 9-12】视图“V_学生平均成绩”（例 9-9 所创建）包含聚合函数，还有 GROUP BY 子句，因此不能对视图直接删除。

```
--删除学号为 S060101 同学的平均成绩：
DELETE FROM V_学生平均成绩 WHERE 学号='S060101'
--显示结果：
消息 4403，级别 16，状态 1，第 1 行
无法更新视图或函数“V_学生平均成绩”，因为它包含聚合或 DISTINCT 子句。
```

9.2.5 特殊类型视图简介

上面例子中所介绍的视图均为标准视图，这些视图上定义的查询语句由简单的 SELECT 组成，并且其结果集是通过查询基本表来动态实现的。下面介绍 SQL Server 所支持的集中的特殊类型视图。

- 索引视图：建立唯一聚簇索引的视图称为索引视图。
- 分区视图：分区视图是通过对具有相同结构的成员表使用 UNION ALL 所定义的视图。

1. 索引视图

在前面我们已经提到过有关视图的下述观点：由于视图返回的结果集与具有行列结构的表有着相同的表格形式，并且我们可以在 SQL 语句中像引用表那样引用视图，所以我们常把视图称为虚表。标准视图的数据的物理存放依然是在数据库的基本表中，只是在执行引用了视图的查询时，SQL Server 才把相关的基本表中的数据合并成视图的逻辑结构。所以，这类视图也称为存储查询。

上面的结论常让我们产生这样的焦虑：由于是在执行了引用了视图的查询时，SQL Server 才把相关的基本表中的数据合并成视图的逻辑结构，那么当查询所引用的视图包含大量的数据行或涉及对大量数据行进行合计运算或连接操作时，毋庸置疑，动态地创建视图结果集将给系统带来沉重的负担，尤其是经常引用这种大容量视图。

解决这一令人头痛的问题的方法就是为视图创建唯一聚簇索引，即在视图上创建唯一聚集索引时生成该视图的结果集，并将结果集数据与有聚簇索引的表的数据集一样存储在数据中。

建立唯一聚簇索引的视图称为索引视图。

在视图上创建索引的另一个好处是：查询优化器开始在查询中使用视图索引，而不是直接在 FROM 子句中命名视图。这样，可从索引视图检索数据而无须重新编码，由此带来的高效率也使现有查询获益。

在视图上创建聚集索引可存储创建索引时存在的数据。索引视图还自动反映自创建索引后对基表数据所做的更改，这一点与在基表上创建的索引相同。当对基表中的数据进行更改时，索引视图中存储的数据也反映数据更改。视图的聚集索引必须唯一，从而提高了 SQL Server 在索引中查找受任何数据更改影响的行的效率。

索引视图能够提高视图的检索性能，但检索性能的提高是有代价的，它降低了对视图基表数据的修改操作的速度，且维护索引视图比维护基础表的索引更为复杂。所以，只有当需要非常频繁地检索视图数据，或者很少修改基表数据时，才考虑在视图上创建索引。

在视图上创建聚集索引之前，该视图必须满足下列要求：

（1）该视图所引用的对象仅包括基础表而不包括其他视图。

（2）视图引用的所有基表必须与视图位于同一个数据库中，并且所有者也与视图相同。

（3）必须使用 SCHEMABINDING 选项创建视图。SCHEMABINDING 将视图绑定到基础基表的架构。

（4）如果视图引用了用户自定义函数，那么在创建这些用户自定义函数时也必须使用 SCHEMABINDING 选项。

（5）视图必须以 owner.objec 姓名的形式来使用所引用的表或用户自定义函数。

（6）视图中的表达式所引用的所有函数必须是确定性的。OBJECTPROPERTY 函数的 IsDeterministic 属性报告用户定义的函数是否是确定性的。

（7）视图中的 SELECT 语句不能包含下列 Transact-SQL 语法元素：

① 选择列表不能使用*或 table_name.*语法指定列，必须显式给出列名。

② 不能在多个视图列中指定用作简单表达式的表的列名。如果对列的所有（只有一个例外）引用是复杂表达式的一部分或是函数的一个参数，则可多次引用该列。例如，下列选择列表是非法的：

```
SELECT columna, columnb, columna
```

下列选择列表是合法的：

```
SELECT columna, AVG(columna), columna + Column B AS AddColAColB
SELECT SUM(columna), columna , columnb AS ModuloColAColB
```

③ 不能包含派生表、行集函数、UNION 运算符、子查询、外联接或自联接、TOP 子句、ORDER BY 子句、DISTINCT 关键字、COUNT（*）（允许 COUNT_BIG（*））、为空的表达式 SUM 函数、全文谓词 CONTAINS 或 FREETEXT，以及 COMPUTE 或 COMPUTE BY 子句。

④ 如果在引用索引视图的查询中指定 AVG、MAX、MIN、STDEV、STDEVP、VAR 或 VARP，则视图选择列表可用以下替换函数，如表 9-2 所列。优化器会计算需要的结果。

表 9-2　复杂和简单聚合函数替代

复杂聚合函数	替代简单聚合函数
AVG(X)	SUM(X), COUNT_BIG(X)
STDEV(X)	SUM(X), COUNT_BIG(X), SUM(X**2)
STDEVP(X)	SUM(X), COUNT_BIG(X), SUM(X**2)
VAR(X)	SUM(X), COUNT_BIG(X), SUM(X**2)

例如，索引视图选择列表不能包含表达式 AVG(SomeColumn)。如果视图选择列表包含表达式 SUM (SomeColumn)和 COUNT_BIG(SomeColumn)，则 SQL Server 可为引用视图并指定 AVG(SomeColumn)的查询计算平均数。

（8）如果没有指定 GROUP BY，则视图选择列表不能包含聚合表达式。

（9）如果指定了 GROUP BY，则视图选择列表必须包含 COUNT_BIG(*)表达式，并且，视图定义不能指定 HAVING、CUBE 或 ROLLUP。

（10）通过一个既可以取值为 float 值也可以使用 float 表达式求值的表达式而生成的列，不能作为索引视图或表的索引的键。

（11）可以在视图上创建多个索引，但是应该记住，在视图上所创建的第一个索引必须是聚簇索引，然后才可以创建其他非聚簇索引。创建索引时，必须确保满足以下条件，否则创建将会失败。

① CREATE INDEX 命令的执行者必须是视图的所有者；

② 在执行创建索引命令期间，ANSI_NULLS、ANSI_PADDING、* ANSI_WARNINGS、ARITHABORT、CONCAT_NULL_YIELDS_NULL、QUOTED_IDENTIFIERS 诸选项应设置成 ON 状态；NUMERIC_ROUNDABORT 选项设置为 OFF 状态；

③ 视图不能包括 text、ntext、image 类型的数据列；

④ 如果视图定义中的 SELECT 语句指定了一个 GROUP BY 子句，则唯一聚集索引的键只能引用在 GROUP BY 子句中指定的列。

注意事项：

（1）创建聚集索引后，对于任何试图为视图修改基本数据而进行的连接，其选项设置必须与创建索引所需的选项设置相同。如果这个执行语句的连接没有适当的选项设置，则 SQL Server 生成错误并回滚任何会影响视图结果集的 INSERT、UPDATE 或 DELETE 语句。更多有关信息，请参见影响结果的 SET 选项。

（2）若除去视图，视图上的所有索引也将被除去；若除去聚集索引，视图上的所有非聚集索引也将被除去。可分别除去非聚集索引。除去视图上的聚集索引将删除存储的结果集，并且优化器将重新像处理标准视图那样处理视图。

（3）尽管 CREATE UNIQUE CLUSTERED INDEX 语句仅指定组成聚集索引键的列，但视图的完整结果集将存储在数据库中。与基表上的聚集索引一样，聚集索引的 B 树结构仅包含键列，但数据行包含视图结果集中的所有列。

若要为现有系统中的视图添加索引，必须计划绑定任何要放入索引的视图。可以

- 除去视图并通过指定 WITH SCHEMABINDING 重新创建它。
- 创建另一个视图，使其具有与现有视图相同的文本，但是名称不同。优化器将考虑新视图上的索引，即使在查询的 FROM 子句中没有直接引用它。

说明：不能除去参与到用 SCHEMABINDING 子句创建的视图中的表或视图，除非该视图已被除去或更改而不再具有架构绑定。另外，如果对参与具有架构绑定的视图的表执行 ALTER TABLE 语句，而这些语句又会影响视图定义，则这些语句将会失败。

必须确保新视图满足索引视图的所有要求。这可能需要更改视图及其引用的所有基表的所有权，以便它们都为同一用户所拥有。

【例 9-13】创建学生选课情况的汇总索引视图。首先需要进行 SET 设置；其次因为成绩字段中有 NULL，索引视图不允许使用 SUM 对具有空值的列进行求和，所以使用 ISNULL 将空值变为 0 值。

```
SET ANSI_NULLS ON
SET ANSI_PADDING ON
SET ANSI_WARNINGS ON
SET CONCAT_NULL_YIELDS_NULL ON
SET NUMERIC_ROUNDABORT OFF
SET QUOTED_IDENTIFIER ON
SET ARITHABORT ON
--SET 设置可只进行一次
USE 教学管理
GO
CREATE VIEW V_选课汇总视图 WITH SCHEMABINDING
AS
SELECT 学号, SUM(ISNULL(成绩,0)) AS 总成绩,COUNT_BIG(*)
    AS 选修门数 FROM dbo.选课表 GROUP BY 学号
GO
CREATE UNIQUE CLUSTERED INDEX
        选课表_学号_idx ON 选课汇总视图(学号)
```

2．分区视图

分区视图在一个或多个服务器间水平连接一组成员表中的分区数据，使数据看起来就像来自一个表。Microsoft SQL Server 2000 区分本地分区视图和分布式分区视图。在本地分区视图中，所有的参与表和视图驻留在同一个 SQL Server 实例上。在分布式分区视图中，至少有一个参与表驻留在不同的（远程）服务器上。此外，SQL Server 还区分可更新的分区视图和作为基础表只读副本的视图。

分布式分区视图可用于实现数据库服务器联合体。联合体是一组分开管理的服务器，但它们相互协作分担系统的处理负荷。这种通过分区数据形成数据库服务器联合体的机制使得能够扩大一组服务器，以支持大型的多层 Web 站点的处理需要。

在实现分区视图之前，必须先水平分割表。原始表被分成若干个较小的成员表。每个成员表包含与原始表相同数量的列，并且每一列具有与原始表中的相应列同样的特性（如数据类型、大小、排序规则）。如果正在创建分布式分区视图，则每个成员表分别位于不同的成员服务器上。为了获得最大程度的位置透明度，各个成员服务器上的成员数据库的名称应当是相同的，但不要求非这样。如 Server1.customerDB、Server2.customerDB、Server3.customerDB。

成员表设计好后，每个表基于键值的范围存储原始表的一块水平区域。键值范围基于分区列中的数据值。每一成员表中的值范围通过分区列上的 CHECK 约束强制，并且范围之间不能重叠。例如，不能使一个表的值范围从 1 到 200000，而另一个表的值范围从 150000 到 300000，因为这样将不清楚哪个表包含 150000 与 200000 之间的值。

例如，正在将一个顾客信息 customer 表分区成三个表。这些表的 CHECK 约束如下：

```
--On Server1:
CREATE TABLE customer_33
  (customerid   INTEGER PRIMARY KEY
             CHECK (customerid BETWEEN 1 AND 32999),
  ... --Additional column definitions)

--On Server2:
CREATE TABLE customer_66
  (customerid   INTEGER PRIMARY KEY
             CHECK (customerid BETWEEN 33000 AND 65999),
  ... --Additional column definitions)

--On Server3:
CREATE TABLE customer_99
  (customerid   INTEGER PRIMARY KEY
             CHECK (customerid BETWEEN 66000 AND 99999),
  ... --Additional column definitions)
```

创建成员表后，在每个成员服务器上定义一个分布式分区视图，并且每个视图具有相同的名称。这样，引用分布式分区视图名的查询可以在任何一个成员服务器上运行。系统操作如同每个成员服务器上都有一个原始表的副本一样，但其实每个服务器上只有一个成员表和一个分布式分区视图。数据的位置对应用程序是透明的。

生成分布式分区视图的方式如下：

在每一个含有在其他成员服务器上执行分布式查询所需连接信息的成员服务器上添加链接服务器定义。这将使得分布式分区视图能够访问其他服务器上的数据。

对于在分布式分区视图中使用的每个链接服务器定义，使用 sp_serveroption 设置 lazy schema validation 选项。这确保了只有在实际需要远程成员表的数据时，查询处理器才请求任何链接表的元数据，从而使性能得到优化。

在每个成员服务器上创建分布式分区视图。这些视图使用分布式 SELECT 语句访问链接成员服务器上的数据，并将分布式行与本地成员表的行合并。

若要在 Server1 上为上一个示例创建分布式分区视图，应当：

为 Server2 添加一个名为 Server2 的、带有连接信息的链接服务器定义，并添加一个名为 Server3 的链接服务器定义以访问 Server3。然后创建以下分布式分区视图：

```
CREATE VIEW customers AS
  SELECT * FROM CompanyDatabase.TableOwner.customers_33
UNION ALL
  SELECT * FROM Server2.CompanyDatabase.TableOwner.customers_66
UNION ALL
  SELECT * FROM Server3.CompanyDatabase.TableOwner.customers_99
```

在 Server2 和 Server3 上执行相同的步骤。

9.3 视图应用综合实例分析

下面我们根据不同应用系统中对数据的需求及数据的安全性要求，设计满足不同需求的视图。

【例 9-14】一般学生信息视图（视图 1）。

由于学生的一些个人私密信息，如身份证号、出生日期、家庭地址、家庭电话等，是不能随便透露的，为保证学生信息安全，为一般用户创建一般学生信息视图如下：

```
USE 教学管理
IF EXISTS (SELECT TABLE_NAME FROM INFORMATION_SCHEMA.VIEWS
    WHERE TABLE_NAME = 'V_学生部分信息')
  DROP VIEW V_学生部分信息
GO
CREATE VIEW V_学生部分信息 (学号, 姓名, 性别, 籍贯, 所在院系, 专业)
AS
SELECT 学号, 姓名, 性别, 籍贯, 所在院系, 专业
FROM 学生表
GO
```

此时如果要查询信电学院学生的信息，只需用以下查询语句：

```
SELECT *
From V_学生部分信息
Where 所在院系='信电学院'
```

【例 9-15】教师基本信息视图（视图 2）。

```
USE 教学管理
IF EXISTS (SELECT TABLE_NAME FROM INFORMATION_SCHEMA.VIEWS
    WHERE TABLE_NAME = 'V_教师部分信息')
  DROP VIEW V_教师部分信息
GO
```

```
CREATE VIEW V_教师部分信息 (工号, 姓名, 性别, 所在院系, 职称)
AS
SELECT 工号, 姓名, 性别, 所在院系,职称
FROM 教师表
GO
```

该视图屏蔽了教师身份证号、家庭住址、家庭电话、出生日期等个人信息，以保护教师个人信息安全。

【例 9-16】 教师及授课信息视图（视图 3）。

同样的道理，为用户创建教师及授课信息查询视图，包括教师主讲课程及开课学期等。

```
USE 教学管理
IF EXISTS (SELECT TABLE_NAME FROM INFORMATION_SCHEMA.VIEWS
     WHERE TABLE_NAME = 'V_教师授课信息')
  DROP VIEW V_教师授课信息
GO
CREATE VIEW V_教师授课信息 (工号, 姓名, 性别, 所在院系, 职称, 课名,开课学年, 开课学期,
                          开课时间, 开课周数, 开课地点)
AS
SELECT T.工号, 姓名, 性别, 所在院系, 职称, 课名,开课学年, 开课学期, 开课时间, 开
       课周数, 开课地点
FROM 教师表 T, 开课表 O, 课程表 C
WHERE T.工号=O.工号
  AND O.课号=C.课号
GO
```

在“V_教师授课信息”视图的基础上，用户可以方便地查询每个教师的基本信息、主讲的课程及开课的学期、时间和周数。比如，查询“信电学院”教师的基本信息和开课信息：

```
SELECT *
From V_教师授课信息
Where 所在院系='信电学院'
```

查询 2006-2007 学年第 2 学期所开课程信息：

```
SELECT 课名, 开课时间, 开课周数, 姓名, 所在院系, 职称, 开课地点
From V_教师授课信息
Where 开课学年='2006-2007'
  And 开课学期='2'
```

查询开某门课程（比如“数据结构”）的教师的信息及开课时间信息等：

```
SELECT 课名,姓名,所在院系,职称, 开课学年,开课学期, 开课时间, 开课周数, 开课地点
From V_教师授课信息
Where 课名='数据结构'
```

同样，也可以查询某个教师所主讲课程的开课信息：

```
SELECT 姓名, 课名, 开课学年, 开课学期, 开课时间, 开课周数, 开课地点
From V_教师授课信息
Where 姓名='曲宏伟'
```

从以上例子可以看出，视图 3 从学生、教师及授课计划三张基本表，构建了一个教师及授课信息的综合视图，简化了查询。

【例 9-17】根据教学管理部门对学生选课管理的需要，建立关于学生选课信息的视图（视图 4）。

```
USE 教学管理
IF EXISTS (SELECT TABLE_NAME FROM INFORMATION_SCHEMA.VIEWS
      WHERE TABLE_NAME = 'V_学生选课信息')
   DROP VIEW V_学生选课信息
GO
CREATE VIEW V_学生选课信息 (学号, 姓名, 所在院系, 专业, 累计学分, 课号, 课名, 成绩,
                          开课学年, 开课学期, 开课时间, 开课周数, 开课地点)
AS
SELECT S.学号, 姓名, 所在院系, 专业, 累计学分, C.课号, 课名,成绩, 开课学年, 开课学期,
       开课时间, 开课周数, 开课地点
FROM 学生表 S, 选课表 E, 开课表 O, 课程表 C
WHERE S.学号=E.学号
    AND E.开课号=O.开课号
AND O.课号=C.课号
GO
```

基于该视图，我们可方便地完成以下查询：

对于某二级学院的教学管理部门，能方便地查询自己学院学生的选课情况。比如，查询信电学院计算机专业每个学生 2006-2007 学年第 2 学期的选课情况：

```
SELECT 学号,姓名, 课号, 课名,开课时间,开课周数,开课地点
FROM V_学生选课信息
WHERE 所在院系='信电学院'
   AND 专业='计算机'
   AND 开课学年='2006-2007'
   AND 开课学期='2'
```

查询 2007-2008 学年第 1 学期“数据库原理”课程的学生成绩，包括学生学号、姓名、所在学院、专业、成绩，成绩按照降序排列。

```
SELECT 学号,姓名,所在院系,专业,课名,成绩
  FROM V_学生选课信息
  WHERE 开课学年='2007-2008'
     AND 开课学期='1'
     AND 课名='数据库原理'
  ORDER BY 成绩 DESC
```

【例 9-18】在“V_学生选课信息”视图的基础上，创建学生综合成绩视图（视图 5）。

```
USE 教学管理
IF EXISTS (SELECT TABLE_NAME FROM INFORMATION_SCHEMA.VIEWS
      WHERE TABLE_NAME = 'V_学生综合成绩')
   DROP VIEW V_学生综合成绩
GO
CREATE VIEW V_学生综合成绩 (学号, 姓名, MIN_SCORE, MAX_SCORE, 平均成绩)
AS
SELECT 学号, 姓名, MIN(成绩), MAX(成绩), AVG(成绩)
FROM V_学生选课信息
  GROUP BY 学号,姓名
GO
```

此时，要查询平均成绩在 80 分以上、最低成绩在 75 分以上学生的学号和姓名，只须写如下查询语句：

```
SELECT 学号,姓名
FROM V_学生综合成绩
WHERE 平均成绩>=80
   AND MIN_SCORE>=75
```

从该例可以看出，基于视图的查询大大简化了查询的复杂度。

实验与思考

目的和任务

（1）理解视图的概念。

（2）掌握创建视图、加密视图的方法。

（3）掌握视图带检查项和不带检查项的区别。

（4）掌握视图更新的概念和方法。

实验内容

（1）针对员工表创建一个视图，取员工表的前 4 个属性，要求带 WITH ENCRYPTION。使用 sp_helptext 和在 syscomments 表中分别观察定义的文本，最后利用定义的视图进行查询。

（2）创建一个查询参加所有项目的员工视图“V1_视图”，包括员工号、姓名、所在部门名，并进行查询。

（3）创建只包含部门名是“人事处”的记录且显示部门信息的视图“V2_视图”，不带 WITH CHECK OPTION 。

① 在该视图上分别插入部门是“办公室”和“人事处”的记录观察执行结果。

② 分别修改该视图，针对部门是“办公室”和“人事处”的其他属性数据，观察执行结果。

③ 分别删除部门是“办公室”和“人事处”的记录，分别观察执行情况。

（4）创建只包含部门名是“人事处”的记录且显示部门信息的视图“V3_视图”，带 WITH CHECK OPTION 。

① 在该视图上分别插入部门是“办公室”和“人事处”的部门数据，观察执行结果。

② 分别修改该视图，针对部门是“办公室”和“人事处”的其他属性数据，观察执行结果。

③ 分别删除部门是“办公室”和“人事处”的记录，观察执行情况。

（5）创建查询员工“张三”所在部门的视图“V4_视图”，然后在该视图里删除“张三”的所有信息，观察执行情况。分析为什么是这样。

问题思考

（1）向视图插入的数据能进入到基础表吗？

（2）修改基础表的数据会自动反映到相应的视图中去吗？

第 10 章 游标操作和应用

在数据库开发过程中，我们常常会遇到这样的情况，即从某一结果集中逐一地读取一条记录。那么如何解决这种问题呢？游标为我们提供了一种极为优秀的解决方案。

游标是数据库中一个十分重要的概念。游标提供了一种对从表中检索出的数据进行操作的灵活手段，就本质而言，游标实际上是一种能从包括多条数据记录的结果集中每次提取一条记录的机制。

游标是系统为用户开设的一个数据缓冲区，存放 SQL 语句的执行结果，每个游标区都有一个名字。并且在这个缓冲区中，带有一个记录“指针”，用户可以用 SQL 语句移动“指针”，逐一从游标中获取记录，并赋值给主变量，交由主语言进一步处理。

游标解决了 SQL 语言面向集合操作和应用程序面向记录进行处理之间的矛盾。

SQL Server 支持三种类型的游标：Transact-SQL 游标、API 游标和客户游标。

（1）Transact-SQL 游标

Transact-SQL 游标由 DECLARE CURSOR 语法定义，主要用在 Transact-SQL 脚本、存储过程和触发器中。Transact-SQL 游标主要用在服务器上，由从客户端发送给服务器的 Transact-SQL 语句或批处理、存储过程、触发器中的 Transact-SQL 进行管理。Transact-SQL 游标不支持提取数据块或多行数据。

（2）API 游标

API 游标支持在 OLE DB，ODBC 及 DB_library 中使用游标函数，主要用在服务器上。每一次客户端应用程序调用 API 游标函数，MS SQL SEVER 的 OLE DB 提供者、ODBC 驱动器或 DB_library 的动态链接库（DLL）都会将这些客户请求传送给服务器以对 API 游标进行处理。

（3）客户游标

客户游标主要是当在客户机上缓存结果集时才使用。在客户游标中，有一个默认的结果集，用来在客户机上缓存整个结果集。客户游标仅支持静态游标而非动态游标。由于服务器游标并不支持所有的 Transact-SQL 语句或批处理，所以客户游标常常仅用作服务器游标的辅助，这是因为在一般情况下，服务器游标能支持绝大多数游标操作。

由于 API 游标和 Transact-SQL 游标用在服务器端，所以称为服务器游标，也称为后台游标，而客户端游标称为前台游标。我们主要讲述服务器（后台）游标。

每一个游标必须按照以下五个步骤来使用：

（1）DECLARE 声明游标；

（2）OPEN 打开游标；

（3）从一个游标中 FETCH 信息，对信息进行处理；

（4）CLOSE 关闭游标；

（5）DEALLOCATE 释放游标。

10.1　游标声明

10.1.1　游标声明命令

1. DECLARE CURSOR 命令（SQL-92 标准）

语法格式：

```
DECLARE <游标名> [INSENSITIVE][SCROLL]CURSOR
FOR<SELECT 查询>
[FOR{READ ONLY|UPDATE[OF <列名>[,<列名>…]]}]
```

参数说明：

（1）INSENSITIVE 指出所声明的游标为不敏感游标，即静态游标。这种游标所使用的数据被临时复制到 tempdb 数据库中，对这种游标的所有操作都基于 tempdb 数据库中的临时表。因此游标结果集合填充后，所有用户对游标基表数据的修改都不能反映到当前游标结果集合中。此外，这种游标也不允许执行数据修改操作。

当省略 INSENSITIVE 选项时，已提交的游标基表修改和删除操作能够反映到其后的游标提取结果中。

（2）SCROLL 指出，该游标可以用 FETCH 命令里定义的所有方法来存取数据，允许删除和更新（假定没有使用 INSENSITIVE 选项）；如果没有 SCROLL 选项，则 DECLARE 语句声明的游标只能使用 NEXT 选项，即每次只能读取下一行数据。

（3）<SELECT 查询>语句决定游标结果集合，但在其中不能使用 COMPUTE、COMPUTE BY、FOR BROWSE 和 INTO 等关键字。

（4）FOR READ ONLY 或 FOR UPDATE 说明游标为只读的或可修改的。默认是可修改的。

（5）UPDATE [OF <列名>[,<列名>…]] 定义可以修改的列。如果省略 OF <列名>[,<列名>…]，则允许修改所有列。

【例 10-1】 下面的语句声明游标“学生表_cur1”。

```
DECLARE 学生表_cur1 SCROLL CURSOR
FOR SELECT 学号,姓名,性别,籍贯,所在院系,累计学分
        FROM 学生表
        WHERE 专业='计算机'
```

2. DECLARE CURSOR 命令（Transact-SQL）

语法格式：

```
DECLARE <游标名> CURSOR
[LOCAL|GLOBAL]
[FORWARD_ONLY|SCROLL]
[STATIC|KEYSET|DYNAMIC|FAST_FORWAR]
[READ_ONLY|SCROLL_LOCKS|OPTIMISTIC]
[TYPE_WARNING]
FOR<SELECT 查询>
[FOR UPDATE[OF <列名>[,<列名>…]]]
```

参数说明：

（1）LOCAL 和 GLOBAL 选项分别说明 DECLARE CURSOR 语句所声明的游标为局部游标和全局游标。

局部游标的作用域为声明该游标的批、存储过程或触发器，全局游标的作用域为当前连接。在作用域外，游标是不可见的。

当局部游标用于存储过程的返回参数时，只有当存储过程调用者中接收该返回参数的局部变量被释放时，局部游标才随之释放，而不是在存储过程运行结束时释放局部游标。而全局游标则在声明全局游标的连接断开时被自动释放。

如果 LOCAL 和 GLOBAL 选项都没有指定，则其默认值由数据库选项 default to local cursor 决定。如果 default to local cursor 设置为 true，则默认是局部游标；否则，default to local cursor 为 false 时，默认是全局游标。SQL Server 2000 后，数据库选项默认值是 false。

（2）FORWARD_ONLY 选项声明只进游标，即 FETCH 语句中只能使用 NEXT 选项。当不指出 FAST_FORWARD、FORWARD_ONLY 和 SCROLL 时，静态游标、键集游标和动态游标的默认设置为 SCROLL，而其他游标的默认设置为 FORWARD_ONLY。

当 DECLARE 语句中只指出 FORWARD_ONLY 选项，而没有使用 STATIC、KEYSET 和 DYNAMIC 参数说明游标类型时，则默认为 DYNAMIC 游标。

（3）STATIC 与 SQL-92 声明中的 INSENTIVE 关键字的功能相同，它将游标声明为静态游标，禁止应用程序通过它修改基表数据。

（4）DYNAMIC 将游标声明为动态游标，也就是说，其结果结合是动态变化的，能够随时反映用户已提交的更改结果。提取动态游标数据时，不能使用 ABSOLUTE 提取选项定位游标指针。

（5）KEYSET 关键字声明键集驱动游标，键集游标中的数据行及其顺序是固定的。SQL Server 将能够唯一标识游标中各数据行的关键字集合存储到 tempdb 数据库中的一个临时表中，形成键集。对于键集游标：

- 应用程序不能通过键集游标向其基表插入数据。键集游标填充后，它无法看到其他用户向基表中插入的数据行。
- 应用程序可以修改基表中的非键集列值，并能够看到其他用户或游标修改后的非键集列值。
- 读取键集游标中被删除的数据行时，@@FETCH_STATUS 参数将返回–2。
- 修改游标中的键集列相当于删除旧行，插入新行。读取已删除的旧行时，@@FETCH_STATUS 参数将返回–2，而插入的新行对键集游标是不可见的。
- 可以看到通过 WHERE CURRENT OF 子句所修改的数据。

（6）FAST_FORWARD 指出启用优化的 FORWARD_ONLY 和 READ_ONLY 游标。如果使用 FAST_FORWARD 选项，则不能使用 SCROLL 和 FOR UPDATE 选项，此外，FAST_FORWARD 和 FORWARD_ONLY 选项是互斥的，这两个选项不能同时使用。

（7）SCROLL_LOCKS 选项要求 SQL Server 在将数据读入游标的同时锁定基表中的数据行，以确保以后能够通过游标成功地对基表进行定位删除和修改操作。在同一个游标声明语句中，不能同时使用 FAST_FORWARD 选项和 SCROLL_LOCKS 选项。

（8）OPTIMISTIC 说明在填充游标时不锁定基表中的数据行。这时，应用程序通过游标对基表进行定位修改或删除操作时，SQL Server 首先检测游标填充之后表中数据是否被修改，如果数据已被修改，SQL Server 将停止应用程序的定位修改或删除操作。

SQL Server 检查表中数据行是否被修改的方法是比较时间戳列值，或行数据的奇偶校验和（无时间戳列时）。游标声明语句中如果指定了 FAST_FORWARD 选项，则不能使用 OPTIMISTIC 选项。

OPTIMISTIC 选项的这种处理方式叫做乐观并发控制方式。与之对应的是悲观并发控制方式，悲观并发控制在整个事务的持续时间内锁定资源。所以在这种方式下，除非出现死锁，否则事务肯定会成功完成。

（9）TYPE_WARNING 指出在声明游标过程中，如果无法建立用户指定类型的游标而隐式转换为另一类型时，向客户端发出警告消息。

【例 10-2】下面的语句声明游标学生表_cur2。

```
DECLARE 学生表_cur2 CURSOR
LOCAL SCROLL DYNAMIC
TYPE_WARNING
FOR SELECT 学号,姓名,性别,籍贯,所在院系,累计学分
         FROM 学生表
         WHERE 专业='计算机'
```

关于游标的隐式转换将在 10.1.3 节中详细介绍。

（10）FOR UPDATE[OF <列名>[,<列名>...]] 定义游标内可更新的列。如果提供了 OF <列名>[,<列名>...]，则只允许修改列出的列。如果在 UPDATE 中未指定列的列表，除非指定了 READ_ONLY 并发选项，否则所有列均可更新。

3. 查看游标信息和状态

在 Transact-SQL 程序中，执行以下系统存储过程和函数能够检索游标属性信息和状态信息。

- sp_cursor_list：检索当前连接的所有可见游标。
- sp_describe_cursor：检索游标属性信息，如作用域、名称、类型、状态和行数。
- sp_describe_cursor_columns：检索游标结果集合中的列属性。
- sp_describe_cursor_tables：检索游标锁引用的基表信息。
- @@CURSOR_STATUS：读取游标状态或检查游标变量是否与游标相关联。
- @@FETCH_STATUS：读取最后一次游标数据提取操作结果状态。0 表示取操作成功；–1 表示取操作失败，所指定的位置超出了范围；–2 表示要取的行不在记录集内，已从集合中删除。
- @@CURSOR_ROWS：显示游标集合中的行数。–n 表示正在向游标中载入数据，反映的是结果集当前的数据行数；n 表示结果集合的行数；0 表示结果集中没有匹配的行；–1 表示游标是动态的。

10.1.2　游标变量

游标变量是从 MS SQL Server 7.0 版本才开始使用的一种新增数据类型。

游标变量声明的格式：

```
DECLARE @cursor_variable_name CURSOR
```

游标变量声明后，必须和某个游标相关联才能实现游标操作。

有两种方法建立游标和游标变量之间的关联：

第一种：是先声明游标和游标变量，之后用 SET 语句将游标赋给游标变量。例如：

```
DECLARE @cur_var CURSOR
DECLARE C1 CURSOR
FOR SELECT * FROM 课程表
SET @cur_var=C1
```

第二种：是不声明游标，直接在 SET 语句中将各种游标定义赋给游标变量。例如：

```
DECLARE @cur_var CURSOR
SET @cur_var= CURSOR
FOR SELECT * FROM 课程表
```

10.2 游标数据操作

游标声明好后，就可以对游标数据进行操作，操作的顺序是：打开游标，填充游标数据，提取数据，进行游标定位修改或删除操作，操作结束后还要关闭和释放游标。

10.2.1 打开游标

打开游标在声明以后，如果要从游标中读取数据，必须打开游标。打开一个 Transact-SQL 服务器游标使用 OPEN 命令。

语法格式：

```
OPEN {{[GLOBAL] <游标名>}|<游标变量>}
```

参数说明：

（1）GLOBAL

定义游标为全局游标。

（2）游标名

如果一个全局游标和一个局部游标都使用同一个游标名，则如果使用 GLOBAL，便表明其为全局游标，否则表明其为局部游标。

（3）游标变量

即定义的游标变量。当打开一个游标后，MS SQL Server 首先检查声明游标的语法是否正确，如果游标声明中有变量，则将变量值带入。

在打开游标时，如果游标声明语句中使用了 INSENSITIVE 或 STATIC 保留字，OPEN 语句将在 tempdb 数据库中产生一个临时表，将定义的游标结果集合复制到临时表中；如果在结果集中有一行数据的大小超过 MS SQL Server 定义的最大行尺寸时，OPEN 命令将失败。如果声明游标时作用了 KEYSET 选项，OPEN 语句将在 tempdb 数据库中建立临时表以保存键集。

在游标成功打开之后，@@CURSOR_ROWS 全局变量将用来记录游标内的数据行数。为了提高性能，MS SQL Server 允许以异步方式从基础表向 KEYSET 或静态游标读入数据，即如果MS SQL Server 的查询优化器估计从基础表中返回给游标的数据行已经超过 sp_configure cursor threshold 参数值，则 MS SQL Server 将启动另外一个独立的线程来继续从基础表中读入符合游标定义的数据行，此时可以从游标中读取数据进行处理而不必等到所有符合游标定义的数据行都从基础表中读入游标。@@CURSOR_ROWS 变量存储的正是在调用@@CURSOR_ROWS 时，游标已从基础表读入的数据行。@@CURSOR_ROWS 的返回值有以下 4 个，如表 10-1 所示。

表 10-1　@@CURSOR_ROWS 变量

返回值	描述
–m	表示正在向游标中载入数据，反映的是结果集当前的数据行数
–1	表示该游标是一个动态游标，由于动态游标反映基础表的所有变化，因此符合游标定义的数据行经常变动，故无法确定
0	表示无符合条件的记录或游标已关闭
n	表示从基础表读入数据已经结束，n 即游标中结果集的行数

如果所打开的游标在声明时带有 SCROLL 或 INSENSITIVE 保留字，那么@@CURSOR_ROWS 的值为正数，且为该游标的所有数据行。如果未加上这两个保留字中的一个，则@@CURSOR_ROWS 的值为–1，说明该游标内只有一条数据记录。

例如：`OPEN c1`

当游标变量与游标相关联之后，在 Transact-SQL 游标语句中就可以使用游标变量代替游标名，实现各种操作。例如：

```
OPEN @cur_var
```

10.2.2 读取游标数据

当游标被成功打开以后，就可以从游标中逐行地读取数据，进行相关处理了。从游标中读取数据主要使用 FETCH 命令。

语法格式：

```
FETCH [[NEXT|PRIOR|FIRST|LAST|ABSOLUTE{n|@nvar} |
 RELATIVE {n |@nvar}]  FROM ]
{{[GLOBAL] <游标名>}|cursor_variable_name}
[INTO @<变量名 1>, @<变量名 2> …]
```

参数说明：

（1）NEXT 说明如果是在 OPEN 后第一次执行 FETCH 命令，则返回结果集的第一行，否则使游标（指针）指向结果集的下一行；NEXT 是默认的选项，也是最常用的一种方法。

（2）PRIOR、FIRST、LAST、ABSOLUTE { n|@nvar}、RELATIVE { n|@nvar}等项，只有在定义游标时使用了 SCROLL 选项才可以使用。

PRIOR 表示返回结果集当前行的前一行；如果 FETCH PRIOR 是第一次读取游标中的数据，则无数据记录返回，并把游标位置设为第一行。

FIRST 表示返回结果集的第一行；

LAST 表示返回结果集的最后一行。

ABSOLUTE {n | @nvar}表示如果 n 或@nvar 为正数，则返回游标结果集中绝对位置的 第 n 或@nvar 行数据。如果 n 或@nvar 为负数，则返回结果集内倒数第 n 或@nvar 行数据。如果 n 或@nvar 超过游标的数据子集范畴，则@@FETCH_STARS 返回–1，在该情况下，如果 n 或@nvar 为负数，则执行 FETCH NEXT 命令会得到第一行数据；如果 n 或@nvar 为正值，执行 FETCH PRIOR 命令则会得到最后一行数据。n 或@nvar 可以是一个固定值也可以是 smallINT, tinyINT 或 INT 类型的变量。

RELATIVE {n | @nvar}表示若 n 或@nvar 为正数，则读取游标当前位置起向后的第 n 或@nvar 行数据。如果 n 或@nvar 为负数，则读取游标当前位置起向前的第 n 或@nvar 行数据。若 n 或@nvar 超过游标的数据子集范畴，则@@FETCH_STARS 返回–1，在该情况下，如果 n 或@nvar 为负数，执行 FETCH NEXT 命令则会得到第一行数据；如果 n 或@nvar 为正值，执行 FETCH PRIOR 命令则会得到最后一行数据。n 或@nvar 可以是一个固定值也可以是一个 smallINT, tinyINT 或 INT 类型的变量。

（3）INTO @variable_name[,...n]表示允许将使用 FETCH 命令读取的数据存放在多个变量中。在变量行中的每个变量必须与游标结果集中相应的列相对应，每一变量的数据类型也要与游标中数据列的数据类型相匹配。

（4）@@FETCH_STATUS 全局变量返回上次执行 FETCH 命令的状态。在每次用 FETCH 从游标中读取数据时，都应检查该变量，以确定上次 FETCH 操作是否成功，来决定如何进行下一步处理。@@FETCH_STATUS 变量有 3 个不同的返回值，如表 10-2 所示。

表 10-2 @@FETCH_STATUS 变量

返 回 值	描 述
0	FETCH 命令被成功执行
–1	FETCH 命令失败或所指定的范围超出了范围
–2	要取的行不在记录集内，已从集合中删除

注意：

在使用 FETCH 命令从游标中读取数据时，应该注意以下情况：

（1）当使用 SQL-92 语法来声明一个游标，没有选择 SCROLL 选项时，只能使用 FETCH NEXT 命令来从游标中读取数据，即只能从结果集第一行开始按顺序每次读取一行，由于不能使用 FIRST、LAST、PRIOR，所以无法回滚读取以前的数据。如果选择了 SCROLL 选项，则可能使用所有的 FETCH 操作。

（2）当使用 MS SQL Server 的扩展语法时，必须注意以下约定：

- 如果定义了 FORWARD_ONLY 或 FAST_FORWARD 选项，则只能使用 FETCH NEXT 命令；
- 如果没有定义 DYNAMIC, FORWARD_ONLY 或 FAST_FORWARD 选项，而定义了 KEYSET, STATIC 或 SCROLL 中的任何一个，则可使用所有的 FETCH 操作；
- DYNAMIC SCROLL 游标支持所有的 FETCH 选项，但禁用 ABSOLUTE 选项。

【例 10-3】下面的示例显示在一个基于游标读取数据的进程。

```
USE 教学管理
GO
--声明一个教师信息游标
DECLARE 教师表_cursor CURSOR FOR
SELECT 工号，姓名,所在院系，职称
FROM 教师表
ORDER BY 工号
DECLARE @tnum CHAR(5),
        @tname CHAR(10),
        @tdepa CHAR(20),
        @trank CHAR(10)
--打开游标
OPEN 教师表_cursor
--取游标第一行数据
FETCH NEXT FROM 教师表_cursor
  INTO @tnum, @tname, @tdepa, @trank
--逐行显示教师信息，并取下一行数据
WHILE @@FETCH_STATUS = 0
BEGIN
SELECT @tnum, @tname, @tdepa, @trank
  FETCH NEXT FROM 教师表_cursoR
  INTO @tnum, @tname, @tdepa, @trank
END
--关闭游标，此时游标还可以重新打开
CLOSE 教师表_cursor
--释放游标，在下节详细介绍
DEALLOCATE 教师表_cursor
GO
```

10.2.3　关闭游标

在处理完游标中的数据之后，必须关闭游标来释放数据结果集和定位于数据记录上的锁，有两种方法关闭游标。

1. 使用 CLOSE 命令关闭游标

语法格式：

```
CLOSE { { [GLOBAL] 游标名 } | 游标变量 }
```

说明：CLOSE 语句关闭游标，但不释放游标占用的数据结构，应用程序可以再次执行 OPEN 语句打开和填充游标。

2. 自动关闭游标

游标可应用在存储过程、触发器和 Transact-SQL 脚本中。如果在声明游标与释放游标之间使用了事务结构，则在结束事务时游标会自动关闭。例如以下执行过程：

（1）声明一个游标；

（2）打开游标；

（3）读取游标；

（4）BEGIN TRANSATION；

（5）数据处理；

（6）COMMIT TRANSATION；

（7）回到步骤（3）。

当从游标中读取一条数据记录进行以 BEGIN TRANSATION 开头，COMMIT TRANSATION 或 ROLLBACK 结束的事务处理时，在程序开始运行后，第一行数据能够被正确返回，经由步骤（7），程序回到步骤（3），读取游标的下一行，此时常会发现游标未打开的错误信息。其原因就在于，当一个事务结束时，不管其是以 COMMIT TRANSATION 还是以 ROLLBACK TRANSATION 结束，MS SQL Server 都会自动关闭游标，所以，当继续从游标中读取数据时就会产生错误。

解决这种错误的方法就是使用 SET 命令将 CURSOR_CLOSE_ON_COMMIT 这一参数设置为 OFF 状态。其目的就是让游标在事务结束时仍继续保持打开状态，而不会被关闭。使用 SET 命令的格式如下：

```
SET CURSOR_CLOSE_ON_COMMIT OFF
```

10.2.4　释放游标

当 CLOSE 命令关闭游标时，并没有释放游标占用的数据结构。因此要使用 DEALLOCATE 命令，删除游标与游标名或游标变量之间的联系，并释放游标占用的所有系统资源。

语法格式：

```
DEALLOCATE { { [GLOBAL] 游标名 } | 游标变量}
```

参数说明：

（1）对游标进行操作的语句使用游标名称或游标变量引用游标。DEALLOCATE 删除游标与游标名称或游标变量之间的关联。如果一个名称或变量是最后引用游标的名称或变量，则将释放游标，游标使用的任何资源也随之释放。用于保护提取隔离的滚动锁在 DEALLOCATE 上释放。用于保护更新（包括通过游标进行的定位更新）的事务锁一直到事务结束才释放。

（2）DEALLOCATE{游标变量}语句只删除对游标命名变量的引用。直到批处理、存储过程或触发器结束时变量离开作用域，才释放变量。在 DEALLOCATE @cursor_variable_name 语句之后，可以使用 SET 语句使变量与另一个游标关联。

例如：

```
USE 教学管理
GO
DECLARE @mycursor CURSOR
SET @mycursor = CURSOR LOCAL SCROLL FOR
SELECT * FROM     学生表
--下面语句释放游标及游标占用的资源
DEALLOCATE @mycursor
--用 SET 命令将游标变量@mycursor 同另一个游标关联
SET @mycursor = CURSOR LOCAL SCROLL FOR
SELECT * FROM 课程表
GO
```

不必显式释放游标变量。变量在离开作用域时被隐性释放。

【例 10-4】游标变量的使用和释放。

```
USE 教学管理
GO
--创建一个全局游标，使其在创建它的批的外部仍然有效
DECLARE S_cur CURSOR GLOBAL SCROLL FOR
SELECT * FROM 学生表
OPEN S_cur
GO
--定义一个游标变量并使其与 abc 游标关联
DECLARE @mycrsrref1 CURSOR
SET @mycrsrref1 = S_cur
--取消游标变量和游标的关联
DEALLOCATE @mycrsrref1
--游标 S-CUR 依然存在
FETCH NEXT FROM S_cur
GO
--再次与游标建立关联
DECLARE @mycrsrref2 CURSOR
SET @mycrsrref2 = S_cur
--现在释放游标 S-CUR
DEALLOCATE S_cur
--但游标依然存在，因为被游标变量@mycrsrref2 引用着
FETCH NEXT FROM @mycrsrref2
--游标在批结束后，随着最后一个游标变量作用域的结束而最终被释放
--变量的作用域是定义它的批
GO
--创建一个未命名的游标
DECLARE @mycursor CURSOR
SET @mycursor = CURSOR LOCAL SCROLL FOR
SELECT * FROM 课程表
```

```
--以下语句释放游标，因为已没有其他变量引用该游标
DEALLOCATE @mycursor
GO
```

10.2.5　游标定位修改和删除操作

如果在声明游标时使用了 FOR UPDATE 语句，那么就可以在 UPDATE 或 DELETE 命令中以 WHERE CURRENT OF 关键字直接修改或删除当前游标中当前行的数据。当改变游标中数据时，这种变化会自动地影响到游标的基础表；但是，如果在声明游标时选择了 INSENSITIVE 选项，则该游标中的数据不能被修改，具体含义请参阅 10.1 节中对 INSENSITIVE 选项的详细解释。

语法格式：

游标定位修改 UPDATE 语句的格式如下：

```
UPDATE 表名
    SET 子句
    WHERE CURRENT OF {{[GLOBAL] 游标名}
              |游标变量}
```

游标定位删除 DELETE 语句的格式如下：

```
DELETE FROM 表名
    WHERE CURRENT OF {{[GLOBAL] 游标名}
              |游标变量}
```

参数说明：

利用 WHERE CURRENT OF<游标名>进行的修改或删除只影响当前行。

【例 10-5】游标的定位修改。

下面是一个定位更新的完整例子，首先查看学生表中的每一行，将学号等于“S060109”的记录的移动电话改为 13888320247，并将城市改为“天津”。

```
SET NOCOUNT ON
DECLARE @学号 CHAR(6), @姓名 CHAR(10),@移动电话 CHAR(11), @籍贯 CHAR(10)
DECLARE stu_up_cur cursor
FOR
SELECT 学号,姓名,移动电话,籍贯
FROM 学生表
FOR UPDATE OF 移动电话,籍贯
OPEN stu_up_cur
FETCH NEXT FROM stu_up_cur INTO @学号, @姓名,@移动电话,@籍贯
WHILE @@fetch_status=0
BEGIN
  SELECT @学号, @姓名, @移动电话, @籍贯
  IF @学号='S060109'
   UPDATE 学生表
   SET 移动电话='13888320247',籍贯='天津'
   WHERE CURRENT OF stu_up_cur
   FETCH NEXT FROM stu_up_cur INTO @学号, @姓名, @移动电话, @籍贯
END
CLOSE stu_up_cur
DEALLOCATE stu_up_cur
```

10.3 游标应用实例分析

【例 10-6】在开课表里，由于每一个开课号对应的学生选课都有限制，所以学生一旦选课确定，需要和该开课号的限选人数进行比对，如果没有超过限选人数，则已选人数应及时更正。第 7 章我们用插入语句在选课表输入了一些数据，即进行了选课，但并没有采取必要的约束改变开课表里的已选人数（后面可以通过触发器进行处理），因此开课表和选课表的数据并不一致。为了纠正错误，可以使用游标逐个检查并修改每个开课号在选课表中的学生选修人数，并显示输出。

```
SET NOCOUNT ON
DECLARE @开课号 CHAR(6), @限选人数 INT, @已选人数 INT
DECLARE @message CHAR(80)
--创建包含开课号、限选人数和已选人数信息的游标 CUR_选课人数
DECLARE CUR_选课人数 cursor
FOR
SELECT 开课号,限选人数
FROM 开课表
FOR UPDATE OF 已选人数
--打开游标，根据开课表依次提取每个开课计划的数据
OPEN CUR_选课人数
FETCH NEXT FROM CUR_选课人数 INTO @开课号,@限选人数
WHILE @@fetch_status=0
BEGIN
--显示开课号、限选人数
SELECT @message='开课号'+@开课号+'  '+'限选人数'+ CONVERT(CHAR(2), @限选人数)
PRINT @message
--在选课表中计算该开课号的选课人数
SELECT @已选人数=COUNT(*) FROM 选课表 WHERE 开课号=@开课号
PRINT '已选人数'+' '+CONVERT(CHAR(2), @已选人数)
--返回到游标 CUR_选课人数，根据计算出的累计学分修改该生的原累计学分
IF @已选人数<=@限选人数
UPDATE 开课表
SET 已选人数=@已选人数
WHERE CURRENT OF CUR_选课人数
ELSE
PRINT '这个开课计划选择的人数已经超过限选人数，请调整！'
FETCH NEXT FROM CUR_选课人数 INTO @开课号,@限选人数
END
CLOSE CUR_选课人数
DEALLOCATE CUR_选课人数
```

【例 10-7】在学生选课管理中，需逐个检查并修改信息学院每个学生的学分获取情况。学分获得的条件是选修该门课程，且成绩不低于 60 分。由于学分取得总数存放在学生表“累计学分”属性中，学生选修课程情况及成绩放在选课表，而学生选修了某门课程及格后获取多少学分取决于选修了开课计划中哪一个开课计划。故学生学分获取情况的修改与检查是一件复杂的工作，不能由简单的查询完成，且为了维护数据的一致性，必须保证累计学分的数量等于学生所选的所有成绩已经及格的课程的学分总数，如果不正确，必须马上进行修改。

对于以上工作，我们设计一个游标来完成对所有学生获取学分的检查和修改工作。

方法：使用嵌套游标，逐个检查并修改每个学生选修的每门课程的成绩及学分获取情况，显示输出，并维护数据的一致性。

```
SET NOCOUNT ON
DECLARE @学号 CHAR(7), @姓名 CHAR(10), @累计学分 INT
DECLARE @课号 CHAR(6),@课名 CHAR(20),@成绩 FLOAT,@学分 INT
DECLARE @message CHAR(80)
--创建包含每个学生学号、姓名和所获取学分信息的游标 CUR_学生累计学分
DECLARE CUR_学生累计学分 cursor
FOR
SELECT 学号,姓名,累计学分
FROM 学生表
FOR UPDATE OF 累计学分
--打开游标，根据学生表依次提取学生的数据
OPEN CUR_学生累计学分
FETCH NEXT FROM CUR_学生累计学分 INTO @学号, @姓名,@累计学分
WHILE @@fetch_status=0
BEGIN
--显示学生学号、姓名
SELECT @message=@学号+'  '+ @姓名
PRINT @message
--定义当前学生所选课程及成绩的游标 CUR_课程及格学分
DECLARE CUR_课程及格学分 cursor
FOR
SELECT O.课号,课名,成绩,学分
FROM 选课表 E, 课程表 C,开课表 O
WHERE E.开课号=O.开课号 AND O.课号=C.课号
   AND 成绩>=60
   AND 学号=@学号
--打开 CUR_课程及格学分，逐门显示该学生所选的课程及成绩
--并根据条件计算该学生获取学分总数
OPEN CUR_课程及格学分
FETCH NEXT FROM CUR_课程及格学分 INTO @课号,@课名,@成绩,@学分
SELECT @累计学分=0
IF @@FETCH_STATUS <> 0
      PRINT '还没有选课!'
WHILE @@fetch_status=0
BEGIN
SELECT @message=@课号+'  '+ @课名+'  '+CONVERT(CHAR(8), @成绩)+ '  '+ CONVERT
        (CHAR(8), @学分)
PRINT @message
SELECT @累计学分=@累计学分+@学分
FETCH NEXT FROM CUR_课程及格学分 INTO @课号,@课名,@成绩,@学分
END
--显示当前学生所获取的总的学分
SELECT @message='累计学分是' + CONVERT(CHAR(8), @累计学分)
PRINT @message
CLOSE CUR_课程及格学分
```

```
DEALLOCATE CUR_课程及格学分
--返回到游标 CUR_学生累计学分，根据计算出的累计学分修改该生的原累计学分
UPDATE 学生表
SET 累计学分=@累计学分
WHERE CURRENT OF CUR_学生累计学分
FETCH NEXT FROM CUR_学生累计学分 INTO @学号，@姓名,@累计学分
END
CLOSE CUR_学生累计学分
DEALLOCATE CUR_学生累计学分
```

从上面实例可以看出，游标是系统为用户开设的一个数据缓冲区，存放 SQL 语句的执行结果，每个游标区都有一个名字。用户可以通过游标逐一获取记录，并在应用程序中进行单个处理。游标通过以下方式对 SQL 语句结果集进行处理：

- 允许定位在结果集的特定行。
- 从结果集的当前位置检索一行或多行。
- 支持对结果集中当前位置的行进行数据修改。
- 为由其他用户对显示在结果集中的数据库数据所做的更改提供不同级别的可见性支持。
- 提供脚本、存储过程和触发器中使用的访问结果集中的数据的 Transact-SQL 语句。

实验与思考

目的和任务

（1）理解游标的概念。

（2）掌握定义、使用游标的方法。

（3）会用游标解决比较复杂的问题。

实验内容

（1）定义及使用游标。

针对员工表定义一个只读游标“CUR1_游标”，逐行显示员工的所有信息。

（2）使用游标修改数据。

针对员工表定义一个游标“CUR2_游标”，将游标中绝对位置为 3 的员工姓名改为“杜兰特”，性别改为“男”。

（3）使用游标删除数据。

定义一个游标“CUR3_游标”，将员工表中名为“杜兰特”的员工删掉。

（4）针对项目管理数据库，设计嵌套游标，外层游标“CUR41_游标”显示每个员工的员工号、员工姓名、技术职称、所在部门，内层游标“CUR42_游标”逐个显示当前员工所参加的项目情况，包括项目号、项目名称、承担职责。

（5）在员工表中增加一列“参加的项目总数”。创建游标“CUR5_游标”，利用游标在员工参与项目表中统计员工参加的项目数，然后填入员工表中“参加的项目总数”列中。

问题思考

（1）全局游标和局部游标有什么区别？

（2）游标的主要作用是什么？

（3）游标的使用步骤有哪些？

第 11 章　用户自定义函数设计

除了使用系统提供的函数外，用户还可以根据需要自定义函数。用户自定义函数（User Defined Function）是 SQL Server 2000 以后新增的数据库对象，是 SQL Server 的一大改进。

用户自定义函数不能用于执行一系列改变数据库状态的操作，但可以像系统函数一样在查询或存储过程等的程序段中使用。

11.1　用户自定义函数概述

SQL Server 用户自定义函数实际是一个子程序，可以创建并捆绑 SQL 语句，存储在 SQL Server 中供以后使用。

11.1.1　用户自定义函数的特点

（1）重复使用编程代码，减少编程开发时间，提高工作效率。

（2）隐藏 SQL 细节，把 SQL 繁琐的工作留给数据库开发人员，而程序开发员则集中处理高级编程语言。

（3）维修集中化，可以在一个地方做业务上的逻辑修改，然后让这些修改自动应用到所有相关程序中。

（4）可在另一个 SQL 语句中直接调用。

（5）函数必须始终返回一个值（一个标量值或一个表格）。

11.1.2　用户自定义函数的类型

在 SQL Server 中根据函数返回值形式的不同将用户自定义函数分为三种类型：标量型函数（Scalar function）、内联表值型函数（Inline TABLE-valued function）和多语句表值型函数（Multi-statement TABLE-valued function）。

（1）标量型函数（Scalar function）。标量型函数返回在 RETURNS 子句中定义的类型的单个数据值。可以使用所有标量数据类型，包括 BIGINT 和 sql_variant。不支持 TIMESTAMP 数据类型、用户定义数据类型和非标量类型（如 TABLE 或 CURSOR）。在 BEGIN...END 块中定义的函数主体包含返回该值的 Transact-SQL 语句系列。返回类型可以是除 TEXT、NTEXT、IMAGE、CURSOR、TIMESTAMP 和 TABLE 之外的任何数据类型。

（2）内联表值型函数（Inline TABLE-valued function）。内联表值型函数以表的形式返回一个返回值，即它返回的是一个表。内联表值型函数没有由 BEGIN-END 语句括起来的函数体。其返回的表由一个位于

RETURN 子句中的 SELECT 命令段从数据库中筛选出来。内联表值型函数功能相当于一个参数化的视图。

（3）多语句表值型函数（Multi-statement TABLE-valued function）。多语句表值型函数可以看成标量型和内联表值型函数的结合体。它的返回值是一个表，但它和标量型函数一样，有一个用 BEGIN-END 语句括起来的函数体，返回值的表中的数据是由函数体中的语句插入的。由此可见，它可以进行多次查询，对数据进行多次筛选与合并，弥补了内联表值型函数的不足。

用户定义函数采用零个或更多的输入参数，并返回标量值或表。函数最多可以有 1024 个输入参数。当函数的参数有默认值时，调用该函数时必须指定默认 DEFAULT 关键字才能获取默认值。该行为不同于在存储过程中含有默认值的参数，而在这些存储过程中，省略该函数也意味着省略默认值。用户定义函数不支持输出参数。

BEGIN...END 块中的语句不能有任何副作用。函数副作用是指对具有函数外作用域（如数据库表的修改）的资源状态的任何永久性更改。函数中的语句唯一能做的更改是对函数上的局部对象（如局部游标或局部变量）的更改。不能在函数中执行的操作有：对数据库表的修改，对不在函数上的局部游标进行操作，发送电子邮件，尝试修改目录，以及生成返回至用户的结果集。

函数中的有效语句类型如下：

- DECLARE 语句，该语句可用于定义函数局部的数据变量和游标。
- 为函数局部对象赋值，如使用 SET 给标量和表局部变量赋值。
- 游标操作，该操作引用在函数中声明、打开、关闭和释放的局部游标。不允许使用 FETCH 语句将数据返回到客户端。仅允许使用 FETCH 语句通过 INTO 子句给局部变量赋值。
- 控制流语句。
- SELECT 语句，该语句包含带有表达式的选择列表，其中的表达式将值赋予函数的局部变量。
- INSERT、UPDATE 和 DELETE 语句，这些语句修改函数的局部 TABLE 变量。
- EXECUTE 语句，该语句调用扩展存储过程。

用户定义函数中不允许使用会对每个调用返回不同数据的内置函数。用户定义函数中不允许使用以下内置函数：@@CONNECTIONS、@@CPU_BUSY、@@IDLE、@@IO_BUSY、@@MAX_CONNECTIONS、@@PACK_RECEIVED、@@PACK_SENT、@@TIMETICKS、@@PACKET_ERRORS、@@TOTAL_ERRORS、@@TOTAL_READ、@@TOTAL_WRITE、GETDATE、GetUTCDate、NEWID、RAND 和 TEXTPTR。

11.2 创建用户自定义函数

用户自定义函数是由用户创建并能完成某一特定功能（如查询用户所需数据信息）的子程序。在 SQL Server 中，可以使用两种方法创建自定义函数：

① 利用 SQL Server 对象资源管理器创建存储过程。

② 使用 Transact-SQL 语句中的 CREATE FUNCTION 命令创建存储过程。

11.2.1 使用对象资源管理器

在 SQL Server 对象资源管理器中，选择指定的服务器和数据库，在“可编程性”里选择“函数”，下面有“表值函数”和“标量值函数”，用右键单击“标量值函数”，在弹出的快捷菜单中选择“新建标量值函数”选项，如图 11-1 所示。

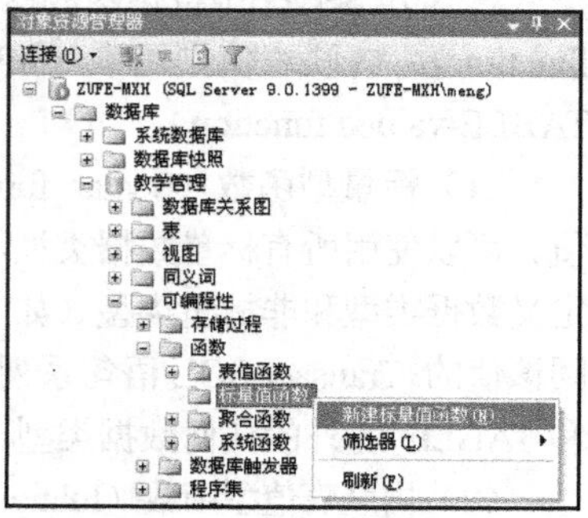

图 11-1 新建标量值函数

如果创建表值函数，可右键单击“表值函数”，在弹出的快捷菜单中有“新建内联表值函数”和“新建多语句表值函数”选项。

上述三个最后选中的选项都进入查询编辑器。其函数设计过程和下面通过 SQL 语句创建的基本一样。

11.2.2　使用 CREATE　FUNCTION 命令创建用户自定义函数

1. 创建标量值用户自定义函数（Scalar function）

语法格式：

```
CREATE FUNCTION [ owner_name.] function_name
( [ { @parameter_name [AS] scalar_parameter_data_type [ = default ] }
    [ ,...n ] ] )
RETURNS scalar_return_data_type
[ WITH < function_option> [ [,] ...n] ]
[ AS ]
BEGIN
  function_body
  RETURN scalar_expression
END
< function_option>: : ={ENCRYOTION|SCHEMABINDING}
```

参数说明：

owner_name 指定用户自定义函数的所有者。

function_name 指定用户自定义函数的名称。database_name.owner_name.function_name 应是唯一的。

@parameter_name 定义一个或多个参数的名称。一个函数最多可以定义 1024 个参数，每个参数前用“@”符号标明。参数的作用范围是整个函数。参数只能替代常量，不能替代表名、列名或其他数据库对象的名称。用户自定义函数不支持输出参数。

scalar_parameter_data_type 指定标量型参数的数据类型，可以为除 TEXT、NTEXT、IMAGE、CURSOR、TIMESTAMP 和 TABLE 类型外的其他数据类型。

scalar_return_data_type 指定标量型返回值的数据类型，可以为除 TEXT、NTEXT、IMAGE、CURSOR、TIMESTAMP 和 TABLE 类型外的其他数据类型。

scalar_expression 指定标量型用户自定义函数返回的标量值表达式。

function_body 指定一系列的 Transact-SQL 语句，它们决定了函数的返回值。

ENCRYPTION 加密选项。让 SQL Server 对系统表中有关 CREATE FUNCTION 的声明加密，以防止用户自定义函数被作为 SQL Server 复制的一部分发布（Publish）。

SCHEMABINDING 计划绑定选项将用户自定义函数绑定到它所引用的数据库对象，如果指定了此选项，则函数所涉及的数据库对象从此将不能被删除或修改，除非函数被删除或去掉此选项。应注意的是，要绑定的数据库对象必须与函数在同一数据库中。

【例 11-1】创建成绩转换标量值函数，实现百分制成绩与优、良、中、及格、不及格五个等级的换算。

```
USE 教学管理
GO
CREATE FUNCTION F_成绩分级(@成绩 FLOAT)
RETURNS CHAR(16)
```

```
AS
BEGIN
    DECLARE @等级 CHAR(16)
    SELECT @等级 = CASE
          WHEN @成绩 IS NULL THEN '还没参加考试'
          WHEN @成绩 < 60 THEN '不及格'
          WHEN @成绩 >= 60 and @成绩 < 70 THEN '及格'
          WHEN @成绩 >= 70 and @成绩 < 80 THEN '中等'
          WHEN @成绩 >= 80 and @成绩 < 90 THEN '良好'
    ELSE
      '优秀!'
    END
    RETURN(@等级)
END
```

用户自定义的标量值函数和系统函数类似，它的输入值和输出值可以是数值、字符、日期等数据类型。

2．创建内联表值型函数（Inline TABLE-valued function）

语法格式：

```
CREATE FUNCTION [ owner_name.] function_name
( [ { @parameter_name [AS] scalar_parameter_data_type [ = default ] }
    [ ,...n ] ] )
RETURNS TABLE
[ WITH < function_option > [ [,] ...n ] ]
[ AS ]
RETURN [ ( ) select-stmt [ ] ]
< function_option > ::= { ENCRYPTION | SCHEMABINDING }
```

参数说明：

TABLE 指定表值型函数的返回值为表。在内联表值型函数中，通过单个 SELECT 语句定义 TABLE 返回值。

select-stmt 是定义内联表值型函数返回值的单个 SELECT 语句。

ENCRYPTION 指出 SQL Server 加密包含 CREATE FUNCTION 语句文本的系统表列。使用 ENCRYPTION 可以避免将函数作为 SQL Server 复制的一部分发布。

SCHEMABINDING 指定将函数绑定到它所引用的数据库对象。如果函数是用 SCHEMABINDING 选项创建的，则不能更改（使用 ALTER 语句）或除去（使用 DROP 语句）该函数引用的数据库对象。

【例 11-2】创建内联表值型函数，返回指定学院学生的信息。

```
USE 教学管理
GO
CREATE FUNCTION F_学生信息(@院系 CHAR(20))
  RETURNS TABLE
AS
RETURN(
SELECT 学号，姓名，性别，院系，专业，籍贯
FROM 学生表
WHERE 所在院系=@院系 )
```

内联表值用户自定义函数应遵循以下规则：

① RETURN 子句仅包含关键字 TABLE。不必定义返回变量的格式，因为它由 RETURN 子句中 SELECT 语句的结果集的格式设置。

② 函数主体不要 BEGIN 和 END 分割。

③ RETURN 子句在括号中包含单个 SELECT 语句。SELECT 语句的结果集构成函数返回的表。

3. 创建多语句表值型函数（Multi-statement TABLE-valued function）

语法格式：

```
CREATE FUNCTION [ owner_name.] function_name
( [ { @parameter_name [AS] scalar_parameter_data_type [ = default ] }
    [ ,...n ] ] )
RETURNS @return_variable TABLE < TABLE_type_definition >
[ WITH < function_option > [ [,] ...n ] ]
[ AS ]
BEGIN
  function_body
  RETURN
END
  < function_option > ::= { ENCRYPTION | SCHEMABINDING }
  < TABLE_type_definition > ::= ( { column_definition | TABLE_constraint }
                                  [ ,...n ] )
```

参数说明：

TABLE 指定表值型函数的返回值为表。在内联表值型函数中，通过单个 SELECT 语句定义 TABLE 返回值。内联函数没有相关联的返回变量。在多语句表值型函数中，@return_variable 是 TABLE 变量，用于存储和累积应作为函数值返回的行。

function_body 指定一系列 Transact-SQL 语句定义函数的值，这些语句合在一起不会产生副作用。function_body 是一系列填充表返回变量的 Transact-SQL 语句。

ENCRYPTION 指出 SQL Server 加密包含 CREATE FUNCTION 语句文本的系统表列。使用 ENCRYPTION 可以避免将函数作为 SQL Server 复制的一部分发布。

SCHEMABINDING 指定将函数绑定到它所引用的数据库对象。如果函数是用 SCHEMABINDING 选项创建的，则不能更改（使用 ALTER 语句）或除去（使用 DROP 语句）该函数引用的数据库对象。

在多表值型用户自定义函数的函数体中允许使用下列 Transact-SQL 语句：赋值语句（Assignment statement），流程控制语句（Control-of-Flow statement），定义作用范围在函数内的变量和游标的 DECLARE 语句，SELECT 语句，以及编辑函数中定义的表变量的 INSERT、UPDATE 和 DELETE 语句。在函数中允许涉及诸如声明游标、打开游标、关闭游标、释放游标这样的游标操作，对于读取游标而言，除非在 FETCH 语句中使用 INTO 从句来对某一变量赋值，否则不允许在函数中使用 FETCH 语句来向客户端返回数据。

【例 11-3】创建多语句表值型函数，返回指定教师某学年的开课信息。

```
USE 教学管理
GO
CREATE FUNCTION F_教师课表(@教师姓名 CHAR(8),@开课学年 char(9))
RETURNS @教师课表 TABLE(
    课名 varchar(30),
```

```
        开课地点 char(6),
        开课学年 char(9),
        开课学期 int,
        开课周数 int,
        开课时间 varchar(20),
        已选人数 int
    )
    AS
    BEGIN
        INSERT @教师课表
        SELECT 课名,开课地点,开课学年,开课学期,开课周数,开课时间,已选人数
        FROM 教师表 T,开课表 O,课程表 C
        WHERE T.工号=O.工号
        AND O.课号=C.课号
        AND 姓名=@教师姓名
        AND 开课学年=@开课学年
        RETURN
    END
```

在返回 TABLE 的多语句用户定义函数中：

① RETURN 子句为函数返回的表定义局部返回变量名。RETURN 子句还定义表的格式。局部返回变量名的作用域位于函数内。

② 函数主体中的 T-SQL 语句生成结果并将其插入到 RETURN 子句定义的返回变量里。

③ 当执行 RETURN 语句时，插入变量的行以函数的表格格式输出形式返回。RETURN 语句不能有参数。

④ 函数中返回的表不能直接将结果集返回用户。函数返回用户的唯一信息是由该函数返回的表。

4．对用户自定义函数创建的补充说明

函数与其所引用对象的绑定关系只有在发生以下两种情况之一时才被解除：

- 除去了函数。
- 在未指定 SCHEMABINDING 选项的情况下更改了函数（使用 ALTER 语句）。只有在满足以下条件时，函数才能绑定到架构。
- 该函数所引用的用户定义函数和视图已绑定到架构。
- 该函数所引用的对象不是用两部分名称引用的。
- 该函数及其引用的对象属于同一数据库。
- 执行 CREATE FUNCTION 语句的用户对所有该函数所引用的数据库对象都具有 REFERENCES 权限。

如果不符合以上条件，则指定了 SCHEMABINDING 选项的 CREATE FUNCTION 语句将失败。

注释：

（1）用户自定义函数为标量值函数或表值型函数。

如果 RETURNS 子句指定一种标量数据类型，则函数为标量值函数。可以使用多条 Transact-SQL 语句定义标量值函数。

如果 RETURNS 子句指定 TABLE，则函数为表值型函数。根据函数主体的定义方式，表值型函数可分为内联表值型函数或多语句表值型函数。

如果 RETURNS 子句指定的 TABLE 不附带列的列表，则该函数为内联表值型函数。内联表值型

函数是使用单个 SELECT 语句定义的表值型函数，该语句组成了函数的主体。该函数返回的表的列（包括数据类型）来自定义该函数的 SELECT 语句的 SELECT 列表。

如果 RETURNS 子句指定的 TABLE 类型带有列及其数据类型，则该函数是多语句表值型函数。

（2）多语句表值型函数的主体中允许使用以下语句。未在下面的列表中列出的语句不能用在函数主体中。

- 赋值语句。
- 控制流语句。
- DECLARE 语句，该语句定义函数局部的数据变量和游标。
- SELECT 语句，该语句包含带有表达式的选择列表，其中的表达式将值赋予函数的局部变量。
- 游标操作，该操作引用在函数中声明、打开、关闭和释放的局部游标。只允许使用以 INTO 子句向局部变量赋值的 FETCH 语句；不允许使用将数据返回到客户端的 FETCH 语句。
- INSERT、UPDATE 和 DELETE 语句，这些语句修改函数的局部 TABLE 变量。
- EXECUTE 语句调用扩展存储过程。

11.3　用户自定义函数的调用

当引用或唤醒调用用户自定义函数时，应指定函数名。而在括号内可指定称为参数的表达式，以提供将传递给参数的数据。当唤醒调用函数时不能在参数中指定参数名。当唤醒调用函数时，必须提供所有参数的参数值，并且必须以 CREATE FUNCTION 语句定义参数的相同序列指定参数值。

【例 11-4】调用例 11-1 创建的函数，按五等成绩显示信电学院每个学生所选课程的成绩。

```
SELECT E.学号,姓名,O.开课号,O.课号,课名,DBO.F_成绩分级(成绩) AS '成绩等级'
   FROM 选课表 E, 学生表 S,开课表 O, 课程表 C
     WHERE S.学号 =E.学号
     AND E.开课号= O.开课号
AND C.课号= O.课号
```

显示结果如下：

```
学号      姓名     开课号   课号     课名          成绩等级
---------------------------------------------------------------------
S060101  王东民   010101  C01001  C++程序设计    优秀!
S060101  王东民   010201  C01002  数据结构      还没参加考试
S060101  王东民   010301  C01003  数据库原理    还没参加考试
S060101  王东民   020101  C02001  管理信息系统  还没参加考试
S060101  王东民   020201  C02002  ERP 原理      还没参加考试
S060101  王东民   020301  C02003  会计信息系统  还没参加考试
S060101  王东民   030101  C03001  电子商务      还没参加考试
S060102  张小芬   010101  C01001  C++程序设计    优秀!
S060102  张小芬   010301  C01003  数据库原理    还没参加考试
S060102  张小芬   020102  C02001  管理信息系统  还没参加考试
S060103  李鹏飞   010101  C01001  C++程序设计    良好
S060110  赵青山   010101  C01001  C++程序设计    良好
S060110  赵青山   010301  C01003  数据库原理    还没参加考试
S060201  胡汉民   020101  C02001  管理信息系统  还没参加考试
S060202  王俊青   010101  C01001  C++程序设计    中等
```

```
S060202 王俊青   020201  C02002  ERP 原理       还没参加考试
```

【例 11-5】调用例 11-2 创建的函数，返回指定学院的学生的基本信息。

```
DECLARE @院系 CHAR(20)
SET @院系='信电学院'
SELECT * FROM  DBO.F_学生信息(@院系)
```

显示结果如下：

```
------------------------------------------------------------------
    学号      姓名    性别    院系      专业      籍贯
1  S060101  王东民   男    信电学院   计算机    杭州
2  S060102  张小芬   女    信电学院   计算机    宁波
3  S060109  陈晓莉   女    信电学院   计算机    西安
4  S060110  赵青山   男    信电学院   计算机    太原
5  S060201  胡汉民   男    信电学院   信息管理  杭州
6  S060202  王俊青   男    信电学院   信息管理  金华
7  S060306  吴双红   女    信电学院   电子商务  杭州
8  S060308  张丹宁   男    信电学院   电子商务  宁波
```

【例 11-6】调用例 11-3 创建的函数，返回指定老师某学年所上的课程信息。

```
--下面调用该函数
DECLARE @姓名 CHAR(10)
SET @姓名='黄中天'
SELECT * FROM  DBO.F_教师课表(@姓名,'2007-2009')
```

显示结果如下：

```
------------------------------------------------------------------
  课名        开课地点    开课学年    开课学期  开课周数   开课时间    已选人数
管理信息系统    3-201    2007-2008    2         18      周三(3,4)    2
管理信息系统    3-201    2007-2008    2         18      周五(3,4)    1
```

由例 11-1~例 11-6 可以看出，用户自定义函数可以用来提供参数化的用户视图，比直接定义用户视图具有更大的灵活性。

11.4 修改和删除用户自定义函数

11.4.1 修改用户自定义函数

用 ALTER FUNCTION 命令也可以修改先前由 CREATE FUNCTION 语句创建的现有用户自定义函数，但不会更改权限，也不影响相关的函数、存储过程或触发器。

语法格式：

（1）修改标量型用户自定义函数。

```
ALTER FUNCTION [ owner_name.] function_name
  ( [ { @parameter_name [AS] scalar_parameter_data_type [ = default ] }
      [ ,...n ] ] )
  RETURNS scalar_return_data_type
```

```
  [ WITH < function_option> [ [,] ...n] ]
  [ AS ]
 BEGIN
   function_body
   RETURN scalar_expression
 END
```

（2）修改内联表值型函数。

```
CREATE FUNCTION [ owner_name.] function_name
  ( [ { @parameter_name [AS] scalar_parameter_data_type [ = default ] }
      [ ,...n ] ] )
  RETURNS TABLE
   [ WITH < function_option > [ [,] ...n ] ]
   [ AS ]
    RETURN [ ( ) select-stmt [ ] ]
```

（3）修改多语句表值型函数。

```
CREATE FUNCTION [ owner_name.] function_name
  ( [ { @parameter_name [AS] scalar_parameter_data_type [ = default ] }
       [ ,...n ] ] )
  RETURNS @return_variable TABLE < TABLE_type_definition >
   [ WITH < function_option > [ [,] ...n ] ]
   [ AS ]
  BEGIN
   function_body
   RETURN
  END
< function_option > ::= { ENCRYPTION | SCHEMABINDING }
< TABLE_type_definition > ::= ( { column_definition | TABLE_constraint }
                                  [ ,…n ] )
```

此命令的语法与 CREATE FUNCTION 相同，各参数含义见 11.2 一节。使用 ALTER FUNCTION 命令其实相当于重建了一个同名的函数。

注释：

不能用 ALTER FUNCTION 将标量值函数更改为表值型函数，反之亦然。同样地，也不能用 ALTER FUNCTION 将行内函数更改为多语句函数，反之亦然。

权限：

ALTER FUNCTION 权限默认授予 sysadmin 固定服务器角色成员、db_owner 和 db_ddladmin 固定数据库角色成员和函数的所有者，且不可转让。

函数的所有者对其函数具有 EXECUTE 权限。不过，也可将此权限授予其他用户。

【例 11-7】创建一个内联表值型函数，返回指定学生所选的课程号、课程名、成绩，然后修改。

```
USE 教学管理
GO
CREATE FUNCTION F_学生选课信息(@学号 CHAR(7))
RETURNS TABLE
AS
RETURN(
```

```
SELECT O.课号,课名,成绩
FROM 选课表 E,开课表 O,课程表 C
WHERE E.开课号=O.开课号
AND O.课号=C.课号
AND 学号=@学号)
```

修改该函数，使得函数返回指定学生所选的课程号、课程名、成绩，如果成绩为 NULL 值，就显示“未完成考试”。

```
ALTER function F_学生选课信息(@学号 CHAR(7))
RETURNS TABLE
AS
RETURN(
    SELECT O.课号,课名, '成绩'=CASE
                        WHEN 成绩 IS NULL THEN '未完成考试'
                        ELSE CAST(成绩 AS CHAR(12))
                        END
    FROM 选课表 E,开课表 O,课程表 C
    WHERE E.开课号=O.开课号
    AND O.课号=C.课号
    AND 学号=@学号)
```

11.4.2　删除用户自定义函数

使用 DROP FUNCTION 从当前数据库中删除一个或多个用户自定义的函数。用户自定义的函数通过 CREATE FUNCTION 创建，通过 ALTER FUNCTION 修改。

语法格式：

```
DROP FUNCTION { [ owner_name .] function_name } [ ,...n ]
```

参数说明：

function_name 是要删除的用户自定义的函数名称。可以选择是否指定所有者名称，但不能指定服务器名称和数据库名称。

[,...n] 是表示可以指定多个用户自定义的函数的占位符。

权限：

在默认情况下，将 DROP FUNCTION 权限授予函数所有者，该权限不可转让。不过，sysadmin 固定服务器角色和 db_owner 及 db_ddladmin 固定数据库角色的成员可通过在 DROP FUNCTION 中指定所有者来除去任何对象。

【例 11-8】 删除用户自定义函数F_学生选课信息。

```
DROP FUNCTION F_学生选课信息
```

11.5　用户自定义函数实例分析

【例 11-9】 计算每个教师的总工作量，这可以用如下 T-SQL 程序实现。注意，在开课表中没有显式地给出每周课时数这个必要信息，因此需要对“开课时间”字段中的逗号进行计数，每周课时数就等于逗号出现次数加 1，但 SQL Server 没有实现这一功能的内置函数，因此需要创建一个用户自定义函数“F_计算教师工作量”来实现这个功能。

```
CREATE FUNCTION F_计算教师工作量(@开课时间 VARCHAR(20))
RETURNS INT
AS BEGIN
  DECLARE    @st VARCHAR(20),                    --用来暂存@开课时间
             @cc INT,                            --用来统计@开课时间中逗号出现次数
             @pos INT                            --用来定位逗号出现位置
   SELECT @st=@开课时间, @cc=0                    --初始化
  SET @pos=CHARINDEX(',', @st)                   --在@st 中定位逗号
  WHILE @pos!=0 BEGIN                            --@st 中存在逗号
     SET @cc=@cc+1                               --逗号出现次数加
     SET @st=RIGHT(@st, LEN(@st)-@pos)           --截取逗号右边的字符串
     SET @pos=CHARINDEX(',', @st)                --在@st 中定位逗号
  END
  RETURN @cc+1
END
GO

--计算教师的工作量，调用以上函数

SELECT 姓名,SUM(dbo.F_计算教师工作量(开课时间)*开课周数) AS 工作量
FROM 开课表 O, 教师表 T
WHERE O.工号=T.工号
GROUP BY T.工号,姓名
```

【例 11-10】 显示指定学院每个学生的选修课程情况和获取学分情况，要求先显示每个学生所选的课程，如果该门课程已经通过考试，则显示该门课程的学分；如果没有通过考试或还没有参加考试，则为 0，然后显示该学生获取学分的总数。

完成上述显示功能，不能由一个简单的查询语句完成，也不能用视图来进行定义，而须进行复杂的数据处理。我们考虑用多语句表值型函数来实现，将数据进行分布处理，然后按要求放到返回表中。

设计一个多语句表值型函数，显示指定学院每个学生选修课程情况和获取学分情况，并在每个学生明细数据的最后一行，显示该学生获取的总学分。函数中定义了包含指定学院所有学生的学号、姓名及总学分的游标，以逐个获取每个学生所选修的课程及该课程的学分获取情况。

```
CREATE FUNCTION F_学生获取学分(@院系 CHAR(20))
RETURNS @成绩学分表 TABLE (学号 CHAR(7),
        姓名 CHAR(10),
        课名 CHAR(20),
        成绩 CHAR(12),
        学分 INT)
AS
BEGIN
  DECLARE @学号 CHAR(7),@姓名 CHAR(10),@学分 INT
  --定义游标
  DECLARE CUR_学生学分 CURSOR
   FOR
   SELECT 学号,姓名,累计学分
   FROM 学生表
     WHERE 所在院系=@院系
```

```
    OPEN CUR_学生学分
    FETCH NEXT FROM CUR_学生学分 INTO @学号,@姓名,@学分
    WHILE @@fetch_status=0
    BEGIN
    --将当前学生所选的课程及学分获取情况插入返回表
   INSERT @成绩学分表
   SELECT S.学号,姓名,课名,成绩,学分=CASE
                                WHEN 成绩>=60 then 学分
                                ELSE 0
                                END
   FROM 学生表 S,选课表 E,开课表 O, 课程表 C
   WHERE S.学号=@学号
     AND S.学号=E.学号
     AND E.开课号=O.开课号
     AND O.课号=C.课号
   --插入当前学生所获总学分数
   INSERT INTO @成绩学分表(学号,姓名,课名, 学分)
   VALUES(@学号,@姓名,'获取总学分为： ',@学分)
   FETCH NEXT FROM CUR_学生学分 INTO @学号,@姓名,@学分
   END
   CLOSE CUR_学生学分
   DEALLOCATE CUR_学生学分
   RETURN
END
GO
```

要显示信电学院学生的选课及学分获取情况，则调用函数：

```
SELECT * FROM  DBO.F_学生获取学分('信电学院')
```

用户自定义函数是包含一个或多个 Transact-SQL 语句的子程序，使用函数的主要目的是将我们经常需要使用的代码封装起来，以便在需要时多次使用而无须重复编程，同时还可以提供参数化的用户视图，简化程序设计。本章介绍了三种自定义函数的创建、修改和删除，并列举了各种类型的用户自定义函数的实例，以帮助读者掌握在实际应用过程中使用和设计用户自定义函数的方法。

实验与思考

目的和任务

（1）了解用户自定义函数的类型。

（2）理解用户自定义函数的概念。

（3）掌握创建用户自定义函数的方法。

（4）掌握用户自定义函数的使用方法。

实验内容

（1）创建标量型自定义函数

① 建立一个求阶乘的函数“F1_自定义函数”。

② 调用该函数计算 5！*3！–6！

（2）创建内联表值型函数

① 创建函数“F2_自定义函数”，通过员工号查询员工姓名、年龄、性别和所在部门（注意不是部门编号）。

② 使用该函数，用员工号查询并显示某员工的姓名、年龄、性别和所在部门。

（3）设计多语句表值函数

① 创建函数“F3_自定义函数”，显示指定部门的每个职工参与的项目数，并在最后一行显示该职工参与项目的总数。

② 调用该函数显示某一部门职工参与项目的情况。

（4）创建一个用户自定义函数 “F4_自定义函数”，返回参加某个项目（如“J3”）的所有员工的姓名、职称、所在部门的名称，以及每个员工在该项目中的职责和任务。利用该函数进行查询。

问题思考

（1）用户自定义函数有几类？创建的语法分别是什么？

（2）使用用户自定义函数有哪些限制？

（3）实验内容（4）的例子用内联表值型函数还是多语句表值型函数？各有什么优缺点？

第 12 章 存储过程和用户存储过程设计

存储过程和其他高级语言中的过程、子程序很相似。它提供了许多标准 SQL 语言中所没有的高级特性。由于存储过程具有传递参数和执行逻辑表达式的功能，因此，存储过程在处理 SQL Server 复杂任务中具有很特别的作用。

12.1 存储过程概述

12.1.1 存储过程的概念和分类

SQL Server 提供了一种方法，它可以将一些固定的操作集中起来由 SQL Server 数据库服务器来完成，以实现某个任务，这种方法就是存储过程。

存储过程（Stored Procedure）是一组完成特定功能的 SQL 语句集，经编译后存储在数据库中。用户或应用程序通过指定存储过程的名字并给出参数（如果该存储过程带有参数）来执行它，而且允许用户声明变量、有条件执行及其他强大的编程功能。

在 SQL Server 中存储过程分为两类：系统提供的存储过程和用户自定义的存储过程。

系统过程主要存储在 master 数据库中并以 sp_为前缀，系统存储过程主要是从系统表中获取信息，从而为系统管理员管理 SQL Server 提供支持。通过系统存储过程，MS SQL Server 中的许多管理性或信息性的活动（如了解数据库对象、数据库信息）都得以顺利有效地完成。尽管这些系统存储过程放在 master 数据库中，但是仍可以在其他数据库中对其进行调用，在调用时不必在存储过程名前加上数据库名。而且当创建一个新数据库时，一些系统存储过程会在新数据库中被自动创建。用户自定义存储过程是由用户创建并能完成某一特定功能（如查询用户所需数据信息）的存储过程。本章所涉及的存储过程主要是指用户自定义存储过程。

12.1.2 存储过程的优点

当利用 MS SQL Server 创建一个应用程序时，Transaction-SQL 是一种主要的编程语言。运用 Transaction-SQL 进行编程有两种方法。

其一是，在本地存储 Transaction-SQL 程序，并创建应用程序向 SQL Server 发送命令来对结果进行处理。

其二是，可以把部分用 Transaction-SQL 编写的程序作为存储过程存储在 SQL Server 中，并创建应用程序来调用存储过程，对数据结果进行处理存储过程能够通过接收参数向调用者返回结果集，结果集的格式由调用者确定；返回状态值给调用者，指明调用是成功还是失败；包括针对数据库的操作语句，并且可以在一个存储过程中调用另一存储过程。

使用存储过程，主要有以下优点：

（1）存储过程允许标准组件式编程。存储过程在创建以后可以在程序中被多次调用，而不必重新编写该存储过程的 SQL 语句，而且数据库专业人员可随时对存储过程进行修改，但对应用程序源代码毫无影响（因为应用程序源代码只包含存储过程的调用语句），从而极大地提高了程序的可移植性。

（2）存储过程能够实现较快的执行速度。如果某一操作包含大量的 Transaction-SQL 代码或分别被多次执行，那么存储过程要比批处理的执行速度快得多。存储过程是预编译的，在首次运行一个存储过程时，查询优化器对其进行分析、优化，并给出最终存在系统表中的执行计划。而批处理的 Transaction- SQL 语句在每次运行时都要进行编译和优化，因此速度相对慢一些。

（3）存储过程能够减少网络流量。对于同一个针对数据库对象的操作（如查询、修改），如果这一操作所涉及的 Transaction-SQL 语句被组织成一个存储过程，那么当在客户计算机上调用该存储过程时，网络中传送的只是该调用语句，否则将是多条 SQL 语句，从而大大增加了网络流量，降低网络负载。

（4）存储过程可作为一种安全机制来充分利用。系统管理员通过对执行某一存储过程的权限进行限制，能够实现对相应的数据访问权限的限制，避免非授权用户对数据的访问，保证数据的安全。

（5）自动完成需要预先执行的任务。

存储过程可以在系统启动时自动执行，而不必在系统启动后再进行手工操作，大大方便了用户的使用，可以自动完成一些需要预先执行的任务。

注意：存储过程虽然既有参数又有返回值，但是它与函数不同。存储过程的返回值只是指明执行是否成功，并且它不能像函数那样被直接调用，也就是在调用存储过程时，在存储过程名字前一定要有 EXEC 保留字（如何执行存储过程见本章后续章节）。

12.2 系统存储过程

12.2.1 系统存储过程分类

系统存储过程就是系统创建的存储过程，目的在于能够方便地从系统表中查询信息，或完成与更新数据库表相关的管理任务或其他的系统管理任务。系统过程以“sp_”开头，在 Master 数据库中创建并保存在该数据库中，为数据库管理者所有。一些系统过程只能由系统管理员使用，而有些系统过程通过授权可以被其他用户使用。

系统存储过程按这些分类分组，如表 12-1 所示。

表 12-1　系统存储过程分类

分　类	描　述
Active Directory 过程	用于在 Microsoft Windows® 2000 Active Directory™ 中注册 SQL Server 实例和 SQL Server 数据库
目录过程	执行 ODBC 数据字典功能，并隔离 ODBC 应用程序，使之不受基础系统表更改的影响
游标过程	执行游标变量功能
数据库维护计划过程	用于设置确保数据库性能所需的核心维护任务
分布式查询过程	用于执行和管理分布式查询
全文检索过程	用于执行和查询全文索引
日志传送过程	用于配置和管理日志传送
OLE 自动化过程	允许在标准 Transact-SQL 批处理中使用标准 OLE 自动化对象

续表

分　类	描　述
复制过程	用于管理复制
安全过程	用于管理安全性
SQL 邮件过程	用于从 SQL Server 内执行电子邮件操作
SQL 事件探查器过程	由 SQL 事件探查器用于监视性能和活动
SQL Server 代理程序过程	由 SQL Server 代理程序用于管理调度的活动和事件驱动活动
系统过程	用于 SQL Server 的常规维护
Web 助手过程	由 Web 助手使用
XML 过程	用于可扩展标记语言（XML）文本管理
常规扩展过程	提供从 SQL Server 到外部程序的接口，以便进行各种维护活动

说明：除非特别指明，所有系统存储过程返回 0 值表示成功，返回非零值则表示失败。

12.2.2 一些常用的系统存储过程

表 12-2 列举了一些常用的系统存储过程及其所属类别。

表 12-2 常用的系统存储过程

分　类	常用的系统存储过程
目录过程	sp_column_privileges，sp_special_columns，sp_columns，sp_sproc_columns，sp_databases，sp_statistics，sp_fkeys，sp_stored_procedures，sp_pkeys，sp_table_privileges，sp_server_info，sp_tables
游标过程	sp_cursor_list，sp_describe_cursor_columns，sp_describe_cursor，sp_describe_cursor_tables
分布式查询过程	sp_addlinkedserver，sp_indexes，sp_addlinkedsrvlogin，sp_linkedservers，sp_catalogs sp_primarykeys，sp_droplinkedsrvlogin，sp_foreignkeys
安全过程	sp_addalias，sp_droprolemember，sp_addapprole，sp_dropserver，sp_addgroup，sp_dropsrvrolemember，sp_addlinkedsrvlogin，sp_dropuser，sp_addlogin，sp_grantdbaccess，sp_addremotelogin，sp_grantlogin，sp_addrole，sp_helpdbfixedrole，sp_addrolemember，sp_helpgroup，sp_addserver，sp_helplinkedsrvlogin，sp_addsrvrolemember，sp_helplogins，sp_adduser，sp_helpntgroup，sp_approlepassword，sp_helpremotelogin，sp_changedbowner，sp_helprole，sp_changegroup，sp_helprolemember，sp_changeobjectowner，sp_helprotect，sp_change_users_login，sp_helpsrvrole，sp_dbfixedrolepermission，sp_helpsrvrolemember，sp_defaultdb，sp_helpuser，sp_defaultlanguage，sp_Mshasdbaccess，sp_denylogin，sp_password，sp_dropalias，sp_remoteoption，sp_dropapprole，sp_revokedbaccess，sp_dropgroup，sp_revokelogin，sp_droplinkedsrvlogin，sp_setapprole，sp_droplogin，sp_srvrolepermission，sp_dropremotelogin，sp_validatelogins，sp_droprole
系统过程	sp_add_data_file_recover_suspect_db，sp_helpconstraint，sp_addextendedproc，sp_helpdb，sp_addextendedproperty，sp_helpdevice，sp_add_log_file_recover_suspect_db，sp_helpextendedproc，sp_addmessage，sp_helpfile，sp_addtype，sp_helpfilegroup，sp_addumpdevice，sp_helpindex，sp_altermessage，sp_helplanguage，sp_autostats，sp_helpserver，sp_attach_db，sp_helpsort，sp_attach_single_file_db，sp_helpstats，sp_bindefault，sp_helptext，sp_bindrule，sp_helptrigger，sp_bindsession，sp_indexoption，sp_certify_removable，sp_invalidate_textptr，sp_configure sp_lock，sp_create_removable，sp_monitor，sp_createstats，sp_procoption，sp_cycle_errorlog，sp_recompile，sp_datatype_info，sp_refreshview，sp_dbcmptlevel，sp_releaseapplock，sp_dboption，sp_rename，
系统过程	sp_dbremove sp_renamedb，sp_delete_backuphistory，sp_resetstatus，sp_depends，sp_serveroption，sp_detach_db sp_setne 姓名，sp_dropdevice，sp_settriggerorder，sp_dropextendedproc，sp_spaceused，sp_dropextendedproperty，sp_tableoption，sp_dropmessage，sp_unbindefault，sp_droptype，sp_unbindrule，sp_executesql，sp_updateextendedproperty，sp_getapplock，sp_updatestats，sp_getbindtoken，sp_validname，sp_help，sp_who

例如 sp_helpdb 系统存储过程，其功能是报告有关指定数据库或所有数据库的信息。

语法格式：

```
sp_helpdb [ [ @dbname= ] '数据库名' ]
```

如果没有指定数据库名，则 sp_helpdb 报告 master.dbo.sysdatabases 中的所有数据库。

【例 12-1】 返回 pubs 数据库的信息。

```
exec sp_helpdb pubs
```

【例 12-2】 返回有关所有数据库的信息。

```
exec sp_helpdb
```

在相关章节中，我们会讲解其他一些系统存储过程的功能和使用。

12.3 创建和执行用户存储过程

12.3.1 创建用户存储过程

用户自定义存储过程是由用户创建并能完成某一特定功能（如查询用户所需数据信息）的存储过程。在 SQL Server 中，可以使用两种方法创建存储过程：

① 利用 SQL Server 对象资源管理器创建存储过程。

② 使用 Transact-SQL 语句中的 CREATE PROCEDURE 命令创建存储过程。

创建存储过程时，需要确定存储过程的三个组成部分：

① 所有的输入参数及传给调用者的输出参数。

② 执行的针对数据库的操作语句，包括调用其他存储过程的语句。

③ 返回给调用者的状态值，以指明调用是成功还是失败。

1. 使用 SQL Server 对象资源管理器创建存储过程

在 SQL Server 对象资源管理器中，选择指定的服务器和数据库，在“可编程性”里选择“存储过程”，用右键单击，在弹出的快捷菜单中选择“新建存储过程”选项，如图 12-1 所示。

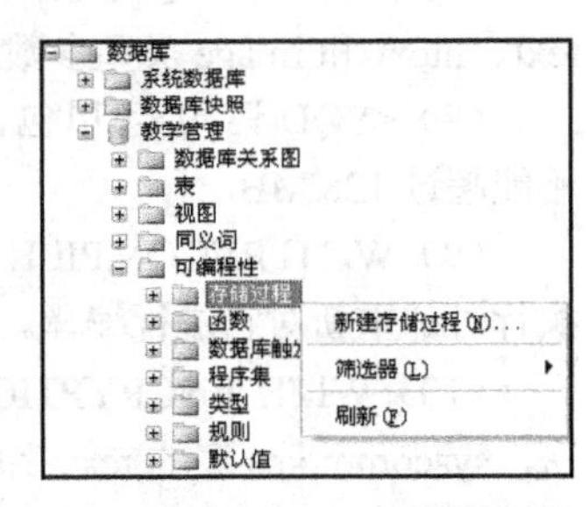

图 12-1 选择“新建存储过程”对话框

2. 使用 Transact-SQL 语句中的 CREATE PROCEDURE 命令创建存储过程

创建存储过程前，应该考虑下列几个事项：

① 在一个批处理中，CREATE PROCEDURE 语句不能与其他 SQL 语句合并在一起。

② 创建存储过程的权限默认属于数据库所有者，该所有者可将此权限授予其他用户。

③ 存储过程是数据库对象，其名称必须遵守标识符规则。

④ 只能在当前数据库中创建当前数据库的存储过程。

⑤ 一个存储过程的最大尺寸为 128MB。

语法格式：

```
CREATE PROC[EDURE] 存储过程名 [; 版本号]
[ ({ @参数名  数据类型 } [VARYING] [=default] [OUTPUT] [, …])]
[WITH RECOMPILE|ENCRYPTION
[FOR REPLICATION]
AS SQL 语句
```

参数说明：

（1）<存储过程名>为新建立的存储过程名称，它必须遵守 T-SQL 标识符命名规则，且在一个数据库中或对其所有者而言，存储过程名必须唯一。

（2）[；版本号]用来区分一组同名存储过程中的不同版本。同名存储过程只需调用一次 DROP PROCEDURE 即可全部删除。

（3）<@参数名>是存储过程的参数。在 CREATE PROCEDURE 语句中，可以声明一个或多个参数。存储过程的参数有两种类型：输入参数和输出参数。当调用该存储过程时，用户必须给出所有的参数值，除非定义了参数的默认值。若参数的形式以@parameter=value 出现，则参数的次序可以不同，否则用户给出的参数值必须与参数列表中参数的顺序保持一致。若某一参数以@parameter=value 形式给出，那么其他参数也必须以该形式给出。存储过程最多可以有 2100 个参数。

在默认情况下，参数只能代替常量，而不能用于代替表名、列名或其他数据库对象的名称。

（4）数据类型是参数的数据类型。在存储过程中，所有的数据类型（包括 text 和 image）都可用做参数。但是，游标 CURSOR 数据类型只能用做 OUTPUT 参数，必须同时使用 VARYING 和 OUTPUT。对可能是游标型数据类型的 OUTPUT 参数而言，参数的最大数目没有限制。

（5）VARYING 指定由 OUTPUT 参数支持的结果集，仅应用于游标型参数。

（6）[=default]用来为存储过程参数设置默认值。如果定义了默认值，那么即使不给出参数值，该存储过程仍能被调用。默认值必须是常数或者空值。

（7）OUTPUT 选项用来声明存储过程的返回参数，其值可以返回给调用它的 EXECUTE 语句，text、ntext 和 image 类型参数可用做存储过程的返回参数。

（8）<SQL 语句>可以包含任意数量的 T-SQL 语句，它定义存储过程所执行的操作。定义的文本不能超过 128 MB。

（9）WITH RECOMPILE 选项要求 SQL Server 不要在缓存中保存存储过程的执行计划，而在每次执行时都重新对它进行编译。

（10）WITH ENCRYPTION 选项要求对存储在 syscomments 系统表中的存储过程定义文本进行加密。syscomments 表的 text 字段是包含 CREATE PROCEDURE 语句的存储过程文本，使用该关键字无法通过查看 syscomments 表来查看存储过程内容。

（11）FOR REPLICATION 选项说明该存储过程只能在复制过程中执行，但这种类型的存储过程不能在订阅服务器上执行。只有在创建过滤存储过程时（仅当进行数据复制时过滤存储过程才被执行），才使用该选项。不能与 WITH RECOMPILE 同时使用。

（12）AS 指明该存储过程将要执行的动作。

（13）<SQL 语句>是任何数量和类型的包含在存储过程中的 SQL 语句。一个存储过程的最大尺寸为 128 MB。

下面给出几个例子，用来详细介绍如何创建各种存储过程。

【例 12-3】创建一个简单的存储过程，返回所有学生的基本信息，包括学生的学号、姓名、所学专业、所在二级学院、来自的城市。

```
USE 教学管理
IF EXISTS(SELECT *
        FROM sysobjects
        WHERE name='P_学生部分信息' AND type='p')
    BEGIN
      DROP PROCEDURE P_学生部分信息
```

```
    END
GO
CREATE PROCEDURE P_学生部分信息
  AS
  SELECT 学号,姓名,专业,所在院系,籍贯
   FROM 学生表
GO
```

【例 12-4】创建带参数的存储过程，实现对指定的某一专业某门课程学生选课及成绩的查询。

```
USE 教学管理
IF EXISTS(SELECT*
      FROM sysobjects
      WHERE name='P_学生选课信息' AND type='p')
    BEGIN
      DROP PROCEDURE P_学生选课信息
    END
GO
CREATE PROCEDURE P_学生选课信息(@专业 CHAR(20), @课名 CHAR(20))
  AS
  SELECT S.学号,姓名,专业,所在院系,O.课号,课名,成绩
   FROM 学生表 S, 选课表 E, 开课表 O, 课程表 C
   where 专业=@专业
    AND 课名=@课名
    AND S.学号=E.学号
    AND E.开课号=O.开课号
    AND O.课号=C.课号
GO
```

创建存储过程中的<SQL 语句>还可以含有流程控制等语句。存储过程可以嵌套，即在一个存储过程中可以调用另一个存储过程。存储过程一般用来完成数据查询和数据处理操作，所以在存储过程中不可以使用创建数据库对象等语句。这类语句如下：

- SET SHOWPLAN_TEXT
- SET SHOWPLAN_ALL
- CREATE TABLE
- CREATE VIEW
- CREATE DEFAULT
- CREATE RULE
- CREATE TRIGGER
- CREATE PROCEDURE

12.3.2　执行用户存储过程

执行已创建的存储过程使用 EXECUTE 命令。

语法格式：

```
[ [ EXEC [ UTE ] ]
{ [ @return_status = ]{ <存储过程名> [ ;版本号] | @procedure_name_var}
[ [ @参数= ] { value | @variable [ OUTPUT ] | [ DEFAULT ] ][ ,...n ]
```

```
[ WITH RECOMPILE ]
```

参数说明：

（1）@return_status 是一个可选的整型变量，保存存储过程中由 RETURN 语句返回的状态值。这个变量在用于 EXECUTE 语句前，必须在批处理、存储过程或函数中声明过。

（2）<存储过程名>是拟调用的存储过程的完全合法或不完全合法的名称。过程名称必须符合标识符规则。

用户可以执行在另一数据库中创建的过程，只要该用户拥有此过程或有在该数据库中执行它的适当的权限。用户可以在另一台运行 Microsoft® SQL Server 的服务器上执行过程，只要该用户有适当的权限使用该服务器（远程访问），并能在数据库中执行该过程。如果指定了服务器名称但没有指定数据库名称，SQL Server 会在用户默认的数据库中寻找该过程。

（3）[;版本号]是可选的整数，用于将相同名称的过程进行组合，使得它们可以用一句 DROP PROCEDURE 语句除去。该参数不能用于扩展存储过程。

在同一应用程序中使用的过程一般都以该方式组合。例如，在订购应用程序中使用的过程可以以 orderproc;1、orderproc;2 等来命名。DROP PROCEDURE orderproc 语句将除去整个组。在对过程分组后，不能除去组中的单个过程。例如，DROP PROCEDURE orderproc;2 是不允许的。

（4）@procedure_name_var 是局部定义变量名，里面存放存储过程名称。

（5）@参数名是存储过程的参数，在 CREATE PROCEDURE 语句中定义。在以@parameter_name = value 格式使用时，参数名称和常量不一定按照 CREATE PROCEDURE 语句中定义的顺序出现。但是，如果有一个参数使用 @parameter_name = value 格式，则后面其他所有参数都必须使用这种格式。

默认情况下，参数可为空。如果传递 NULL 参数值，且该参数用于 CREATE 或 ALTER TABLE 语句中不允许为 NULL 的列（例如，插入至不允许为 NULL 的列），SQL Server 就会报错。为避免将 NULL 参数值传递给不允许为 NULL 的列，可以在过程中添加程序设计逻辑或采用默认值。

（6）value 是过程中参数的值。如果参数名称没有指定，则参数值必须以 CREATE PROCEDURE 语句中定义的顺序给出。

如果参数值是一个对象名称、字符串或通过数据库名称或所有者名称进行限制，则整个名称必须用单引号括起来。如果参数值是一个关键字，则该关键字必须用双引号括起来。

如果在 CREATE PROCEDURE 语句中定义了默认值，则用户执行该过程时可以不必指定参数。如果该过程使用了带 LIKE 关键字的参数名称，则默认值必须是常量，并且可以包含%、_、[ ] 及 [^] 通配符。

默认值也可以为 NULL。通常，过程定义会指定当参数值为 NULL 时应该执行的操作。

（7）@variable 是用来保存参数或者返回参数的变量。

（8）OUTPUT 指定存储过程必须返回一个参数。该存储过程的匹配参数也必须由关键字 OUTPUT 创建。使用游标变量作参数时使用该关键字。

如果使用 OUTPUT 参数，目的是在调用批处理或过程的其他语句中使用其返回值，则参数值必须作为变量传递（即@parameter = @variable）。如果一个参数在 CREATE PROCEDURE 语句中不是定义为 OUTPUT 参数，则对该参数指定 OUTPUT 的过程不能执行。不能使用 OUTPUT 将常量传递给存储过程；返回参数需要变量名称。在执行过程之前，必须声明变量的数据类型并赋值。

（9）DEFAULT 根据过程的定义，提供参数的默认值。若过程需要的参数值没有事先定义好的默认值，或缺少参数，或指定了 DEFAULT 关键字，就会出错。

（10）WITH RECOMPILE 强制编译新的计划。如果所提供的参数为非典型参数或者数据有很大的改变，则使用该选项。在以后的程序执行中使用更改过的计划。该选项不能用于扩展存储过程。建议尽量少使用该选项，因为它消耗较多的系统资源。

【例 12-5】对存储过程 P_学生部分信息的执行。

```
EXEC P_学生部分信息
```

【例 12-6】带输入参数的存储过程 P_学生选课信息的执行。

（1）按参数位置传递值。

```
EXEC P_学生选课信息 '计算机','数据结构'
```

或

```
DECLARE @专业 CHAR(20), @课名 CHAR(20)
SET @专业='计算机'
SET @课名='数据结构'
EXEC P_学生选课信息 @专业,@课名
```

或

```
DECLARE @专业 CHAR(20)
SET @专业='计算机'
EXEC P_学生选课信息 @专业,'数据结构'
```

（2）按参数名传递值。

```
EXEC P_学生选课信息 @专业 ='计算机', @课名='数据结构'
```

按参数名传递值可以改变参数的顺序：

```
EXEC P_学生选课信息 @课名='数据结构', @专业='计算机'
```

（3）也可以两种方法混合使用，一旦使用了 '@name = value' 形式之后，所有后续的参数就必须以 '@name = value' 的形式传递。比如：

```
EXEC P_学生选课信息  '计算机', @课名='数据结构'
```

但是，如果按如下命令执行 P_学生选课信息存储过程，系统将提示出错信息。

```
EXEC P_学生选课信息 @课名='计算机', '数据结构'
```

```
服务器：消息 119，级别 15，状态 1，行 1
```

必须传递参数个数 2，并以'@name = value'的形式传递后续的参数。一旦使用了'@name = value'形式之后，所有后续的参数就必须以'@name = value'的形式传递。

【例 12-7】使用 OUTPUT 输出参数的存储过程及其执行。

```
首先创建存储过程
USE 教学管理
GO
IF EXISTS(SELECT*
     FROM sysobjects
     WHERE name='P_成绩检索和平均' AND type='p')
   BEGIN
     DROP PROCEDURE P_成绩检索和平均
   END
```

```
GO
CREATE PROCEDURE P_成绩检索和平均 (@学号 CHAR(7), @平均成绩 FLOAT OUTPUT)
AS
SELECT S.学号,姓名,课号,成绩
FROM 学生表 S, 开课表 O, 选课表 E
WHERE S.学号=@学号
   AND E.学号=S.学号
   AND E.开课号=O.开课号
SELECT @平均成绩 =AVG(成绩)
FROM 学生表 S, 开课表 O, 选课表 E
WHERE S.学号=@学号
   AND E.学号=S.学号
   AND E.开课号=O.开课号
RETURN
Go

--然后在查询分析器中调用 P_成绩检索和平均 存储过程
DECLARE @学号 CHAR(7),@平均成绩 FLOAT
SET @学号='S060102'
EXEC P_成绩检索和平均 @学号, @平均成绩 OUTPUT
IF @平均成绩 >=90
  SELECT '该学生的成绩'='优秀','平均成绩'=rtrim(cast(@平均成绩 as VARCHAR(20)))
IF @平均成绩 >=80 AND @平均成绩 <90
  SELECT '该学生的成绩'='良好','平均成绩'=rtrim(cast(@平均成绩 as VARCHAR(20)))
IF @平均成绩 >=70 AND @平均成绩 <80
SELECT '该学生的成绩'='中等','平均成绩'= rtrim(cast(@平均成绩 as VARCHAR(20)))
IF @平均成绩 >=60 AND @平均成绩 <70
  SELECT '该学生的成绩'='及格','平均成绩'= rtrim(cast(@平均成绩 as VARCHAR(20)))
IF @平均成绩 <60
  SELECT '该学生的成绩'='不及格','平均成绩'=rtrim(cast(@平均成绩 as VARCHAR(20)))
```

运行结果：

	学号	姓名	课号	成绩
1	S060102	张小芬	C01001	93.0
2	S060102	张小芬	C01003	NULL
3	S060102	张小芬	C02001	NULL

该学生成绩	平均成绩
优秀	93

所以，使用 OUTPUT 参数，目的是在调用批处理或过程的其他语句中使用其返回值，对 OUTPUT 参数首先必须在 CREATE PROCEDURE 语句中先定义为 OUTPUT 参数，在调用的时候，参数值还必须作为变量传递（即 @parameter = @variable），即必须先申明一个相同数据类型的局部变量，并在执行语句中在该参数变量后加 OUTPUT 关键字。如果一个参数在 CREATE PROCEDURE 语句中不是定义为 OUTPUT 参数，则对该参数指定 OUTPUT 的过程不能执行。

12.4　带状态参数的存储过程及实例分析

无论什么时候执行存储过程，总要返回一个结果码，用以指示存储过程的执行状态。如果存储过程执行成功，返回的结果码是 0；如果存储过程执行失败，返回的结果码一般是一个负数，它和失败的类型有关。SQL Server 目前使用返回值 0～–14 来表示存储过程的执行状态。值–15～–99 留做后用。

12.4.1　存储过程执行状态值的返回

（1）系统自动返回

无论什么时候执行存储过程，总要返回一个结果码，用以指示存储过程的执行状态。

如果存储过程执行成功，返回的结果码是 0；如果存储过程执行失败，返回的结果码目前是一个 0～–14 的负数。按以下语法只要执行存储过程并用@return_status 接收状态值即可：

```
EXECUTE @return_status = procedure_name
```

（2）用 RETURN 语句

RETURN 语句的功能是从查询或过程中无条件退出。RETURN 即时且完全，可在任何时候用于从过程、批处理或语句块中退出。不执行位于 RETURN 之后的语句。

语法格式：

```
RETURN [ integer_expression ]
```

参数说明：

integer_expression 是返回的整型值。存储过程可以给调用过程或应用程序返回整型值。返回类型可以选择是否返回 INT。

除非特别指明，所有系统存储过程返回 0 值表示成功，返回非 0 值则表示失败。

注释：

当用于存储过程时，RETURN 不能返回空值。如果过程试图返回空值（例如，使用 RETURN @status 且@status 是 NULL），将生成警告信息并返回 0 值。

在执行当前过程的批处理或过程内，可以在后续 Transact-SQL 语句中接收用 RETURN 语句返回的状态值，但必须以下列格式执行当前存储过程：

```
EXECUTE @return_status = procedure_name
```

12.4.2　实例分析

【例 12-8】定义存储过程，使得状态值返回的是过程执行成功的默认值。

下例显示如果在执行 P_查询教师开课时没有给出教师名作为参数，RETURN 将一条消息发送到用户的屏幕上，然后用 RETURN 语句从过程中退出；如果给出教师名，将从适当的系统表中检索该教师信息及所开课程的名字。

```
CREATE PROCEDURE P_查询教师开课 (@姓名 CHAR(10)=NULL)
AS
IF @姓名 IS NULL
   BEGIN
      PRINT '必须指定教师姓名'
   END
```

```
ELSE
   BEGIN
      SELECT T.工号,姓名,所在院系,职称,O.开课号,O.课号,课名
      FROM 教师表 T,开课表 O, 课程表 C
      WHERE T.工号=O.工号
         AND O.课号=C.课号
         AND T.姓名=@姓名
   END
```

执行上述存储过程：

```
DECLARE @status_value smallint
EXECUTE @status_value=P_查询教师开课 '曲宏伟'
SELECT '状态值'=@status_value
```

执行结果和返回值如下：

```
   工号   姓名   所在院系    职称   开课号   课号   课名
-------------------------------------------------------
1  T02001  曲宏伟  信电学院  教授  010201  C01002  数据结构
2  T02001  曲宏伟  信电学院  教授  010202  C01002  数据结构
3  T02001  曲宏伟  信电学院  教授  020201  C02002  ERP 原理

   状态值
--------------------
   0
```

如果按以下执行 P_查询教师开课存储过程，即没有输入参数：

```
DECLARE @status_value smallint
EXECUTE @status_value=P_查询教师开课
SELECT '状态值'=@status_value
```

则执行结果和返回值如下：

```
-------------------------------------------------------
必须指定教师姓名
（所影响的行数为 1 行）
状态值
-------------------------------------------------------
   0
```

以上返回值是系统默认的存储过程执行成功的状态代码。

【例 12-9】 用 RETURN 语句返回自己定义的状态代码。

以下存储过程检查指定学生的平均成绩。如果执行存储过程时没有输入学生学号，则返回状态码 1；如果所查询的学生不存在，则返回状态码 2。

```
CREATE PROCEDURE P_计算平均成绩
(@学号 CHAR(7),@平均成绩 TINYINT OUTPUT)
AS
IF @学号 IS NULL RETURN 1
IF NOT EXISTS (SELECT * FROM 选课表 WHERE 学号=@学号)
   RETURN 2
```

```
SELECT @平均成绩=avg(成绩)
FROM 选课表
WHERE 学号=@学号
```

执行上述存储过程，显示从P_计算平均成绩执行中返回的状态。第一个显示没有输入学生学号；第二个显示某学生的查询结果；第三个显示无效的学号。

```
DECLARE @return_status INT,@平均成绩 FLOAT
EXEC @return_status = P_计算平均成绩 NULL, @平均成绩 OUT
SELECT '返回状态' = @return_status
GO
```

下面是结果集：

```
返回状态
-------------
1
```

再执行一次查询，指定一个学生的学号。

```
DECLARE @return_status INT,@平均成绩 FLOAT,@学号 CHAR(7)
SET @学号='S060103'
EXEC @return_status = P_计算平均成绩 @学号, @平均成绩 OUT
SELECT '返回状态' = @return_status
GO
```

下面是结果集：

```
返回状态
-------------
0
```

再执行一次查询，指定另一个学号。

```
DECLARE @return_status INT,@平均成绩 FLOAT,@学号 CHAR(7)
SET @学号='S060205'
EXEC @return_status = P_计算平均成绩 @学号, @平均成绩 OUT
SELECT '返回状态' = @return_status
GO
```

下面是结果集：

```
返回状态
-------------
2
```

我们在创建存储过程时，定义自己的状态码和错误信息，主要是为了掌握存储过程执行的状态。

12.5　修改和删除存储过程

12.5.1　修改存储过程

修改以前用 CREATE PROCEDURE 命令创建的存储过程，并且不改变权限的授予情况，不影响任何其他独立的存储过程或触发器，常使用 ALTER PROCEDURE 命令。

语法格式：

```
ALTER PROC [ EDURE ] 存储过程名 [; 版本号]
[ ({ @参数名  数据类型 } [VARYING] [=default] [OUTPUT] [, …])]
[WITH RECOMPILE|ENCRYPTION|RECOMPILE,ENCRYPTION]
[FOR REPLICATION]
AS SQL语句
```

其中各参数和保留字的具体含义参看 CREATE PROCEDURE 命令。

参数说明：

如果原来的过程定义是用 WITH ENCRYPTION 或 WITH RECOMPILE 创建的，那么只有在 ALTER PROCEDURE 中也包含这些选项时，这些选项才有效。

权限：

ALTER PROCEDURE 权限默认授予 sysadmin 固定服务器角色成员、db_owner 和 db_ddladmin 固定数据库角色成员和过程的所有者，且不可转让。

用 ALTER PROCEDURE 更改的过程的权限和启动属性保持不变。

【例 12-10】 用 ALTER PROCEDURE 修改例 12-9 存储过程，增加 WITH ENCRYPTION 选项。

```
ALTER PROCEDURE P_计算平均成绩
(@学号 CHAR(7),@平均成绩 TINYINT OUTPUT)
WITH ENCRYPTION
AS
IF @学号 IS NULL RETURN 1
IF NOT EXISTS (SELECT * FROM 选课表 WHERE 学号=@学号)
   RETURN 2
SELECT @平均成绩=avg(成绩)
FROM 选课表
WHERE 学号=@学号
GO
--以下查询查看存储过程创建文本
--但是由于使用了 WITH ENCRYPTION 子句，只看到怪文字
SELECT o.id, c.text
FROM sysobjects o INNER JOIN syscomments c ON o.id = c.id
WHERE o.type = 'P' AND o.name = 'P_计算平均成绩'
GO
```

12.5.2 删除存储过程

删除存储过程可以使用 DROP 命令，DROP 命令可以将一个或多个存储过程或存储过程组从当前数据库中删除。

语法格式：

```
DROP PROCEDURE {存储过程名} [,…n]
```

当然，利用对象资源管理器也可以很方便地删除存储过程。

例如：

```
DROP PROCEDURE P_学生部分信息
GO
```

注释：

若要查看过程名称列表，请使用 sp_help。若要显示过程定义（存储在 syscomments 系统表内），请使用 sp_helptext。除去某个存储过程时，将从 sysobjects 和 syscomments 系统表中删除有关该过程的信息。

不能除去组内的个别过程，而必须除去整个过程组。

不论用户定义的系统过程（以 sp_为前缀）是否为当前数据库，都将其从 master 数据库中除去。如果在当前数据库中未找到系统过程，则 Microsoft SQL Server 尝试将其从 master 数据库除去。

权限：

在默认情况下，将 DROP PROCEDURE 权限授予过程所有者，该权限不可转让。然而，db_owner 和 db_ddladmin 固定数据库角色成员和 sysadmin 固定服务器角色成员，可以通过在 DROP PROCEDURE 内指定所有者除去任何对象。

12.6　存储过程设计实例分析

回顾第 11 章提出的应用实例，在学生选课管理中，为了维护数据的一致性，必须保证累计学分的数量等于学生所选的所有成绩已经及格的课程的学分总数，须逐个检查并修改信息学院每个学生的学分获取情况。考虑到每门课程的学分获得条件及数据库数据存放特点，学生学分获取情况的修改与检查是一项复杂的工作，不能由简单的查询完成，我们通过游标来逐个检查所有学生学分获取情况及定位修改。但是游标在定义它的批处理结束时便离开作用域，故我们将设计一个使用游标的存储过程，完成该项工作。在需要时，该存储过程可以进行多次调用执行。

【例 12-11】创建存储过程，在过程中使用嵌套游标，逐个检查并修改指定学院的每个学生选修的每门课程的成绩及学分获取情况，显示输出，并维护数据的一致性。

```
USE 教学管理
GO
IF EXISTS(SELECT name FROM sysobjects WHERE name = 'P_检查学分登记' AND type
          = 'P')
  DROP PROCEDURE P_检查学分登记
GO
--创建存储过程
CREATE PROCEDURE P_检查学分登记(@所在院系 CHAR(20))
AS
BEGIN
IF @所在院系 IS NULL RETURN 1
IF NOT EXISTS(SELECT * FROM 学生表 WHERE 所在院系=@所在院系) RETURN 2
DECLARE @学号 CHAR(7), @姓名 CHAR(10), @累计学分 INT
DECLARE @课号 CHAR(6),@课名 CHAR(20),@成绩 FLOAT,@学分 INT
DECLARE @message CHAR(80)
--创建包含每个学生学号、姓名和所获取学分信息的游标 P_检查学分登记_cur
DECLARE P_检查学分登记_cur CURSOR
FOR
SELECT 学号,姓名,累计学分
FROM 学生表
WHERE 所在院系=@所在院系
FOR UPDATE OF 累计学分
```

```
--打开游标，提取第一个学生的数据
OPEN P_检查学分登记_cur
FETCH NEXT FROM P_检查学分登记_cur INTO @学号, @姓名,@累计学分

WHILE @@fetch_status=0
BEGIN
--显示学生学号、姓名
SELECT @message=@学号+'  '+ @姓名
PRINT @message
--定义当前学生所选课程及成绩的游标计算累计学分_cur
DECLARE 计算累计学分_cur CURSOR
FOR
SELECT O.课号,课名,成绩,学分
FROM 选课表 E, 课程表 C,开课表 O
WHERE E.开课号=O.开课号 AND O.课号=C.课号
   AND 成绩>=60
   AND 学号=@学号
--打开计算累计学分_cur，逐门显示该学生所选的课程及成绩
--并根据条件计算该学生获取学分总数
OPEN 计算累计学分_cur
FETCH NEXT FROM 计算累计学分_cur INTO @课号,@课名,@成绩,@学分
SELECT @累计学分=0
IF @@FETCH_STATUS <> 0
     PRINT '没有课程被选修'
WHILE @@fetch_status=0
BEGIN
SELECT @message=@课号+'  '+ @课名+'  '+CONVERT(CHAR(8), @成绩)+ '  '+CONVERT
                    (CHAR(8), @学分)
PRINT @message
SELECT @累计学分=@累计学分+@学分
FETCH NEXT FROM 计算累计学分_cur INTO @课号,@课名,@成绩,@学分
END
--显示当前学生所获取的总的学分
SELECT @message='累计的学分是: ' + CONVERT(CHAR(8), @累计学分)
PRINT @message
CLOSE 计算累计学分_cur
DEALLOCATE 计算累计学分_cur
--如果计算出的新的学分总数和原学分数不一样的话，进行游标定位修改
IF @累计学分<>@累计学分
BEGIN
UPDATE 学生表
SET 累计学分=@累计学分
WHERE CURRENT OF P_检查学分登记_cur
END
FETCH NEXT FROM P_检查学分登记_cur INTO @学号, @姓名,@累计学分
END
--关闭游标
CLOSE P_检查学分登记_cur
--释放游标
```

```
DEALLOCATE P_检查学分登记_cur
END
```

要检查并修改信息学院学生的学分获取情况，可以如下调用执行存储过程：

```
DECLARE @return_status INT, @所在院系 CHAR(20)
SET @所在院系='信电学院'
EXEC @return_status = P_检查学分登记 @所在院系
IF (@return_status =1) PRINT '没有输入学院名称'
IF (@return_status =2) PRINT '所输入学院名称不存在'
IF (@return_status =0) PRINT  @所在院系+'学生学分检查修改成功'
GO
```

【例 12-12】完成对选课表的元组插入工作。要求检查所插入数据是否满足实体完整性和参照完整性，而且由于每个学生不能重复选同一门课，但是在选课表中存放的是开课计划号，并且同一门课程可能有多个开课计划，所以还必须对所选课程是否重复进行检查。

解决思路：通过定义存储过程来实现，该过程中定义两个输入变量（学号和课程计划号），用来传递元组的属性值，在完成插入操作前，检查是否满足实体完整性和参照完整性，确保不重复选修某门课程，并返回状态值。

```
USE 教学管理
GO
IF EXISTS(SELECT name FROM sysobjects WHERE name = 'P_选课信息插入' AND type
          = 'P')
  DROP PROCEDURE P_选课信息插入
GO
--创建存储过程
CREATE PROCEDURE P_选课信息插入(@学号 CHAR(7),@开课号 CHAR(6))
AS
BEGIN
DECLARE @课号 CHAR(6)
IF EXISTS(SELECT * FROM 选课表
WHERE 学号=@学号
 AND 开课号=@开课号)
RETURN 1
IF NOT EXISTS(SELECT * FROM 学生表
WHERE 学号=@学号)
RETURN 2
IF NOT EXISTS(SELECT * FROM 开课表
WHERE 开课号=@开课号)
RETURN 3
   SELECT @课号=课号
   FROM 开课表
   WHERE 开课号=@开课号
   IF EXISTS(SELECT * FROM 选课表 E, 开课表 O
WHERE 学号=@学号
AND 课号=@课号
AND E.开课号=O.开课号)
RETURN 4
   INSERT INTO 选课表(学号,开课号)
```

```
    VALUES (@学号, @开课号)
    END
```

可以采用下面的方式调用存储过程，插入选课登记信息。

```
DECLARE @return_status INT, @学号 CHAR(7), @开课号 CHAR(6)
SET @学号='S060101'
SET @开课号='010201'
EXEC @return_status = P_选课信息插入@学号, @开课号
IF (@return_status =1) PRINT '该选课数据重复！'
IF (@return_status =2) PRINT '学生不存在！'
IF (@return_status =3) PRINT '课程计划不存在！'
IF (@return_status =4) PRINT '该课程已注册选修！'
IF (@return_status =0) PRINT '选课登记信息插入成功！'
GO
```

【例 12-13】当删除某开课计划时，须先查看该开课计划有没有学生注册，如果有，则不能删除。由于（前面建有）开课表和选课表之间的外键级联删除约束，所以删除开课表中的开课计划，会级联删除选课表中的相应信息，所以做不到先查看该开课计划有没有学生注册。我们可以建立一个存储过程，在删除开课表信息前，先检查选课表中是否有该开课计划的注册学生，如果有，则不执行删除，否则进行删除。

```
USE 教学管理
GO
IF EXISTS(SELECT name FROM sysobjects WHERE name = 'P_开课信息删除' AND type
        = 'P')
  DROP PROCEDURE P_开课信息删除
GO
--创建存储过程
CREATE PROCEDURE P_开课信息删除(@开课号 CHAR(6))
AS
BEGIN
IF EXISTS(SELECT * FROM 选课表 WHERE 开课号=@开课号)
--有学生注册该课程开课计划，不能删除
RETURN 1
ELSE
--没有学生注册该课程开课计划，可以删除
BEGIN
DELETE FROM 开课表 WHERE 开课号=@开课号
RETURN 2
END
END
```

可以采用下面的方式调用存储过程，删除开课信息。

```
DECLARE @return_status INT, @开课号 CHAR(6)
SET @开课号='010101'
EXEC @return_status = P_开课信息删除@开课号
IF (@return_status =1) PRINT '有学生注册该课程开课计划，不能删除'
IF (@return_status =2) PRINT '开课计划成功删除'
GO
```

存储过程是一组实现特定功能的 Transact SQL 语句集，经编译后存储在数据库中，它与其他程序设计语言中的过程类似，也可以接受输入参数，以参数形式返回输出值，或者返回成功、失败的状态信息。每次存储过程运行时，无须重新编译（除非强制要求）。

实验与思考

目的和任务

（1）了解用户存储过程的概念。

（2）掌握用户存储过程的创建和使用。

（3）掌握用户存储过程的修改和删除。

实验内容

（1）创建并执行不带参数的存储过程。

① 打开 SQL 查询编辑器。

② 针对项目表创建名为“P1_存储过程”的存储过程，要求每次处理 5 条记录。

③ 执行“P1_存储过”存储过程进行数据浏览。

（2）创建并执行带输入参数的存储过程。

① 打开 SQL 查询编辑器。

② 部门人数应该等于员工表中对应部门的实际员工数，由于有员工调入调出，可能存在不等的情况。编写存储过程“P2_存储过程”，检查指定部门人数的正确性，如果不正确，则进行修改。

③ 显示部门表和员工表数据；然后执行存储过程；再显示部门表和员工表数据，比较数据是否变化。

（3）创建带 OUTPUT 输出参数的存储过程。

① 打开 SQL 查询编辑器。

② 设计存储过程“P3_存储过程”，从员工表计算某部门人员平均工资。要求输入参数为部门号，输出参数是该部门的平均工资。

③ 编写主程序，调用存储过程，在主程序中显示指定部门的平均工资。

（4）创建并执行带输入参数和返回状态的存储过程。

① 打开 SQL 查询编辑器。

② 设计存储过程“P4_存储过程”，完成对员工表的元组插入工作。要求使用输入参数。插入操作成功则返回状态值 0，失败则返回状态值–1。

③ 执行存储过程，如果返回状态值为 0，则输出“数据插入成功”，否则输出“数据插入失败”。

（5）修改和删除存储过程。

① 修改“P1_存储过程”存储过程，要求指定项目编号作为输入参数，并增加 WITH ENCRYPTION 选项。

② 查看修改后的“P1_存储过程”存储过程文本。

③ 执行“P1_存储过程”存储过程。

④ 删除“P1_存储过程”存储过程。

问题思考

（1）什么是存储过程？

（2）使用存储过程的优点是什么？

第 13 章 触发器原理及使用

在第 12 章我们介绍了一般意义的存储过程，即用户自定义的存储过程和系统存储过程。本章将介绍一种特殊的存储过程，即触发器。以下几个部分对触发器的概念、作用、工作原理及触发器的设计和使用做介绍，使读者了解如何定义触发器，如何创建和使用各种不同复杂程度的触发器。

13.1 触发器基本概念

13.1.1 触发器的概念及作用

触发器可以看成一类特殊的存储过程，它在满足某个特定条件时自动触发执行。触发器是为表上的更新、插入、删除操作定义的，也就是说，当表上发生更新、插入或删除操作时触发器将执行。存储过程和触发器同是提高数据库服务器性能的有力工具。

触发器作为一种特殊类型的存储过程，不同于我们前面介绍过的存储过程。触发器主要是通过事件触发而执行的，而存储过程可以通过存储过程名字而直接调用。当对某一表进行诸如 UPDATE、INSERT、DELETE 等操作时，SQL Server 就会自动执行触发器所定义的 SQL 语句，从而确保对数据的处理必须符合由这些 SQL 语句所定义的规则。

触发器的主要作用就是能够实现主键和外键所不能保证的复杂的参照完整性和数据一致性。除此之外，触发器还有其他许多不同的功能：

（1）强化约束（EnFORce restriction）。触发器可以侦测数据库内的操作，从而不允许数据库中发生未经许可的更新和变化。

（2）级联运行（Cascaded Operation）。触发器可以侦测数据库内的操作，并自动地级联影响整个数据库的各项内容。例如，某个表上的触发器包含对另一个表的数据操作（如删除、更新、插入），而该操作又导致该表上的触发器被触发。

（3）存储过程的调用（Stored Procedure Invocation）。为了响应数据库更新，触发器可以调用一个或多个存储过程，甚至可以通过外部过程的调用而在 DBMS 之外进行操作。

由此可见，触发器可以解决高级形式的业务规则或复杂行为限制，以及实现定制记录等问题。例如，触发器能够找出某一表在数据修改前后状态发生的差异，并根据这种差异执行一定的操作。此外，一个表的同一类型（INSERT、UPDATE、DELETE）的多个触发器能够对同一种数据操作采取多种不同的操作。

触发器可以用于维护数据参照完整性和以下一些场合：

（1）触发器可以通过级联的方式对相关的表进行修改。比如，对父表的修改，可以引起对子孙表的一系列修改，从而保证数据的一致性和完整性。

（2）触发器可以禁止或撤消违反参照完整性的修改。

（3）触发器可以强制比用 CHECK 约束定义更加复杂的限制。

触发器也是一个数据库对象。一个触发器和三部分内容有关：激活触发器的表、激活触发器的数据修改语句和触发器要采取的动作。

但是，触发器性能通常比较低。当运行触发器时，系统处理的大部分时间花费在参照其他表的这一处理上，因为这些表既不在内存中，也不在数据库设备上，而删除表和插入表总是位于内存中。可见触发器所参照的其他表的位置决定了操作要花费的时间长短。

13.1.2　触发器的种类

SQL Server 支持两种类型的触发器：AFTER 触发器和 INSTEAD OF 触发器。

（1）AFTER 触发器

即为 SQL Server 2000 版本以前所介绍的触发器。该类型触发器要求只有执行完某一操作（INSERT、UPDATE、DELETE），并处理过所有约束后，触发器才被触发，且只能在表上定义。如果操作违反约束条件，将导致事务回滚，这时就不会执行 AFTER 触发器。

可以为针对表的同一操作定义多个 AFTER 触发器。AFTER 触发器可以指定哪一个触发器被最先触发，哪一个被最后触发，通常使用系统过程 sp_settriggerorder 来完成此项任务。

（2）INSTEAD OF 触发器

该类触发器表示并不执行其所定义的操作（INSERT、UPDATE、DELETE），而仅执行触发器本身。既可以在表上定义 INSTEAD OF 触发器，也可以在视图上定义 INSTEAD OF 触发器，但对同一操作只能定义一个 INSTEAD OF 触发器。

13.2　触发器原理

从以上的介绍中我们已了解到触发器具有强大的功能，那么 MS SQL Server 是如何使得触发器感知数据库数据的变化、维护数据库参照完整性及比 CHECK 约束更复杂的约束呢？下面我们将对其工作原理及实现做较为详细的介绍，以便大家学习创建、理解和使用各种类型的触发器，完成各种任务。

每个触发器有两个特殊的表：插入表和删除表，分别为 inserted 和 deleted。有以下几个特点：

（1）这两个表是逻辑表，并且这两个表是由系统管理的，存储在内存中，不是存储在数据库中，因此不允许用户直接对其修改。

（2）这两个表的结构总是与被该触发器作用的表有相同的表结构。

（3）这两个表是动态驻留在内存中的，当触发器工作完成时，这两个表也被删除。这两个表主要保存因用户操作而被影响到的原数据值或新数据值。

（4）另外，这两个表是只读的，且只在触发器内部可读，即用户不能向这两个表写入内容，但可以在触发器中引用表中的数据。例如，在触发器内可用如下语句查看 DELETED 表中的信息：

```
SELECT * FROM deleted
```

下面详细介绍这两个表的功能。

13.2.1　插入表的功能

对一个定义了插入类型触发器的表来讲，一旦对该表执行了插入（INSERT）操作，那么对该表插入的所有行来说，都有一个相应的副本存放到插入表（inserted）中，即插入表用来存储原表插入的新数据行。

13.2.2　删除表的功能

对一个定义了删除类型触发器的表来讲，一旦对该表执行了删除（DELETE）操作，则将所有被删除的行存放至删除表（deleted 表）中。这样做的目的是，一旦触发器遇到了强迫它中止的语句被执行时，删除的那些行可以从删除表（deleted 表）中得以还原。

需要强调的是，更新（UPDATE）操作包括两部分，即先将旧内容删除，然后将新值插入。因此，对一个定义了更新类型触发器的表来讲，当执行更新操作时，在删除表中存放的是修改之前的旧值，然后在插入表中存放的是修改之后的新值。

由于触发器仅当定义的操作执行时才被激活，即仅当在执行插入、删除和更新操作时，触发器才执行。每条 SQL 语句仅能激活触发器一次，可能存在一条语句影响多条记录的情况。在这种情况下就需要变量@@rowcount 的值，该变量存储了一条 SQL 语句执行后所影响的记录数，可以使用该值对触发器的 SQL 语句执行后所影响的记录求合计值。一般来说，首先要用 IF 语句测试@@rowcount 的值以确定后面的语句是否执行。

13.2.3　插入视图和删除视图

当在定义了触发器的表上发生修改操作时会自动派生出两个视图，一个是插入视图，另一个是删除视图。当在表上发生插入操作时，新插入的行将出现在 inserted 表中，形成插入视图；当在表上发生删除操作时，被删除的旧行将出现在 deleted 表中，形成删除视图。而更新的实现过程是先删除旧行，然后再插入新行。

13.3　触发器的创建和管理

13.3.1　创建触发器

上面介绍了有关触发器的概念、作用和工作原理，下面我们将分别介绍在 MS SQL Server 中如何用 SQL Server 管理工具——对象资源管理器和 Transaction_SQL 来创建触发器。

在创建触发器以前必须考虑到以下几个方面：

① CREATE TRIGGER 语句必须是批处理的第一个语句，将该批处理中随后的其他所有语句解释为 CREATE TRIGGER 语句定义的一部分。

② 创建触发器的权限默认分配给表的所有者，且不能将该权限转给其他用户。

③ 触发器是数据库对象，所以其命名必须符合命名规则。

④ 尽管在触发器的 SQL 语句中可以引用其他数据库中的对象，但是，触发器只能创建在当前数据库中。

⑤ 虽然不能在临时表或系统表上创建触发器，但是触发器可以引用临时表，但不应引用系统表，如果要引用系统表，可通过信息架构视图引用。

⑥ 一个触发器只能对应一个表，这是由触发器的机制决定的。

⑦ 在含有用 DELETE 或 UPDATE 操作定义的外键的表中，不能定义 INSTEAD OF 和 INSTEAD OF UPDATE 触发器。

⑧ 尽管 TRUNCATE TABLE 语句如同没有 WHERE 从句的 DELETE 语句，但是由于 TRUNCATE TABLE 语句没有被记入日志，所以该语句不能触发 DELETE 型触发器。

⑨ WRITETEXT 语句不能触发 INSERT 或 UPDATE 型触发器。

⑩ 在触发器定义中，所有建立和更改数据库及数据库对象的语句，所有 drop 语句都不允许在触发器中使用。

⑪ 在触发器定义中，可使用 IF UPDATE 子句来测试 INSERT、UPDATE 语句中是否对指定字段有影响。如果将一个值赋给指定字段或更改了指定字段，则这个子句为真。

⑫ 通常不要在触发器中返回任何结果，因此不要在触发器定义中使用 SELECT 语句或变量赋值语句。

当创建一个触发器时，必须指定触发器的名字，在哪一个表上定义触发器，激活触发器的修改语句，如 INSERT、DELETE、UPDATE。当然，两个或三个不同的修改语句也可以触发同一个触发器，如 INSERT 和 UPDATE 语句都能激活同一个触发器。

1. 用对象资源管理器创建触发器

步骤如下：

① 启动对象资源管理器，登录到要使用的服务器。

② 在对象资源管理器的左窗格中，展开要创建触发器的数据库文件夹，单击“表”文件夹前面的“+”号，此时在右窗格中显示该数据库的所有表。

③ 选择创建触发器的表，单击要创建触发器的数据表前面的“+”号，右击触发器选项，在出现的下一级子菜单中选择“新建触发器”菜单项，如图 13-1 所示。

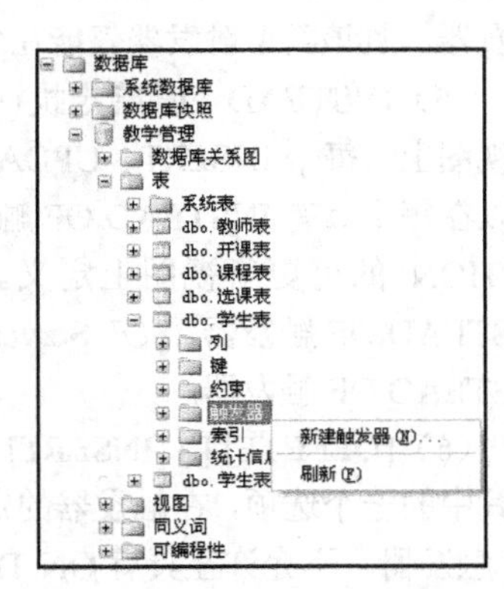

图 13-1　选择“新建触发器”菜单项

2. 用 CREATE TRIGGER 命令创建触发器

可用 CREATE TRIGGER 命令创建触发器。

语法格式：

```
CREATE TRIGGER trigger_name
ON { table | view }
[ WITH ENCRYPTION ]
{
{{FOR|AFTER|INSTEAD OF}{[INSERT][,][UPDATE][,][DELETE]}
[ WITH APPEND ]
[ NOT FOR REPLICATION ]
AS
[ { IF UPDATE ( column )
[ { AND | OR } UPDATE ( column ) ]
  [ ...n ]
  | IF ( COLUMNS_UPDATED() { bitwise_operator } UPDATEd_bitmask )
  { comparison_operator } column_bitmask [ ...n ]
  } ]
  Sql 语句 [ ...n ]
}
}
```

从以上语句可以看出，一个表最多可以有三类触发器：插入（INSERT）触发器、更新（UPDATE）触发器、删除（DELETE）触发器。可以使用两种触发器：AFTER 或 INSTEAD OF。一个触发器只能应用到一个表上，但一个触发器可以包含很多动作，可以执行很多功能。

参数说明：

（1）trigger_name 是用户要创建的触发器的名字。触发器的名字必须符合 SQL Server 的命名规则，且其名字在当前数据库中必须是唯一的。

（2）tablel|view 是与用户创建的触发器相关联的表的名字或视图的名称，并且此表或视图必须已经存在。

（3）WITH ENCRYPTION 表示对包含有 CREATE TRIGGER 文本的 syscomments 表进行加密。

（4）AFTER 表示只有在执行了指定的操作（INSERT、DELETE、UPDATE）之后触发器才被激活，所有的引用级联操作和约束检查也必须成功完成后，才能执行触发器中的 SQL 语句。指定触发器只有在触发 SQL 语句中指定的所有操作都已成功执行后才激发。若使用关键字 FOR，则表示为 AFTER 触发器，且该类型触发器仅能在表上创建，不能在视图上定义 AFTER 触发器。

（5）INSTEAD OF 指定执行触发器而不是执行触发 SQL 语句，从而替代触发语句的操作。在表或视图上，每个 INSERT、UPDATE 或 DELETE 语句最多可以定义一个 INSTEAD OF 触发器。然而，可以在每个具有 INSTEAD OF 触发器的视图上定义视图。INSTEAD OF 触发器不能在 WITH CHECK OPTION 的可更新视图上定义。如果向指定了 WITH CHECK OPTION 选项的可更新视图添加 INSTEAD OF 触发器，SQL Server 将产生一个错误。用户必须用 ALTER VIEW 删除该选项后才能定义 INSTEAD OF 触发器。

（6）[DELETE] [,] [INSERT] [,] [UPDATE]关键字用来指明哪种数据操作将激活触发器。至少要指明其中的一个选项，在触发器的定义中，三者的顺序不受限制，各选项要用逗号隔开。对于 INSTEAD OF 触发器，不允许在具有 ON DELETE 级联操作引用关系的表上使用 DELETE 选项。同样，也不允许在具有 ON UPDATE 级联操作引用关系的表上使用 UPDATE 选项。

（7）WITH APPEND 表明增加另外一个已存在的触发器。只有在兼容性水平（指某一数据库行为与以前版本的 SQL Server 兼容程度）不大于 65 时才使用该选项。WITH APPEND 不能与 INSTEAD OF 触发器一起使用，或者，如果显式声明 AFTER 触发器，也不能使用该子句。只有当出于向后兼容而指定 FOR 时（没有 INSTEAD OF 或 AFTER），才能使用 WITH APPEND。以后的版本将不支持 WITH APPEND 和 FOR（将被解释为 AFTER）。

（8）NOT FOR REPLICATION 表明当复制处理修改与触发器相关联的表时，触发器不能被执行。

（9）AS 是触发器将要执行的动作。

（10）Sql 语句是包含在触发器中的条件语句和处理语句。触发器的条件语句定义了另外的标准来决定将被执行的 INSERT、DELETE、UPDATE 语句是否激活触发器。当执行 DELETE、INSERT 或 UPDATE 操作时，Transact-SQL 语句中指定的触发器操作将生效。触发器可以包含任意数量和种类的 Transact-SQL 语句。触发器旨在根据数据修改语句检查或更改数据；它不应将数据返回给用户。触发器中的 Transact-SQL 语句常常包含控制流语言。CREATE TRIGGER 语句中使用两个特殊的表：deleted 表和 inserted 表，它们是逻辑（概念）表。这些表在结构上类似于定义触发器的表，用于保存用户操作可能更改的行的旧值或新值。

（11）IF UPDATE（column）测试在指定的列上进行的 INSERT 或 UPDATE 操作，不能用于 DELETE 操作。可以指定多列。因为在 ON 子句中指定了表名，所以在 IF UPDATE 子句中的列名前不要包含表名。若要测试在多个列上进行的 INSERT 或 UPDATE 操作，请在第一个操作后指定单独的 UPDATE(column)子句。在 INSERT 操作中 IF UPDATE 将返回 TRUE 值，因为这些列插入了显式值或隐性（NULL）值。

说明： IF UPDATE (column)子句的功能等同于 IF、IF...ELSE 或 WHILE 语句，并且可以使用 BEGIN...END 语句块。可以在触发器主体中的任意位置使用 UPDATE (column)。其中 column 是要测试 INSERT 或 UPDATE 操作的列名。该列可以是 SQL Server 支持的任何数据类型，但是，计算列不能用于该环境中。

（12）IF（COLUMNS_UPDATED()）仅在 INSERT 和 UPDATE 类型的触发器中使用，用它来检查所涉及的列是被更新还是被插入。COLUMNS_UPDATED 返回 varbinary 位模式，表示插入或更新了表中的哪些列。COLUMNS_UPDATED 函数以从左到右的顺序返回位，最左边的为最不重要的位。最左边的位表示表中的第一列；向右的下一位表示第二列，依此类推。如果在表上创建的触发器包含 8 列以上，则 COLUMNS_UPDATED 返回多个字节，最左边的为最不重要的字节。在 INSERT 操作中，COLUMNS_UPDATED 将对所有列返回 TRUE 值，因为这些列插入了显式值或隐性（NULL）值。可以在触发器主体中的任意位置使用 COLUMNS_UPDATED。

（13）Bitwise_operatorj 是在比较中使用的位逻辑运算符。

（14）Pdated_bitmask 是那些被更新或插入的列的整形位掩码。例如，如果表 T 包括 C1，C2，C3，C4，C5 五列。为了确定是否只有 C2 列被修改，可用 2 来做位掩码；如果要确定是否 C1，C3，C4 都被修改，可用 13 来做位掩码。

（15）Comparison_operator 是比较操作符，用“=”表示检查在 UPDATEd_bitmask 中定义的所有列是否都被更新，用“>”表示检查是否在 UPDATEd_bitmask 中定义的某些列被更新。

（16）Column_bitmask 指那些被检查是否被更新的列的位掩码。

【例 13-1】创建一个触发器，当向学生表中插入一条学生记录时，自动显示该表中的记录。

可以用 UPDATE (column)测试在指定的列上进行的 INSERT 或 UPDATE 操作，不能用于 DELETE 操作。可以指定多列。因为在 ON 子句中指定了表名，所以在 IF UPDATE 子句中的列名前不要包含表名。在 INSERT 操作中，IF UPDATE 将返回 TRUE 值，因为这些列插入了显式值或隐性（NULL）值。也可以用 COLUMNS_UPDATED()来测试是否更新了指定的列。COLUMNS_UPDATED 函数返回 varbinary 位模式，表示插入或更新了表中的哪些列。COLUMNS_UPDATED 函数以从左到右的顺序返回位，最右边的位表示表中的第一列；向左的下一位表示第二列，依此类推。

例如，表中有 5 列，要判断第 2 列是不是被更新，则要测试 COLUMNS_UPDATED 是否返回 2（二进制 00010）。

学号是学生表中的第一列，测试 COLUMNS_UPDATED 是否返回 1（二进制 00001）。

```
USE 教学管理
GO
CREATE TRIGGER T_学生表改变显示
On 学生表 FOR INSERT
AS
BEGIN
IF (COLUMNS_UPDATED()&1=1)
SELECT * FROM 学生表
END

--验证
BEGIN TRANSACTION
INSERT INTO 学生表 VALUES('S090103', '******19971021***', '李飞', '男',
                          '130***12', '温州', '计算机', '信电学院', 160)
ROLLBACK TRANSACTION
```

该触发器建立完毕后，当对学生表的插入操作执行成功时，将会显示学生表中的全部记录。

权限说明：CREATE TRIGGER 权限默认授予定义触发器的表所有者、sysadmin 固定服务器角色成员及 db_owner 和 db_ddladmin 固定数据库角色成员，并且不可转让。若要检索表或视图中的数据，用户必须在表或视图中拥有 SELECT 语句权限。若要更新表或视图的内容，用户必须在表或视图中拥有 INSERT、DELETE 和 UPDATE 语句权限。如果视图中存在 INSTEAD OF 触发器，用户必须在该视图中有 INSERT、DELETE 和 UPDATE 特权，以对该视图发出 INSERT、DELETE 和 UPDATE 语句，而不管实际上是否在视图上执行了这样的操作。

13.3.2 管理触发器

要显示作用于表上的触发器究竟对表有哪些操作，必须查看触发器信息。在 SQL Server 中，有多种方法查看触发器信息。接下来，我们将介绍两种常用的方法，即通过 SQL Server 的管理工具——对象资源管理器及系统存储过程 sp_help、sp_helptext 和 sp_depends 来查看触发器信息。

1. 使用对象资源管理器显示触发器信息

步骤如下。

（1）启动对象资源管理器，登录到要使用的服务器。

（2）在对象资源管理器的左窗格中，展开要创建触发器的数据库文件夹，单击“表”文件夹前面的“+”号，在下面显示该数据库的所有表。

（3）单击要修改触发器的数据表前面的“+”号，出现触发器选项，再单击触发器前面的“+”号，下面显示该表上建立的所有触发器，将鼠标指向要修改的触发器，单击右键，在出现的下一级子菜单中选择“修改”菜单项，就会出现修改该触发器的文本框，如图 13-2 所示。

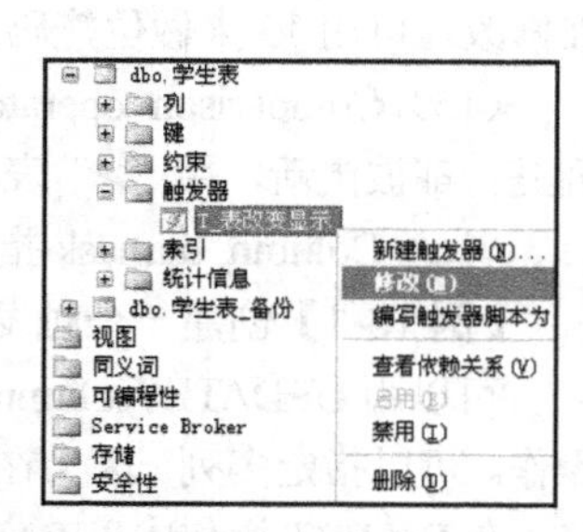

图 13-2 选择“管理触发器”

2. 使用系统存储过程查看触发器

系统存储过程 sp_help、sp_helptext 和 sp_depends 分别提供有关触发器的不同信息。下面我们将分别对其进行介绍。

（1）sp_help

通过该系统过程，可以了解触发器的一般信息，如触发器的名字、属性、类型、创建时间。使用 sp_help 系统过程的命令格式如下：

```
sp_help '触发器名字'
```

【例 13-2】查看我们已经建立的“T_表改变显示”触发器。

```
sp_help 'T_表改变显示'
```

（2）sp_helptext

通过 sp_helptext 能够查看触发器的正文信息，其语法格式如下：

```
sp_helptext  '触发器名'
```

【例 13-3】查看我们已经建立的 T_表改变显示触发器的命令文本。

```
sp_helptext  'T_表改变显示'
```

（3）sp_depends

通过 sp_depends 能够查看指定触发器所引用的表或指定的表所涉及的所有触发器。其语法形式如下：

```
sp_depends  '触发器名字'
```

```
sp_depends '表名'
```

【例 13-4】查看我们已经建立的 T_表改变显示触发器所涉及的表。

```
sp_depends 'T_表改变显示'
```

注意：用户必须在当前数据库中查看触发器的信息，而且被查看的触发器必须已经被创建。

13.3.3　修改、删除触发器

通过对象资源管理器修改触发器正文和删除触发器，其步骤与查看触发器信息一样，这里不再赘述。以下介绍用 T-SQL 命令修改触发器。

1．修改触发器

（1）使用 sp_rename 命令，修改触发器的名字。

sp_rename 命令的语法格式如下：

```
sp_rename oldname, newname
```

oldname 为触发器原来的名称，newname 为触发器的新名称。

（2）使用 ALTER TRIGGER 修改触发器的正文。

语法格式如下：

```
  ALTER TRIGGER trigger_name
  ON { table | view }
  [ WITH ENCRYPTION ]
  {
  { { FOR | AFTER | INSTEAD OF } { [ INSERT ] [ , ] [ UPDATE ] }
  [ WITH APPEND ]
  [ NOT FOR REPLICATION ]
  AS
  [ { IF UPDATE ( column )
  [ { AND | OR } UPDATE ( column ) ]
    [ ...n ]
    | IF ( COLUMNS_UPDATED ( ) { bitwise_operator } UPDATEd_bitmask )
    { comparison_operator } column_bitmask [ ...n ]
    } ]
    Sql 语句 [ ...n ]
  }
}
```

其中各参数或保留字的含义参见 13.3.1 节。

2．删除触发器

可以使用对象资源管理器和 T-SQL 语句删除触发器。

语法格式：

```
DROP TRIGGER { trigger_name } [ ,...n ]
```

功能是从当前数据库中删除一个或多个触发器。

注释：可以通过除去触发器或除去触发器表来删除触发器。除去表时，也将除去所有与表关联的触发器。除去触发器时，将从 sysobjects 和 syscomments 系统表中删除有关触发器的信息。

权限：默认情况下，将 DROP TRIGGER 权限授予触发器表的所有者，该权限不可转让。然而，db_owner 和 db_dlladmin 固定数据库角色成员或 sysadmin 固定服务器角色成员可以通过在 DROP TRIGGER 语句内显式指定所有者除去任何对象。

【例 13-5】除去“T_表改变显示”触发器。

```
USE 教学管理
GO
IF EXISTS (SELECT name FROM sysobjects
      WHERE name ='T_表改变显示' AND type = 'TR')
   DROP TRIGGER T_表改变显示
GO
```

13.4 使用触发器实现强制业务规则

用触发器可以实现强制的业务规则，常用的方法有：使用 INSERT、UPDATE、DELETE、INSTEAD OF 触发器、使用嵌套触发器和递归触发器。

13.4.1 INSERT 触发器

INSERT 触发器当向表中添加记录时触发，为了维护数据完整性，当表中添加了新的记录后，应该对其关联表的数据进行调整，以实时反应数据的变化。例如，当某个学生选定了某门课的开课计划后，应当更新选课人数。

需要用到 inserted 表，因为做 INSERT 操作时，在 inserted 表中存放的是要增加到该触发器作用的表中的新元组，而 deleted 表此时为空。

【例 13-6】在大学数据库中，当新的学生选课注册信息增加到选课表中时，要对开课表中的学生选课人数进行更新，且当人数超过最多能容纳的人数时，要提示选课人数已满。

```
USE 教学管理
GO
CREATE TRIGGER T_选课表插入触发
ON 选课表
FOR INSERT
AS
BEGIN
DECLARE @已选人数 INT,@限选人数 INT
SELECT @已选人数=已选人数+1, @限选人数=限选人数
FROM 开课表 O,inserted i
WHERE O.开课号=i.开课号
IF (@已选人数 > @限选人数)
  BEGIN
   PRINT '选修人数已满！'
   ROLLBACK TRANSACTION
  END
UPDATE 开课表
SET 已选人数=@已选人数
 FROM 开课表 O, inserted i
 WHERE O.开课号=i.开课号
```

```
END

--验证：
--查看已选人数
SELECT 开课号,限选人数,已选人数 FROM 开课表 WHERE 开课号='020102'
--在选课表里增加一条记录。下面的错误捕捉请参看第 7 章例 7-2
BEGIN TRY
BEGIN TRANSACTION
INSERT INTO 选课表 VALUES('S060306', '020102',NULL)
COMMIT TRANSACTION
END TRY
BEGIN CATCH
    ROLLBACK TRANSACTION
END CATCH
--再查看已选人数
SELECT 开课号,限选人数,已选人数 FROM 开课表 WHERE 开课号='020102'
```

13.4.2　UPDATE 触发器

当更新表中的元组时触发执行 UPDATE 触发器。

此时用到 inserted 和 deleted 表，在 inserted 表中，存放的是执行 UPDATE 操作的表中被修改的那些记录修改之后的新值；而在 deleted 表中，存放的是执行 UPDATE 操作的表中被修改的那些记录修改之前的旧值。

UPDATE 触发器通常用于数据的级联修改。

【例 13-7】 教师表里的工号和负责人具有外键关系，当负责人工号修改了，负责人内容也要跟着改变，如果使用外键级联约束，则系统会提示“可能会导致循环或多重级联路径”，拒绝建立；如果仅建外键约束，不进行级联，则两者很难同时改变，因此我们在建立教师表时没有使用外键约束。现在使用触发器实现当某个负责人工号发生变化时，级联修改负责人字段下的代码。

```
USE 教学管理
GO
IF EXISTS (SELECT name FROM sysobjects
     WHERE name ='T_负责人工号变化' AND type = 'TR')
  DROP TRIGGER T_负责人工号变化
GO
CREATE TRIGGER T_负责人工号变化
ON 教师表
FOR UPDATE
AS
BEGIN
DECLARE @old_工号 CHAR(6),@new_工号 CHAR(6)
SELECT @old_工号=工号
FROM deleted
SELECT @new_工号=i.工号
FROM inserted i
  UPDATE 教师表
  SET 负责人=@new_工号
  WHERE 负责人=@old_工号
```

```
END

--验证
BEGIN TRAN
--查询教师表
SELECT * FROM 教师表
--修改教师表中的工号，将'T01001'变为'T01003'
UPDATE 教师表
  SET 工号='T01003'
  WHERE 工号='T01001'
--再查询教师表
SELECT * FROM  教师表
ROLLBACK
```

说明：为了使示例数据不因修改而变的凌乱，本例和下面的实例在验证并看到效果后均对修改后的数据实行了回退。

13.4.3 DELETE 触发器

当删除表中数据时触发执行 DELETE 触发器，用它可以实现级联删除。此时，用到 deleted 表，该表中存放的是刚删除的那些元组，而 inserted 表为空。

【例 13-8】当某个学生退学时，须删除该学生的基本数据，并级联删除该学生的选课记录。由于学生表和选课表在前面建立了外键级联约束，所以直接删除学生表中的信息，选课表中对应信息会级联删除，读者可直接执行下面的代码来验证。为了体会触发器实现级联删除的效果，读者可暂时去掉选课表上相对学生表的外键约束，再建立下面的触发器，然后删除学生表数据。

```
USE 教学管理
GO
IF EXISTS (SELECT name FROM sysobjects
      WHERE name ='T_学生数据删除' AND type = 'TR')
   DROP TRIGGER T_学生数据删除
GO
CREATE TRIGGER T_学生数据删除
ON 学生表
FOR DELETE
AS
BEGIN
DELETE FROM 选课表
FROM 选课表 E,deleted d
WHERE E.学号=d.学号
END

--验证
BEGIN TRAN
--查看删除前的记录
SELECT * FROM 学生表 S,选课表 E WHERE S.学号=E.学号
--删除学生表，同时触发删除选课表中对应的数据
DELETE FROM 学生表 WHERE 学号='S060101'
--查看删除后的记录
```

```
SELECT * FROM 学生表S,选课表E WHERE S.学号=E.学号
ROLLBACK
```

13.4.4　INSTEAD OF 触发器

前面三类触发器统称为 AFTER 触发器（也叫"FOR"触发器），只能用在表上，而 INSTEAD OF 触发器既可以用在表上，也可以用在视图上。用 INSTEAD OF 可以指定执行触发器而不是执行触发语句本身，从而屏蔽原来的 SQL 语句，而转向执行触发器内部的 SQL 语句。对同一操作只能定义一个 INSTEAD OF 触发器。

可以用 INSTEAD OF 进行业务规则的判断，进而决定是否执行触发 SQL 语句。

【例 13-9】当删除教师表某教师信息时，须先查看开课表有没有该教师的代课情况，如果有，则不能删除；如果没有，就执行触发器中的删除语句完成删除。

```
USE 教学管理
GO
IF EXISTS (SELECT name FROM sysobjects
      WHERE name ='T_教师表信息删除' AND type = 'TR')
   DROP TRIGGER T_教师表信息删除
GO
CREATE TRIGGER T_教师表信息删除
ON 教师表
INSTEAD OF DELETE
AS
BEGIN
DECLARE @姓名 CHAR(20)
SELECT @姓名=姓名 FROM deleted
IF EXISTS(SELECT * FROM 开课表 O,deleted d
            WHERE O.工号=d.工号)
      PRINT @姓名+'教师有开课计划，不能删除'
ELSE
  BEGIN
  DELETE FROM 教师表 FROM 教师表 T,deleted d
        WHERE T.工号=d.工号
  PRINT @姓名+'教师没有开课计划，已经删除'
  END
END

--验证
BEGIN TRAN
--查看删除前的信息
SELECT * FROM 教师表
SELECT * FROM 开课表
--删除教师信息
DELETE FROM 教师表 WHERE 姓名='曲宏伟'
--查看删除后的信息
SELECT * FROM 教师表
SELECT * FROM 开课表
ROLLBACK
```

【例 13-10】 例 9-11 视图“V_信电学生成绩”引用了多个表，对视图直接执行删除，会返回出错信息：视图或函数“V_信电学生成绩”不可更新，因为修改会影响多个基表。可以使用 INSTEAD OF 触发器完成以上功能。

```
USE 教学管理
GO
IF EXISTS (SELECT name FROM sysobjects
     WHERE name ='T_视图信息删除 1' AND type = 'TR')
   DROP TRIGGER T_视图信息删除 1
GO
CREATE TRIGGER T_视图信息删除 1
ON V_信电学生成绩
INSTEAD OF DELETE
AS
BEGIN
DECLARE @学号 CHAR(7),@开课号 CHAR(6)
SELECT @学号=学号,@开课号=开课号 FROM deleted
--在 INSTEAD OF 触发器里实际是对表的操作
DELETE FROM 选课表 WHERE 学号=@学号 AND 开课号=@开课号
END

--验证
BEGIN TRAN
SELECT * FROM V_信电学生成绩 WHERE 学号='S060101'
--对视图进行删除操作
DELETE FROM V_信电学生成绩 WHERE 学号='S060101' AND 开课号='010201'
SELECT * FROM V_信电学生成绩 WHERE 学号='S060101'
ROLLBACK
```

【例 13-11】 例 9-12 中视图“V_学生平均成绩”包含聚合函数，还有 GROUP BY 子句，因此不能对视图直接删除。可以使用 INSTEAD OF 触发器在创建视图的基表里完成以上功能。

```
USE 教学管理
GO
IF EXISTS (SELECT name FROM sysobjects
     WHERE name ='T_视图信息删除 2' AND type = 'TR')
   DROP TRIGGER T_视图信息删除 2
GO
CREATE TRIGGER T_视图信息删除 2
ON V_学生平均成绩
INSTEAD OF DELETE
AS
BEGIN
DECLARE @学号 CHAR(7)
SELECT @学号=学号 FROM deleted
--在选课表里删除
DELETE FROM 选课表 WHERE 学号=@学号
END
```

```
--验证
BEGIN TRAN
SELECT * FROM V_学生平均成绩 WHERE 学号='S060101'
--对视图进行删除操作
DELETE FROM V_学生平均成绩 WHERE 学号='S060101'
SELECT * FROM V_学生平均成绩 WHERE 学号='S060101'
ROLLBACK
```

13.4.5 递归触发器

当在 sp_dboption 中启用 recursive triggers 设置时，SQL Server 还允许触发器的递归调用。

递归触发器允许发生两种类型的递归：间接递归和直接递归。

使用间接递归时，应用程序更新表 T1，从而激发触发器 TR1，该触发器更新表 T2。在这种情况下，触发器 T2 将激发并更新 T1。

使用直接递归时，应用程序更新表 T1，从而激发触发器 TR1，该触发器更新表 T1。由于表 T1 被更新，触发器 TR1 再次激发，依此类推。

下例既使用了间接触发器递归，又使用了直接触发器递归。假定在表 T1 中定义了两个更新触发器 TR1 和 TR2。触发器 TR1 递归地更新表 T1。UPDATE 语句使 TR1 和 TR2 各执行一次。而 TR1 的执行将触发 TR1（递归）和 TR2 的执行。给定触发器的 inserted 和 deleted 表只包含与唤醒调用触发器的 UPDATE 语句相对应的行。

说明：只有启用 sp_dboption 的 recursive triggers 设置，才会发生上述行为。对于为给定事件定义的多个触发器，并没有确定的执行顺序。每个触发器都应是自包含的。

禁用 recursive triggers 设置只能禁止直接递归。若也要禁用间接递归，可使用 sp_configure 将 nested triggers 服务器选项设置为 0。

如果任一触发器执行了 ROLLBACK TRANSACTION 语句，则无论嵌套级是多少，都不会进一步执行其他触发器。

13.4.6 嵌套触发器

触发器最多可以嵌套 32 层。如果一个触发器更改了包含另一个触发器的表，则第二个触发器将激活，然后该触发器可以再调用第三个触发器，依此类推。如果链中任意一个触发器引发了无限循环，则会超出嵌套级限制，从而导致取消触发器。若要禁用嵌套触发器，请用 sp_configure 将 nested triggers 选项设置为 0（关闭）。默认配置允许嵌套触发器。如果嵌套触发器是关闭的，则也将禁用递归触发器，与 sp_dboption 的 recursive triggers 设置无关。

13.5 使用触发器的 T-SQL 限制

CREATE TRIGGER 必须是批处理中的第一条语句，并且只能应用到一个表中。

触发器只能在当前的数据库中创建，不过触发器可以引用当前数据库的外部对象。

如果指定触发器所有者名称以限定触发器，请以相同的方式限定表名。

在同一条 CREATE TRIGGER 语句中，可以为多种用户操作（如 INSERT 和 UPDATE）定义相同的触发器操作。

如果一个表的外键在 DELETE/UPDATE 操作上定义了级联，则不能在该表上定义 INSTEAD OF DELETE/UPDATE 触发器。

在触发器内可以指定任意的 SET 语句。所选择的 SET 选项在触发器执行期间有效，并在触发器执行完后恢复到以前的设置。

与使用存储过程一样，当触发器激发时，将向调用应用程序返回结果。若要避免由于触发器激发而向应用程序返回结果，请不要包含返回结果的 SELECT 语句，也不要包含在触发器中进行变量赋值的语句。包含向用户返回结果的 SELECT 语句或进行变量赋值的语句的触发器需要特殊处理；这些返回的结果必须写入允许修改触发器表的每个应用程序中。如果必须在触发器中进行变量赋值，则应该在触发器的开头使用 SET NOCOUNT 语句以避免返回任何结果集。

DELETE 触发器不能捕获 TRUNCATE TABLE 语句。尽管 TRUNCATE TABLE 语句实际上是没有 WHERE 子句的 DELETE（它删除所有行），但它是无日志记录的，因而不能执行触发器。因为 TRUNCATE TABLE 语句的权限默认授予表所有者且不可转让，所以只有表所有者才需要考虑无意中用 TRUNCATE TABLE 语句规避 DELETE 触发器的问题。

无论有日志记录还是无日志记录，WRITETEXT 语句都不激活触发器。

触发器中不允许使用下列 T-SQL 语句：ALTER DATABASE、CREATE DATABASE、DISK INIT、DISK RESIZE、DROP DATABASE、LOAD DATABASE、LOAD LOG、RECONFIGURE、RESTORE DATABASE 和 RESTORE LOG。

说明：由于 SQL Server 不支持系统表中的用户定义触发器，因此建议不要在系统表中创建用户定义触发器。

13.6 触发器应用实例分析

问题提出：我们在第 12 章实例分析 1 中，使用带游标的存储过程核查并修改学生获取学分情况，但为了进一步保证数据的一致性，我们必须保证，在学生考试结束录入成绩后，要能够根据成绩及时将学生新获取的课程的学分累计上去，获取学分的条件是考试成绩不低于 60 分；而当成绩被修改时，要能够根据所做修改更新学分（比如原来不及格，修改后及格要增加学分，反之要减掉原来加上去的学分，如果及格属性不变，则不修改学分）。同时如果某学生某一门课程的成绩全部取消，要能够同时取消这门课程所获得的学分。

分析 1：由于学生选课管理的实际情况，学生在期初或前一学期结束之前就进行选课，而成绩是在学期末考试后输入，所以录入成绩实际上是对选课表的数据的修改。故我们可以创建该表的修改触发器，实现学分的自动累计。由于成绩修改 UPDATE 语句可能涉及多个学生，故我们要在触发器中使用游标对每个学生进行判断修改。

【例 13-12】创建选课表的 UPDATE 触发器，实现学分的级联修改。

```
USE 教学管理
GO
IF EXISTS (SELECT name FROM sysobjects
     WHERE name ='T_选课学分修改' AND type = 'TR')
   DROP TRIGGER T_选课学分修改
GO

CREATE TRIGGER T_选课学分修改
ON 选课表
FOR UPDATE
AS
```

```
BEGIN
IF (@@ROWCOUNT>0)
  BEGIN
  DECLARE @old_成绩 FLOAT, @new_成绩 FLOAT
  DECLARE @学号_d CHAR(7),@开课号_d CHAR(6),@学号_i CHAR(7),@开课号_i
          CHAR(6)
  DECLARE @学分 INT
  DECLARE CUR_选课新信息 CURSOR
  FOR
  SELECT 学号,开课号,成绩
  FROM inserted
  DECLARE CUR_选课旧信息 CURSOR
  FOR
  SELECT 学号,开课号,成绩
  FROM deleted
  OPEN CUR_选课新信息
  OPEN CUR_选课旧信息
  FETCH NEXT FROM CUR_选课新信息
   INTO @学号_i, @开课号_i,@new_成绩
  FETCH NEXT FROM CUR_选课旧信息
   INTO @学号_d, @开课号_d,@old_成绩
  SELECT @学分=学分
    FROM 开课表 O,课程表 C
    WHERE O.课号=C.课号 AND 开课号=@开课号_i
  WHILE @@fetch_status=0
  BEGIN
   IF (@old_成绩 is NULL) AND (@new_成绩>=60)
    UPDATE 学生表
    SET 累计学分=累计学分+@学分
    WHERE 学号=@学号_i
   IF (@old_成绩< 60) AND (@new_成绩>= 60)
    UPDATE 学生表
    SET 累计学分=累计学分+@学分
    WHERE 学号=@学号_i
   IF (@old_成绩>= 60) AND (@new_成绩< 60 or @new_成绩 is NULL)
    UPDATE 学生表
    SET 累计学分=累计学分-@学分
    WHERE 学号=@学号_i
   FETCH NEXT FROM CUR_选课新信息
    INTO @学号_i, @开课号_i,@new_成绩
   FETCH NEXT FROM CUR_选课旧信息
    INTO @学号_d, @开课号_d,@old_成绩
   SELECT @学分=学分
     FROM 开课表 O,课程表 C
     WHERE O.课号=C.课号 AND 开课号=@开课号_i
   END
   CLOSE CUR_选课新信息
   CLOSE CUR_选课旧信息
   DEALLOCATE CUR_选课新信息
```

```
  DEALLOCATE CUR_选课旧信息
  END
END

--验证
BEGIN TRAN
--查看修改前的信息
SELECT * FROM 选课表 WHERE 学号='S060101'
SELECT * FROM 学生表 WHERE 学号='S060101'
--进行修改
update 选课表 set 成绩=85 WHERE 学号='S060101' and 开课号='010201'
--查看修改后的信息
SELECT * FROM 选课表 WHERE 学号='S060101'
SELECT * FROM 学生表 WHERE 学号='S060101'
ROLLBACK
```

分析 2：对于成绩取消的情况，相当于删除了该课程的选课记录和成绩，因此我们可以设计选课表的删除触发器来实现学分的取消。

【例 13-13】创建选课表的 DELETE 触发器，实现学分的级联修改。

```
USE 教学管理
GO
IF EXISTS (SELECT name FROM sysobjects
      WHERE name ='T_选课记录删除' AND type = 'TR')
   DROP TRIGGER T_选课记录删除
GO

CREATE TRIGGER T_选课记录删除
ON 选课表
FOR DELETE
AS
BEGIN
IF (@@ROWCOUNT>0)
BEGIN
   DECLARE @成绩 FLOAT
   DECLARE @学号 CHAR(7),@开课号 CHAR(6)
   DECLARE @学分 INT
   DECLARE CUR_选课删除 CURSOR
          FOR
          SELECT 学号,开课号,成绩
          FROM deleted
OPEN CUR_选课删除
FETCH NEXT FROM CUR_选课删除
INTO @学号, @开课号, @成绩
SELECT @学分=学分
    FROM 开课表 O,课程表 C
    WHERE O.课号=C.课号 AND 开课号=@开课号
WHILE @@fetch_status=0
BEGIN
```

```
 IF (@成绩>= 60)
  UPDATE 学生表
  SET 累计学分=累计学分-@学分
  WHERE 学号=@学号
  FETCH NEXT FROM CUR_选课删除
  INTO @学号, @开课号,@成绩
  SELECT @学分=学分
    FROM 开课表 O,课程表 C
    WHERE O.课号=C.课号 AND 开课号=@开课号
END
CLOSE CUR_选课删除
DEALLOCATE CUR_选课删除
END
END

--验证
BEGIN TRAN
--查看删除前的信息
SELECT * FROM 选课表 WHERE 学号='S060101'
SELECT * FROM 学生表 WHERE 学号='S060101'
--删除选课信息
DELETE FROM 选课表 WHERE 学号='S060101' and 开课号='010101'
--查看删除后的信息
SELECT * FROM 选课表 WHERE 学号='S060101'
SELECT * FROM 学生表 WHERE 学号='S060101'
ROLLBACK
```

触发器是一种特殊类型的存储过程，与其他类型存储过程不同的是：它是通过事件触发而被执行的，而存储过程可以通过存储过程名字而直接调用。当对某一表进行诸如 UPDATE、INSERT、DELETE 等操作时，SQL Server 就会自动执行触发器定义的 SQL 语句。

实验与思考

目的和任务

（1）熟悉触发器的分类和对应的工作原理。

（2）掌握事后触发器的创建。

（3）掌握替代触发器的创建。

（4）了解触发器和约束的区别。

实验内容

（1）创建事后触发器。

① 打开 SQL 查询编辑器。

② 设计一个名为“T1_触发器”，当员工表插入和删除后触发器，当做插入操作时，实现在部门表中相应部门人数的增加，当做删除操作时，实现相应部门人数的减少。（其中要使用事务，即在插入员工数据的同时，相应部门的人数增加，如果两者都成功，则提交；如果有一个失败，则两者均撤消。删除也一样。）

③ 在员工表中插入记录，查看部门表人数是否增加。

④ 在员工表中删除记录，查看部门表人数是否减少。

（2）创建替代触发器。

① 打开 SQL 查询编辑器。

② 先创建一个查询所有员工的视图“V _员工视图”，包括员工号、姓名、所在部门名。

③ 建立一个名为“T2_触发器”的替代触发器，当修改该视图时，可以更改某员工编号下的员工姓名和所在的部门名。

④ 修改视图。例如：员工号“75006”原来对应的员工叫“李平”，所在部门是“办公室”，现把员工号“75006”对应的员工改为“刘波”，部门变为“销售部”。

⑤ 查询视图，看修改效果。

（3）使用系统存储过程查看触发器。

① sp_help '触发器名字'

② sp_helptext '触发器名'

问题思考

（1）触发器与存储过程的区别是什么？

（2）简述触发器的工作原理。

第 14 章　数据库安全及访问控制

SQL Server 数据库管理系统使用安全账户认证控制用户对服务器的连接，使用数据库用户和角色等限制用户对数据库的访问，它们共同构成了 SQL Server 数据库系统安全机制的基础。一个用户如果要对某一数据库进行操作，必须满足 3 个条件，即登录 SQL Server 服务器时必须通过身份认证；必须是该数据库的用户，或者是某一数据库角色的成员；必须具有执行该操作的权限。本章详细介绍了相关知识，并通过具体实例帮助读者尽快学会对访问数据库的安全设置。

14.1　SQL Server 安全认证模式

用户安全账户认证用来确认登录 SQL Server 的用户的登录账号和密码的正确性，由此来验证其是否具有连接 SQL Server 的权限。SQL Server 2000 提供了两种确认用户的认证模式：Windows 认证模式和混合认证模式。图 14-1 所示为这两种方式登录 SQL Server 服务器的情形。

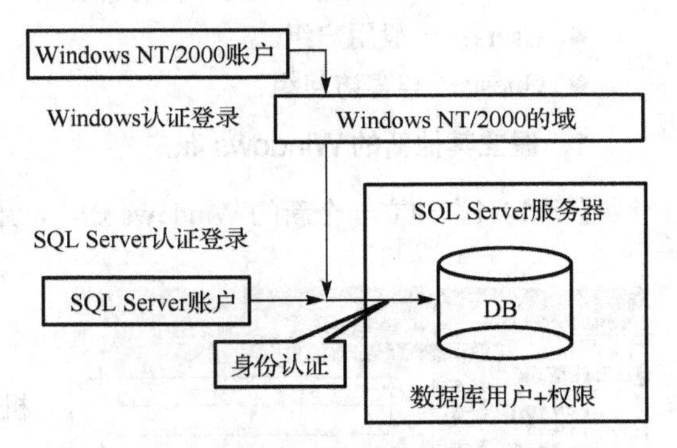

图 14-1　两种认证模式登录 SQL Server

1．Windows 认证模式

SQL Server 数据库系统通常运行在 Windows 服务器平台上，而 NT 作为网络操作系统，本身就具备管理登录、验证用户合法性的能力，因此 Windows 认证模式正是利用了这一用户安全性和账号管理的机制，允许 SQL Server 使用 NT 的用户名和口令。在这种模式下，用户只需要通过 Windows 的认证并成功登录后，系统就可以直接接受用户连接到 SQL Server，而 SQL Server 本身也就不需要管理一套登录数据了。

但是需要注意的是，登录前必须将 Windows 账号加入到 SQL Server 中，才能采用 Windows 账号登录到 SQL Server 上；使用 Windows 账号登录到另一个网络的 SQL Server，必须在 Windows 中设置彼此的托管权限。

2．混合认证模式

混合认证模式允许用户使用 Windows 安全性或 SQL Server 安全性连接到 SQL Server。在这种方式下，SQL Server 系统既允许使用 Windows 账号登录，也允许使用 SQL Server 账号登录。对于可信连接用户的连接请求，系统将采用 Windows 认证模式，而对于非可信连接用户则采用 SQL Server 认证模式。

采用 SQL Server 模式认证时，系统检查是否已经建立了该用户的登录标识，以及二者的口令是否相同（与任何 Windwos NT 账号无关）。通过认证后，用户应用程序才可连接到 SQL Server 服务器，否则系统将拒绝用户的连接请求。

第 2 章介绍了认证模式的设置。

14.2 SQL Server 登录账户的管理

14.2.1 Windows 登录账户的建立与删除

Windows 账户由 Windows 域用户管理器创建、修改或删除。

为了简化用户权限设置工作，Windows 将用户划分为不同的用户组，组中所有成员继承用户组的所有权限。一个用户可以属于多个组，这样他便同时拥有这些组的访问权限。

Windows 将用户组分为本地组和全局组两类。全局组只能包括本域中的用户账户，而不能包含其他域中的用户或用户组；本地组可以包含本域或信任域中的用户账户和全局组，但不能包含其他本地组。

Windows 预定义了一些内置的本地组，其中包括

- Administrators：计算机或域管理组。
- Account Operators：域用户和组账户管理员组。
- Server Operators：域服务器管理员组。
- Print Operators：域打印机管理员组。
- Backup Operators：域文件备份管理组。
- Users：一般用户组。
- Guests：宾客访问组。

1. 建立其他新的 Windows 账户

【例 14-1】建立一个新的 Windows 账户，用户名为 meng，密码为 1111。

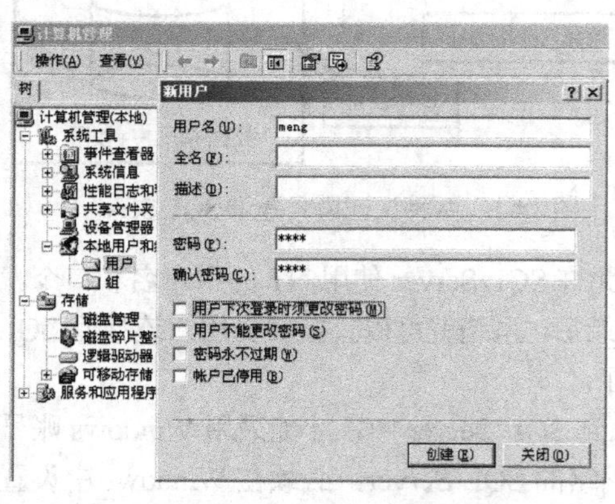

图 14-2 Windows 2000 中创建新用户界面

操作步骤如下：

① 以 Administrators 登录到 Windows。

② 选择"开始→设置→控制面板→管理工具→计算机管理"。

③ 在计算机管理窗口，选择"本地用户和组"，单击右键，在快捷菜单上单击"新用户"，进入如图 14-2 所示界面。

④ 在"新用户"对话框中输入新用户名和密码（这里用户名是 meng，密码是 1111）。

⑤ 单击"确定"按钮，一个新的 Windows 账户建立成功。

读者可以试一试，用同样的方法可以再建立一个 Windows 账户 deng。

2. 将 Windows 账户加入到 SQL Server 中

SQL Server 有两个默认的拥有数据库所有权限的内置用户登录账号即 builtin\ administrators 和 sa。

builtin\administrators 是一个 Windows 组账号，表示所有 Windows 系统管理员（Administrator）组中的用户都可以登录到 SQL Server；Sa 是 SQL Server 验证模式的系统管理员账号。

现在，如果用上述新建的用户 meng 登录到 Windows，采用 Windows 认证模式是无法和 SQL Server 相连接的，也就是说，是不能进入 SQL Server 数据库管理系统的。这是因为新建的 Windows 账户还没有加入到 SQL Server 中。下面是将新建的 Windows 账户加入到 SQL Server 系统中的方法。

方法一：使用系统存储过程

在 SQL Server 中，授予 Windows 用户或用户组连接 SQL Server 服务器的权限。其语法格式如下：

```
sp_grantlogin [@loginame=]'login'
```

其中，“login”是 Windows 用户或用户组名称，其格式为“域\用户名称”；对于本地用户或组，则域名即为本地计算机名，其格式为“计算机名\用户名称”。

【例 14-2】将新建的 Windows 账户 meng 添加到 SQL Server 系统中。

```
EXEC sp_grantlogin 'ZUFE-MXH\meng'
    --ZUFE-MXH 是计算机名，meng 是 Windows 用户
GO
```

而对于 Windows 内置本地组，不能使用域名或计算机名，而应使用 BUILTIN 关键字。

【例 14-3】将 Windows 内置本地组添加到 SQL Server 系统中。

```
EXEC sp_grantlogin 'BUILTIN\Users'
     --Users 是 Windows 内置本地组
GO
EXEC sp_grantlogin 'BUILTIN\Guests'
     --Guests 是 Windows 内置本地组
GO
```

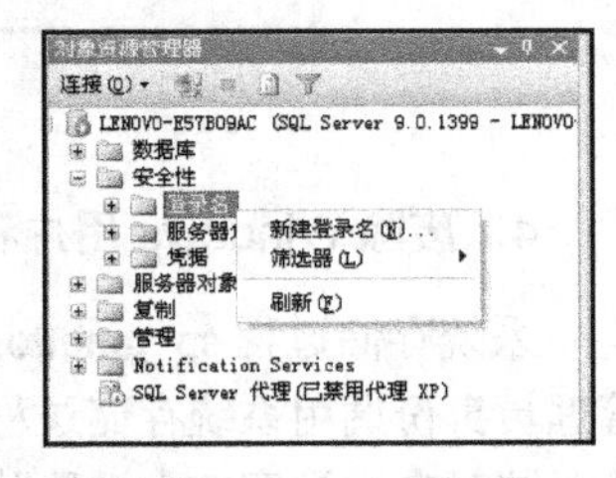

图 14-3　新建登录快捷菜单

方法二：使用对象资源管理器

【例 14-4】将读者创建的 Windows 登录账户 deng 用对象资源管理器方法添加到 SQL Server 系统中。

操作步骤如下：

① 进入对象资源管理器，选择“安全性”结点上的“登录”结点，如图 14-3 所示。此时登录项目中有 3 个，Windows 登录账户 Administrators、SQL Server 登录账户 sa、新建的 Windows 登录账户 deng。

② 单击右键，在快捷菜单上选择“新建登录”，出现如图 14-4 所示新建登录对话框。

③ 在新建登录对话框中，选择“常规”选项卡，选择“Windows 身份验证”，然后在名称框中输入或从路径选择处选择账户“deng”。在数据库下拉列表可以选择登录到的默认数据库，默认数据库是 master，用户也可以选择自己建立的数据库，则可以顺利创建新的账户。

④ 单击“确定”按钮，退出，则在登录项目中出现新增到 SQL Server 中的 Windows 用户“deng”。

3. 用新建 Windows 用户登录 SQL Server

如果要用新建 Windows 用户登录 SQL Server，则首先将登录的默认数据库选择成用户自己建立的数据库，如图 14-4 所示（如果默认数据库是 master，则新建用户登录权限限制不起作用），在建立访问该数据库权限的基础上，可以在 Windows 中选择“开始→关机”，注销原来的账户，用新的账户（比如 meng 或 deng）登录 Windows。登录成功后，启动对象资源管理器或新建查询就可以以新的用户进入 SQL Server。

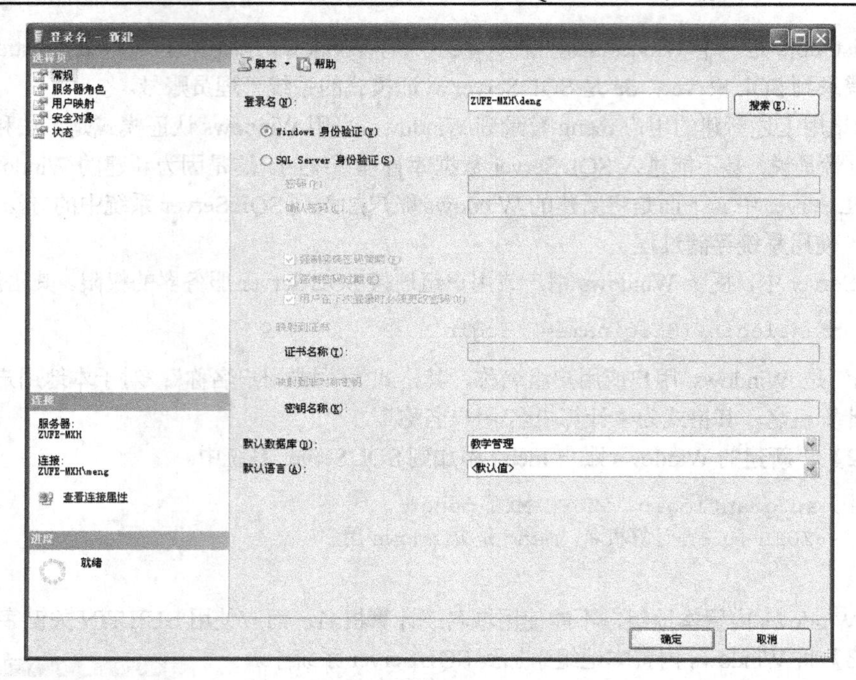

图 14-4　新建登录对话框

4．废除 Windows 用户和 SQL Server 的连接

系统存储过程 sp_grantlogin 所添加的登录标识均存储在 SQL Server 的 syslogin 系统表中。以系统管理员身份调用系统存储过程 sp_revokelogin 或从对象资源管理器中可将它们从 syslogin 系统表中删除，这时在登录窗口中被删除的登录标识也将不再存在（需要刷新界面）。

方法一：使用系统存储过程

语法格式：

```
sp_revokelogin {[loginame=]'login'}
```

参数说明：

login 是待删除的 SQL Server 服务器登录标识。

【例 14-5】 删除 Windows 用户 deng 和 SQL Server 的连接。

```
EXEC sp_revokelogin 'ZUFE-MXH\deng'      --删除 ZUFE-MXH\deng
GO
```

方法二：使用对象资源管理器

操作步骤如下：

进入对象资源管理器，选择“安全性”结点上的“登录”结点，选中待删除的“账号”单击右键，单击快捷菜单中的删除。

14.2.2　SQL Server 登录账户建立与删除

在 Windows 环境下，如果要使用 SQL Server 登录标识登录 SQL Server，首先应将 SQL Server 的认证模式设置为混合模式，见第 2 章相关内容。设置成混合认证模式后，可以使用系统存储过程或对象资源管理器创建 SQL Server 登录标识。

1. 创建 SQL Server 登录标识

方法一：使用系统存储过程

语法格式：

```
sp_addlogin [@loginame=]'login'
    [,[@passwd=]'password'
   [,[@defdb=]'database'
    [,@deflanguage=]'language'
   [,[@sid=]'sid'
    [,[@encryptopt=]'encryption_option']]]]]
```

参数说明：

（1）Login 为注册标识或 SQL Server 用户名，长度为 1～128 个字符，其中可以包括字母、符号和数字，但不能是空字符串，不能包含“\”，不能与现有登录标识同名；

（2）Passwd 为口令，默认口令是 NULL（即不需要口令），用户可以在任何时候使用；

（3）Database 指定用户在注册时连接到的默认数据库，如果没有指定默认数据库，则默认数据库是 zhangster；

（4）sid 是新建登录标识的安全标识号，一般由系统自动建立。

（5）encryption_option 说明登录标识口令是否需要加密存储到系统表中，其数据类型为 varchar（20），它有以下三种取值。

① NULL：默认设置，口令加密存储；

② skip_encryption：要求不要加密口令；

③ skip_encryption_old：所提供的口令被 SQL Server 前期版本加密，这种取值主要用于早期版本数据库的升级。

（6）language 说明用户注册到 SQL Server 时使用的默认语言代码。

【例 14-6】创建 SQL Server 登录账户 wang。

```
EXEC sp_addlogin  @loginame= 'wang', @passwd='1234'   --新建登录标识 wang
GO
```

方法二：使用对象资源管理器

【例 14-7】创建 SQL Server 登录账户“zhang”。

步骤如下：

① 进入对象资源管理器，选择“安全性”结点上的“登录”结点，参见图 14-3。

② 单击右键，在快捷菜单上选择“新建登录”，出现如图 14-4 所示新建登录对话框。

③ 在新建登录对话框中，选择“常规”选项卡，在名称输入框中输入登录标识（如 zhang）。选择“SQL Server 身份验证”，输入密码（如 1111），在数据库下拉列表可以选择登录到的默认数据库。

④ 单击“确定”按钮，退出则会在登录项目中出现新的 SQL Server 登录标识“zhang”。

2. 用新建 SQL server 登录用户登录 SQL Server

首先设置安全认证模式成混合模式。再将登录的默认数据库选择成用户自己建立的数据库，见图 14-4，在建立该用户访问该数据库权限的基础上，单击连接下的数据库引擎，然后选择 SQL Server 身份认证，输入新的用户名和密码即可用新用户身份访问 SQL Server。

3. 删除 SQL Server 登录标识

如果管理员要禁止某个用户连接 SQL Server 服务器，则可调用系统存储过程 sp_droplogin 或使用对象资源管理器将其登录标识从系统中删除。

方法一：使用系统存储过程

语法格式：

```
sp_droplogin [@loginame = ]  'login'
```

参数说明：

login 为存储在 syslogin 系统表中的 SQL Server 登录标识。删除标识也就是删除该用户在 syslogin 表中的对应记录。

【例 14-8】 删除刚创建的 wang 登录标识。

```
EXEC sp_droplogin  'wang'                    --删除 wang
GO
```

方法二：使用对象资源管理器

删除步骤类似上述 Windows 账户删除，请读者自己试试。

但是，在下面几种情况下，不能使用 sp_droplogin 删除登录标识：

- 登录标识在数据库中有对应的用户名存在，这时应首先使用系统存储过程 sp_dropuser 删除数据库用户账户。
- 拥有数据库的登录标识。
- 在 msdb 数据库中创建了任务的登录标识。
- 系统管理员登录标识 sa。
- 当前已经连接到 SQL Server，并正在访问中的登录标识。

14.3 数据库访问权限的建立与删除

在数据库中，一个用户或工作组取得合法的登录账号，只表明该账号通过了 Windows 认证或者 SQL Server 认证，但不能表明其可以对数据库数据和数据库对象进行某种或某些操作，只有当他同时拥有了数据库访问权限后，才能够访问数据库。

14.3.1 建立用户访问数据库的权限

方法一：使用系统存储过程

语法格式：

```
sp_grantdbaccess
    [@loginame=]'login'
    [,[@name_in_db=]'name_in_db'
```

将登录账号用户或组添加到当前数据库，使该用户能够具有在当前数据库中执行活动的权限。

参数说明：

（1）“login”是登录标识名称或 Windows 用户或用户组名称。

（2）“name_in_db”是在数据库中为 login 参数指定登录标识所创建的用户名称，它可以与登录名称不同，也可以相同。省略该参数时，所创建的数据库用户名称与 login 相同。

【例 14-9】 将上面建立的 Windows 用户“ZUFE-MXH\meng”添加到“教学管理”数据库，并取名“STU_ZHANGNAGER”。

```
USE 教学管理
GO
EXEC sp_grantdbaccess 'ZUFE-MXH\meng','STU_ZHANGNAGER'
GO
```

注意：

（1）sa 不能添加到数据库中；

（2）只有 sysadmin 固定服务器角色、db_accessadmin 和 db_owner 固定数据库角色成员才能执行 sp_grantdbaccess；

（3）不能从用户定义的事务中执行 sp_grantdbaccess。

方法二：使用对象资源管理器

【例 14-10】将上面建立的 SQL Server 登录账户“zhang”添加到“教学管理”数据库。

步骤如下：

① 展开“教学管理”数据库，选择安全性，单击“用户”结点，在右窗格中出现该数据库的所有用户，在右窗格的空白处单击右键，出现快捷菜单，选择“新建用户”。

② 在出现的新建数据库用户对话框中，输入用户名（如 zhang），单击登录名右边的浏览按钮，寻找上面建立的登录账户 zhang，选择架构和角色，如图 14-5 所示。

③ 单击“确定”按钮。

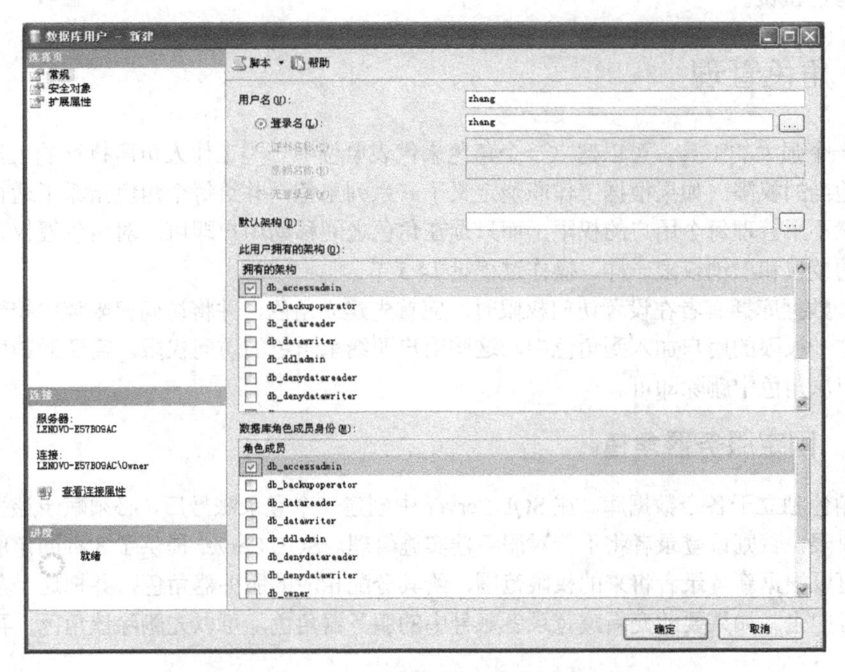

图 14-5　在数据库中添加新用户

14.3.2　删除用户访问数据库的权限

方法一：使用系统存储过程

语法格式：

```
sp_revokedbaccess [@name_in_db=]'name_in_db'
```

参数说明：

“name_in_db”是在数据库中指定登录标识所创建的用户名称。

【例 14-11】 删除 Windows 账户“ZUFE-MXH\meng”名为“STU_ZHANGNAGER”访问“教学管理”数据库的访问权限。

```
USE 教学管理
GO
EXEC sp_revokedbaccess 'STU_ZHANGNAGER'
GO
```

注意：

（1）系统存储过程 sp_revokedbaccess 不能删除 public 角色和数据库中的固定角色。

（2）系统存储过程 sp_revokedbaccess 不能删除 zhangster 和 tempdb 数据库中的 guest 用户账户。

（3）系统存储过程 sp_revokedbaccess 不能删除 WindowsNT/2000 组中的用户。

（4）只有 sysadmin 固定服务器角色、db_accessadmin 和 db_owner 固定数据库角色成员才能执行 sp_grantdbaccess。

（5）不能从用户定义的事务中执行 sp_grantdbaccess。

方法二：使用对象资源管理器

请读者自己试试。

14.4 角色管理

角色是一个强大的工具。可以建立一个角色来代表单位中一类工作人员所执行的工作，然后给这个角色授予适当的权限。如果根据工作职能定义了一系列角色，并给每个角色指派了适合这项工作的权限，之后就不用管理每个用户的权限，而只须在角色之间移动用户即可。对角色授权和撤销权限与对一般用户的授权和撤销权限一样，操作过程见 14.5 节。

管理员和数据库拥有者在设置访问权限时，应首先建立角色，并将访问权限集中授予角色，之后将需要拥有这一权限的用户加入到角色中，这些用户即继承角色的访问权限。需要撤销用户的访问权限时，将用户从角色中删除即可。

14.4.1 固定服务器角色

服务器角色独立于各个数据库。在 SQL Server 中创建一个登录账号后，必须赋予该登录者管理服务器的一定权限，否则该登录者将不能对服务器实施管理。SQL Server 提供了 8 种固定服务器角色，系统管理员可以根据新登录者将来的权限范围，给其分配相应的服务器角色，并把这个角色添加到该登录者的账号中去。如果要改变新建登录者账号中的服务器角色，可以先删除该角色，再添加新的服务器角色。

1. 固定服务器角色及其功能

表 14-1 列出了固定服务器角色及其功能描述。固定服务器角色是 SQL Server 内置的，不能进行添加、修改和删除。

BULK INSERT 语句的功能是以用户指定的格式复制一个数据文件到数据库表或视图。

系统管理员只能将上述某个固定服务器角色添加到一个新建用户的账号中，不能给其自定义服务器角色。

表 14-1　固定服务器角色

固定服务器角色	描　述
sysadmin	系统管理员，可以在 SQL Server 中执行任何活动
serveradmin	服务器管理员，可以设置服务器范围的配置选项，关闭服务器
setupadmin	设置管理员，可以管理链接服务器和启动过程
securityadmin	安全管理员，可以管理登录和 CREATE DATABASE 权限，还可以读取错误日志和更改密码
processadmin	进程管理员，可以管理在 SQL Server 中运行的进程
dbcreator	数据库创建者，可以创建、更改和删除数据库
diskadmin	磁盘管理员，可以管理磁盘文件
bulkadmin	数据备份管理员，可以执行 BULK INSERT 语句

2. 给新建用户账号添加固定服务器角色成员

以系统管理员的身份登录到SQL Server服务器，可以用系统存储过程或对象资源管理器进行添加。

方法一：使用系统存储过程

语法格式：

```
sp_addsrvrolemember [@loginame=]'login'[,[@rolename=]'role']
```

参数说明：

（1）login 为登录标识名称，可以为 SQL Server 登录标识或 Windows 用户账户。如果 Windows 用户账户安全账户还没有被授权访问 SQL Server 服务器，则在添加时自动授权。

（2）role 为固定服务器角色名称。

【例 14-12】将账户 ZUFE-MXH\meng 添加到固定服务器角色 sysadmin 中，或将固定服务器角色 sysadmin 添加分配给账户 ZUFE-MXH\meng。

```
EXEC sp_addsrvrolemember 'ZUFE-MXH\meng','sysadmin'
  GO
```

方法二：使用对象资源管理器

【例 14-13】将账户 zhang 添加到固定服务器角色 sysadmin 中，或将固定服务器角色 sysadmin 添加分配给账户 zhang。

① 如图 14-6 所示，选择登录名，出现目前存在的登录账户，选择账户 zhang，单击右键，出现下拉菜单，单击属性，出现图 14-7。

② 选择“服务器角色”选项卡，再选定“sysadmin”，按“确定”按钮完成。

注意：

（1）不能更改 sa 角色成员资格。

（2）sysadmin 固定服务器的成员可以将登录账户添加到任何固定服务器角色，其他固定服务器角色的成员可以执行 sp_addsrvrolemember 将登录账号添加到同一个固定服务器角色。

3. 删除固定服务器角色成员

以系统管理员的身份登录到 SQL Server 服务器，可以用系统存储过程或对象资源管理器删除固定服务器角色成员。

方法一：使用系统存储过程

语法格式：

```
sp_dropsrvrolemember [@loginame=]'login'[,[@rolename=]'role']
```

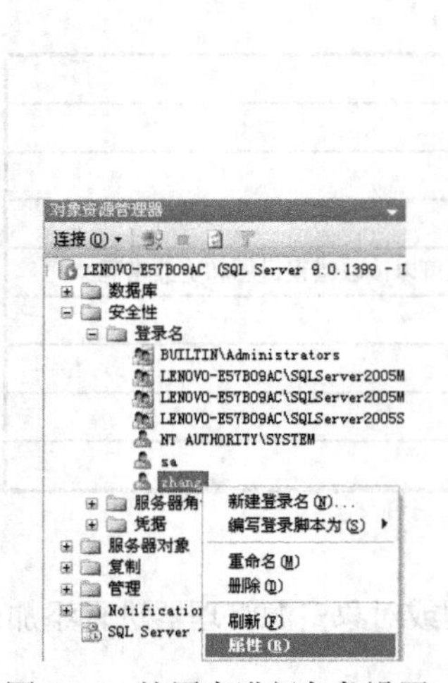

图 14-6 按用户进行角色设置

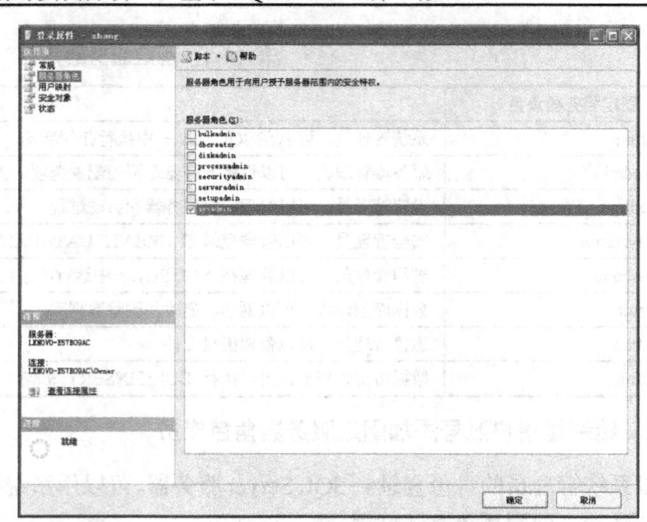

图 14-7 选择固定服务器角色

参数说明：

（1）login 为登录标识名称，可以为 SQL Server 登录标识或 Windows 用户账户。如果 Windows 用户账户安全账户还没有被授权访问 SQL Server 服务器，则在添加时自动授权。

（2）role 为固定服务器角色名称。

【例 14-14】将账户 ZUFE-MXH\meng 从固定服务器角色 sysadmin 中删除。

```
EXEC sp_dropsrvrolemember 'ZUFE-MXH\meng','sysadmin'
GO
```

方法二：使用对象资源管理器

例：将账户 zhang 从固定服务器角色 sysadmin 中删除。

请读者自己试一试。

14.4.2 数据库角色

1. 固定数据库角色

固定数据库角色定义在数据库级别上，并且有权进行特定数据库的管理和操作。每个数据库都有一系列固定数据库角色。虽然每个数据库中都存在名称相同的角色，但各个角色的作用域只是在特定的数据库内。表 14-2 列出了 SQL Server 提供的固定数据库角色。

表 14-2 固定数据库角色

固定数据库角色	描 述
db_owner	在数据库中有全部权限
db_accessadmin	可以添加或删除用户 ID
db_securityadmin	可以管理全部权限、对象所有权、角色和角色成员资格
db_ddladmin	可以发出 ALL DDL，但不能发出 GRANT、REVOKE 或 DENY 语句
db_backupoperator	可以发出 DBCC、CHECKPOINT 和 BACKUP 语句
db_datareader	可以选择数据库内任何用户表中的所有数据
db_datawriter	可以更改数据库内任何用户表中的所有数据
db_denydatareader	不能选择数据库内任何用户表中的任何数据
db_denydatawriter	不能更改数据库内任何用户表中的任何数据
public	每个用户均具有的角色

public 是一个特殊的数据库角色。数据库中的每个用户（包括系统数据库）均具有这一角色，一个新创建的数据库用户自动属于 public 角色，并且不能从 public 角色中删除。所以用户默认权限为 public 角色所具有的权限，除非另外授权。

所有固定数据库角色都不能被用户删除。

2．用户自定义角色

（1）创建用户自定义角色

在 SQL Server 中，服务器角色不可创建，但 sysadmin、db_securityadmin 或 db_owner 固定角色中的成员可以调用系统存储过程 sp_addrole 或对象资源管理器来建立自己定义的数据库角色。这为按角色管理数据库带来很大方便。

方法一：使用系统存储过程

语法格式：

```
sp_addrole [@rolename=]'role' [,[@ownername=]'owner']
```

参数说明：

①“role”为新建立的数据库角色名称。

②“owner”为新建角色的所有者，默认为 dbo。

【例 14-15】为数据库“教学管理”设置“教师”角色。

```
USE 教学管理
GO
EXEC sp_addrole '教师'
GO
```

方法二：使用对象资源管理器

【例 14-16】为数据库“教学管理”设置“学生”角色。

操作步骤如下：

① 以系统管理员身份登录到 SQL Server，进入对象资源管理器展开“教学管理”数据库结点，在“角色”上单击右键，在快捷菜单上选择“新建数据库角色”选项。

② 在出现的新建角色对话框中输入角色名称（如学生），单击“所有者”浏览按钮选择所有者，如 zhang，如图 14-8 所示。如果马上要为该角色添加用户账户，可以单击“添加”按钮。

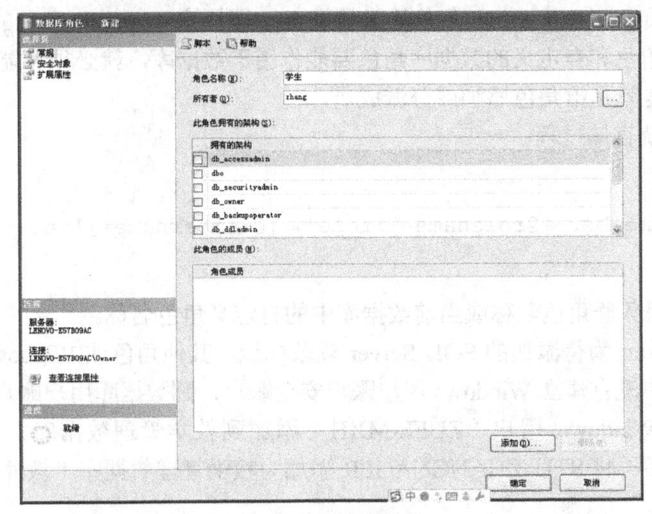

图 14-8　新建角色

③ 单击“确定”按钮，即在数据库中增加了“学生”角色。

④ 同样的方法，可以在“教学管理”数据库中增加“教务管理员”角色。

（2）删除用户自定义角色

用户定义的数据库角色能够被系统存储过程 sp_droprole 删除，但只有 db_owner、db_securityadmin 或数据库角色所有者才能够执行这一系统存储过程。

方法一：使用系统存储过程

语法格式：

```
sp_droprole[@rolename=]'role'
```

参数说明：

“role”为要删除的数据库自定义角色名称。

【例 14-17】 删除教学管理数据库中建立的数据库角色“教务管理员”。

```
USE 教学管理
GO
EXEC sp_droprole '教务管理员'
GO
```

方法二：使用对象资源管理器

请读者自己试试。

注意： 删除角色时，如果角色中有成员，必须先删除所有成员，才能删除角色，否则角色删除不能进行。

3．为用户自定义角色授权

建立数据库角色后，可使用 GRANT、DENY 或 REVOKE 语句设置数据库角色的访问权限。详细内容见后续章节。

4．添加和删除数据库角色成员

（1）添加数据库角色成员

当一个数据库创建以后，SQL Server 会自动指定上述 10 种固定的数据库角色，但只有 db_owner 和 public 角色内有成员，其中 db_owner 角色的成员是 dbo，即用户 sa，public 角色的成员是 dbo 和 guest。所以其他固定数据库角色和自定义的数据库角色要能作用于数据库，就必须和能访问数据库的账户或登录标识关联起来，也就是给角色添加或分派成员。

方法一：使用系统存储过程

语法格式：

```
sp_addrolemember [@rolename=]'role', [@membername=]'security_account'
```

参数说明：

（1）role 为固定服务器角色名称或当前数据库中的自定义角色名称。

（2）security_account 为待添加的 SQL Server 登录标识、其他角色或 Windows 用户账户。当添加时，如果当前数据库中没有建立 Windows 用户账户安全账户，则数据库用户账户被自动建立。

【例 14-18】 将 Windows 用户“ZUFE-MXH”添加到教学管理数据库，使其成为用户 STU_ZHANGNAGER，然后再将 STU_ZHANGNAGER 添加为教学管理数据库“教师”角色成员。

```
USE 教学管理
```

```
GO
EXEC sp_grantdbaccess 'ZUFE-MXH\meng','STU_ZHANGNAGER'
    --建立用户“ZUFE-MXH\meng”访问数据库“教学管理”的权限，并命名为“STU_ZHANGNAGER”
GO
EXEC sp_addrolemember '教师','STU_ZHANGNAGER'
    --将用户“STU_ZHANGNAGER”添加到角色“教师”中成为其一个成员
GO
```

方法二：使用对象资源管理器

【例14-19】将用户zhang添加为教学管理数据库“学生”角色成员。

步骤如下：

① 建立“学生”角色，见图14-8。如果“学生”角色已经存在，本步骤可跳过。

② 添加角色成员，在图14-8上按“添加”按钮，寻找用户“zhang”（如果用户“zhang”不存在，则需要建立）。

③ 按“确定”按钮，用户“zhang”就添加到“学生”角色中，成为“学生”角色的一个成员。

注意：

① 不能将固定数据库角色、固定服务器角色或dbo添加到其他用户自定义的角色。

② 只有sysadmin固定服务器角色和db_owner固定数据库角色中的成员才可以执行sp_addrolemember，将用户账号添加到固定数据库角色。

③ 在用户定义的事务中不能使用sp_addrolemember。

④ sa的角色不能更改。

（2）删除数据库角色成员

方法一：使用系统存储过程

语法格式：

```
sp_droprolemember [@rolename=]'role', [@membername=]'security_account'
```

参数说明：

（1）role为固定服务器角色名称或当前数据库中自定义角色名称。

（2）security_account为待删除的SQL Server登录标识、其他角色或Windows用户账户。删除时，security_account必须为当前数据库的一个有效用户账户。

【例14-20】将用户STU_ZHANGNAGER从“教师”角色中删除。

```
USE 教学管理
GO
EXEC sp_droprolemember '教师','STU_ZHANGNAGER'
    --将用户“STU_ZHANGNAGER”从角色“教师”中删除
GO
```

方法二：使用对象资源管理器

【例14-21】将用户zhang从“学生”角色中删除。

操作步骤如下：

① 选择“对象资源管理器→数据库→教学管理→安全性→角色”。

② 对象资源管理器右边出现教学管理数据库现有的所有角色，选中“学生”角色，单击右键，在快捷菜单中单击“删除”按钮。

③ 在对话框中选择用户zhang，然后单击“确定”按钮。

注意：

（1）只有 sysadmin 固定服务器角色和 db_owner 固定数据库角色中的成员才可以执行 sp_droprolemember。

（2）只有 sysadmin 固定服务器角色和 db_owner 固定数据库角色中的成员才可以将用户账号从固定数据库角色中删除。

5. 应用程序角色建立与删除

前面介绍的标准角色对访问控制实现在数据库一级，它决定用户能够访问的数据库及其对象。下面介绍另一种访问控制方法——应用程序角色。它不同于标准角色，不是根据用户，而是根据用户所运行的应用程序，决定当前连接能否访问数据库对象。

使用应用程序角色的直接原因有以下两方面：

① 限制访问数据库所使用的应用程序，提高系统安全性。例如，在一个财务系统中，用户添加到数据库中的数据不希望任何非法用户通过其他任何途径进行访问，而只允许通过财务系统程序自身检验后的合法用户访问，这时使用应用程序角色就能达到这一目的。

② 提高 SQL Server 服务器的运行性能。因为应用程序角色只允许指定的应用程序运行，这能避免用户在 SQL Server 服务器上运行其他程序，从而提高数据库系统的运行性能。

（1）建立应用程序角色。

方法一：使用系统存储过程

在 SQL Server 中，只有固定服务器角色 sysadmin 成员、固定数据库角色 db_owner 和 db_securityadmin 成员才能运行系统存储过程创建应用程序角色。

语法格式：

```
sp_addapprole [@rolename=]'role',[@password=]'password'
```

参数说明：

（1）role 为固定服务器角色名称或当前数据库中自定义角色名称。

（2）password 为对应角色的口令。

【例 14-22】在教学管理数据库中建立应用程序角色“P_学生部分信息”，设口令为 123。（“P_学生部分信息”是第 12 章中例 12-3 创建的存储过程。）

```
USE 教学管理
GO
EXEC sp_addapprole 'P_学生部分信息','123'
GO
```

方法二：使用对象资源管理器

【例 14-23】假如有一程序名为“更新”，在教学管理数据库中建立应用程序角色“更新”，其口令为 456。

操作步骤如下：

① 以系统管理员身份登录到 SQL Server，进入对象资源管理器，展开“教学管理”数据库结点，选择“安全性”，在“角色”上单击右键，在快捷菜单上选择“新建数据库角色”选项。

② 在出现的新建角色对话框中输入角色名称（如“更新”），默认架构选择 dbo，输入密码（如“456”），如图 14-9 所示。

③ 单击“确定”按钮。在数据库中增加了应用程序角色——更新。

（2）激活和使用应用程序角色

建立应用程序角色后，SQL Server 数据库应用程序可以调用系统存储过程 sp_setapprole 激活角色。

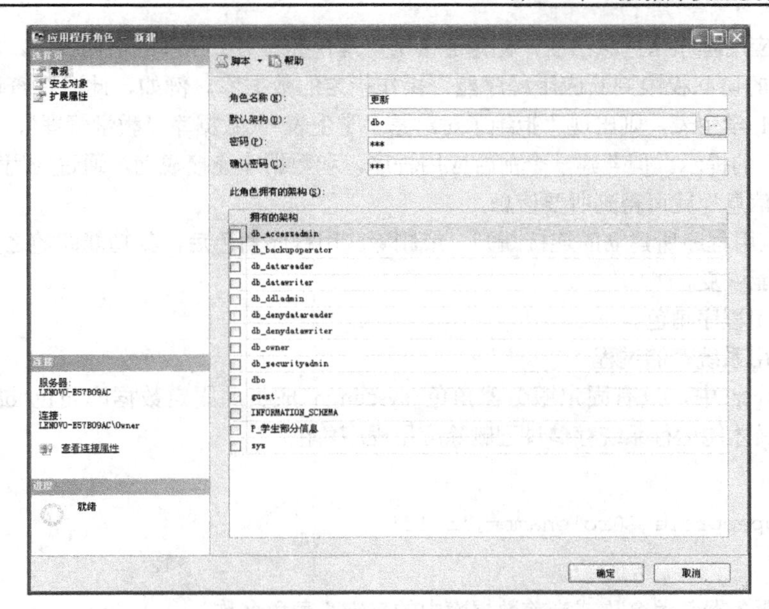

图 14-9　新建应用程序角色

语法格式：

```
sp_setapprole [@rolename=]'role',
              [@password=] {Encrypt N 'password'}|'password'
               [,[@encrypt=]'encrypt_style']
```

参数说明：

（1）Encrypt N 选项要求应用程序在向 SQL Server 传递应用程序角色口令之前，将其加密。

（2）encrypt_style 说明加密方式，它有以下两种取值。

none——用明文方式传递，这是默认方式；

odbc——使用 ODBC 规范定义的 Encrypt 加密函数对角色口令进行加密。

【例 14-24】在一个客户端应用程序中可以执行以下语句，激活前面创建的应用程序角色“P_学生部分信息”。

```
USE 教学管理
GO
EXEC sp_setapprole 'P_学生部分信息','123','none'
GO
```

或执行以下语句激活“P_学生部分信息”角色，且要求对角色口令进行加密传输。

```
EXEC sp_setapprole ' P_学生部分信息',{Encrypt N '123'}
```

应用程序角色与标准角色之间存在以下差别：

① 应用程序角色不包含任何成员，而标准角色则拥有自己的成员。所以应用程序角色必须和标准角色中的成员一样，在操作数据库前，给其指定操作访问权限。如何指定参见后面的数据库权限管理内容。

② 默认时，应用程序角色是无效的，只有当数据库应用程序执行系统存储过程 sp_approle，并为应用程序角色提供正确的口令后才激活应用程序角色。而标准角色一直保持有效。

③ 应用程序角色激活后，其所拥有的访问权限才起作用。这时，它屏蔽掉标准角色中的访问权

限。也就是说，应用程序角色激活后，无论连接用户是否拥有对数据库的访问权限，SQL Server 只根据应用程序角色的访问权限判断应用程序能否操作指定的数据库。例如，此时在查询分析器上运行 SELECT * FROM 学生表，则出现“拒绝了对对象‘学生表’（数据库‘教学管理’，架构‘dbo’）的 SELECT 权限。”的提示。但若建一个前台应用程序，和数据库连接成功，通过应用程序调用存储过程“P_学生部分信息”就可得到所要信息。

④ 在运行应用程序所建立的连接断开，或删除应用程序角色后，其功能即随之失去作用，标准角色中的访问功能恢复。

（3）删除应用程序角色。

方法一：使用系统存储过程

在 SQL Server 中，只有固定服务器角色 sysadmin 成员、固定数据库角色 db_owner 和 db_securityadmin 成员才能运行系统存储过程删除应用程序角色。

语法格式：

```
sp_dropapprole [@rolename=]'role'
```

参数说明：

role 为固定服务器角色名称或当前数据库中的自定义角色名称。

【例 14-25】 删除上述建立的“更新”应用程序角色。

```
sp_dropapprole '更新'
```

方法二：使用对象资源管理器

读者自己试一试。

14.5 数据库权限管理

当用户成为数据库中的合法用户，或者新建了应用程序角色之后，它除了具有一些系统表的查询权之外，并不对数据库中的对象具有任何操作权，因此，下一步就需要为数据库中的用户或应用程序角色授予数据库对象的操作权限。

14.5.1 权限种类

1. 对象权限

表示对特定的数据库对象，即表、视图、字段和存储过程的操作许可，它决定了能对表、视图等数据库对象执行哪些操作。

对象权限决定用户对数据库对象所执行的操作，它控制用户在表和视图上执行 SELECT、INSERT、UPDATE、DELETE 语句及存储过程的能力。

对象权限及其所作用的数据库对象如表 14-3 所示。

表 14-3 对象权限及其所作用的数据库对象

语　句	数据库对象
SELECT	表、视图、列
INSERT	表、视图
UPDATE	表、视图、列
DELETE	表、视图
REFERENCE	表
EXECUTE	存储过程

2. 语句权限

语句权限决定用户能否操作数据库和数据对象，如表、视图、存储过程、默认和规则等。语句权限决定用户能否执行以下语句。

- CREATE DATABASE：创建数据库。
- CREATE DEFAULT：在数据库中建立默认值。
- CREATE PROCEDURE：在数据库中创建存储过程。
- CREATE FUNCTION：在数据库中创建用户自定义函数。
- CREATE RULE：在数据库中创建规则。
- CREATE TABLE：在数据库中创建表。
- CREATE VIEW：在数据库中创建视图。
- BACKUP DATABASE：备份数据库。
- BACKUP LOG：备份数据库日志。

在 SQL Server 中，每个数据库都有各自独立的权限保护，所以对于不同的数据库要分别向用户授予语句权限（CREATE DATABASE 除外）。

3. 隐含权限

隐含权限是指系统安装以后有些用户和角色不必授权就有的许可。SQL Server 预定义的固定服务器角色、固定数据库角色和数据库对象所有者均具有隐含权限。

14.5.2　授予权限

由于 SQL Server 预定义角色的隐含权限是固定的，所以不能使用以上语句重新设置，权限管理语句只能设置用户、角色等权限。

1. 语句权限管理

方法一：使用 SQL 命令

语法格式：

```
GRANT{ALL|statement_list} TO {PUBLIC|security_account}
```

参数说明：

（1）ALL 即全部语句，只有系统管理员可以使用此选项，因为只有系统管理员可以授予或收回 CREATE DATABASE 的权限；

（2）statement_list 给出授权的语句列表，这些语句可以是 CREATE DATABASE（如果执行这个语句的用户是系统管理员）、CREATE DEFAULT、CREATE PROCEDURE、CREATE FUNCTION、CREATE RULE、CREATE TABLE、CREATE VIEW、BACKUP DATABASE、BACKUP LOG 等；

（3）PUBLIC 说明这些语句的执行权限将授予所有的用户；

（4）security_account 是数据库用户、组或角色的安全账户。

【例 14-26】 授予用户 STU_ZHANGNAGER（ZUFE-MXH\meng 登录标识的名称）具有创建表的权限。

```
USE 教学管理
GO
GRANT CREATE TABLE TO STU_ZHANGNAGER
GO
```

方法二：使用对象资源管理器

【例 14-27】 授权用户 zhang 在教学管理数据库中具有创建视图的权限。

操作步骤如下：

① 以系统管理员身份登录到 SQL Server，进入对象资源管理器，在“教学管理”数据库结点上单击右键，出现下拉菜单，单击属性，出现教学管理数据库属性设置选项对话框。

② 选择“权限”选项卡，设置用户 zhang 具有创建视图的权限，即在相应位置打上“√”符号，如图 14-10 所示。

③ 最后单击“确定”按钮。

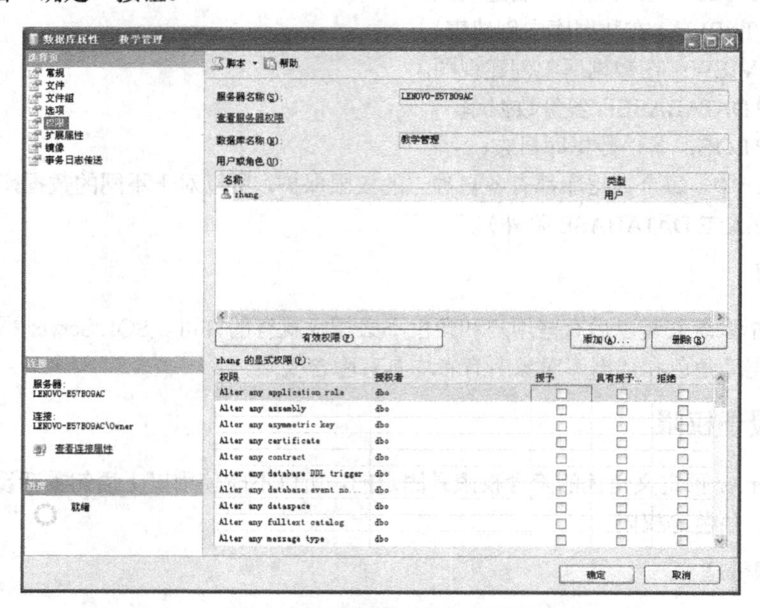

图 14-10 数据库对象权限设置

2. 对象权限管理

方法一：使用 SQL 命令

语法格式：

```
GRANT{ALL|Permission_list}
    ON {表[(列…)]|视图[(列…)] |存储过程|扩展存储过程|自定义函数}
    TO {PUBLIC| security_account}
    [WITH GRANT OPTION]
    [AS {group|role}]
```

参数说明：

（1）ALL 说明将指定对象的所有操作权限都授予指定的用户，只有 sysadmin、db_owner 角色成员和数据库对象所有者才可以使用 all 选项；

（2）permission_list 是权限列表。包括 SELECT、INSERT、UPDATE、DELETE、REFERENCE、EXECUTE。

（3）security_account 是数据库用户、组或角色的安全账户。

（4）WITH GRANT OPTION 表示允许 security_account 将指定的权限转授其他账户。

（5）AS {group|role}说明被授权的用户是从哪个角色或组继承的权限。

【例 14-28】 授予角色“教师”具有查询学生表、课程表、教师表、开课表和选课表的权限。

```
UES 教学管理
GO
```

```
GRANT SELECT ON 学生表 TO 教师
GRANT SELECT ON 课程表 TO 教师
GRANT SELECT ON 教师表 TO 教师
GRANT SELECT ON 开课表 TO 教师
GRANT SELECT ON 选课表 TO 教师
```

方法二：使用对象资源管理器

【例 14-29】 授予用户“zhang”对学生表、课程表、教师表、开课表和选课表具有修改、插入、查询、更新等权限。

操作步骤如下：

① 以系统管理员身份登录到 SQL Server，进入对象资源管理器，展开“教学管理”数据库结点，在“用户”上单击，在框中选择“zhang”单击右键，出现下拉菜单，在下拉菜单中单击属性，出现数据库角色属性对话框。

② 在数据库角色属性对话框中选择“安全对象”，出现权限设置对话框，单击“添加”按钮，将数据库和表加入。

③ 在框中分别将学生表、课程表、教师表、开课表和选课表对应的 INSERT、UPDATE、DELETE 等打上“√”符号，如图 14-11 所示。如果需要对某个表的列的操作权限设置，可以按“列”按钮。

④ 单击“确定”按钮。“zhang”用户针对上述几个表的操作权限即设置好。

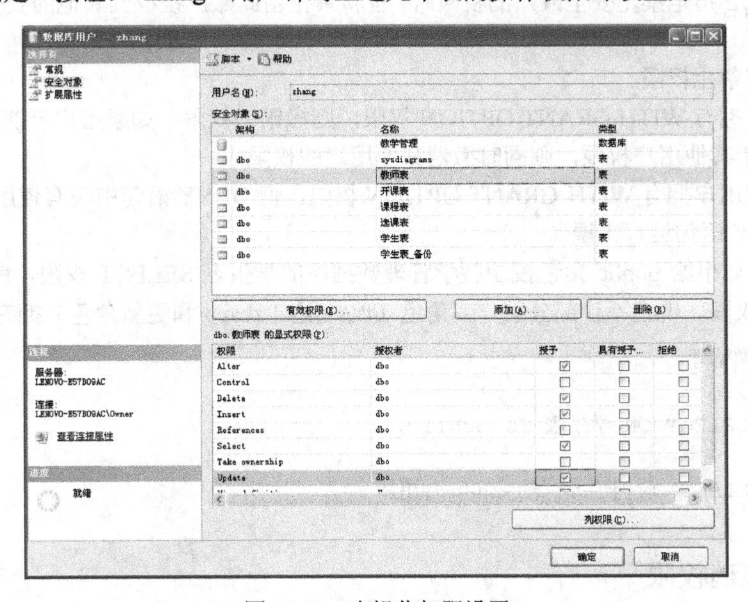

图 14-11　表操作权限设置

14.5.3　禁止权限

使用 DENY 命令可以拒绝给当前数据库内的用户授予的权限，并防止数据库用户通过其组或角色成员资格继承权限。

1．禁止语句权限

语法格式：

```
DENY {ALL|statement_list} TO {PUBLIC|security_account}
```

参数说明：

（1）ALL 说明将指定对象的所有操作权限对某个指定用户禁止，只有 sysadmin、db_owner 角色成员和数据库对象所有者才可以使用 all 选项。

（2）statement_list 表示各种定义命令和备份命令，可参见上面的语句授权命令说明。

（3）PUBLIC 说明这些语句的执行权限将对所有的用户禁止。

（4）security_account 是数据库用户、组或角色的安全账户。

例：禁止 STU_ZHANGNAGER 用户使用 CREATE TABLE 语句。

```
DENY CREATE TABLE TO STU_ZHANGNAGER
```

2. 禁止对象权限

语法格式：

```
DENY {ALL|Permission_list}
   ON {表[(列...)]|视图[(列...)] |存储过程|扩展存储过程|自定义函数}
   TO {PUBLIC| security_account }
    [CASCADE]
```

参数说明：

① CASCADE 指定禁止安全账户的权限时，也将禁止由此账户授权到其他的安全账户。该选项有以下作用。

② 授予用户禁止权限。

③ 如果用户拥有 WITH GRANT OPTION 权限，则撤销该权限。如果用户已使用 WITH GRANT OPTION 权限授予其他用户权限，则同时撤销其他用户的权限。

④ 如果指定用户拥有 WITH GRANT OPTION 权限，但 DENY 语句中没有使用 CASCADE 选项时，将导致 DENY 语句运行错误。

【例 14-30】 如果给 public 角色授予教学管理数据库的学生表 SELECT 权限，就使得所有用户和角色都有了这个权限。现在不让部分用户或角色（比如用户 zhang 和更新角色）拥有这个权限。

```
USE 教学管理
GO
GRANT SELECT ON 学生表 TO public
GO
DENY SELECT ON 学生表 TO zhang,更新
GO
```

14.5.4 取消权限

1. 删除语句权限

语法格式：

```
REVOKE {ALL|statement_list}FROM {PUBLIC| security_account }
```

参数说明：

同禁止语句权限说明。

例：删除 STU_ZHANGNAGER 用户的 CREATE TABLE 权限。

```
REVOKE CREATE TABLE FRON STU_ZHANGNAGER
```

2. 删除对象权限

语法格式：

```
REVOKE  [GRANT OPTION FOR] {ALL|Permission_list}
    ON {表[(列...)]|视图[(列...)] |存储过程|扩展存储过程|自定义函数}
    FROM {PUBLIC| security_account }
    [CASCADE]
    [as {group|role}]
```

参数说明：

REVOKE 语句中的 GRANT OPTION FOR 选项有以下两种作用。

① 如果 REVOKE 语句所撤销的对象权限是 GRANT 语句使用 WITH GRANT OPTION 选项授予用户的，则 REVOKE 语句撤销用户所得到的该对象权限的转授权限，但 GRANT 语句授予用户的对象权限仍然保留。此外，如果该用户已经使用转授权限向其他用户授予他所得到的对象权限，REVOKE 语句将一并撤销这些用户所得到的权限。这时，在 REVOKE 语句中必须同时使用 CASCADE 选项。

② 如果 REVOKE 语句所撤销的对象权限不是 GRANT 语句使用 WITH GRANT OPTION 选项授予用户的，则 REVOKE 语句撤销用户所得到的对象权限。这时，在 REVOKE 语句中必须不使用 CASCADE。

【例 14-31】 删除"教师"角色查询 student 表的权限。

```
REVOKE select ON student FROM 教师
```

14.6　安全控制设置的实例分析

第 1 章我们建立了学生表、课程表、教师表、开课表和选课表，通过分析，可以对访问它们的角色分为教师、学生、教务管理员和数据管理员。每个角色中有多个用户成员，每个角色及其成员分配不同的权限。表 14-4 所示是一个实例，在实际中也许并不完全适用，但可以作为一个例子说明如何规划和设置自己数据库的安全控制。

表 14-4　各角色操作数据表的权限

角　色	用　户	学 生 表	课 程 表	教 师 表	开 课 表	选 课 表
教师	T1，T2	select			select ,update	
学生	S1，S2，S3	select				
教务管理员	W1，W2	select ,update ,delete ,insert				
数据管理员	ZUFE-MXH\meng	数据库创建者，可以创建、更改和删除数据库表				

其中，ZUFE-MXH\meng 是 Windows 登录账户，T1，T2，S1，S2，S3，W1，W2 是 SQL Server 登录账户。

【例 14-32】 创建表 14-4 中的用户和角色。

首先在 Windows 中创建用户 meng。

然后，

```
EXEC sp_grantlogin 'ZUFE-MXH\meng'    --将 Windows 账户 meng 加入 SQL Server 中
EXEC sp_addlogin 'T1'                 --创建 SQL Server 登录账户
EXEC sp_addlogin 'T2'
EXEC sp_addlogin 'S1'
```

```
EXEC sp_addlogin 'S2'
EXEC sp_addlogin 'S3'
EXEC sp_addlogin 'W1'
EXEC sp_addlogin 'W2'
USE 教学管理
GO
EXEC sp_addrole '教师'                    --创建角色
EXEC sp_addrole '学生'
EXEC sp_addrole '教务管理员'
EXEC sp_addrole '数据管理员'
```

【例 14-33】建立新建用户访问教学管理数据库的权限。

```
USE 教学管理
GO
EXEC sp_grantdbaccess 'ZUFE-MXH\meng','DB'
EXEC sp_grantdbaccess 'T1'
EXEC sp_grantdbaccess 'T2'
EXEC sp_grantdbaccess 'S1'
EXEC sp_grantdbaccess 'S2'
EXEC sp_grantdbaccess 'S3'
EXEC sp_grantdbaccess 'W1'
EXEC sp_grantdbaccess 'W2'
```

【例 14-34】向角色分配相应的用户成员。

```
EXEC sp_addrolemember '教师','T1'
EXEC sp_addrolemember '教师','T2'
EXEC sp_addrolemember '学生','S1'
EXEC sp_addrolemember '学生','S2'
EXEC sp_addrolemember '学生','S3'
EXEC sp_addrolemember '教务管理员','W1'
EXEC sp_addrolemember '教务管理员','W2'
EXEC sp_addrolemember '数据管理员','DB'
```

【例 14-35】授予数据管理员及其成员 DB 执行创建数据表及其他对表的所有操作的权限。

```
GRANT CREATE TABLE,CREATE VIEW TO 数据管理员,DB
GRANT SELECT,INSERT,UPDATE,DELETE ON 学生表 TO 数据管理员,DB
GRANT SELECT,INSERT,UPDATE,DELETE ON 课程表 TO 数据管理员,DB
GRANT SELECT,INSERT,UPDATE,DELETE ON 教师表 TO 数据管理员,DB
GRANT SELECT,INSERT,UPDATE,DELETE ON 开课表 TO 数据管理员,DB
GRANT SELECT,INSERT,UPDATE,DELETE ON 选课表 TO 数据管理员,DB
```

【例 14-36】授予教务管理员及其成员 W1,W2 具有对表的所有操作的权限。

```
GRANT SELECT,INSERT,UPDATE,DELETE ON 学生表 TO 教务管理员,W1,W2
GRANT SELECT,INSERT,UPDATE,DELETE ON 课程表 TO 教务管理员, W1,W2
GRANT SELECT,INSERT,UPDATE,DELETE ON 教师表 TO 教务管理员, W1,W2
GRANT SELECT,INSERT,UPDATE,DELETE ON 开课表 TO 教务管理员, W1,W2
GRANT SELECT,INSERT,UPDATE,DELETE ON 选课表 TO 教务管理员, W1,W2
```

【例 14-37】授予教师及其成员 T1,T2 对学生表、课程表、教师表的查询权限，以及对开课表、选课表的查询和修改权限。

```
GRANT SELECT ON 学生表 TO 教师,T1,T2
GRANT SELECT ON 课程表 TO 教师,T1,T2
GRANT SELECT ON 教师表 TO 教师,T1,T2
GRANT SELECT,UPDATE ON 开课表 TO 教师,T1,T2
GRANT SELECT,UPDATE ON 选课表 TO 教师,T1,T2
```

【例 14-38】授予学生及其成员 S1,S2,S3 对所有表的查询权限。

```
GRANT SELECT ON 学生表 TO 学生,S1,S2,S3
GRANT SELECT ON 课程表 TO 学生,S1,S2,S3
GRANT SELECT ON 教师表 TO 学生,S1,S2,S3
GRANT SELECT ON 开课表 TO 学生,S1,S2,S3
GRANT SELECT ON 选课表 TO 学生,S1,S2,S3
```

说明：例 14-35、例 14-36、例 14-37、例 14-38 也可只对角色授权。如

GRANT SELECT,INSERT,UPDATE,DELETE ON 学生表 TO 教务管理员

因为 W1 和 W2 是教务管理员角色的成员，对教务管理员授权，则 W1 和 W2 也就享有和教务管理员一样的权限。

实验与思考

目的和任务

（1）理解数据库安全的重要性及 SQL Server 安全认证模式。

（2）了解 Windows 登录账户和 SQL Server 登录账户。

（3）理解数据库用户、角色、权限等概念。

（4）掌握创建两种登录账户、数据库用户、角色、权限等的方法。

实验内容

（1）创建新的 windows 登录账户。

① 以 Windows 账户 Administrator 登录，打开“控制面板||管理工具||计算机管理”，在“本地用户和组”下创建名为“zhang”的用户；

② 启动查询编辑器；

③ 使用系统存储过程 sp_grantlogin 添加“计算机域名\zhang”到 SQL Serve 系统。

（2）创建新的 SQL Serve 登录账户。

① 启动查询编辑器；

② 使用系统存储过程 sp_addlogin 创建 SQL Server 登录账户“dong”。

（3）创建数据库用户。

① 启动查询编辑器；

② 选择 xmgl 数据库；

③ 使用系统存储过程 sp_grantdbaccess 为数据库 XMGL 登录账户“dong”创建一个同名的数据库用户。

（4）角色管理。

① 启动查询编辑器；

② 使用系统存储过程 sp_addsrvrolemember 将登录账户“dong”指定为固定服务器角色“sysadmin”；

③ 使用系统存储过程 sp_addrolemember 将数据库用户“dong”指定为数据库角色“db_accessadmin”。

（5）权限管理。

① 启动查询编辑器；

② 为数据库用户“dong”授予创建表和视图的权限；

③ 授予数据库用户“dong”对 XMGL 数据库中“员工表”的查询、删除权限。

问题思考

（1）固定服务器角色可以由用户创建吗？

（2）使用角色的优点在哪里？

（3）如何创建和删除用户自定义角色？

（4）如何进行应用程序角色的建立与删除？

第 15 章 数据备份与恢复

数据库在实际使用中，由于经常遇到操作人员的意外操作或外部的恶意攻击（比如病毒和黑客的侵入），以及自然灾害等原因所引起的系统故障，尽管 SQL Server 系统采取了多种措施保证数据库的安全和完整，但仍然没有任何办法保障系统万无一失。故障会造成运行事务的异常中断，从而影响数据的正确性，甚至破坏数据库，使得数据库中的数据部分或全部丢失。因此，定期进行数据备份是保证系统安全的一项重要措施。在意外情况发生时，可以依靠备份数据来恢复数据库。

本章介绍怎样利用 SQL Server 对象资源管理器和 SQL 语句对数据库备份，以及在系统发生故障时怎样从备份数据和日志中恢复数据库。近期 SQL Server 增加了自动备份功能，有兴趣读者自行研习，本章不进行赘述。

15.1 数据备份概述

数据库中数据的丢失或破坏可能是由于以下原因：

- 计算机硬件故障。如硬盘损坏会使得存储在上面的数据丢失。
- 软件故障。由于软件设计不当或用户使用失误，软件系统可能会引起数据不正确。
- 病毒和黑客。严重的病毒和黑客会破坏系统软件和数据。
- 用户对数据的失误操作。
- 自然灾害。如火灾、洪水或地震等，它们能够造成极大的破坏，从而可能毁坏计算机系统和数据。
- 盗窃。计算机被盗，或一些重要数据被盗，都会造成数据库的丢失。

因此，必须制作数据库副本，即进行数据库备份，以在数据库遭到破坏时能够修复数据库。

15.1.1 备份策略规划

设计备份策略的指导思想是：以最小的代价恢复数据。为此，需要仔细考虑以下问题。

1．备份什么内容？

数据库需要备份的内容分为系统数据库、用户数据库和事务日志三大部分。

系统数据库包括 master、msdb 和 model 数据库，它们是确保 SQL Server 系统正常运行的重要依据，其中 master 数据库记录了有关 SQL Server 系统和用户数据库的全部信息，如用户账户、环境变量、用户数据库定义及系统错误信息等，msdb 数据库记录了有关 SQL Server 的 Agent 服务的全部信息，如作业历史和调度信息等，而 model 数据库则提供了创建用户数据库的模板信息。因此，系统数据库必须完全备份。

用户数据库是存储用户数据的存储空间集。通常用户数据库中的数据根据其重要性可分为关键数据和非关键数据。在同一个数据库中，动态数据比静态数据相对关键。在不同的应用领域，有些领域的数据库数据是关键数据，比如银行。有些领域的数据库数据就不是很关键，比如普通的小型图书管理数据库中的数据。在设计策略时，管理员首先要决定数据的重要程度，对于关键性数据，由于不容易甚至不能重新创建，必须完善备份，对非关键性数据，一般能够比较容易的从数据源得到数据重新创建，可以不备份或少备份。

事务日志记录了用户对数据的各种操作，平时系统会自动管理和维护所有的事务日志。与数据库备份相比，事务日志备份所需要的时间比较少，所以可以较频繁地备份事务日志。但需要注意，在没有数据库备份的情况下，采用日志备份恢复需要更长的时间。

2．采用什么备份介质？

备份介质指将数据库备份到的目标位置。在 SQL Server 中，允许使用 3 种类型的备份介质。

硬盘：是最常用的备份介质。硬盘可以用于备份本地文件，也可以用于备份远程文件。

磁带：是大容量的备份介质，价格便宜，容易保存。使用磁带做备份设备时，要求磁带驱动器必须连接在 SQL Server 服务器上。

命名管道：是一种逻辑通道，允许将 SQL Server 连接到其他厂家所开发的软件，提供一种特殊的备份和恢复方法。

3．什么时间备份？

对于系统数据库和用户数据库，其备份时机是不同的。

（1）系统数据库

当系统数据库 master、msdb 和 model 中的任何一个被修改以后，都要将其备份。比如，执行了创建、修改和删除用户数据库对象的命令，修改了事务日志的系统存储过程，增加和删除服务器，重命名了数据库和数据库中的对象，添加和删除了备份设备，改变了服务器配置等，都将改变系统数据库的内容。

注意：不要备份数据库 tempdb，因为它仅包含临时数据。

（2）用户数据库

当创建数据库和数据库对象或加载数据时，应备份数据库；当为数据库创建索引时，应备份数据库；当执行了不记日志的 SQL 命令（BACKUPLOG WITH NO_LOG、WRITETEXT、UPDATETEXT、SELECT INTO、BCP 命令等）时，应备份数据库。

4．备份频率如何？

备份频率就是相隔多长时间备份。

如果数据库系统主要为联机事务处理，动态数据比较多，则应当经常备份数据库；如果数据库只做一些少量工作或主要用于查询分析、决策支持，就不需要经常备份。

如果采用完全数据库备份，备份频率可以低些；而采用差异备份，备份频率就应该高些。

5．采用什么备份方法？

SQL Server 中有两种基本的备份，一种是只备份数据库，另一种是备份数据库和事务日志。它们均可采用完全备份和差异备份的方法。

（1）完全数据库备份

这种方法按常规定期备份整个数据库，包括事务日志。当系统出现故障时，可以恢复到最近一次数据库备份时的状态，但自该备份后所提交的事务都将丢失。

（2）数据库和事务日志备份

这种方法是在两次完全数据库备份期间进行事务日志备份，所备份的事务日志记录了两次数据库备份之间所有的数据库活动记录。当系统出现故障后，能够恢复所有备份的事务，而只丢失未提交或提交但没写入的事务。执行恢复时需要两步，先恢复最近的完全数据库备份，再恢复在该完全数据库备份以后的所有事务日志备份。

（3）差异备份

差异备份只备份自上次数据库备份后发生更改的部分数据库。对于一个经常修改的数据库，采用差异备份策略可以减少备份和恢复时间。差异备份工作量小，速度快，对正在运行的系统影响小，因此可以经常备份。使用差异备份方法执行恢复时，需要使用最近的完全数据库备份和最近的差异数据库备份，以及差异备份后的事务日志备份来恢复数据库。

15.1.2　数据一致性检查

在执行备份前应该检查数据库中数据的一致性，这样才能保证所备份数据是正确的。

1. 检查点机制

检查点机制是自动把已经完成的事务从缓冲区写入数据库文件的一种手段。每次启动检查点进程时，把所有自上次执行检查点进程以后，在缓冲区中被修改的数据库页面（脏页）的没有来得及写入数据库的数据写入数据库文件。

有两类检查点进程，一类是被 SQL Server 自动执行的检查点进程，另一类是调用 CHECKPOINT 语句强制执行的检查点进程。

在执行数据库备份前，应执行 CHECKPOINT 语句强制执行一个检查点检查，把所有脏页数据写入数据库，使所有已经完成的事务被真正记录，从而缩短将来恢复操作所花费的时间。因为启动检查点进程后再备份数据库，能够保证所备份数据库的所有页是当前的，没有需要前滚的事务。执行一个检查点进程只需一、二秒钟时间就可完成。CHECKPOINT 语句的权限属于固定服务器角色 sysadmin 或固定数据库角色 db_owner 和 db_backupoperator 成员，并且不能授予他人。

2. 执行 DBCC

因为包含错误的数据库备份或日志备份在恢复时可能会产生错误，在一些情况下，这些错误甚至会导致系统无法从备份数据中恢复。所以在执行备份前，还应执行 DBCC 语句检测数据库逻辑上和物理上的一致性，从而在备份前排除数据库中可能存在的错误。

DBCC 可以带多种参数，分别执行不同的功能。用于对数据一致性进行检查的 DBCC 语句如下。

- DBCC CHECKDB：用来检查指定数据库或当前数据库中所有表中数据的一致性，如检查索引和数据库是否正确连接、索引是否正确排序、所有指针是否一致、每页上的数据信息和页偏移是否合理等。
- DBCC CHECKALLOC 或 DBCC NEWALLOC：两者作用相同，检查指定或当前数据库，确保其所有页面被正确分配和使用，并报告数据库空间的分配和使用情况。在 SQL Server 中推荐使用 DBCC CHECKALLOC 语句，因为在以后的版本中，可能不支持 DBCC NEWALLOC。
- DBCC CHECKCATALOG：检查系统表内或系统表间数据的一致性。
- DBCC CHECKCONSTRAINTS：检查指定约束或指定表上所有约束的一致性。

- DBCC CHECKFILEGROUP：检查当前数据库指定文件组中所有表分配和结构的一致性。
- DBCC CHECKIDENT：检查指定表当前标识值的一致性。
- DBCC CHECKTABLE：检查指定表或索引视图的数据、索引及 text、ntext 和 image 页的一致性。

15.2 备份前的准备

SQL Server 支持单独使用一种备份方式或组合使用多种备份方式。在执行备份之前选择恢复模式、创建备份设备和指定备份权限。

15.2.1 设置恢复模式

1. 故障的还原模型

SQL Server 提供了三种恢复模式，各种模型都有自己的优缺点和适用范围，合理地使用这三种模型可以有效地管理数据库，最大限度减少损失。

（1）简单恢复模型

简单恢复模型适用于小型数据库或很少进行数据更新的数据库。当发生故障时，这种模型只能将数据库还原到上次备份（完全备份或差异备份）的即时点，在上次备份之后发生的更改将全部丢失。简单恢复模型的最大优点是最小地占用事务日志空间，容易管理，但如果数据文件损坏，则数据损失大。

（2）完全恢复模型

完全恢复模型适用于重要的数据库。使用这种模型，SQL Server 会在日志中记录对数据库的所有类型的更改，包括大容量复制操作，它是一个完整的日志。只要日志本身没有损坏，则 SQL Server 可以把故障或误操作恢复到任意即时点；但是，正是对所有事务的记录，导致数据库日志文件不断增大。如果日志文件损坏，则必须重做自最新的日志备份后所发生的更改。

（3）大容量日志记录恢复模型

大容量日志记录恢复模型与完全恢复模型相似，它为某些大规模或大容量复制操作提供最佳性能和最小的日志使用空间。在这种模型下，只记录操作的最小日志，它只允许数据库恢复到事务日志备份的尾部，不支持即时点恢复。如果日志损坏，或者自最新的日志备份后发生了大容量操作，则必须重做自上次备份后所做的更改。

在大容量日志记录恢复模型中，那些大容量复制操作的数据丢失程度要比完全恢复模型严重。因为在大容量日志记录模型中，只记录这些操作的最小日志，而且无法逐个控制这些操作，因此，在这个模型下，一旦数据文件损坏，将导致必须手工重做工作。

2. 设置恢复模式

如果以后要备份数据库文件、文件组或事务日志，则必须将恢复模式设置成“完整”。

操作步骤如下：

① 在对象资源管理器里面，展开要设置的数据库，在数据库上单击右键，在快捷菜单上选择“属性”选项。

② 在数据库属性对话框中选择“选项”选项卡，如图 15-1 所示。在“恢复模式”下拉列表的三个模型中选择一个。

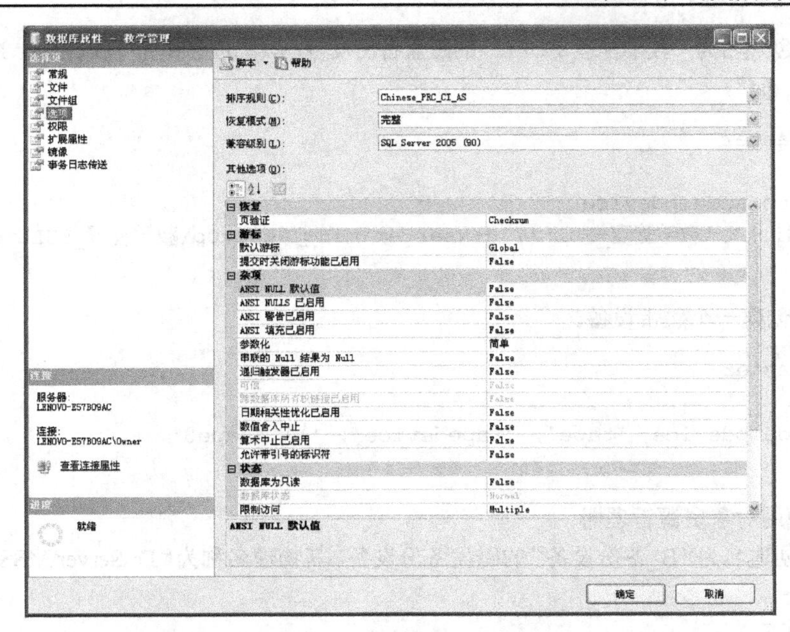

图 15-1　恢复模式对话框

15.2.2　掌握备份设备管理

1．创建备份设备

进行数据库备份时，首先必须创建用来存储备份的备份设备，备份设备可以是磁盘、磁带或命名管道。创建备份设备后才能通过对象资源管理器、备份向导或 SQL 命令进行备份。

创建命名备份设备有两种方法：使用系统存储过程 sp_addumpdevice 和对象资源管理器。

（1）使用系统存储过程创建。

语法格式：

```
sp_addumpdevice [@devtype =] '备份设备类型',
                [@logicalname=] '备份设备的逻辑名称',
                [@physicalname=] '备份设备的物理名称'
```

其中，"备份设备类型"可以取下列三个值之一：

disk——磁盘

pipe——命名管道

tape——磁带设备

说明： ① 磁带设备必须连接到数据库服务器的计算机上，不能远程使用。

② 如果成功建立设备，则返回值为 0，否则为 1。

③ 在系统数据库 master 的 sysdevices 表中记录了与设备相关的数据。

④ 一个数据库最多可以创建 32 个备份设备。

（2）使用对象资源管理器创建。

在数据库下面的管理结点上进行创建。

（3）创建备份设备实例。

方法一：使用系统存储过程

【例 15-1】 创建名为“教学管理_FULL”的磁盘备份设备，其物理名称为“D:\Server\ MSSQL\Backup\教学管理_FULL.dat”。

```
USE master
GO
EXEC sp_addumpdevice
    'disk','教学管理_FULL','d:\server\mssql\backup\教学管理_FULL.dat'
GO
```

【例 15-2】 创建一个磁带设备。

```
USE master
GO
Sp_addumpdevice  'tape', 'tapedevice', '\\.\tape0'
GO
```

方法二：使用对象资源管理器

【例 15-3】 创建名为“B_备份设备”的磁盘备份设备，其物理名称为“D:\Server\MSSQL\ Backup\B_备份设备.bak”。

操作步骤如下：

① 展开服务器组和服务器，再展开“服务器对象”结点，在“备份设备”结点上单击右键，选择“新建备份设备”。

② 在“备份设备”对话框中，在设备名称处输入逻辑名“B_备份设备”，在文件名处输入备份设备的物理名称“D:\Server\MSSQL\Backup\B_备份设备.bak”。

③ 单击“确定”按钮。

2. 删除备份设备

如果备份设备创建的不合适，或者有些备份设备已经不用，可以删除这些备份设备。

（1）使用系统存储过程删除。

语法格式：

```
sp_dropdevice [@logicalname=] '备份设备的逻辑名称'[,[@delfile=] 'DELFILE'
```

说明： 如果将物理备份设备文件指定为 DELFILE，将会删除物理备份设备的磁盘文件；否则只删除逻辑设备名。返回 0，表示成功删除；返回 1，表示删除失败。

【例 15-4】 删除磁盘备份设备“B_备份设备”，其物理名称为 D:\Server\MSSQL\Backup\B_备份设备.bak。

方法一：

```
sp_dropdevice 'B_备份设备', 'DELFILE'
```

方法二：

```
sp_dropdevice 'B_备份设备'
然后手工删除物理文件 D:\Server\MSSQL\Backup\B_备份设备.bak。
```

（2）使用对象资源管理器删除。

操作步骤如下：

① 依次展开服务器组和服务器→“服务器对象”结点→“备份设备”结点。

② 在“备份设备”下面选择要删除的备份设备，单击右键，在快捷菜单上选择“删除”。

15.3 数据库备份

当完成了上述准备后，就可以实施数据库备份了。备份数据库是通过 BACKUP 语句和对象资源管理器两种方法执行的。

15.3.1 BACKUP 语句的语法格式

1. 数据库备份的语句

```
BACKUP DATABASE {数据库名|@数据库名变量}
[<文件|文件组>[,…n]]
TO <逻辑备份设备名>[,…n]]
[WITH
[[,]DESCRIPTION]
[,][DIFFENRENTIAL]
[,][EXPIREDATE={date|@date_var}|RETAINDAYS={days|@days_var}]
 [,]INIT| NOINIT]
[,][FORMAT|NOFORMAT]
[,][NAME={backup_set_name|@backup_set_name_var}]
[,][NOSKIP|SKIP]
[,][RESTART]
[,][STATS[=percentage]]
]
```

2. 事务日志备份的语句

```
BACKUP LOG {数据库名|@数据库名变量}
TO <逻辑备份设备名>[,…n]]
[WITH
[BLOCKSIZE={物理块字节长度|@物理块字节长度变量}]
[[,]DESCRIPTION]
[,][DIFFENRENTIAL]
[,][EXPIREDATE={date|@date_var}|RETAINDAYS={days|@days_var}]
[,]INIT| NOINIT]
[,][FORMAT|NOFORMAT]
[,][NAME={backup_set_name|@backup_set_name_var}]
[,][NO_TRUNCATE]
[,][{NORECOVERY|STANDBY=undo_file_name}]
[,][NOSKIP|SKIP]
[,][RESTART]
[,][STATS[=percentage]]
]
```

3. 常用参数说明

（1）DESCRIPTION 是备份描述文本，可以用来描述备份操作的时间、目的、内容等信息，最大长度为 255 个字符；

（2）DIFFENRENTIAL 说明用增量备份方式备份数据库。采用增量方式备份时，SQL Server 只备份自上次完全备份后数据库中被改变的数据，而未改变部分不再备份。所以，对于大型数据库来说，可以采用数据库完全备份和增量备份相结合的方式备份数据库，而恢复时，只要使用数据库的完全备份和最后一次增量备份数据即可恢复数据库，而没有必要从每次数据库增量备份数据库中恢复数据库。只有做了数据库完全备份后，才能做增量备份。不带 DIFFENRENTIAL 选项则是完全备份。

（3）EXPIREDATE={date|@datevar}指定备份的有效期，RETAINDAYS={days|@days_var}指定必须经过多少天才可以重新写该备份。

（4）INIT 表示重新写所有备份，但保留介质卷标。NOINIT 表示备份将追加到指定的磁盘或磁带上，保留原有的备份集。NOINIT 是默认设置。

（5）NAME={backup_set_name|@backup_set_name_var}说明备份集名称。

（6）NOSKIP 指示 BAKCKUP 语句在备份集之前，先检查它们的过期日期。SKIP 禁用备份集过期和名称检查，检查由 BAKCKUP 语句自己执行。

（7）RESTART 指定 SQL Server 重新启动一个被中断的备份操作。

（8）STATS[=percentage]指定完成一定的百分点时显示一条信息，如果省略 percentage，则完成 10 个百分点时显示一条信息。

（9）NO_TRUNCATE 指明若数据库损坏，则使用该选项。该选项可以备份最近所有的数据库活动，系统将保存整个事务日志。当执行恢复时，可以恢复数据库和采用了该选项创建的事务日志。

（10）NORECOVERY 选项将数据备份到日志尾部，不覆盖原有数据。

（11）STANDBY 选项将备份日志尾部，并使数据库处于只读或备用模式，其中 undo_ file_name 是要撤消的文件名，该文件指定了回滚更改的存储，如果随后执行 RESTORE LOG 操作，则必须撤消这些回滚。如果指定的撤消文件名不存在，系统将创建该文件；如果该文件存在，系统则重写它。

注意：

SQL Server 采用在线备份方式处理数据库备份操作，备份操作对 SQL Server 的使用影响不大，但它对 SQL Server 的性能有所影响。在备份期间，用户不能执行下列操作：

- 数据文件操作，如在 ALTER DATABASE 语句中使用 ADD FILE 或 REMOVE FILE 选项等。
- 改变数据库或数据文件长度。
- 执行 CREATE INDEX 语句建立索引。
- 执行批拷贝、SELECT INTO、WRITETEXT 或 UPDATETEXT 等非日志操作语句。

15.3.2 执行数据库备份

1. 执行完整数据库备份

当用户执行完整数据库备份时，SQL Server 将备份数据库的所有数据文件和在备份过程中发生的任何活动保存在事务日志中，一起写入备份设备。若系统出现故障，完整数据库备份时恢复数据库的基本底线，恢复日志备份和差异备份时都依赖完整数据库备份。

【例 15-5】完整备份教学管理数据库。

方法一：使用对象资源管理器

操作步骤如下：

① 在对象资源管理器的“教学管理”数据库结点上，单击右键，在出现的快捷菜单中选择“任务”→“备份”，出现备份数据库的对话框，如图 15-2 所示。

② 在“数据库”框内，输入备份库名称。默认为选定的数据库。

③ 在备份类型中，选择“完全”。

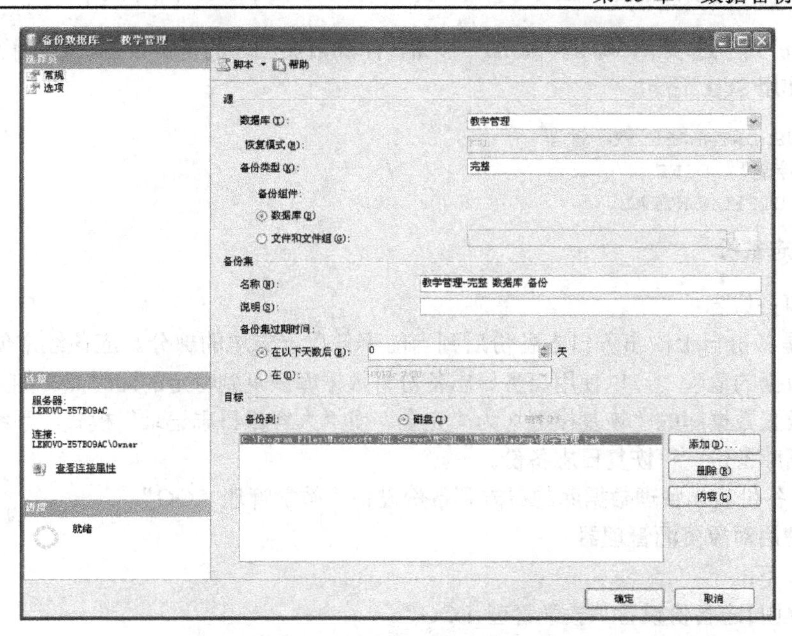

图 15-2　完整备份数据库

④ 在“备份到”选项下，单击“添加”按钮，可以添加备份的文件路径，也可以添加创建的备份设备，如图 15-3 所示。（例如 SQL Server 2012 在服务对象中可创建备份设备）

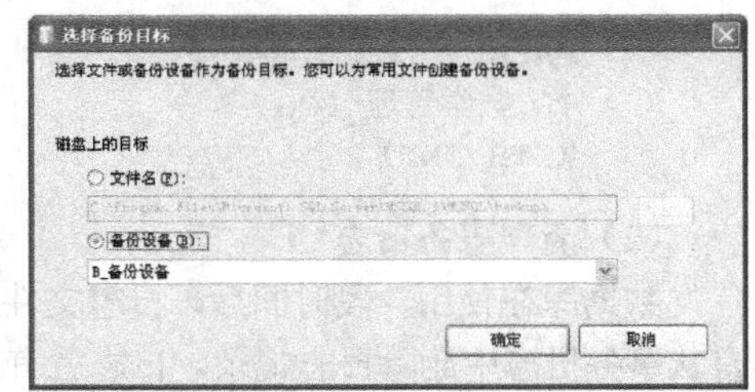

图 15-3　选择备份目标

⑤ 可以设置备份集过期时间，0 天为永不过期。

⑥ 在“选项”页里，执行下列操作之一（可选）。

● 选择“追加到现有备份集”，将备份追加到备份设备上任何现有的备份中。

● 选择“覆盖所有现有备份集”，将重写备份设备中任何现有的备份，我们选此。

方法二：使用 SQL 语句

```
BACKUP DATABASE 教学管理
TO 教学管理_FULL
WITH INIT
```

提示：使用 INIT 选项覆盖上一次的备份。使用 NOINIT 选项保留以前的备份，每次追加新的备份。恢复数据库的时候可以恢复备份中的任何一次备份。

2．执行差异备份

差异备份只备份自最近一次完整数据库备份以来被修改的那些数据。当数据更改频繁的时候，应当执行差异备份。系统出现故障时，首先恢复完整数据库备份，然后恢复差异备份。

【例 15-6】对教学管理数据库进行差异备份，备份设备是“教学管理_DIFF”。

方法一：使用对象资源管理器

操作步骤如下：

① 首先创建差异备份设备“教学管理_DIFF”。

② 在“备份类型”（参见图 15-2）中，选择“差异”。

③ 在“备份到”选项下，单击“添加”按钮，添加前面创建的备份设备“教学管理_DIFF”。

方法二：使用 SQL 语句

```
BACKUP DATABASE 教学管理
TO 教学管理_DIFF
WITH DIFFERENTIAL
```

3. 执行日志备份

（1）备份事务日志

日志备份是备份自上次事务日志备份后到当前事务日志末尾的部分。应该经常创建事务日志备份，减少丢失数据的危险。可以使用事务日志备份将数据库恢复到特定的即时点。如果希望备份事务日志，则必须设置数据库的“恢复模型”为“完全”或“大容量日志记录”模式。系统出现故障，首先恢复完全数据库备份，再恢复日志备份。

【例 15-7】备份教学管理数据库的日志到备份设备“教学管理_LOG”。

方法一：使用对象资源管理器

操作步骤如下：

① 首先创建日志备份设备“教学管理_LOG”。

② 在“备份类型”（参见图 15-2）中，选择“事务日志”。

③ 在“备份到”选项下，单击“添加”按钮，添加前面创建的备份设备“教学管理_LOG”。

方法二：使用 SQL 语句

```
BACKUP LOG 教学管理
TO 教学管理_LOG
WITH INIT
```

（2）清理事务日志

数据库在使用一段时间后，日志文件就会变得非常大，甚至比数据文件还要大得多。如果从来没有从事务日志中删除日志记录，日志就有可能填满磁盘上的所有空间。在某个即时点，必须删除恢复或还原数据库时不再需要的旧日志记录。删除这些日志记录以减小日志大小的过程叫截断日志。

日志的活动部分是在任何时间恢复数据库都需要的日志部分，日志活动部分起点处的记录由最小恢复日志序号（MinLSN）标识。

在简单还原模式中，不维护事务日志序列，因此，MinLSN 之前的所有日志记录可以随时被截断；在完全还原模式和有日志记录的大容量还原模式中，维护事务日志备份序列，因此 MinLSN 之前的日志部分直到复制某个日志备份时才能被截断。

数据库日志文件是数据库的必要组成部分，绝对不允许直接删除日志文件。要减小数据库日志文件的大小，应该通过下面几个步骤完成：

① 修改数据库还原模式为简单模式。

② 使用截断事务日志语句“BACKUP LOG{数据库名|@数据库名变量}WITH NO_LOG”。

③ 使用收缩事务日志语句“DBCCSHRINKFILE（日志文件逻辑名，收缩后大小 MB）”。

【例 15-8】截断“教学管理”事务日志，收缩事务日志为 1 MB。

```
USE 教学管理
GO
DBCC SHRINKFILE(教学管理_log,1)
```

4．执行文件/文件组备份

当用户拥有超大型数据库（数据库有多个数据文件、多个文件组），或者每天数据都在变化的时候，执行完全数据库备份是不切实际的，应当实行数据库文件或文件组备份。为了使恢复的文件与数据库的其余部分保持一致，执行文件和文件组备份后，必须执行事务日志备份。

【例 15-9】“教学练习”数据库最少包括三个数据文件：教学练习_data、教学练习_add、教学练习_data1，备份教学练习_data、教学练习_data1 数据文件到备份设备教学练习_FILE，备份事务日志教学练习_LOG 到备份设备教学练习_BAKLOG。

方法一：使用对象资源管理器

操作步骤如下：

① 首先创建文件备份设备“教学练习_FILE”和日志备份设备“教学练习_BAKLOG”。

② 在备份对话框（见图 15-2）中选数据库为“教学练习”，在备份类型中，选择“文件和文件组”。然后在备份组件中选择“文件和文件组”，出现图 15-4 所示对话框。

③ 在多项选择中用“√”指定“教学练习_data”和“教学练习_data1”文件，按“确定”按钮。

④ 在“备份到”选项（见图 15-2）下，单击“添加”按钮，添加前面创建的备份设备“教学练习_FILE”。

⑤ 用备份日志的方法完成事务日志“教学练习_LOG”的备份。

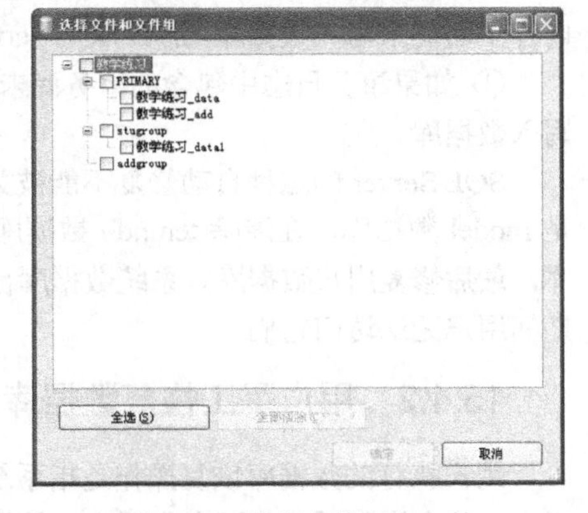

图 15-4 指定文件组和文件

方法二：使用 SQL 语句

```
BACKUP DATABASE 教学练习
        FILE='教学练习_data',
        FILE='教学练习_data1'
TO
        教学练习_FILE
BACKUP LOG 教学练习_LOG TO 教学练习_BAKLOG
```

【例 15-10】使用文件组备份的方法备份数据库“教学练习”中的 stugroup 组。

方法一：使用对象资源管理器

操作步骤如下：

① 首先创建文件组备份设备“教学练习_GROUP”和日志备份设备“教学练习_ GROUPLOG”。

② 在备份对话框（见图 15-2）的备份单选中，选择“文件和文件组”。然后单击浏览文件按钮，出现图 15-4 所示对话框。

③ 在多项选择中用“√”指定文件组 stugroup。

④ 在“备份到”选项（见图 15-2）下，单击“添加”按钮，添加前面创建的备份设备“教学练习_ GROUP”。

⑤ 用备份日志的方法完成事务日志“教学练习_LOG”的备份。

方法二：使用 SQL 语句

```
BACKUP DATABASE 教学练习
        FILEGROUP='stugroup'
TO
        教学练习_FILE
BACKUP LOG 教学练习_LOG TO 教学练习_BAKLOG
```

15.4 数据库恢复概述

SQL Server 中有两种数据库恢复操作，一种是系统自动执行的修复操作，另一种是用户执行的数据库恢复操作。SQL Server 每次启动时，都要自动执行数据库的修复操作，以保证数据的一致性。

15.4.1 系统自启动的恢复进程

系统出现故障或被关闭时，数据库中的数据可能存在两种不一致状态：

① 已经提交的事务中有一部分数据还未写入数据库。

② 未提交的事务中有一部分数据已经写入数据库。

系统重新启动时，SQL Server 将自动启动一个还原进程。该进程检查自最后一个检查点到系统发生故障或关闭的那一点的事务日志，并采取以下措施，确保数据一致性：

③ 如果事务日志中包含的事务已经提交，但是在该事务对数据的修改过程中，仍有部分数据在内存中而尚未写入数据库，那么 SQL Server 将前滚这些事务进行重做，并且将重做的数据写入数据库。

④ 如果事务日志中包含的事务尚未提交，那么 SQL Server 将回滚这些事务，未提交的事务不能写入数据库。

SQL Server 的这种自动修复不能被关闭。每次 SQL Server 启动，它首先修复 master 数据库，之后是 model 数据库，在清除 tempdb 数据库中的临时数据后，再次修复 msdb、pubs、distribution 等数据库，最后修复用户数据库。系统数据库被修复后，用户即可登录到 SQL Server，但在用户数据库修复期间用户无法访问它们。

15.4.2 用户手工恢复数据库的准备

用户执行的数据库恢复操作是指系统出现故障时，有系统管理员或数据库所有者从数据库备份和日志备份中恢复系统或用户数据库。数据库的备份权限可以由数据库所有者授予其他用户，但恢复操作权限不能授予他人。

1. 验证备份的有效性

在恢复数据库之前，用户必须保证备份文件的有效性。通过对象资源管理器，用户可以查看准备恢复的备份设备的属性页，看它是不是要恢复的备份文件，查看备份是否为教学管理数据库的完全备份数据。对于其他备份类型，同样要进行查看确认。

2. 检索备份信息

首先，使用系统存储过程 sp_helpdevice 查看都有哪些备份设备。

其次，使用 restore headeronly from <备份设备>命令查看备份头信息。

最后，使用 restore filelistonly from <备份设备>命令查看备份设备中的文件信息。

3. 断开用户和要恢复数据库的连接

恢复数据前，管理员应当断开准备恢复的数据库和客户端应用程序之间的一切连接，并且执行恢复操作的管理员也必须更改数据库连接到 master 数据库，否则不能启动恢复进程。断开数据库和客户端连接的步骤是：

① 展开“数据库”文件夹。

② 右击数据库，选择要恢复的数据库，如“教学管理”数据库，然后选择“任务”中的“分离”命令。

③ 在“分离数据库”对话框中，可以选择“删除连接”选项，强制断开所有用户和数据库的连接。

4．备份事务日志

在执行任何恢复操作之前，用户备份事务日志，有助于保证数据的完整性，可以作为恢复工作中的最后一步，使用日志备份来还原数据库。如果用户在恢复之前不备份事务日志，那么用户将丢失从最近一次数据库备份到数据库和客户断开之间的数据更新。

15.5　数据库恢复

当系统出现故障需要手工恢复数据时，在恢复工作准备好的情况下，就可以进行恢复工作的实施了。

15.5.1　RESTORE 语句的语法格式

RESTORE 语句有以下几种语法格式，它们使用数据库备份、数据文件备份或事务日志备份来恢复整个数据库、数据库中的部分内容、数据库中的文件或文件组、或数据库事务日志。

1．恢复数据库的语句

```
RESTORE DATABASE {数据库名|@数据库名变量}
                [<文件|文件组>[,…n]]
FROM <逻辑备份设备名>[,…n]]
[WITH [restricted_user]
[[,]FILE={file_number|@file_number}]
[[,]PASSWORD={password|@password_variable}]
[[,]MOVE 'logical_file_name' TO 'os_filename'][,..]
[[,]{NORECOVERY|RECOVERY|STANDBY=undo_filename}]
[[,]REPLACE]
[[,]RESTART]
[[,]STATS[=percentage]] ]
```

2．恢复数据库事务日志的语句

```
RESTORE LOG {数据库名|@数据库名变量}
FROM <逻辑备份设备名>[,…n]]
[WITH [restricted_user]
[[,]FILE={file_number|@file_number}]
[[,]MOVE 'logical_file_name' TO 'os_filename'][,..]
[[,]{NORECOVERY|RECOVERY|STANDBY=undo_filename}]
[[,]RESTART]
[[,]STATS[=percentage]] ]
[[,]STOPAT={date_time|@date_time_var}|
[,]STOPATMARK='mark_name'[AFTER DATETIME]|
[,]STOPBEFOREMARK='mark_name'[AFTER DATETIME] ] ]
```

3．常用参数说明

（1）restricted_user：说明恢复后的数据库只允许 db_owner 、dbcreator 或 sysadmin 角色成员访问，即数据库恢复后将设置为受限访问模式。

（2）FILE={file_number|@file_number}：在一个备份介质上，可能存在多个备份集合数据，使用 FILE 参数指出恢复数据库时所使用的是哪次备份集合数据。例如，file_number=3 说明使用在介质上的第三次备份所产生的备份数据。

（3）MOVE 'logical_file_name' TO 'os_filename'：说明将 logical_file_name 数据文件移动到 os_filename 参数指定的文件位置。默认时，logical_file_name 被恢复到它原来的位置。使用 MOVE 参数可以将指定的数据文件恢复到同一个服务器的不同位置，或其他服务器中。

（4）NORECOVERY：指出在执行数据库恢复后不回滚未提交的事务。

（5）RECOVERY：与 NORECOVERY 作用相反，它要求在执行数据库恢复后回滚未提交的事务。

（6）STANDBY=undo_filename：指出撤销文件名称，使用该文件可以撤销已经执行的修复操作。

（7）如果在 RESTORE 语句中，没有指出 NORECOVERY、RECOVERY 或 STANDBY 参数，系统将 RECOVERY 作为默认设置。

（8）REPLACE：关闭数据库恢复操作前的安全检查，重新建立所有的数据库及其相关文件，不管与其同名的数据库文件是否存在。未指定 REPLACE 选项时，RESTORE DATABASE 语句在恢复数据库前要执行安全检查。如果发现下列情况，它将放弃数据库恢复操作。

- 服务器上存在同名的数据库；
- 数据库名称与备份集中记录的数据库名称不同。

（9）RESTART：要求 RESTORE 语句从上次中断点开始重新执行被中断的恢复操作。这样能够节省时间。使用 RESTART 选项时，RESTORE 语句的其他参数设置应与上次恢复时一样。

（10）STATS[=percentage]：说明系统在恢复操作期间每完成多少工作量应显示一个统计信息。默认时，每恢复 10%返回一个统计值。

（11）STOPAT={date_time|@date_time_var}：说明 RESTORE 语句只恢复指定日期和时间之前的数据库内容，这一选项只适用于从日志备份中恢复数据库。

（12）STOPATMARK='mark_name'[AFTER DATETIME]：将数据库恢复到 mark_name 参数指定的事务标记处，包括 mark_name 参数所指定的事务。如果省略 AFTER datetime，恢复操作将在 mark_name 参数指定的第一个事务标记处停止；如果指定 AFTER datetime 参数，恢复操作将执行到 datetime 参数指定时间及其以后的第一个事务标记处停止。

（13）STOPBEFOREMARK='mark_name'[AFTER DATETIME]：将数据库恢复到 mark_ name 参数指定的事务标记之前，即不包括 mark_name 参数所指定的事务。如果省略 AFTER datetime，恢复操作将在 mark_name 参数指定的第一个事务标记处停止；如果指定 AFTER datetime 参数，恢复操作将执行到 datetime 参数指定时间及其以后的第一个事务标记处。

15.5.2 数据库恢复

恢复数据库也称还原数据库。可以从数据库完整备份、增量备份、文件或文件组备份和事务日志文件备份中还原数据库或数据库文件。

【例 15-11】把“教学练习”数据库先进行备份，然后还原成教学练习数据库。（备份过程略。）

方法一：使用对象资源管理器

操作步骤如下：

在对象资源管理器的数据库结点上，单击右键，在出现的快捷菜单中选择“还原数据库”，出现还原数据库的常规对话框，如图 15-5 所示。选项对话框将提示还原成什么文件，如图 15-6 所示。

说明：如果还原文件或文件组，则在出现的快捷菜单中选择“还原文件或文件组”。

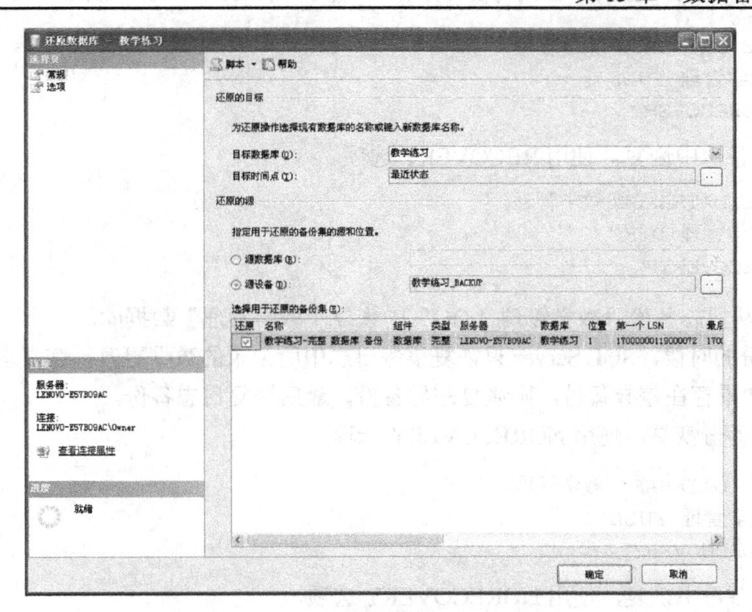

图 15-5　还原数据库常规对话框

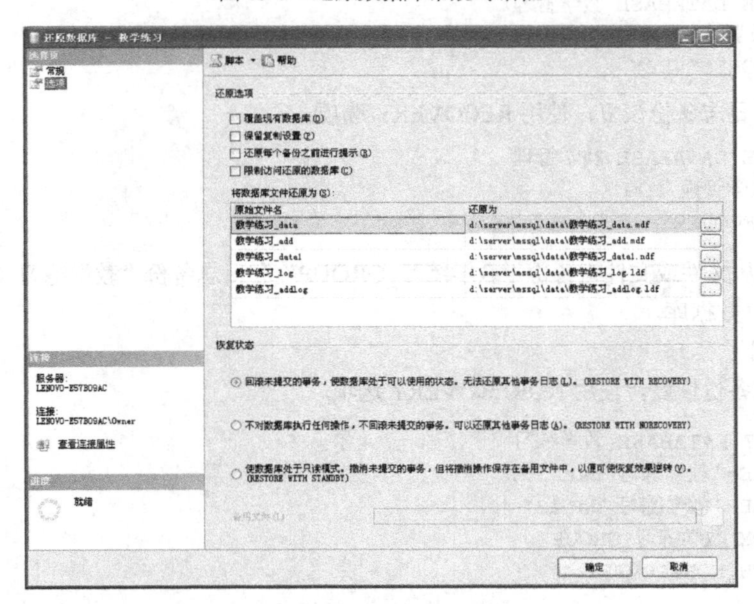

图 15-6　还原数据库选项对话框

方法二：使用 SQL 命令

【例 15-12】从完全备份“教学管理_FULL”中恢复“教学管理”数据库。

```
RESTORE DATABASE 教学管理
FROM 教学管理_FULL
WITH RECOVERY
```

【例 15-13】从差异备份“教学管理_DIFF”中恢复“教学管理”数据库。

从差异备份中恢复需要两步操作：

① 先从完全备份恢复，使用 NORECOVERY 选项。

```
RESTORE DATABASE 教学管理
FROM 教学管理_FULL
WITH NORECOVERY
```

② 再从差异备份中恢复，使用 RECOVERY 选项。

```
RESTORE DATABASE 教学管理
FROM 教学管理_DIFF
WITH RECOVERY
```

【例 15-14】从日志备份“教学管理_LOG”中恢复“教学管理”数据库。

恢复日志备份的时候，SQL Server 只恢复事务日志中所记录的数据更改。恢复步骤是首先恢复完全数据库备份，如果存在差异备份，则恢复差异备份，最后恢复日志备份。

① 先从完全备份恢复，使用 NORECOVERY 选项。

```
RESTORE DATABASE 教学管理
FROM 教学管理_FULL
WITH NORECOVERY
```

② 再从差异备份中恢复，使用 NORECOVERY 选项。

```
RESTORE DATABASE 教学管理
FROM 教学管理_DIFF
WITH NORECOVERY
```

③ 最后使用日志备份恢复，使用 RECOVERY 选项。

```
RESTORE DATABASE 教学管理
FROM 教学管理_LOG
WITH RECOVERY
```

【例 15-15】从文件或文件组备份“教学练习_GROUP”和日志备份“教学练习_GROUPLOG”中恢复“教学练习”数据库。

恢复步骤如下：

① 从文件组备份恢复，使用 NORECOVERY 选项。

```
RESTORE DATABASE 教学练习
    FILE='教学练习_data1',
    FILE='教学练习_data2'
    FROM 教学练习_GROUP
    WITH NORECOVERY
```

② 使用日志备份恢复，使用 RECOVERY 选项。

```
RESTORE DATABASE 教学练习
FROM 教学练习_GROUPLOG
WITH RECOVERY
```

【例 15-16】如例 15-11，当正在用备份设备“教学管理_FULL”恢复数据库时突然断电，现重新启动服务器接着完成恢复工作。

```
RESTORE DATABASE 教学管理
FROM 教学管理_FULL
WITH RECOVERY,RESTART
```

15.6　备份与恢复数据库实例分析

15.6.1　用户数据库备份恢复

【例 15-17】对“教学管理”数据库进行备份，在备份过程中，产生备份序列。系统出现故障，利用备份序列恢复还原该数据库。

（1）8 点钟时，数据库“教学管理”中的注册选课表如表 15-1 所示。

表 15-1　8 点钟的注册选课表

学　号	开 课 号	成　绩
S060101	010101	
S060101	010201	
S060101	010301	
S060101	020101	

创建备份设备：

```
EXEC sp_addumpdevice 'disk',' enrodata',' d:\server\mssql\backup\ enrodata.
                                                          dat'
EXEC sp_addumpdevice 'disk','enrodatalog','d:\server\mssql\backup\
                                                          enrodatalog.dat'
```

备份数据库到备份设备：

```
BACKUP DATABASE 教学管理 TO enrodata                    --数据第一次备份
```

（2）9 点钟一个学生选课

```
USE 教学管理
INSERT INTO 选课表 VALUES('S060101',' 020201',NULL)
```

（3）10 点钟备份事务日志到设备 enrodatalog

```
BACKUP LOG 教学管理 TO enrodatalog                      --日志第一次备份
```

（4）11 点钟该学生又选课

```
USE 教学管理
INSERT INTO 选课表 VALUES('S060101',' 020301',NULL)
```

（5）12 点钟备份事务日志到设备 enrodatalog

```
BACKUP LOG 教学管理 TO enrodatalog                      --日志第二次备份
```

（6）13 点钟备份数据库到备份设备

```
BACKUP DATABASE 教学管理 TO enrodata                    --数据第二次备份
```

（7）14 点钟该学生又选课

```
USE 教学管理
INSERT INTO 选课表 VALUES('S060101','030101',NULL)
```

（8）15 点钟备份事务日志到设备 enrodatalog

```
BACKUP LOG 教学管理 TO enrodatalog                      --日志第三次备份
```

（9）18 点钟，出现故障，数据丢失。要求利用上面的备份还原数据库到 15 点钟之前的数据，如表 15-2 所示。

表 15-2　15 点钟之前的注册选课表

学　号	开 课 号	成　绩
S060101	010101	
S060101	010201	
S060101	010301	
S060101	020101	
S060101at	***020201***	
S060101	***020301***	
S060101	***030101***	

方法一：使用 13 点钟的数据库备份和 15 点钟的事务日志备份

```
RESTORE DATABASE 教学管理
FROM enrodata
WITH file=2,NORECOVERY
GO
RESTORE LOG 教学管理
FROM enrodatalog
WITH file=3,RECOVERY
GO
```

方法二：使用 8 点钟的数据库备份和 10 点钟、12 点钟、15 点钟的事务日志备份

```
RESTORE DATABASE 教学管理
FROM enrodata
WITH file=1,NORECOVERY
GO
RESTORE LOG 教学管理
FROM enrodatalog
WITH file=1,NORECOVERY
GO
RESTORE LOG 教学管理
FROM enrodatalog
WITH file=2,NORECOVERY
GO
RESTORE LOG 教学管理
FROM enrodatalog
WITH file=3,RECOVERY
GO
```

15.6.2　系统数据库恢复方法

系统数据库控制 SQL Server 的运行，在它们受到损坏时，轻则影响系统的运行性能，重则造成整个系统崩溃，使 SQL Server 无法启动。由于系统数据库的特殊作用，它们的恢复方法也不同于一般的数据库。下面分别介绍 master 数据库和 msdb 数据库的恢复方法。

1. 恢复 master 数据库

master 数据库的恢复步骤为：

（1）如果 master 数据库损坏严重，已致使 SQL Server 无法启动，这时要运行 rebuildm.exe 程序，来重新构造 master 数据库。否则，跳过此步进入第二步。Rebuildm.exe 程序重构 master 数据库时，也同时重构 msdb 和 model 数据库，所以在重构后需要恢复这些数据库。重构 master 数据库将导致所有用户数据的丢失，所以，只有在系统无法启动的情况下才应该考虑重构 master 数据库。

（2）在命令行状态下执行 sqlservr –m 命令，以单用户方式启动 SQL Server，并停止所有其他 SQL Server 服务和 SQL Server 数据库应用程序的执行，以防止这些服务和其他用户使用 SQL Server。

（3）从已有的备份数据库中重恢复 master 数据库。

（4）如果执行了第一步，这时需要恢复 msdb 和 model 等系统数据库。

（5）如果自上次备份 master 数据库后用户又执行了能够引起 master 数据库改变的语句，如创建或删除登录和数据库对象、添加远程服务器、设置服务器选项等，接下来依次重复执行这些操作。

（6）如果自上次备份 master 数据库后用户又创建了新的用户数据库，则需要调用系统存储过程 sp_attach_db 将这些数据库附加到服务器中，并恢复到它们以前的数据状态。

（7）在完成以上各步后，重新以正常方式启动 SQL Server。

2．恢复 msdb 数据库

SQL Server 在重构 master 数据库时，将删除 msdb 数据库，这将导致原来存放在 msdb 数据库上的所有任务调度信息丢失，所以当 msdb 数据库损坏或在重构 master 数据库之后，都应恢复 msdb 数据库。

恢复 msdb 数据库的步骤如下：

（1）停止 SQL Server 代理服务的运行，以防它访问 msdb 数据库。

（2）使用 RESTORE 语句，像恢复普通数据库一样恢复 msdb 数据库。

实验与思考

目的和任务

（1）理解备份的基本概念。

（2）理解备份设备的概念。

（3）掌握备份的基本方法。

（4）从备份中恢复数据。

实验内容

（1）用对象资源管理器为 XMGL 数据库创建两个备份设备“xmgl_full、xmgl_log”，分别用作完全备份和日志备份。

（2）设置对 xmgl 数据库的还原模型为完全模型。

（3）备份数据

① 打开查询编辑器，用 SQL 命令完成以下备份；

② 对 xmgl 执行完全数据库备份，使用选项 INIT；

③ 在 xmgl 数据库上创建一个表，名为“设备表”；

④ 对 xmgl 执行日志备份，使用选项 INIT；

⑤ 删除“设备表”（如不小心误删）；

⑥ 再备份一次日志，使用选项 NORECOVERY。

（4）恢复数据（比如现在要把“设备表”恢复回来）

① 首先完全备份进行恢复，使用选项 NORECOVERY；

② 再使用第一次日志备份恢复，使用选项 RECOVERY。

问题思考

（1）什么是文件/文件组备份？

（2）数据库恢复应注意哪些？

第 16 章 数据复制与转换

对一个地域分散的大型企业组织来说，构建具有分布式计算特征的大型企业管理信息系统时总要解决一个很棘手的问题：如何在多个不同数据库服务器之间保证共享数据的完整性、安全性和可用性。之所以引发这样的问题，是因为企业组织存在这样的数据处理和要求：在不同的地点对具有相同结构的本地数据库进行修改，但要保证修改后的数据库有相同的结果。其实质就是将对本地数据库的修改体现在其他具有相同结构的远程数据库中。

实现这种数据一致性的方法可能有很多种，但是包括 SQL Server 在内的大多数数据库产品都采用复制技术来解决这一问题。本章的主旨就是介绍 SQL Server 的复制技术。

16.1 复制概述

SQL Server 提供了内置的复制能力，复制组件并不是附加产品而是核心引擎的一部分。在复制这一支持分布式数据处理能力的重要技术帮助下，我们可以在跨局域网、广域网或因特网的不同数据库服务器上维护数据的多个副本，从而自动地以同步或异步的方式保证数据多个副本之间的一致性。从本质上讲，复制就是从一个源数据库向多个目标数据库复制数据的过程。

16.1.1 复制结构

1. 复制概念

SQL Server 使用出版和订阅这一术语来描述复制活动。所谓出版就是向其他数据库服务器（订阅者）复制数据，订阅就是从另外的服务器（出版者）接收复制数据。SQL Server 的复制组件涉及出版者、订阅者、分发者、出版物、论文、推订阅、拉订阅等概念。

（1）出版物和论文

论文（Article）是被复制的数据集合。一篇论文可以是整个表、某些列（垂直划分的表）或某些行（水平划分的表），甚至是一些存储过程。论文是出版物的基本组成单元。出版物是论文和集合，它可以包括一个或多个论文。订阅者订阅的是出版物，而不是出版物中的论文。

（2）出版者

出版者是指出版出版物的服务器。由出版者服务器来维护源数据库（包含出版物）以及有关出版物的信息，使数据可用于复制。除了决定哪些数据将被复制外，出版者还要检测哪些复制数据发生了变化，并将这些变化复制到分发者的分发数据库中。

（3）分发者

分发者是这样一类数据库服务器，它负责维护分发数据库，并将出版者传递过来的复制数据、事务或存储过程送至相应的订阅者服务器。

（4）订阅者

订阅者是这样一类数据库服务器，它接收并维护已出版的数据。订阅者也可以对出版数据进行修改，尽管如此，它仍是一个订阅者。当然，订阅者也可以作为其他订阅者的出版者。出版者、分发者、订阅者并不一定指相互独立的服务器，它们只不过是 SQL Server 在复制过程中扮演的不同角色。SQL Server 允许一个服务器扮演不同的角色，比如一个出版者服务器既可出版出版物，也可以作为分发者来存储和传送快照复制和事务复制。当然，一台订阅者服务器也可以同时作为其他订阅者的出版者，只不过出于性能的考虑，这种情况很少见。

（5）订阅类型

SQL Server 用订阅将出版数据库发生的变化复制到订阅数据库。订阅有两种类型，即推订阅和拉订阅。推订阅是指由出版者自动将出版数据库发生的变化复制给订阅者，无须订阅者发出订阅请求。推订阅常用于数据同步性要求比较高的场合。拉订阅是指由订阅者每过一段时间向出版者请求复制出版数据库发生的变化。拉订阅常用于订阅者较多的场合。

2．复制拓扑结构

SQL Server 仅支持星状拓扑结构，在该结构中，复制数据从中心出版者/分发者流向多个订阅者，订阅者之间并不传递复制数据。SQL Server 有以下几种形式的星状拓扑结构：

- 中心出版者（Central Publisher）
- 带远程分发者的中心出版者（Central publisher with remote Distributor）
- 出版订阅者（Publishing Subscriber）
- 中心订阅者（Central Subscriber）

（1）中心出版者

中心出版者是最为简单的一种星状的拓扑结构，在这种结构下，一台服务器既扮演出版者的角色，又扮演分发者的角色，同时允许一个或多个独立的服务器扮演订阅者角色。该结构适合于从数据中心（如公司总部）向数据使用者（如分公司）复制数据，并且这些数据不允许被数据使用者修改（如公司财务报表等）。该结构如图 16-1 所示。

（2）带有远程分发者的中心出版者

由于在中心出版者结构下，所有的复制代理、出版和订阅活动及信息的存储和维护等许多工作都由一台服务器来完成，当复制的事务或数据较大，或订阅者很多时，会对复制的效率产生极大的负面影响。因此，有必要分别用独立的服务器来作为分发者和出版者。当然，分发者与出版者之间必须有可靠的高速通信连接。该结构如图 16-2 所示。

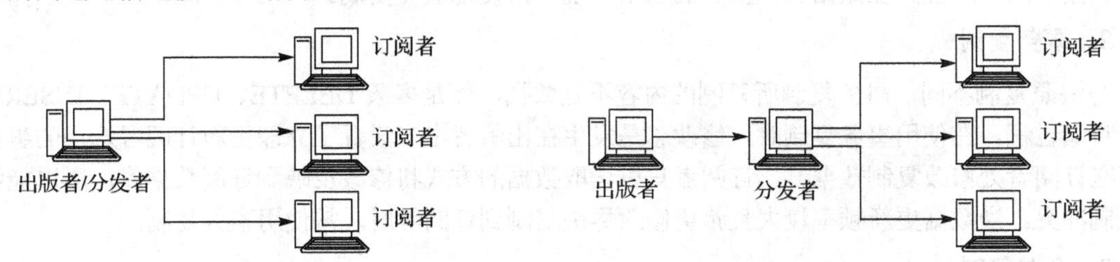

图 16-1　中心出版者　　　图 16-2　带远程分发者的中心出版者

（3）出版订阅者

该结构包含两个出版者，即原始出版者和出版订阅者。出版订阅者既是原始出版者的订阅者，也是向其他订阅者出版数据的出版者。这两个出版者所出版的数据完全相同。当出版者与订阅者之间的网络传输速度较慢或通信费用较高时，常使用这种结构。出版订阅者起到中转作用，它首先从原始出版者订阅数据，然后将数据出版给它的订阅者。原始出版者与出版订阅者都可以具有出版者和分发者双重角色。该结构如图 16-3 所示。

跨洲或跨国情况下的复制常用出版订阅者结构。此外，出版订阅者与订阅者之间要比原始出版者与订阅者之间有着更短的网络距离，更可靠的传输性能。可以允许原始出版者与出版订阅者之间有较慢的传输速度，但必须有可靠的传输性能。

（4）中心订阅者

中心订阅者是指有许多出版者向一个订阅者复制出版事务和数据，目标表被水平分割，每个分割块都含有一个标识本地数据的主键值，每个出版者只出版其中的一个分割块。对于那些具有上滚数据业务的应用环境来说，该结构很有价值。如在一个大型分销系统中对销售表进行水平分割，每个销售分部都是出版者，都将自己的销售数据出版到销售总部。该结构如图 16-4 所示。

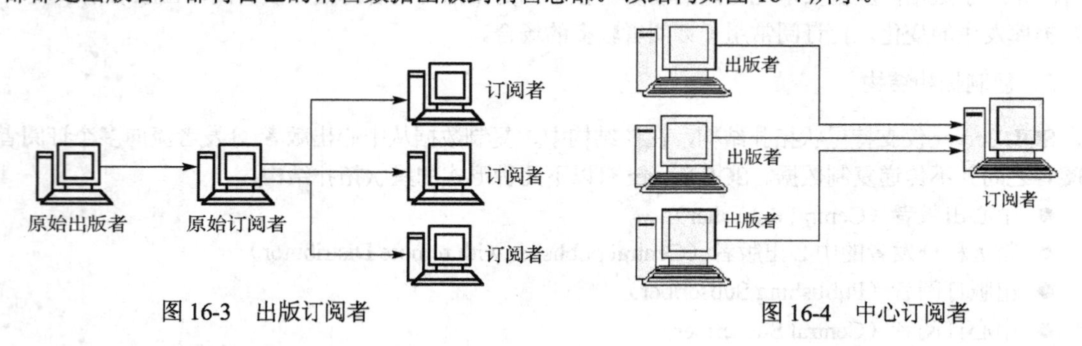

图 16-3　出版订阅者　　　　图 16-4　中心订阅者

16.1.2　复制类型

SQL Server 提供了三种复制类型，即快照复制、事务复制和合并复制。可以在实际应用中使用一种或多种复制类型。每一种复制类型都在不同程度上实现数据的一致性和结点的自主性。因此，对复制类型的选择主要依赖于应用系统对数据一致性、结点自主性的要求及网络资源情况。下面扼要介绍一下这三种复制类型。

1．快照复制

快照复制是指在某一时刻给出版数据库中的出版数据照相，然后将数据复制到订阅者服务器。快照复制所复制的只是某一时刻数据库的瞬时数据，复制成功与否并不影响本地数据库、出版数据库或订阅数据库的一致性。在数据变化较少的应用环境中常使用快照复制。

2．事务复制

与快照复制不同，事务复制所复制的内容不是数据，而是多条 DELETE、UPDATE、INSERT 语句或存储过程。在使用事务复制时，修改总是发生在出版者上（设置了立即更新订阅者选项的事务复制可在订阅者处修改复制数据），订阅者只以读取数据的方式将修改反映到订阅数据库，所以能够避免复制冲突。当数据更新频率较大且希望修改尽快复制到订阅者时，常使用事务复制。

3．合并复制

合并复制允许订阅者对出版物进行修改并将修改合并到目标数据库（可以是出版数据库，也可以是订阅数据库)。各个结点可独立工作而不必相互连接，可对出版物进行任何操作而不必考虑事务的一致性。如果在合并修改时发生冲突，则复制按照一定的规则或自定义的冲突解决策略来对冲突进行分析并接受冲突一方的修改。

16.1.3　复制代理

1. 快照代理

快照代理在分发者上创建并存储快照文件，在分发数据库中记录出版数据库和订阅数据库之间的同步信息。快照代理在分发者服务器上运行并与出版者相连接。每一个出版物都有自己的快照代理。

2. 日志阅读代理

日志阅读代理将出版者事务日志中标有复制的事务移至分发数据库。使用事务复制的每一个出版数据库都有自己的日志阅读代理。日志阅读代理在分发者服务器上运行。

3. 分发代理

分发代理能够将存储在分发数据库中的事务或快照分发到订阅者服务器。如果事务出版物或快照出版物被设置为只有创建了推订阅即立即在出版者和订阅者之间同步，则在分发者上它们各自都会有一个分发代理；否则事务出版物和快照出版物将共享一个分发代理。合并出版物没有分发代理。

4. 合并代理

合并代理用来移动、合并在快照代理创建初始快照之后所发生的增量修改。每一个合并出版物都有自己的合并代理。当使用推订阅合并出版物时，合并代理运行在出版者上；当使用拉订阅合并出版物时，合并代理运行在订阅者上。快照出版物和事务出版物没有合并代理。

5. 队列阅读代理

在快照复制或事务复制时，如果选择了“排队更新”选项，则需要使用队列阅读代理。队列阅读代理是运行在分发者上的多线程代理，它主要负责从分发者的消息队列中读取消息，并将消息中的事务应用到出版者。

16.1.4　可更新订阅

SQL Server 2000 提供了比以前版本更多的复制选项，其中包括即时更新、排队更新、即时更新并用排队更新做备份等，这三个选项表示可在订阅者处对复制数据进行修改，然后将修改以相应的方式反映到出版者。这就是可更新订阅的概念。

1. 即时更新

所谓立即更新订阅者是指在复制时使用了立即更新选项。通常而言，快照复制和事务复制都是单向数据复制，即数据从出版者的源数据库复制到订阅者的目标数据库。但是 SQL Server 通过允许订阅者修改复制数据而增强了这种模式的功能。立即更新订阅者选项允许既可以在出版者也可以在订阅者处对复制数据进行修改。立即更新是指对复制数据进行修改的订阅者与出版者之间保持数据的立即更新，即立即将订阅者的修改反映到出版者。并且提供了对其他订阅者而言的潜在事务一致性，即订阅者的修改在立即反映到出版者之后，允许这一修改不必马上同步到其他订阅者。在创建出版物时可对该选项进行设置。

2. 排队更新

与立即更新订阅者一样，排队更新允许快照复制或事务复制的订阅者对复制数据进行修改，然后将修改反映到出版者。所不同的是，排队更新并不要求订阅者与出版者之间的网络连接一直处于激活状态。如果使用了排队更新选项，那么订阅者对复制数据的修改是保存在一个队列中的，当订阅者与出版者之间的网络连接恢复时，队列中的这些事务将按先后顺序应用到出版者。在创建出版物时可对该选项进行设置。由于订阅者对复制数据的修改是以异步方式反映到出版者的，所以一旦同一数据被出版者或其他订阅者修改，则容易出现复制数据的修改冲突，因此在创建出版物时通常也要决定冲突的解决策略，从而对可能出现的冲突提供解决方案，保证复制数据的一致性。

3. 即时更新并用排队更新作备份

顾名思义，如果在创建出版物的同时选择了“即时更新”和“排队更新”选项，则在复制订阅数据时可以选择“即时更新并用排队更新做备份”选项，其含义是，订阅者对复制数据的修改，一方面立即反映到出版者（如果订阅者与出版者之间的网络连接处于激活状态），另一方面会备份到队列中，以便当订阅者与出版者之间的网络连接恢复时，将队列中的这些事务按先后顺序应用到出版者。

16.2 配置复制

在执行复制之前必须对服务器的复制选项进行配置，主要包括出版者、订阅者、分发者、分发数据库。通过 SQL Server 对象资源管理器提供的出版物创建向导和出版分发配置向导将会使配置工作变得简单、迅速。

16.2.1 创建服务器角色和分发数据库

创建服务器角色即指定复制过程中服务器是作为出版者、分发者，还是作为订阅者。由于一个 SQL Server 服务器可以扮演一个或多个角色，所以必须指定由哪个服务器来扮演哪些角色。

分发数据库用来存储复制给订阅者的所有事务及出版者与订阅者的同步信息。分发数据库包含很多与复制有关的系统表。在进行复制前必须首先创建分发数据库（与复制有关的系统表会自动生成），同时指定出版者、出版数据库、分发者、订阅者。使用对象资源管理器创建分发数据库的主要步骤如下：

① 启动对象资源管理器，选中准备扮演出版者/分发者角色的服务器。

② 在主菜单上选择“复制→配置分发...”，弹出“配置分发向导”对话框（从中可知该向导能够实现哪些复制配置），单击“下一步”按钮，弹出“选择分发服务器”对话框。在该对话框中，可以使用默认选项“使×××成为自己的分发服务器”来指定当前服务器同时扮演分发者和出版者角色。若选择此选项，则会在分发者服务器上创建一个分发数据库和日志。如果选择另外一个选项，则可以在列表框中选择分发者服务器，但选定的服务器必须已配置为分发者且已经创建了分发数据库。在此使用默认选项。

③ 单击“下一步”按钮，此时弹出“启动 SQL Server 代理”对话框。选择“是”表示自动启动 SQL Server 代理，选择“否”则表示手工启动 SQL Server 代理。

④ 单击“下一步”按钮，弹出“快照文件夹”对话框。选定生成快照的文件夹后，单击“下一步”按钮，弹出“分发数据库”对话框。在该对话框内，它把当前服务器作为分发者，分发数据库和事务日志被放在\MSSQL$×××\data 目录下，所有已注册的服务器都被选为订阅者。也可以自己指定分发数据库名称和分发数据库和日志文件夹的位置。在此选择默认选项。

单击“下一步”按钮，弹出“发布服务器”对话框，再单击“下一步”按钮，弹出“脚本文件属性对话框”。在此使用默认选项。

⑤ 单击“下一步”按钮，弹出“完成该向导”对话框，单击“完成”按钮。此时会弹出一个报告窗口来显示创建进度，通过该窗口能了解 SQL Server 完成了哪些工作。

16.2.2　配置复制选项

在创建服务器角色和分发数据库之后，利用对象资源管理器可以进行复制选项的配置和管理，主要包括配置分发选项、设定出版选项、设置出版数据库、设置订阅者选项、删除分发者等。

1. 配置分发服务器属性

使用对象资源管理器配置发布属性的步骤如下：

① 启动对象资源管理器，选中要进行发布的服务器。

② 在主菜单上选择“复制”，单击右键，弹出快捷菜单，选择“分发服务器属性”对话框。

③ 单击“常规”标签，该对话框提供了以下信息：分发数据库的事务保持期等。

④ 单击“发布服务器”标签，有供选择的发布服务器、密码设置等。

2. 配置发布服务器属性

在配置完分发选项后，就可以通过配置出版选项来指定哪个出版者将使用已创建的分发者和分发数据库。SQL Server 允许多个出版者使用同一个分发数据库，如果出版者是一台远程服务器，那么它必须有访问分发数据库的权限。通过对象资源管理器来允许出版者使用分发数据库的步骤如下：

① 启动对象资源管理器，选中要进行发布的服务器。

② 在主菜单上选择“复制”，单击右键，弹出快捷菜单，选择“发布服务器属性”对话框。

③ 单击“常规”标签，该对话框提供了以下信息：有分发服务器的名称和分发数据库名称。

④ 单击“发布数据库”标签，有供选择的数据库。

16.2.3　删除复制配置信息

可以对复制进行配置，当然也可以删除复制配置。SQL Server 的“禁用分发和发布”向导可以帮助我们完成这一任务。

禁用分发者对复制产生的影响：① 分发者上的分发数据库将被删除；② 所有使用该分发者的出版者服务器将丧失出版者角色，同时删除该出版者的所有出版物；③ 所有订阅也被删除。如果此向导能登录到出版者，则在禁用出版者之前会删除所有出版物，如果不能，则虽然禁用出版者，但是出版数据仍存在于以前的出版者上，必须使用手工操作来删除。

使用对象资源管理器来禁用分发者需要执行以下步骤：

① 启动对象资源管理器，选中分发者服务器。

② 在主菜单上选择“复制”，单击右键出现快捷菜单，选择“禁用分发和发布”，弹出“向导”对话框（从中可知该向导能够实现哪些功能），单击“下一步”按钮，弹出“禁用发布”对话框。在该对话框内如果选择“是，禁用次服务器上发布”选项，则会禁用分发者以及出版者，并且删除分发数据库和出版者上的出版物（在有些情况下仍保留分发数据库），单击“下一步”按钮，SQL Server 将按要求执行相关处理。如果选择“否，继续使用×××作为发布服务器”选项，则不会进行任何处理。

③ 单击“下一步”按钮，SQL Server 将按要求执行相关处理，同时弹出一个询问对话框，此时单击“取消”按钮可以取消操作，单击“完成”按钮结束向导并执行相应处理。

16.3 创建发布出版物

使用对象资源管理器创建复制出版物需执行以下步骤：

① 启动对象资源管理器，选中出版者服务器。

② 在主菜单上选择“复制→本地发布”，单击右键，选择“新建发布”，出现“新建发布向导”对话框，单击“下一步”按钮。

③ 单击“下一步”按钮，弹出“选择发布数据库对话框”，从“数据库”框中可以选择将出版哪一数据库的表、视图或存储过程。

④ 选择指定的出版数据库后，单击“下一步”按钮，打开“选择发布类型”对话框，从中选择所使用的复制类型。

⑤ 单击“下一步”按钮，在“项目”对话框中可以选择表、存储过程等。

⑥ 两次单击“下一步”按钮后，出现“快照代理” 对话框，选择“计划在以下时间运行快照代理”。

⑦ 单击“更改”按钮，在弹出的对话框中设置代理程序执行频度。

⑧ 单击“下一步”按钮，设置代理安全。单击“安全设置”按钮，在“进程账户”中输入相应的账户，单击“确定”按钮。

⑨ 两次单击“下一步”按钮后，填入“发布名称”，单击“完成”按钮。

16.4 订阅出版物

在创建完出版物之后，必须订阅出版物才能实现数据的复制。在订阅出版物之前应在订阅者上创建订阅数据库。在订阅时要进行以下设置：① 由哪些订阅者来订阅出版物；② 选择目标订阅数据库；③ 订阅属性。

在对象资源管理器中，利用推（拉）订阅向导来订阅出版物需执行以下步骤：

① 选中出版者服务器，在主菜单上选择“复制→本地订阅”，单击右键，选择“新建订阅”，出现“新建订阅”向导对话框，两次单击“下一步”按钮。

② 在“订阅服务器”对话框中的“订阅数据库”选项下选择数据库（如果没有，则需要新建数据库），单击“下一步”按钮。

③ 指定分发代理安全性。单击按钮，在“进程账户”中输入相应账户，单击“确定”按钮。

④ 单击“下一步”按钮，在“同步计划”对话框中选择“连续运行”选项，单击“下一步”按钮。

⑤ 在“初始化订阅”对话框中选择“首先同步”。

⑥ 其余步骤全部选择默认设置，最后单击“完成”按钮结束订阅创建。

16.5 管理复制选项

SQL Server 2000 提供了比以前版本更多的复制选项，按其作用可分为可更新的订阅、筛选复制数据、转换复制数据、可选同步伙伴几类。

16.5.1 可更新的订阅选项

可更新的订阅选项包括即时更新、排队更新、即时更新并用排队更新作备份三个选项。这三个选项使用户得以在订阅服务器上更新数据，并将这些更新传播到发布服务器，或者将更新存储在队列中。可更新订阅的具体含义请参阅 16.1.4 节。

在 SQL Server 中，基于即时更新的可更新订阅需要以下组件的支持：

（1）触发器

触发器位于订阅者上，用来捕捉在订阅者上发生的事务，并利用远程过程调用将事务提交给出版者。由于使用两阶段提交协议，从而保证事务在出版者成功提交后才会在订阅者那里提交，如果提交失败则订阅者事务将回滚，从而使订阅者数据库与出版者数据库仍能保持同步。

（2）存储过程

存储过程位于出版者上。只有自订阅者上次接收复制数据以来，出版者数据库发生的变化与订阅者提交的事务不发生冲突，才允许在出版者提交这些来自订阅者的事务，否则拒绝事务提交，两处的事务都将回滚。每篇论文都有为 INSERT、DELETE、UPDATE 事务创建的存储过程。

（3）分布式事务协调器

在触发器使用存储过程将订阅者事务提交给出版者时，需要分布式事务协调器（DTC）来管理出版者与订阅者之间的两阶段提交。远程存储过程使用 BEGIN DISTRIBUTED TRANSACTION 来对 DTC 进行初始化操作。

（4）冲突检测

出版数据库中的存储过程使用时间戳来进行检测，以确定某列被复制到订阅者之后是否又被修改。当订阅者提交即时更新事务时，它会把某行的所有列（包括“时间戳”列）送回到出版者，出版者利用存储过程将该行在出版者数据库中的时间戳值与从订阅者送回的时间戳值进行比较，如果相同（表明在复制给订阅者之后没有发生修改），则接收事务，用从订阅者送回的行值来修改该行的当前值。

（5）环路检测

环路检测主要是基于以下考虑而提出的，即当订阅者的即时更新事务在出版者和订阅者都成功提交后，出版者要在以后的某一时刻将该事务复制到其他订阅者，但是由于提交即时更新事务的订阅者已成功提交了该事务，因此也就没有必要再将此事务从出版者那里复制给该订阅者。环路检测就是用来确定一事务是否已在某订阅者处被成功提交，从而避免该事务又一次应用于订阅者服务器。

在 SQL Server 中，基于排队更新的可更新订阅需要以下组件的支持：

（1）触发器

当进行排队更新时，触发器依附在订阅者的出版表上，用来捕捉订阅者上执行的事务，并将这些事务作为消息传送到队列中。

（2）存储过程

在创建出版物时，若指定了排队更新选项，则在出版数据库中对出版表执行插入、删除、更新的存储过程将自动生成。队列阅读代理将调用存储过程在出版者上执行队列中的事务，并进行冲突检测，如有必要则产生一些补充命令，这些命令首先传给分发数据库，然后传送给订阅者，除此之外在出版者上仍要创建记录冲突信息，并将冲突信息传递给相关订阅者的存储过程。如果检测到冲突，则这些存储过程将由队列阅读代理调用。

（3）队列

队列主要用来存储订阅者传送的消息。订阅者与分发者都有一个消息队列。在网络断开的情况下，订阅者传送的消息首先存储在订阅者消息队列，然后在网络接通时传送到分发者消息队列。队列阅读代理读取这些消息，并将消息中的事务应用到出版者。

（4）队列阅读代理

队列阅读代理是运行在分发者上的多线程代理，其主要任务是从消息队列中读取信息，并将消息中的事务应用到出版者。

16.5.2　筛选复制数据

筛选复制数据的实质就是对出版表进行垂直、水平分割。在创建出版物时，需要确定使用怎样的筛选策略。筛选复制数据主要能够带来的好处有：① 最小化网络传送数据量；② 减少订阅者所需要的存储空间；③ 根据订阅者的具体要求定制出版物，降低了产生冲突的可能性。筛选复制数据包括列筛选、行筛选、动态筛选和联合筛选四种类型，其中列筛选和行筛选可在快照复制、事务复制和合并复制中使用，但动态筛选和联合筛选却仅能在合并复制中使用。

（1）行筛选

使用行筛选就是把某些特定的行发送给订阅者，清除那些用户不必或不应看到的数据行，从而能为不同的订阅者创建不同的出版物，同时由于不同订阅者的订阅来自同一表的不同数据行，因此有助于避免因多个订阅者修改同一数据而导致的修改冲突。

行筛选可在合并复制、快照复制和事务复制中使用，但是在事务复制中，由于针对出版表的每一数据操作语句（INSERT、DELETE、UPDATA）都要使用筛选条件语句来验证，以确定是否打上“复制”标志，所以行筛选会增加系统开销。

（2）列筛选

列筛选就是对表进行垂直分割。使用列筛选能够减少订阅者的存储空间需求，降低向订阅者传送数据修改的时间，但有些列必须包含在出版物中，它们是：① 有主键约束的列；② 没有默认值的非空列；③ 包含在唯一索引中的列；④ 合并复制、基于即时更新的快照复制或事务复制中的 ROWGUID 列。

（3）动态筛选

动态筛选是指在合并复制的处理过程中，根据从订阅者得到的数据值对出版表进行的数据筛选。在合并复制中使用动态筛选的好处有：① 出版者上几乎不必存储出版物，从而减少因管理多个出版物而带来的系统开销；② 在动态筛选中常使用用户自定义的函数，这种根据订阅者的属性进行的数据筛选，可以使订阅者仅获得必要的信息。

（4）联合筛选

联合筛选允许在合并处理过程中定义两个出版表中的关系。它常与行筛选一同使用，并在合并处理中保持联合出版表之间的参照完整性。如果某一使用行筛选的出版表被其他出版表的外键所引用，则外键表的论文必须有一个联合筛选器来代表它对主键表的依赖关系。联合筛选并不限于主键/外键关系，也可基于两个不同出版表数据间的比较关系进行设置。

16.5.3　可选同步伙伴

可选同步伙伴的功能使得基于合并复制的订阅者不仅可与创建订阅的出版者进行数据同步，也可以与其他订阅者进行数据同步，即使主出版者不能继续使用。使用可选同步伙伴时需要注意以下要求：

（1）只有合并复制才可使用可选同步伙伴。

（2）可选同步伙伴必须有订阅所需的数据和论文结构。

（3）在可选同步伙伴上的出版物最好是在原始出版者上所创建的出版物的克隆。

（4）必须将出版物的属性定义为订阅者可与其他出版者进行数据同步。

（5）对于命名订阅，必须保证该订阅者也是可选同步伙伴的订阅者，这样订阅者才能与其他出版者进行数据同步。

（6）对于命名订阅，可选同步伙伴上自动添加与原始出版者上订阅具有相同属性的新订阅。

16.6　复制监视器

在 SQL Server 中，复制是功能最强大而又最复杂的组件，所以在具体的应用中，难免会出现复制错误。为了帮助 DBA 查出复制错误发生的原因，SQL Server 提供了复制监视器，利用该工具可以浏览出版者的出版物或分发者所支持的订阅，浏览复制代理的状态信息和历史，监视与复制事务有关的复制警报，监视快照代理、日志阅读代理、分发代理、合并代理的活动状况等。

例如，要用复制监视器监视快照代理的活动状况，需要执行以下步骤：

① 启动对象资源管理器，登录指定的到服务器，依次打开“复制监视器”、“代理程序”文件夹。

② 选中“快照代理”，此时在右边窗格中显示已创建的快照代理。

③ 右击准备查看的代理，在弹出菜单中选择“代理程序历史记录”选项，打开“快照代理程序历史记录”对话框。

④ 单击“会话详情”按钮，打开“快照代理程序的最新历史记录”对话框，从中可以了解到目前为止快照代理所执行的处理、运行的起始时间等信息。

16.7　数据导入导出

SQL Server 提供了数据导入\导出功能，它使用数据转换服务（DTS）在不同类型的 OLE DB 和 ODBC 数据源之间导入和导出数据。通过导入和导出操作，可以把 SQL Server 数据表中的数据直接转换为其他数据库系统可以使用的数据，例如转换成 Excel 表格、Access 数据库、Oracle 数据库表等。同样也可以把这些系统中的数据转换为 SQL Server 数据表，供 SQL Server 系统使用。

16.7.1　SQL Server 数据表数据导出

使用 SQL Server 的数据导入导出功能可以把其数据导出为任何支持 OLE DB 和 ODBC 数据源的数据。针对不同目的数据源类型，在导出操作时，目的数据源的存储方式、用户验证方式等可能不同，但大部分操作都是相同的。下面以 Excel 表格为例说明其导出步骤。

① 启动对象资源管理器，登录指定的到服务器。

② 展开数据库结点，右键需要导入导出的数据库，分别单击“任务”、“导出数据”，出现导入导出向导。

③ 单击“下一步”按钮，显示“选择数据源”界面，如图 16-5 所示。在数据源右边的下拉框中选择“Microsoft OLE DB Provider for SQL Server”，表明将从 SQL Server 数据库中导出数据。在“服务器名称”下拉框中输入数据库所在的服务器名，选择适当的身份验证方式，需要时输入用户名和密码。在“数据库”下拉框中选择需要导出的数据库名。

④ 单击“下一步”按钮，显示如图 16-6 所示的导出选择目标对话框。在“目标”下拉框中选择“Microsoft Excel”，并在“文件路径”输入框中输入目标路径和文件名。

⑤ 单击“下一步”按钮，选择默认。

⑥ 单击“下一步”按钮，选择源表或源视图。可以全选，也可以选择部分，比如选择“学生表”。单击选中表后的“编辑”按钮，可以对表或视图做进一步转换设置。

⑦ 两次单击“下一步”按钮，再单击“完成”按钮，即可进行转换。

至此，“教学管理”数据库中的“学生表”数据导出完成，打开导出的 Excel 文件，就可以看到导出的数据。如果将 SQL Server 数据转换为其他不同数据源数据，操作方法和步骤是相似的。

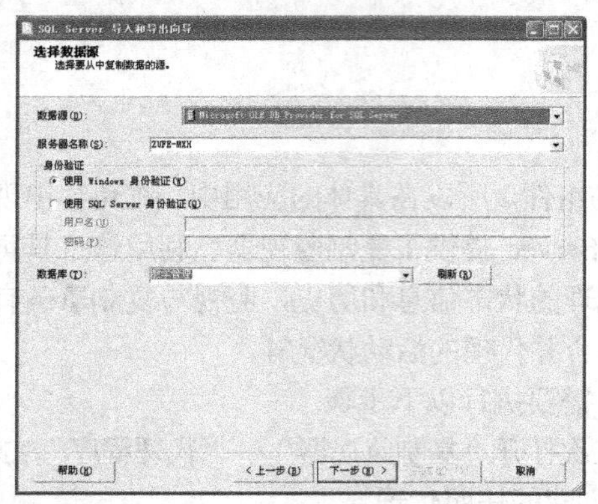

图 16-5　导出选择数据源

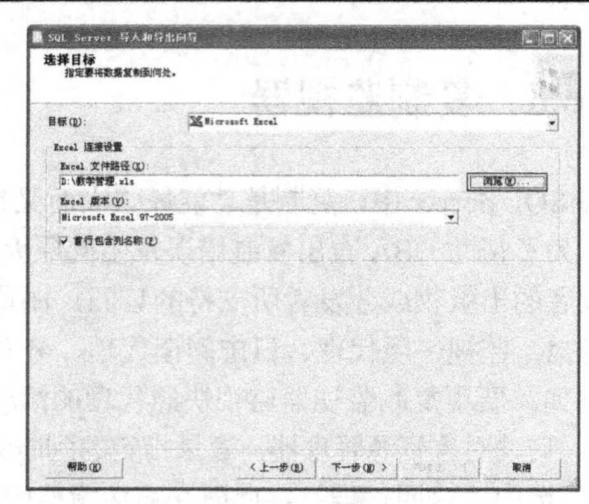

图 16-6　导出选择目标

16.7.2　SQL Server 数据表数据导入

把其他类型的数据导入SQL Server数据库，同样适用导入导出向导。操作步骤和方法跟从SQL Server导出数据一样，只是源数据可以是其他类型数据，目标数据只能是 SQL Server 数据源。在导入 SQL Server 数据库时要注意两点，首先要注意选择哪个数据库作为目标数据库。其次，在新建数据库中，每个表字段可能需要调整，可以通过在“选择源表或视图”对话框中单击每个表的“转换”按钮来操作。

16.8　复制实例

设服务器实例 ZUFE-MXH\meng 有数据库“教学管理”和“教学管理复制”，其结构相同，其中“教学管理”有第 1 章给出的 5 张表，现要将“教学管理”作为出版者，“教学管理复制”作为订阅者，实现快照复制。为此需要进行以下步骤操作。

1．配置出版者并创建分发数据库

在进行复制之前，必须配置出版者并创建分发数据库。在本例中，需要使用对象资源管理器进行以下操作：

① 选中出版者服务器 ZUFE-MXH，在主菜单上选择“复制”，单击右键，选择“配置分发”，在“向导”对话框中单击“下一步”按钮。

② 选中“选择分发服务器”对话框，使“ZUFE- MXH”成为自己的分发服务器，从而在 ZUFE-MXH 上创建一个分发数据库和日志，单击“下一步”按钮。

③ 在“配置 SQL Server 代理”对话框中选择“是”，从而自动启动 SQL Server 代理，单击“下一步”按钮。

④ 在“指定快照文件夹”对话框中选择生成快照的文件夹，单击“下一步”按钮。

指定分发的数据库名称已经数据库和日志文件的路径。分发数据库名称可写为“分发教学管理”，单击“下一步”按钮，出现“发布服务器”对话框，再单击“下一步”按钮。

⑤ 在“向导完成”对话框中选择默认选项，单击“下一步”按钮。

⑥ 在进行下一步以前，查看 SQL Server 代理服务器是否启动，如果没有启动，需要启动。

⑦ 在“完成配置发布和分发向导”对话框中单击“完成”按钮。完成后，服务器实例 ZUFE-MXH 下会增加一个“复制监视器”文件夹，在数据库文件夹中会增加一个分发数据库“分发教学管理”。

2．配置分发和出版选项

由于服务器实例 ZUFE-MXH 是自己的分发者，所以分发选项和出版选项的配置都是针对它的。本例分发和出版选项全部采用默认配置。

3. 配置出版数据库

本例的出版数据库是 ZUFE-MXH 上的“教学管理”，故需要在对象资源管理器中选中出版者服务器 ZUFE-MXH，在主菜单上选择“复制→配置分发”，在“发布服务器属性”对话框中打开“发布数据库”标签，选择“教学管理”为事务复制。

4. 创建出版物

本例的出版物是“教学管理”数据库中的“学生表”，故需要在对象资源管理器中执行如下步骤：

① 选中出版者服务器 ZUFE-MXH，在主菜单上选择“复制→本地发布”，单击右键，选择“新建发布”，出现“新建发布向导”对话框，单击“下一步”按钮。

② 在“选择发布数据库”对话框中选择“教学管理”，单击“下一步”按钮。

③ 在“选择发布类型”对话框中选择快照复制。

④ 单击“下一步”按钮，在“项目”对话框中选中“学生表”，其余均采用默认设置。

⑤ 两次单击“下一步”按钮后，出现“快照代理”对话框，选择“计划在以下时间运行快照代理”。

⑥ 单击“更改”按钮，在弹出的对话框中做如图 16-7 所示的设置，目的在于将代理程序执行频度设置为每分钟一次。

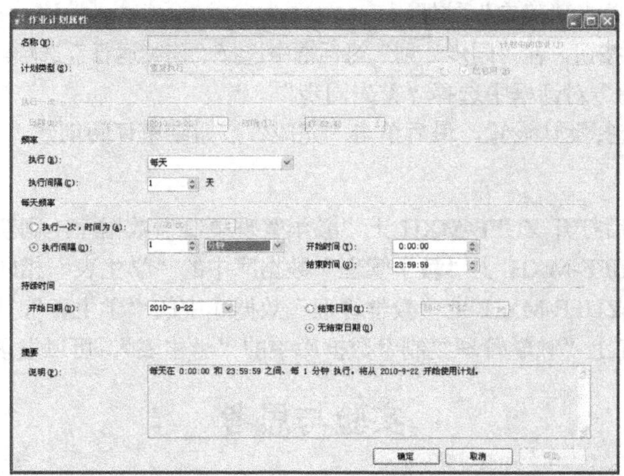

图 16-7　设置代理程序执行频度

⑦ 单击“下一步”按钮，设置代理安全。单击“安全设置”按钮，出现如图 16-8 所示对话框，在“进程账户”中输入“ZUFE-MXH\meng”，单击“确定”按钮。

⑧ 两次单击“下一步”按钮后，在“发布名称”后输入“发布教学管理_学生表”，单击“完成”按钮。完成后，在对象资源管理器的本地发布处会出现“发布教学管理_学生表”。

5. 订阅出版物

在创建完出版物之后，必须订阅出版物才能实现数据的复制。在订阅出版物之前应在订阅者上创建订阅数据库。本例的订阅数据库是 ZUFE-MXH 上的“教学管理复制”数据库。为了实现从 ZUFE-MXH 上的“教学管理”数据库到 ZUFE-MXH 上的“教学管理复制”数据库的推订阅，需要在对象资源管理器中执行以下步骤：

① 选中出版者服务器 ZUFE-MXH，在主菜单上选择“复制→本地订阅”，单击右键，选择“新建订阅”，出现“新建订阅”向导对话框，两次单击“下一步”按钮。

② 在“订阅服务器”对话框中的“订阅数据库”选项下选择“教学管理复制”（如果没有，则需要新建数据库）单击“下一步”按钮。

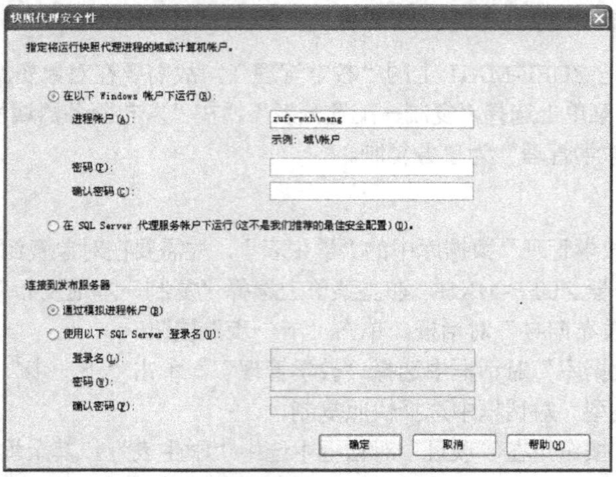

图 16-8　快照代理安全性设置

③ 指定分发代理安全性。单击按钮出现如图 16-8 所示对话框，在“进程账户”中输入“ZUFE-MXH\meng”，单击“确定”按钮。

④ 单击“下一步”按钮，在“同步计划”对话框中选择“连续运行”选项，单击“下一步”按钮。

⑤ 在“初始化订阅”对话框中选择“首先同步”。

⑥ 其余步骤全部选择默认设置，最后单击“完成”按钮结束订阅创建。

6. 复制验证

进行上述复制设置后打开 ZUFE-MXH 上“教学管理复制”数据库，刷新后会发现其中多了一张“学生表”，且内容和 ZUFE-MXH 上“教学管理”数据库中的“学生表”相同，它就是复制过来的出版物。此时也可以打开 ZUFE-MXH 上“教学管理”数据库中的“学生表”，修改其中的一些信息，1 分钟后打开 ZUFE-MXH 上“教学管理复制”数据库中的“学生表”，可以发现发生了一致性的修改。

实验与思考

目的和任务

（1）理解出版者、分发者和订阅者。

（2）会用分发发布向导进行数据复制。

（3）会用导入导出向导实现数据类型转换。

实验内容

（1）通过分发发布向导对 XMGL 数据库实现复制。

（2）在 16.8 节的复制实例中，只能实现将出版者的学生表的变化自动复制到订阅者的学生表，不能实现将订阅者的学生表的变化自动复制到出版者的学生表。请修改设置步骤，以实现双向复制功能并在计算机上进行验证。

（3）通过导入导出向导将 SQL Server 中 XMGL 数据库中的数据转换成 Access 数据。

问题思考

（1）什么是出版物和论文？

（2）什么是出版者、分发者和订阅者？

（3）SQL Server 支持哪些订阅类型，各自的含义是怎样的？

（4）简述 SQL Server 的四种复制拓扑结构。

附录A

样例数据库创建及数据输入

```
--创建教学管理数据库
CREATE DATABASE 教学管理
GO

--创建表
USE 教学管理
GO
IF EXISTS(SELECT * FROM sysobjects WHERE name='选课表' AND xtype='U')
  DROP TABLE 选课表
IF EXISTS(SELECT * FROM sysobjects WHERE name='开课表' AND xtype='U')
  DROP TABLE 开课表
IF EXISTS(SELECT * FROM sysobjects WHERE name='学生表' AND xtype='U')
  DROP TABLE 学生表
IF EXISTS(SELECT * FROM sysobjects WHERE name='教师表' AND xtype='U')
  DROP TABLE 教师表
IF EXISTS(SELECT * FROM sysobjects WHERE name='课程表' AND xtype='U')
  DROP TABLE 课程表

CREATE TABLE 学生表
(
  学号 CHAR(7) NOT NULL,
  身份证号 CHAR(18) NOT NULL,
  姓名 CHAR(8) NOT NULL,
  性别 CHAR(2) DEFAULT '男',
  移动电话 CHAR(11),
  籍贯 VARCHAR(10),
  专业 VARCHAR(20) NOT NULL,
  所在院系 VARCHAR(20) NOT NULL,
  累计学分 INT,
  CONSTRAINT PK_学生表_学号 PRIMARY KEY(学号),
  CONSTRAINT CK_学生表_学号 CHECK(学号 LIKE 'S[0-9][0-9][0-9][0-9][0-9][0-9]')
)

CREATE TABLE 课程表
(
```

```
    课号 CHAR(6) NOT NULL,
    课名 VARCHAR(30) NOT NULL,
    学分 INT CHECK(学分>=1 and 学分<=5),
    教材名称 VARCHAR(30),
    编著者 CHAR(8),
    出版社 VARCHAR(20),
    版号 VARCHAR(20),
    定价 money,
    CONSTRAINT PK_课程表_课号 PRIMARY KEY(课号),
    CONSTRAINT CK_课程表_课号 CHECK(课号 LIKE 'C[0-9][0-9][0-9][0-9][0-9]')
)

CREATE TABLE 教师表
(
    工号 CHAR(6) NOT NULL,
    身份证号 CHAR(18) NOT NULL,
    姓名 CHAR(8) NOT NULL,
    性别 CHAR(2) DEFAULT '男',
    移动电话 CHAR(11),
    籍贯 VARCHAR(10),
    所在院系 VARCHAR(20) NOT NULL,
    职称 CHAR(6),
    负责人 CHAR(6),
    CONSTRAINT PK_教师表_工号 PRIMARY KEY(工号),
    CONSTRAINT CK_教师表_工号 CHECK(工号 LIKE 'T[0-9][0-9][0-9][0-9][0-9]')
)

CREATE TABLE 开课表
(
    开课号 CHAR(6) NOT NULL,
    课号 CHAR(6) NOT NULL,
    工号 CHAR(6) NOT NULL,
    开课地点 CHAR(6),
    开课学年 CHAR(9),
    开课学期 INT ,
    开课周数 INT DEFAULT 17,
    开课时间 VARCHAR(20),
    限选人数 INT,
    已选人数 INT,
    CONSTRAINT PK_开课表_开课号 PRIMARY KEY(开课号),
    CONSTRAINT FK_开课表_工号 FOREIGN KEY(工号) REFERENCES 教师表(工号)
    ON UPDATE CASCADE ON DELETE CASCADE,
    CONSTRAINT FK_开课表_课号 FOREIGN KEY(课号) REFERENCES 课程表(课号)
    ON UPDATE CASCADE ON DELETE CASCADE,
    CONSTRAINT CK_开课表_开课号 CHECK(开课号 LIKE '[0-9][0-9][0-9][0-9][0-9][0-9]'),
    CONSTRAINT CK_开课表_工号 CHECK(工号 LIKE 'T[0-9][0-9][0-9][0-9][0-9]'),
    CONSTRAINT CK_开课表_课号 CHECK(课号 LIKE 'C[0-9][0-9][0-9][0-9][0-9]')
)
```

```
CREATE TABLE 选课表
(
  学号 CHAR(7) NOT NULL,
  开课号 CHAR(6) NOT NULL,
  成绩 INT CHECK(成绩>=0 and 成绩<=100),
  CONSTRAINT PK_选课表_学号_开课号 PRIMARY KEY(学号,开课号),
  CONSTRAINT FK_选课表_学号 FOREIGN KEY(学号) REFERENCES 学生表(学号)
  ON UPDATE CASCADE ON DELETE CASCADE,
  CONSTRAINT FK_选课表_开课号 FOREIGN KEY(开课号) REFERENCES 开课表(开课号)
  ON UPDATE CASCADE ON DELETE CASCADE,
  CONSTRAINT CK_选课表_学号 CHECK(学号 LIKE 'S[0-9][0-9][0-9][0-9][0-9][0-9]'),
  CONSTRAINT CK_选课表_开课号 CHECK(开课号 LIKE '[0-9][0-9][0-9][0-9][0-9][0-9]')
)

--插入原始数据
DECLARE @tb_exist INT
SET @tb_exist=0
IF EXISTS(SELECT * FROM sysobjects WHERE name='选课表' AND xtype='U')
   SET @tb_exist=@tb_exist | 1
IF EXISTS(SELECT * FROM sysobjects WHERE name='开课表' AND xtype='U')
   SET @tb_exist=@tb_exist | 2
IF EXISTS(SELECT * FROM sysobjects WHERE name='学生表' AND xtype='U')
   SET @tb_exist=@tb_exist | 4
IF EXISTS(SELECT * FROM sysobjects WHERE name='课程表' AND xtype='U')
   SET @tb_exist=@tb_exist | 8
IF EXISTS(SELECT * FROM sysobjects WHERE name='教师表' AND xtype='U')
   SET @tb_exist=@tb_exist | 16
IF @tb_exist !=31 BEGIN  --有一些表不存在
   PRINT '由于下列关系表不存在，因此插入元组失败！'
   IF (@tb_exist & 1) = 0 PRINT '选课表'
   IF (@tb_exist & 2) = 0 PRINT '开课表'
   IF (@tb_exist & 4) = 0 PRINT '学生表'
   IF (@tb_exist & 8) = 0 PRINT '课程表'
   IF (@tb_exist & 16) = 0 PRINT '教师表'
END
ELSE BEGIN  --五张表都存在
   IF EXISTS(SELECT * FROM 选课表) DELETE 选课表
   IF EXISTS(SELECT * FROM 开课表) DELETE 开课表
   IF EXISTS(SELECT * FROM 学生表) DELETE 学生表
   IF EXISTS(SELECT * FROM 课程表) DELETE 课程表
   IF EXISTS(SELECT * FROM 教师表) DELETE 教师表
--学生表样例数据插入
   INSERT INTO 学生表 VALUES('S060101', '******19880526***', '王东民',
'男', '135***11', '杭州', '计算机', '信电学院', 2)
   INSERT INTO 学生表 VALUES('S060102', '******19891001***', '张小芬',
'女', '131***11', '宁波', '计算机', '信电学院', 2)
   INSERT INTO 学生表 VALUES('S060103', '******19871021***', '李鹏飞',
'男', '139***12', '温州', '计算机', '信电学院', 2)
   INSERT INTO 学生表 VALUES('S060109', '******19880511***', '陈晓莉',
```

```
'女', NULL, '西安', '计算机', '信电学院', NULL)
  INSERT INTO 学生表 VALUES('S060110',  '******19880226***', '赵青山',
'男', '130***22', '太原', '计算机', '信电学院', 2)
  INSERT INTO 学生表 VALUES('S060201',  '******19880606***', '胡汉民',
'男', '135***22', '杭州', '信息管理', '信电学院', NULL)
  INSERT INTO 学生表 VALUES('S060202',  '******19871226***', '王俊青',
'男', NULL, '金华', '信息管理', '信电学院', NULL)
  INSERT INTO 学生表 VALUES('S060306',  '******19880115***', '吴双红',
'女', '139***01', '杭州', '电子商务', '信电学院', NULL)
  INSERT INTO 学生表 VALUES('S060308',  '******19890526***', '张丹宁',
'男', '130***12', '宁波', '电子商务', '信电学院', NULL)

--课程表样例数据插入
  INSERT INTO 课程表 VALUES('C01001', 'C++程序设计',2, 'C++程序设计基础',
'张基温', '高等教育出版社', '7-04-005655-0', 17)
  INSERT INTO 课程表 VALUES('C01002', '数据结构',3, '数据结构',
NULL, NULL, NULL, NULL)
  INSERT INTO 课程表 VALUES('C01003', '数据库原理', 3,'数据库系统概论',
'萨师煊', '高等教育出版社', '7-04-007494-X', NULL)
  INSERT INTO 课程表 VALUES('C02001', '管理信息系统', 2,'管理信息系统教程',
'姚建荣', '浙江科学技术出版社', '7-5341-2422-0', 38)
  INSERT INTO 课程表 VALUES('C02002', 'ERP 原理', 2,'ERP 原理设计实施',
'罗鸿', '电子工业出版社', '7-5053-8078-8', 38)
  INSERT INTO 课程表 VALUES('C02003', '会计信息系统',2, '会计信息系统',
'王衔', NULL, NULL, NULL)
  INSERT INTO 课程表 VALUES('C03001', '电子商务', 2,'电子商务', NULL,
NULL, NULL, NULL)

--教师表样例数据插入
  INSERT INTO 教师表 VALUES('T01001', '******19600526***', '黄中天',
'男', '139***88', '杭州', '管理学院', '教授', 'T01001')
  INSERT INTO 教师表 VALUES('T01002', '******19721203***', '张丽',
'女', '131***77', '沈阳', '管理学院', '讲师', 'T01001')
  INSERT INTO 教师表 VALUES('T02001', '******19580517***', '曲宏伟',
'男', '135***66', '西安', '信电学院', '教授', 'T02001')
  INSERT INTO 教师表 VALUES('T02002', '******19640520***', '陈明收',
'男', '137***55', '太原', '信电学院', '副教授', 'T02001')
  INSERT INTO 教师表 VALUES('T02003', '******19740810***', '王重阳',
'男', '136***44', '绍兴', '信电学院', '讲师', 'T02001')

--开课表样例数据插入
  INSERT INTO 开课表 VALUES('010101', 'C01001', 'T02003', '1-202',
'2006-2007', '1', 18, '周一(1,2)',30,4 )
  INSERT INTO 开课表 VALUES('010201', 'C01002', 'T02001', '2-403',
'2006-2007', '2', 18, '周三(3,4)',30,1 )
  INSERT INTO 开课表 VALUES('010202', 'C01002', 'T02001', '2-203',
'2006-2007', '2', 18, '周五(3,4)',45,0 )
  INSERT INTO 开课表 VALUES('010301', 'C01003', 'T02002', '3-101',
'2007-2008', '1', 16, '周二(1,2,3)',20,2 )
```

```
  INSERT INTO 开课表 VALUES('020101', 'C02001', 'T01001', '3-201',
'2007-2008', '2', 18, '周三(3,4)',90,2 )
  INSERT INTO 开课表 VALUES('020102', 'C02001', 'T01001', '3-201',
'2007-2008', '2', 18, '周五(3,4)',50,1 )
  INSERT INTO 开课表 VALUES('020201', 'C02002', 'T02001', '4-303',
'2008-2009', '1', 17, '周四(1,2,3)',30,1 )
  INSERT INTO 开课表 VALUES('020301', 'C02003', 'T01002', '4-102',
'2008-2009', '1', 9, '周三(3)',70,1)
  INSERT INTO 开课表 VALUES('020302', 'C02003', 'T01002', '4-204',
'2008-2009', '1', 18, '周五(3,4)',30,0 )
  INSERT INTO 开课表 VALUES('030101', 'C03001', 'T01001', '3-303',
'2008-2009', '2', 18, '周三(3,4)',45,1 )

--选课表样例数据插入
  INSERT INTO 选课表 VALUES('S060101', '010101', 90)
  INSERT INTO 选课表 VALUES('S060101', '010201', NULL)
  INSERT INTO 选课表 VALUES('S060101', '010301', NULL)
  INSERT INTO 选课表 VALUES('S060101', '020101', NULL)
  INSERT INTO 选课表 VALUES('S060101', '020201', NULL)
  INSERT INTO 选课表 VALUES('S060101', '020301', NULL)
  INSERT INTO 选课表 VALUES('S060101', '030101', NULL)
  INSERT INTO 选课表 VALUES('S060102', '010101', 93)
  INSERT INTO 选课表 VALUES('S060102', '010301', NULL)
  INSERT INTO 选课表 VALUES('S060102', '020102', NULL)
  INSERT INTO 选课表 VALUES('S060103', '010101', 85)
  INSERT INTO 选课表 VALUES('S060110', '010101', 88)
  INSERT INTO 选课表 VALUES('S060110', '010301', NULL)
  INSERT INTO 选课表 VALUES('S060201', '020101', NULL)
  INSERT INTO 选课表 VALUES('S060202', '010101', 75)
  INSERT INTO 选课表 VALUES('S060202', '020201', NULL)
END
```

参 考 文 献

[1] 萨师煊、王珊编著．数据库系统概论（第三版）．北京：高等教育出版社，2000.

[2] （美）Michael.V.Mannino 著．唐常杰等译．数据库设计、应用开发与管理．北京：电子工业出版社，2005.

[3] （美）C.J.Date 著．孟小峰，等译．数据库系统导论．北京：机械工业出版社，2000.

[4] 周立柱、冯建华、孟小峰等．SQL Server 数据库原理——设计与实现．北京：清华大学出版社，2004.

[5] 袁鹏飞、孙军安．SQL Server 2000 数据库系统管理．北京：人民邮电出版社，2001.

[6] 周绪、管丽娜等．SQL Server 2000 入门与提高．北京：清华大学出版社，2001.

[7] 赵杰、李涛、朱慧编．SQL Server 数据库管理、设计与实现教程．北京：清华大学出版社，2004.

[8] 詹英．数据库应用技术．杭州：浙江大学出版社，2005.

[9] 李真文．SQL Server 2000 Developer's Guide 开发人员指南．北京：北京希望电子出版社，2001.

[10] [美]Michael Otey, Paul Conte 著．陈恩义、吴强、刘鸿波译．SQL Server 2000 开发指南．北京：清华大学出版社，2002.

[11] 孙兆林、齐占杰、李龙海．SQL Server 2000 Illustration 新编 SQL Server 2000 图解教程．北京：北京希望电子出版社，2001.

[12] 操晓春．SQL Server 2000 学习教程．北京：北京大学出版社，2001.

[13] 徐进、姜世锋．SQL Server 2000 Programmer's Guide 编程员指南．北京：北京希望电子出版社，2000.

[14] 杨继平、吴华编．SQL Server 2000 自学教程．北京：清华大学出版社，2000.

[15] 杜军平、黄杰编．SQL Server 2000 数据库开发．北京：机械工业出版社，2001.

[16] 熊贵喜、鲁久华、孙军、聂伯敏．SQL Server 2000 高级编程技术．北京：清华大学出版社，2002.

[17] 零壹．轻松组建网上商店．重庆：重庆大学出版社，2000.

[18] 马照亭、郭月强、焦祝军．ASP Web 编程实例教程．北京：北京希望电子出版社，2002.

[19] 云舟工作室．精通 ASP 3.0 网络编程．北京：人民邮电出版社，2001.

[20] 卫海．SQL Server 2000 中文版．北京：中国铁道出版社，2001.

[21] [美] Microsoft Corporation 著．Microsoft SQL Server 2000 安装与使用指南（修订版）.北京：科学出版社.Microsoft Press，2001.

[22] 刘湛清、王强．SQL Server 2000 经典范例 50 讲．北京：科学出版社，2003.

[23] Patrick O'Neil/Elizabeth O'Neil 著. DATABASE Principles, Programming, and Performance (Second Edition)．北京：高等教育出版社，2001.

[24] 徐洁磐、柏文阳、刘奇志．数据库系统使用教材．北京：高等教育出版社，2006.

[25] Elmasri、Navathe 著．Fundamentals of Database Systems (Fourth Edition)．北京：人民邮电出版社，2008.

[26] SQL Server 2000 联机丛书.